U0177643

医疗科技创新与创业

钱大宏 主编

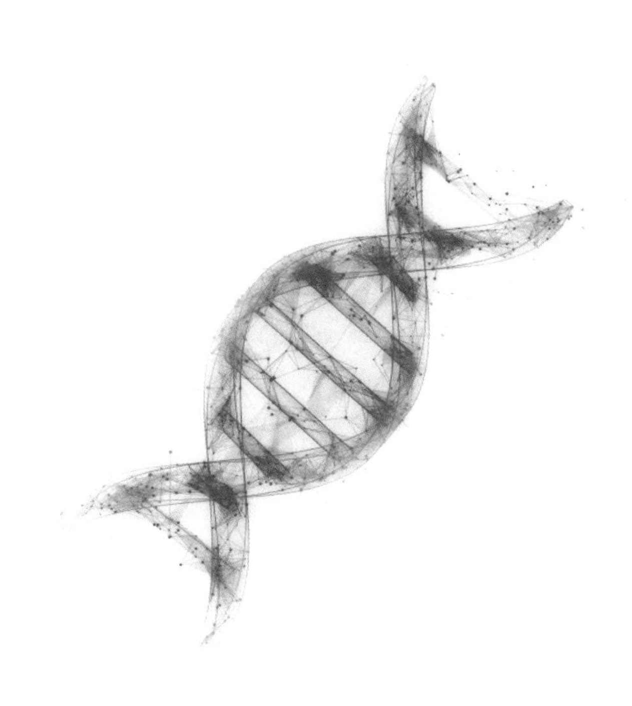

上海科技教育出版社

图书在版编目(CIP)数据

医疗科技创新与创业 / 钱大宏主编. —上海：上海科技教育出版社，2023.8

ISBN 978-7-5428-7995-0

Ⅰ. ①医… Ⅱ. ①钱… Ⅲ. ①医疗器械—技术革新—研究 Ⅳ. ①TH77

中国国家版本馆CIP数据核字(2023)第125655号

图书策划 侯慧菊
责任编辑 王 洋 匡志强
装帧设计 杨 静

YILIAO KEJI CHUANGXIN YU CHUANGYE
医疗科技创新与创业
钱大宏 主编

出版发行 上海科技教育出版社有限公司
（上海市闵行区号景路159弄A座8楼 邮政编码201101）
网 址 www.sste.com www.ewen.co
经 销 各地新华书店
印 刷 上海颛辉印刷厂有限公司
开 本 720×1000 1/16
印 张 29
版 次 2023年8月第1版
印 次 2023年8月第1次印刷
书 号 ISBN 978-7-5428-7995-0/N·1197
定 价 108.00元

作者简介（以撰写顺序为序）

钱大宏，上海交通大学生物医学工程学院教授，早年在芯片设计和计算机应用领域工作多年，后来跨界到生物医疗领域，目前在上海交通大学生物医学工程学院和医学院从事科研、教学、培训和转化工作，开设了"智能医疗创新与设计"、"医疗科技创新流程"和"人工智能与医学"等课程，并投资孵化了一批国内外企业。他起草了本书目录及大纲，撰写了引言、计算机的发展及其在医疗领域的应用、半导体芯片的发展及其在医疗领域的应用、医疗科技创新转化的早期资金来源、大公司的创新与发展等几个章节，并负责本书组织、协调和统稿等工作。

姜艳霞，上海交通大学学生创新中心讲师，曾获得斯坦福大学Biodesign培训教师证书。她参与撰写了计算机发展及其在医疗领域的应用等部分内容，并负责本书协调和整理工作。

张小农，上海交通大学材料科学与工程学院生物医用材料联合研究中心副主任，苏州奥芮济医疗科技有限公司创始人，在医用材料的科研和转化方面成绩斐然。他和团队成员**张曦月**共同撰写了新材料的发展及其在医疗领域的应用这部分内容，非常完整地阐述了各种材料的最新发展及其在医疗领域的典型应用。

古宏晨，上海交通大学生物医学工程学院副院长、教授。**叶坚**，上海交通大学生物医学工程学院副院长、教授。他们在纳米诊断方面发表过一系列顶尖的学术文章，并将科研成果成功转化落地，其中有些公司发展良好并已成功上市。他们共同撰写了分子纳米技术的发展及其在医疗领域的应用的相关内容，并分享了医工交叉科研成果的筛选与转化的宝贵经验。

刘东，动脉网总编辑，撰写了大量医疗和大健康领域的图书及调研文章，对业界的生态、诸多公司的定位和发展趋势等，都有深入的了解。他和他的团队撰写了数字医疗的发展、医疗科技公司的历史，以及医疗科技公司的并购等相关内容。

沈雳，复旦大学附属中山医院心内科主任医师、心血管医生创新俱乐部CCI秘书长。**吴轶喆**，国内首批斯坦福大学Biodesign学者，复旦大学附属中山医院心内科副主任医师。他们从6年的心血管医生创新与转化的经验出发，结合Biodesign临床需求发现和筛选的方法学，撰写了有中国特色的医疗临床需求发现和筛选的方法和案例。

刘蔚，上海骊霄医疗技术有限公司联合创始人，拥有多年就职跨国公司和初创公司的工作经验。她撰写了海外新技术在国内医疗中的引进和落地以及医疗科技产品的市场推广与销售等。这些内容将对国内医疗科技公司的全球化有诸多启发，也对医疗科技初创公司在完成注册后却卖不动产品等实际困难具有指导意义。

托马斯·骆(Thomas Row)，原美敦力高级工程师，现任IDEO高级工程师、上海交通大学Biodesign课程讲师。他撰写了医疗创新与转化路径中需求筛选与解决方案的相关内容，进一步诠释了Biodesign中解决方案的发现和筛选方法学。

马原，北京市天同(深圳)律师事务所律师、高级顾问，从事知识产权行业16年，在知识产权布局、保护、纠纷解决等方面经验丰富，亲办过多起医疗产品专利纠纷和诉讼案件。她撰写了知识产权的相关内容。

贺婉青，上海交通大学学生创新中心教师，曾获得斯坦福大学Biodesign培训教师证书。她撰写了有关科研院所和医院的知识产权转让的内容。

陈阳，前北极光创投副总裁、CCI金牌讲师，曾于阜外、安贞医院临床工作多年，拥有丰富临床经验及业内资源，深度参与多项国际临床研究与器械早期研发，任国内多个临床转化中心的创业导师，负责从0到1的赛道选择、战略指导与器械研发顾问。基于实践经验总结提炼了一套有实战指导意义的理论体系，并且在医疗转化人才培训中取得了很好的效果。她撰写了医疗科技公司早期融资流程和医疗科技产品开发等内容。

程思，睿熙创新合伙人，曾任职于辉瑞制药、强生医疗、天士力资本、金浦健康基金等知名企业。他和陈阳一起撰写了医疗科技公司商业计划的构成和上市规划等内容，总结了如何体现医疗科技公司创新转化的价值。

任海萍，国药集团医疗器械研究院副院长，在国家药监部门工作16年后投身产业工作，在人工智能医疗器械、人工心脏、视网膜假体等创新医疗科技产品的质量评价方面有诸多经验。**高博**，罗氏诊断产品（上海）有限公司法规情报总监，一直致力于国内外监管法规和注册策略的研究，且实操经验丰富。她们共同撰写了医疗科技产品法规、体系和临床注册等相关内容。

汤欣，美敦力中国临床研发总监，2019年开始带领团队和上海交通大学合作，成立美敦力医疗产品协同创新设计工作坊，培养了大批优秀学生。她撰写了中国注册临床评价的要求一节。

韩屹，WPP全球市场准入执行副总裁、中山大学卫生经济研究所研究员，国内外多家医疗科技公司顾问。他撰写了医疗创新项目的经济学分析一章。

李喆，医疗垂直孵化器百创汇的创始人、比邻星创投合伙人，拥有丰富的创新医疗科技孵化和投资经验,设计和运营国内领先的医疗创业孵化和加速模式,发掘全球创新医疗科技项目并协助快速对接优质产业资源,从而加速推动创新医疗科技项目的转化和产业化,累计引进和孵化了上百家医疗科技企业。**许师明**,东方医疗器械创新中心秘书长,曾经在斯坦福大学求学,主要从事基因治疗、诊疗器械研发和医学创新转化等工作。他们共同撰写了医疗科技创业的生态选择这一章。

目 录

引　言

图灵奖得主约翰·霍普克罗夫特(John Hopcroft)曾指出,人类在历史上经历了一系列变革,最初以采集天然食物为生,大约在公元前1万年发生了农业革命,历时几千年发生了工业革命,经过几百年后又发生了信息革命。[1] 而智能革命也随着人工智能的快速发展即将发生。每个阶段持续的时间越来越短,变革的密度也越来越大。这一切正是科技进步与革新的体现。

科技创新的速度越来越快,但并不是所有的创新都能转化为对社会的价值。怎样在科技创新的热潮中抓住机遇并提高转化的成功率,这是大家一直在探讨的难题。为了解决这个难题,下面我们从源头开始分析。

创新的驱动力往往有几个来源,例如市场需求调研、有远见的创业者和科研成果转化等。市场需求的调研非常重要。如果仅是闭门造车,那么再好的创新产品也有可能卖不出去。但我们又不能纯粹靠市场需求调研来决定创新的方向,就像汽车的发明人、福特汽车公司的创始人亨利·福特(Henry Ford)说过的,“如果我问大众想要什么,那他们一定会说一匹跑得更快的马”。有远见的创业者在科技创新的推动上影响是巨大的。从早期的爱迪生和福特等,到近期的乔布斯和马斯克等,他们对颠覆性创新有着常人所不具备的眼光和预见性。所以作为教育工作者，培训出更多的创新与转化领军人才，一直是我们对自己的要求。

科研成果的转化也是有效的创新路径之一。但全球每年发表的科学论文有数百万篇（其中中国作者发表的论文数已经位列世界第一[2]），在众多的科研成果中要想判别出有价值的、可以转化落地的科研项目，并且真正解决切实的市场需求，就如同大海捞针一般困难，不仅考验创业者和投资人等对科技认知的深度，还考验其对科技认识的广度。

* * * * * *

随着人民生活水平的提高及老龄化进程明显加快，人们对健康的关注度也越来越高，这促进了近年来疾病诊断和治疗，以及健康监控与维护领域的快速发展。医疗科技的创新和创业在整个社会的经济体制中变得越来越重要。医疗科技的范畴很广，可以定义为各种类型的科学技术（例如物理化学、机械、材料、计算机、电子等）在医学诊断、治疗和医药中各种维度的应用，包括有源和无源的医疗器械、医疗耗材、体外诊断及新药开发等方面。科技的发展给医疗和医药带来了巨大的推动力。近年来，中国生物科技公司和医疗器械公司不断涌现且蓬勃发展，成为风险投资的最热赛道。医工交叉领域的创新科技公司的数量和质量，在今后数十年内仍会持续快速增长，国际管理咨询公司罗兰贝格发布的《中国医疗器械行业发展现状与趋势》报告显示，2022年中国医疗器械市场已突破9000亿元，预计2030年市场规模将超过22 000亿元，中国或将成为全球第一大医疗器械市场。也正因如此，在高等院校和研究机构中，传统机械、电子、计算机、材料等学院的研究课题与生物医疗交叉的比重越来越大，投入在该领域的科研经费更是迅猛增长。在上述背景下，上海交通大学于2007年率先成立了医工交叉和医理交叉的科研教育机构Med-X研究院，不仅产出大量世界级科研成果，还孵化出一大批医疗科技创新公司，在国内外产生了一定的影响。国内诸多高等院校也都建立了与医学相关的交叉研究院。

值得注意的是，尽管我国投入了大量的科研经费支持创新，同时出台了《深化科技体制改革实施方案》，从健全产学研协同创新机制、改革人才评价和激励机制、处置和收益管理改革等方面提出了若干改革措施，进一步打通了科技成果转化为现实生产力的通道，但科研创新商业化落地的成功率仍不高。《第一财经》杂志在2022年初的报道中指出："根据我国科学技术部门的数据统计，2008—2017年，我国在本土地区申请的生物技术专利数超过16万件，但后端转化能力不强。我国每年重大科技成果平均转化率仅为20%，其中医学科技成果转化率低于8%，而美国和日本该比率则接近70%。"[3]动脉网在2022年7月的调研中也得出非常接近的结果——国内科研院所90%的医疗科技方面的科研成果未能转化。从2022年7月的中国医院创新转化排行榜TOP 100来看，各个医院的转化专利数与授权专利数的比值为1%—9%，转化专利绝对个数在3—90个。[4]而美国排名前列的梅奥诊所(Mayo Clinic)2022年2月的财报显示，其拥有3300个授权专利，成立初创公司274家，向全球许可4029项技术，虽然其中可能存在多个重复授权现象，但仍能看出梅奥诊所的成果转化率非常高。尽管转化效率的测算方式不同，有的是转化落地的专利数与总授权专利数之比，有的是转化落地产生的价值与科研投入之比，但都得出相似的结论。

为何国内外医疗科技成果转化差异仍如此之大呢？我们认为经验丰富的领军人物和团队是关键。医疗科技成果转化有其特殊性，要经过产品开发、测试认证、审批、报证等多个环节，周期较长，相对其他科技项目来说，投入更多，风险更高。针对这些问题，有很多外部的解决方案，例如政府、高校和民营企业建立各级孵化器，对早期创新公司进行筛选和培育，但这仅仅降低了部分产品技术的风险，公司在发展过程中如果在产品开发时间、团队人员管理、资金统筹运营、利益分配机制等问题上出现任何差错，完全有可能导致科研成果的转化功亏一篑。这时,有经验的团队就能发挥很大的作用。

斯坦福大学Biodesign创新中心是全球顶尖的以先进医疗健康技术创新为重点方向的产业创新创业机构,它在2002年建立了一个医疗创新设计和转化的全流程方法论体系,以此来培养医疗科技领域创新创业的领军人才。所谓"全流程",是指从临床需求的挖掘和筛选开始,到需求解决方案的发现和筛选,再到法规的衡量以及市场的规划和推广,最后形成一个由系统方法学支撑的、合理的、可执行的商业计划。该方法论体系培养了大量的医疗科技领域创新和转化的领军人才与团队,孵化了数十家医疗创新企业,造福了数百万病患。2009年,*Biodesign: The Process of Innovating Medical Technologies*[5]一书出版,作为教材为全球150多所高校所采用。硅谷的医疗创新转化成功率远高于50%,在某种程度上得益于斯坦福大学Biodesign的方法论体系。与斯坦福大学Biodesign创新中心类似,美国约翰斯·霍普金斯大学的生物工程创新与设计中心等[6],也在培养创新公司的领军团队中起到了关键作用。

我国国家卫生健康委员会非常重视医疗创新的转化落地,对医院除了有临床和科研的考核指标,还加入了创新成果转化的指标要求。国内高等院校及其附属医院很早便开始借鉴斯坦福大学Biodesign的方法,推动医疗科技的创新与转化。其中,复旦大学附属中山医院的葛均波院士于2015年成立的心血管医生创新俱乐部(CCI)正是成功案例之一。截至2021年,CCI创新学院已举办到第6期,累计开展线下培训21场、线上培训8场,培训学员400余人,并选派医生去斯坦福大学进行Biodesign学者培训,先后产生了100多个心血管创新项目,学员也相继成立30余家初创公司,涌现出一批造福临床患者的创新成果。

医生的创新是医疗科技创新和落地的主要推动力。例如2016年"Medical Device and Diagnostic Industry"排名上,前40大医疗器械中有18个是由医生直接发明的,其余的也都需要医生紧密配合,做临床试验、数据分析,提供改进支持等。上海交通大学在过去10年中，每年投入大量经费支持医工交叉科研项目，要求项目必须由医生牵头，并与其他学院相关教师合作申报。2019年，上海交通大学开设了“智能医疗与创新(Biodesign)”本科生课程，这个设计课程有别于常规的设计课程，并非注重技术本身，而旨在训练学生掌握Biodesign医疗科技创新与转化全流程并且结合中国现状和政策的创新与转化方法学。在上海交通大学学生创新中心的支持下，从2020年开始，学校每年派送杰出教师参加斯坦福大学Biodesign讲师培训(Global Faculty In Training Program，简称GFIT)，为开展规模性的医疗科技创新与转化方法学培训奠定了坚实的基础。

越来越多的共识认为，医疗科技创业领军人才的培训是科技成果成功转化的首要因素。尽管我们做了诸多努力，国内诸多院校和孵化器等也陆续开展了类似斯坦福大学Biodesign的培训，但所取得的成果远低于预期。

虽然斯坦福大学Biodesign培训体系非常完备，但其内容和案例均基于美国的法规和市场，用的案例还是10多年前的技术和市场。若我国培训策划者和讲师仅从自己的经验出发，自由发挥或者完全沿用斯坦福大学Biodesign的方法，而不结合中国国情及其科技发展现状的话，那么培训效果必然大打折扣。在医疗科技创新创业上，我们仍需寻找自己的发展道路。

* * * * * *

随着中国经济的迅猛发展，医疗产品的市场化、规范化，以及医疗保险政策和知识产权保护等都形成了自己的特色。中国的医疗市场与国外有很大不同，比如，中国的一流医院基本都是公立医院，这些公立的三甲医院集中在几个大城市，由于医疗资源和有经验医生的分布有地区不均衡性的特点，且家庭全科医生的制度还未完全建立，患者仍倾向于在发病初期就去大医院看病。目前，我国正在大力建设及推广社区医院，到家门口的社区医院就医正逐步为老百姓所接受。我国基本医疗制度属于社会医疗保险制度，以社会基本医疗保险为主。近年来，我国基本完成待遇保障、筹资运行、医保支付、基金监督等重要机制和医药供给、医保管理服务等关键领域的改革任务。到2030年，将全面建成以基本医疗保险为主体，医疗救助为托底，补充医疗保险、商业健康保险、慈善捐赠、医疗互助共同发展的医疗保障制度体系。这些都为中国医疗科技创新与转化提供了诸多机会。

与此同时，中国的医疗科技公司与海外公司合作的项目越来越多，中国的医疗科技投资也非常活跃。现今，医疗器械（尤其是中高端医疗器械）的国产化程度还不高，年销售额与国外医疗器械公司相比也比较小。而且在中国本土医疗科技公司中，外部创新引入相对较少，如2019—2021年，中国顶尖医疗公司微创仅引入外部创新交易4笔，华大基因、迈瑞医疗、联影医疗及威高集团各为2笔，而全球顶尖医疗科技公司实力非凡，美敦力、雅培、通用医疗及强生引入外部创新交易分别为13、10、9和8笔。[7]随着公开资本市场中越来越多的医疗公司上市，在国产替代的热潮之下，国内医疗科技公司迎来了千载难逢的机遇。

面对全球经济衰退及中国经济发展人口红利消失等问题，我国需要解放9000万科技人力资源的脑力生产力，释放巨大的创新红利，推动新时期中国经济增长从要素驱动、投资驱动转向创新驱动。[8]在此背景下，“硬科技”概念应运而生。人们需要关注那些能够推动经济发展，需要长期研发投入和持续积累的关键核心原创技术。目前最具代表性的“硬科技”，主要体现在光电芯片、人工智能、生物技术、信息技术、新材料、新能源等领域。

自2018年以来，国内硬科技投资热度越来越高，越来越多的投资人去科研院所挖掘早期项目。我们注意到，信息科技的迅猛发展促使半导体芯片、传感器、大数据、人工智能和新材料等在医学领域内得到广泛应用。在这些方面，我国的研究确实也已经站在世界前列,但新技术与新材料等在医疗领域的应用价值、意义及可行性远未被多数人完全理解,其所带来的创新与转化需要得到更好的阐述和案例支撑。所以,投资人要在前期严格做好项目筛选,时刻提防创新研究成果在落地转化过程中出现造假或夸大的现象等。

我们要吸取国外的一些教训。例如,硅谷红极一时的体外诊断公司Theranos,融资了几亿美元,并且有很多重量级人物站台,可因其把不可靠技术包装成成熟产品而被迫破产清算,最后两位创始人不得不面临诉讼和刑期处罚。[9]因此,对于早期项目来说,严格遵循方法学的筛选标准尤为重要。

* * * * * *

综上所述,在我国医疗科技创新创业之路上,亟待一个完整的、符合我国国情而又与时俱进的方法学实践指南。在这样的背景及初心下,《医疗科技创新与创业》应运而生。

本书介绍了近年来科技发展较快的领域,如计算机硬件、软件算法、半导体芯片、传感器、新材料及分子纳米技术等,以及其在医疗方面的影响和应用,详细分析医工交叉科研项目的特点和发展,启发读者寻找或挖掘科技创新内容。在充分借鉴斯坦福大学Biodesign中创新发现和选择标准之基础上,结合我国创新创业环境及政策,引导创新创业者对转化项目进行全方位评估,助力其做出一个完整的、可执行的商业计划,涵盖医疗创新公司各个阶段(初创期、成长期、成熟期)的发展策略、方法、流程及规范等,案例丰富且生动,既有理论基础,又兼具系统性、完整性和实用性。

本书适用范围包括但不限于:高等院校工程学院、医学院、管理学院的高年级本科生和研究生课程,针对医疗科技企业高管、初创公司团队、医生及医药代表等的非学历教育,孵化器组织的医疗创业营培训,由医院或医生主导的各专科的医疗创新创业俱乐部,投资机构对员工或投资组合公司团队的培训,跨国公司和民营医疗科技公司为可持续创新发展而开展的相应培训，等等。

由于本书篇幅限制，部分细节并未展开，读者可参考书末所列举的参考文献，培训讲师也可以在本书架构的基础上增加内容，适度发挥。希望本书在医疗科技创新与转化领域中做出贡献，为造福千百万患者尽微薄之力。

第一部分

医疗科技创新与发展

第一章
医疗科技创新与产业创新

医学的诞生并非偶然，它是伴随人与疾病的斗争而出现的。从古代的原始医学、经验医学，到奠基于医学实践的近代医学，再到在现代科学基础上发展起来的现代医学，可以说，医学的发展史其实也是医疗科技创新的演化史。目前，医疗科技创新正呈现AI化、数字化、精准化的趋势，朝着更加精准和全周期管理的方向发展。本章还将介绍海外和中国几家代表性医疗创新企业的创新之路，以使读者对医疗科技创新企业的发展有直观认识。

第一节　医疗科技创新的演化史

从原始医学到现代医学

在学会狩猎之前，人们主要依靠植物的果实和根茎充饥。在这个过程中，人们逐渐熟悉某些植物的营养、毒性和治疗作用。这是最早的药学。进入狩猎时代后，为了应对狩猎过程中产生的创伤，人们发明了简易的医疗器械。

随着文明的不断进步，古人逐渐积累了许多有价值的治病经验，于是原始医学逐渐发展成古代的经验医学，如传统中医、古埃及医学、古希腊医学和古罗马医学等。由于交通和文化的落后，古代各民族和地区之间的交流并不顺畅，各地医疗体系具有独立性和各自民族文化特征。在中国这样的多民族国家，少数民族也有着自成体系的医学系统，如藏医、苗医、傣医等。

近代医学起源于文艺复兴时期。前所未有的“科学革命”让自然科学高速发展，这一时期的医疗水平迅速提高。

14—16世纪是欧洲传染病大流行时期。意大利医学家吉罗拉莫·弗拉卡斯托罗(Girolamo Fracastoro)对传染病提出了新的见解，认为传染病是由一种“粒子”造成的，这时候人类还不知道微生物的存在。弗拉卡斯托罗在其著作《论传染》(*De Contagione et Contagiosis Morbis*)中描述了鼠疫、梅毒、肺结核、斑疹伤寒等多种传染病，总结传染病的起因和传染规律，并介绍各种传染病的治疗和预防方法。

几乎在同一时期，法国外科医生安布鲁瓦兹·帕雷(Ambroise Pare)因对枪炮火药伤的温和处理及截肢中的结扎动脉止血法而闻名。与当时很多外科医生一样，帕雷也是由理发师转行的。因其在外科处理、传染病治疗和义肢等医疗器械的设计中做出的贡献，帕雷受到法国宫廷的重视，提高了当时外科医生的地位。

17世纪生理学发展显著。当时量度的观念已很普及，最先在医学中使用量度方法的人是圣托里奥(Santorio)。他发明了体温计和脉搏计，助力生理学成为一门科学的另一因素是实验。威廉·哈维(William Harvey)通过实验证明了心脏经动脉将血液输送到全身各处，然后血液通过静脉回流到心脏。在哈维的影响下，解剖学快速发展。在这一时期，早期用于教学的解剖剧场逐渐成为城市生活的焦点，各处张贴的海报宣布解剖公开演示的时间和日期，观众中有学生，也有同行，还有购票前来观看的市民。

随着实验科学兴起，精细加工技术盛行，显微镜和望远镜几乎同时被发明。安东尼·范·列文虎克(Antonie van Leeuwenhoek)通过显微镜，首次发现了微生物的存在。这一发现是人类医学史上的里程碑，大大开阔了人类的视野，将人们的视觉由宏观引入微观。18世纪，意大利解剖学家乔瓦尼·莫尔加尼(Giovanni Morgagni)将显微镜和解剖学结合，开创了病理解剖学。他用大量实例，证明了症状与体内病变的关系，因此被誉为“病理学之父”。

19世纪是科学技术大爆发期，细胞学、细胞病理学、实验药理学等学科在这一时期开始发展，各类诊断技术也在这一时期面世。此外，麻醉学、无菌法和防腐法的应用使外科学取得了跨越式发展。

于19世纪初提出的细胞学说论证了所有生物在结构上具有一定的统一性，这显著推动了生物学的发展，为辩证唯物论提供了重要的自然科学依据。在列文虎克的研究基础上，路易斯·巴斯德（Louis Pasteur）用鹅颈烧瓶实验证明了空气中细菌的存在，证实细菌生命活动与发酵存在关联。他先后在1876年和1886年创立和创造了无菌外科和巴氏消毒法。这两项成就为后续的医疗外科、食品和工业领域的发展奠定了坚实的基础，在21世纪仍然具有深远的影响力。

19世纪，医疗科技的另一亮点是诊断学的进步。受病理解剖学和细胞病理学的影响，人们想尽办法寻找"病灶"，促使诊断方法、辅助诊断工具不断增多，X射线诊断技术、自动化生化分析技术在这一时期都得到较好应用。

20世纪之后，人类进入现代医学时代。在此期间，医疗科技取得堪称卓越的成就。

在基础医学研究方面，由于医学技术的进步，人类的医学认识从细胞水平深入到分子水平。临床诊断技术方面，自动化分析仪器可以在3分钟内检测出尿常规等检查项目的各项结果。自动微生物诊检仪器能直接从临床标本中检测出特殊的细菌。心电图、超声心动图、脑电图、肌电图仪等医学成像技术，为心脑疾病、肌肉神经类疾病提供了无创的诊断手段。电子计算机断层扫描（CT）与磁共振能够快捷、准确地探测出组织器官的许多早期病变。在治疗技术方面，外科手术方法与新技术结合，形成了现代外科手术。

1928年，微生物学家亚历山大·弗莱明（Alexander Fleming）发现青霉菌的杀菌作用。在他提出"青霉素"之名10年后，牛津大学霍华德·弗洛里（Howard Florey）团队开展相关动物试验，并证实青霉素具有广谱杀菌效果，其结果于1940年发表在《柳叶刀》（*The Lancet*），轰动了医学界。20世纪70年代后期，遗传工程技术得到发展，抑制剂、合成胰岛素、人体生长素、干扰素、乙型肝炎疫苗等多种生物制品问世，也诞生了生物学治疗疾病的概念。

1975年，弗雷德里克·桑格（Frederick Sanger）发明了“双去氧终止测序法”。这项研究后来成为人类基因组计划等研究得以展开的关键之一。20世纪末，跨国跨学科的科学探索工程“人类基因组计划”启航，6个国家共斥资30亿美元，完成了人类基因组工作草图的绘制。随着测序成本的持续下降，21世纪初基因测序技术最终在临床领域实现应用。加上基因编辑技术的诞生，人们实现了对基因的“读”和“写”，大量分子诊断产品，以及靶向治疗、细胞治疗、基因治疗等生物制品获批上市。

此外，20世纪医疗科技发展的重要里程碑还有植入性医疗器械和人工器官的应用。1947年，美国贝尔实验室发明了晶体管，它的出现使得此后面世的许多大型医疗设备的体积小型化。10余年后，得益于晶体管的量产，以美敦力公司联合创始人厄尔·巴肯（Earl Bakken）为首的团队创造出首个便携式心脏起搏器。几乎是在同一时期，瑞典卡罗林斯卡学院阿克·森宁（Åke Senning）团队开了植入性心脏起搏器的先河。现今纳米技术及3D打印技术等蓬勃发展，医疗器械、医学诊断等科技创新也有了长足进步。

医疗科技创新的发展趋势

20世纪的医疗科技发展为医疗的临床诊断、药物药理和外科治疗等打下了坚实基础，而21世纪的技术革新，使得干细胞研究与应用取得了跨越式发展。在器官衰竭、遗传性疾病等领域，类器官技术的可行性越来越大。基于人工智能、物联网和通信技术的不断发展，远程医疗、人工智能辅助诊断开始了产业化步伐，数字技术、人工智能等技术颠覆了包括药物研发、医疗影像和医药营销等多个细分领域。医疗科技创新朝着更加精准和全周期管理的方向开展。在此背景下，各个领域的技术所呈现的跨界融合趋势愈发明显，最终凝聚成的医疗科技产业具有以下发展特征。

（1）AI化

AI(人工智能)概念最早起源于20世纪50年代。经历起步、反思和应用后,在21世纪开始进入医疗领域。

AI在医疗领域的应用非常广泛,它的本质是一种数据处理工具。早期,AI在医疗领域的应用主要旨在提高医疗服务效率、降低成本,主要在医院内使用。随着医院以外的机构逐渐构建起自有的大数据体系,人工智能也逐步由院内走向院外。

医疗AI的初期研发对象选择一般遵循两条路径:一是存在大通量需求但尚无解决方案的领域;二是用基于人工智能的方式代替已有的传统解决方案。

医疗AI在院外的应用包括以医疗服务为媒介的智能导诊、智能咨询服务;以健康管理、健康检查为目的,直接面向消费者的To C服务;以知识图谱本身作为产品,为体外诊断(In Vitro Diagnostic,简称IVD)、合同研究机构(Contract Research Organization,简称CRO)和顶级药企等机构(三甲医院部分科室也存在需求)提供人工智能基础能力建设服务。

随着应用的深入和技术的成熟,医疗AI在更多领域展现出应用潜力,如“数字病理”、“AI药物研发”、“AI保险”、“AI中医”和“AI医美”等。

(2) 数字化

数字技术的本质是以数字化提升医疗效率,以互联网化扩张医疗可及性,以智能化提升医疗质量。而数字医疗的价值则体现在供给端、需求端和支付端三个方面,即能够增加供给侧数量,综合提高诊疗过程的效率和质量,为医生和患者降低时间成本和经济成本。

2010年以来,随着智能手机和移动互联网技术的快速普及,数字疗法率先在美国萌芽,并在近年呈现爆发式增长的趋势。随着数字技术的成熟,医疗科技公司的数字化程度在加深,已经延伸到医疗行业的整个生态链。

数字技术的价值可以总结为以下三点。

1) 能够降低药物研发费用、缩短药物研发时间和控制药物研发风险的AI医药研发。

2）优化流程及渠道，价值在于为药企等角色提高内部管理效率及外部经营效率，提供了替代性的渠道和工具。

3）医疗服务升级，利用数字计算技术，更高效、更低成本地给出更准确的诊断，以及高效连接医疗服务资源和新疗法供给。

（3）精准化

自“人类基因组计划”以来，医疗科技的创新开始朝着精准化的方向进行，比如靶向性药物、介入治疗等药物的出现，以及微创类外科手术及其器械也在临床上的备受推崇。无论是药物治疗还是微创外科手术，本质上是通过精准打击来减少对人体的伤害，同时得到更好的治疗效果。

在诊断上，多组学概念也正在兴起。在最早的认知中，诊断的意义是发现病灶，即身体正在发生什么病变、造成什么现象；高通量测序技术的出现，则将诊断深入到分子层面，即基因层面的编码会导致什么表现；而随着真实世界研究（RWE）、大数据和其他组学技术的不断成熟，人们得以从侧面进一步窥探基因层面与外界环境的潜在联系。

在此基础上，用药和预后的研判也开始注重患者间的个体差异。尽管大部分药物还没法做到定制化，但是从目前排在前列的热门药物管线以及细胞治疗、基因治疗等发展趋势来看，精准化是其核心趋势。

第二节　海外医疗科技创新之路

医疗科技创新领域有两类备受关注的企业，一类是年轻而富有活力的新锐，另一类则是量级庞大的龙头企业。但“百年老店”的前身在创立之初也是一家新锐，在某种意义上，它们的发展对医疗创新公司来说，都有一定的借鉴意义。下面我们将介绍三家在科技创新领域非常有代表性的企业，它们在创新发展之路上面临诸多挑战与抉择，最终均化险为夷，发展势头较好。

美敦力创新之路

基本信息

公司名称	美敦力(Medtronic)	业务类型	医疗器械与疗法研发商
总部位置	美国明尼苏达州	发展阶段	已上市
成立时间	1949年	发展方式	自主研发+并购扩张

美敦力,成立于1949年,总部位于美国明尼苏达州明尼阿波利斯市,是一家世界领先的医疗科技公司,致力于为慢性疾病患者提供科学治疗方案——减轻病痛、恢复健康、延长寿命。它于1957年制造出第一台便携式体外心脏起搏器,并于1960年制造出第一台可靠的植入式心脏起搏系统,进而奠定了其在全球起搏器技术领域的领导者地位。

现今,美敦力通过自主研发和并购扩张,其产品与疗法已涉及心脏节律疾病管理业务、冠脉业务、心脏外科业务、血管介入业务、糖尿病业务、神经调控业务、疼痛管理业务、脊柱骨科业务及诊断解决方案等多个领域。[1]

服务时代

美敦力的成立其实与心脏起搏系统没有太大关系,主要是源于第二次世界大战后临床医院针对大型仪器设备维护的市场需求。

第二次世界大战后,美国的医院开始大量引入并使用电子设备,但当时医院内没有专门的工作人员对这些设备进行保养和维护。明尼苏达大学电子工程系研究生巴肯认为这是一个机会,于是他说服姐夫帕尔默·赫蒙斯利(Palmer Hermundslie)一起创业。1949年,两人成立了一家医疗器械修理公司,并将其命名为美敦力。

美敦力成立之初,条件非常简陋,不到57平方米的废旧车库就是全部办公场地,第一个月的营业额仅为8美元。很快他们把目光投向医疗器械代理业务,试图用"代理销售+仪器设备维护"的新模式闯出一方天地。一年后,美敦力成了几家医疗设备公司在美国中西部的代理商，业务开始走上正轨。

在这个过程中，巴肯结识了中西部地区大批医生和相关实验室的研究人员，他们常请公司工程师帮助其为部分特殊实验改装仪器或设计新设备。就这样，美敦力的业务慢慢从代理服务转向产品定制，开启了它的制造和代工业务。19世纪50年代，美敦力累计为客户生产100多种设备，实现了业务和规模的双增长。但这些设备相对粗糙，只有10种形成了生产线。

1960—1962年，美敦力在研发上加大投入力度，产品种类超过百种，产品线也扩至21种。但这种爆发式增长险些让公司走向灭亡。尽管公司的年销售额从18万美元增长到50万美元，但销售利润并没有覆盖掉庞大的研发投入和运营成本。美敦力的年亏损额从1.6万美元增至14.4万美元。

就在美敦力行至破产边缘时，它上演了完美的自救行动。公司从银行获得10万美元的贷款，并引入风投机构以缓解资金压力，同时通过裁员来降低人力成本，精简掉无法盈利的产品，在产品研发上专注于某一个领域。短短一年时间，公司就扭亏为盈，年销售额98.5万美元，净利润7.3万美元。

起搏器时代

1957年，巴肯带领美敦力发明了世界第一台由电池驱动的便携式体外心脏起搏器。相比于此前的电源式起搏器，便携式起搏器体积更小，并且由电池驱动，使得患者的生命安全不再受停电威胁。但它也有明显的弊端，比如携带时不能洗澡或游泳，每天都需要在伤口上涂抹抗菌剂。在随后的几年里，心脏起搏器还仅仅是美敦力产品线中的一个，直到威尔逊·格雷特巴奇（Wilson Greatbatch）的出现，才有了根本性的改变。

格雷特巴奇是布法罗大学电气工程系的助理教授，他在1958年用晶体管制造出一台起搏器。随后，格雷特巴奇又对这款心脏起搏器做了进一步改造。1960年，改造后的心脏起搏器先后被植入10名患者体内。其中，有受试者术后30年仍然存活。

美敦力在1961年获得格雷特巴奇的独家授权，并在1970年收购了这项专利。1965年，心脏起搏器成为完全性房室传导阻滞公认的治疗方法。1968年，美敦力的总销售额已经超过1000万美元，净利润超过100万美元，团队规模也从原来的30多个人扩增至300多人。[2]

为了与“心脏刺激和除颤领域的全球领导者”的身份匹配，美敦力在产品质量和服务质量上也进行了提升。

美敦力建立了第一个净化车间，并在车间内安装了空气净化系统，车间内的温度和湿度也都有严格的控制。这样做主要是为了符合美国食品及药物管理局（FDA）法规要求。

当时公司的销售额中，有20%来自海外，其中大部分分布在欧洲。美敦力以荷兰为中心巩固欧洲市场，在科尔克拉德建立了第二家生产工厂，并于1967年在阿姆斯特丹斯希普霍尔机场建立了24小时服务中心。

公司还以直销模式取代了授权代理模式，收购了加拿大和美国的主要代理商和分销商，在与国际代理伙伴Piker合约到期后选择不再续约，用了2年时间重构了自己的全球直销网络。

在此后的10年间，美敦力依然在心脏起搏器领域持续耕耘和大力投入。他们投入大量的研发资金，致力于减小心脏起搏器的尺寸并提高其性能。在经历第一次险境后，美敦力将发展策略从原有的“广而粗糙”逐渐向“精细与高质量服务”转变。

多元时代

1985年，美敦力迎来新的掌门人温斯顿·沃林（Winston R. Wallin）。他提出的公司产品多样化策略开启了美敦力的“多元时代”。在随后的日子里，美敦力通过一系列自主研发和收购，一跃成为国际医疗器械领域的“超级航母”。下面我们着重介绍美敦力公司的4条业务主线。

(1) 心血管组合业务

心血管组合业务是美敦力体系中最具代表性、优势最为显著的板块。当然,这得益于早期公司在心脏起搏器和脑刺激仪领域的技术积累。

早在1977年,美敦力就成立了心脏瓣膜业务部门,结合此前的心脏起搏器业务,心血管类产品家族不断壮大。1985—1988年,美敦力在心血管业务上的研发费用已从3700万美元增至7500万美元。与此同时,美敦力还收购了包括强生心血管部门、Versafle、Bio-Medicus在内的多家公司及部门,并通过它们成功进入心血管的全新业务领域(表1.1)。[3]

表1.1 心血管业务重大事件

时间	事件
1957年	制造出第一台便携式体外心脏起搏器
1960年	制造出第一台植入式心脏起搏系统
1961年	获得威尔逊·格雷特巴奇的独家授权
1965年	制造出第一台静脉起搏器,心脏起搏器成为完全性房室传导阻滞公认的治疗方法
1967年	在阿姆斯特丹斯希普霍尔机场建立了24小时服务中心
1970年	收购威尔逊·格雷特巴奇心脏起搏器专利
1977年	成立心脏瓣膜业务部门
1986年	收购荷兰公司Vitatron,巩固心脏起搏器业务优势
1996年	投资Instent和AneuRX,强化心脏支架产品
1996年	收购AneuRX,获得主动脉瘤疗法产品
1997年	推出自主研发心脏支架

（续表）

时间	事件
1998年	收购Physio-Control,获得体外心脏除颤器
1998年	收购Arteriai Vascular Engineering,获得冠状动脉支架
1999年	收购百特心脏业务资产,成为世界最大的冠状动脉支架生产商
2000年	收购PercuSurge,获得经皮冠状动脉介入治疗(PCI)的介入治疗器材
2008年	收购CryoCath Technologies,获得心律不齐冷冻疗法
2008年	收购CryoCath,获得治疗心律失常的冷冻疗法技术
2008年	收购InfluENT Medical,获得Repose GAHM产品线
2009年	收购Ventor Technologies,获得治疗主动脉病变的经导管心脏瓣膜置换技术
2009年	收购Corevalve,获得主动脉瓣膜替代产品
2009年	收购Abiation Frontiers,获得心脏消融系统
2010年	收购ATS Medical,扩大心外科产品线
2010年	收购Invatec SpA,获得周围血管器械产品和生产线
2010年	收购Ardian,进入高血压导管治疗领域
2014年	收购NGC Medical,进行心血管科室运营
2015年	收购Tweive,获得经导管介入式二尖瓣置换技术
2015年	收购Medina Medical,获得治疗脑动脉瘤和脑血管疾病的创新技术
2015年	收购Cardio Insight Technologies,获得改善心电失常标测技术的新系统
2015年	收购Lazarus Effect,获得急性缺血性卒中治疗的栓子捕获和移除创新产品
2015年	收购Aptus Endosystems的Heli-Fx系统,获得腹主动脉瘤腔内修复技术

（续表）

时间	事件
2016年	收购HeatWare，丰富治疗心衰的产品
2016年	收购HeartWare，获得心室辅助装置技术
2017年	收购QT Vascular，获得Chocolate PTA球囊
2019年	收购Epix Therapeutics，获得心脏消融技术产品
2022年	收购Affera，获得心脏消融技术产品

2007年，美敦力宣布将该公司全球的血管和心脏外科分公司整合成为一个新的美敦力心血管分公司。新公司包括冠脉和外周血管产品，血管内治疗产品，结构性心脏病治疗产品及心脏外科治疗产品4个主要部门。

2019年，美敦力成立心脏及血管业务集团。2021年，美敦力再次进行重大业务调整，在原有的心脏及血管业务集团基础上进行了扩大。该集团现有产品和服务包括心脏消融、心律管理、心脏外科、心血管诊断和服务、冠状动脉、外周血管健康、结构性心脏和主动脉等适应证和科室解决方案。

（2）神经科学组合业务

神经科学组合业务包含颅脑和脊柱技术、神经调节、神经血管、盆腔健康和胃治疗、耳鼻喉治疗等解决方案。

早期，为了发展起搏器研发，美敦力进行了一些起搏器研发中针对非心脏原因引起疼痛的研究。这些研究为美敦力在神经科学领域的产品研发打下了坚实的基础。

神经康复是美敦力最早扩展的一个领域。1969年，美敦力推出了一款植入式背部脊椎刺激仪及脑刺激仪。20世纪末起，美敦力通过收购Midus Rex LP和Xomed两家公司，成功进军神经外科和耳鼻喉外科领域。它又先后收购Sofamor Danek、Kyphon Americas，扩展脊柱护理及神经康复领域业务，并成为该领域的领导者（表1.2）。[3,4]

表1.2 神经科学业务收购历史

时间	标的	意义
1998年	Miduus Rex LP	进入神经外科领域
1998年	Sofamor Danek	扩展脊柱护理赛道
1999年	Xomed	扩展耳鼻喉外科手术器械
2000年	Cyberonics	获得迷走神经刺激治疗系统
2002年	Spinal Dynamics Corp	补充脊柱外科产品线
2005年	Karlin Technology 专利	获得脊柱相关专利
2005年	Transneuronix	获得可植入胃部引搏器
2007年	Breakaway Imaging O-Arm成像系统	获得O-Arm成像系统,进入脊柱手术领域
2007年	SkeLIFE technlogy	获得人工合成的骨移植物
2007年	Kyphon Americas	获得脊柱手术产品
2010年	Axon Systems	获得脊柱手术中所用神经系统监测仪器和重症监护仪器
2010年	Osteotech	扩大骨移植产品系列
2012年	康辉控股(中国)	扩展在新兴市场的骨科和脊柱医疗服务
2014年	TyRx	获得组合抗生素药物的植入性装置
2014年	Sapiens 部分业务	获得脑深层电刺激技术
2015年	Advanced Uro-Solutions	获得NURO经皮下胫神经刺激系统
2015年	Sophono	获得创新性磁性听力植入设备
2017年	Crospon	扩展胃肠道疾病诊断产品线
2018年	Mazor Robotics	获得并布局脊柱外科手术机器人
2019年	Titan Spine	扩展肽植入体制造技术

（续表）

时间	标的	意义
2020年	Medicrea	获得植入性脊柱解决方案
2020年	Stimgentics	获得治疗慢性疼痛患者的脊髓波形技术
2022年	Intersect ENT	扩展耳鼻喉科医疗器械

（3）医疗外科组合业务

医疗外科组合是原来微创治疗业务集团的升级版，包含胃肠道、患者监护、肾脏护理解决方案、呼吸干预、手术创新、手术机器人等业务。

为了迎合业界微创心脏手术市场的趋势，美敦力设计制造了许多可以简化手术过程、缩短住院时间，以及帮助患者更快恢复健康的产品。美敦力通过收购一系列公司及业务，壮大了其在医疗外科赛道的实力，不断丰富产品矩阵（表1.3）。[3,4]

表1.3 医疗外科业务收购历史

时间	标的	意义
2001年	Vidamed	获得经尿道射频消融系统
2003年	Trans Vascular	获得导管输送系统
2007年	Cogentix	获得内镜产品
2008年	Restore Medical	获得上颚植入物产品
2008年	NDI Medical	获得膀胱起搏系统
2011年	Peak Surgical	获得能精确控制手术刀等的器械
2011年	Salient Surgical	扩展外科手术产品线
2014年	Corventis	获得即剥即贴型医疗传感器
2014年	Visualase	获得MRI引导的激光消融技术

（续表）

时间	标的	意义
2015年	柯惠医疗（Covidien）	扩充产品线，成为外科手术领域的领导者
2015年	Aircraft Medical	获得手持式高品质视频喉镜
2015年	Responsive Orthopedics	获得髋关节和膝关节置换设备
2016年	Bellco Srl	获得血透产品
2016年	施乐辉妇科业务	布局妇科业务技术
2020年	Avenu Medical	布局肾病微创治疗技术
2020年	Digital Surgery	获得人工智能辅助手术系统

其中，对美敦力影响最大的当数其对柯惠医疗的收购。这是迄今为止最大的医疗器械收购案，为医疗器械发展史添了浓墨重彩的一笔。柯惠医疗在产品线和渠道上与美敦力都存在较大差异，二者联合形成互补关系，这直接强化了美敦力在全球医疗器械的龙头地位，也让美敦力成为外科手术领域的领导者。[5]

达·芬奇腹腔镜手术机器人获得FDA批准后，美敦力也围绕自身优势领域对手术机器人开展布局。2018年，美敦力以16.4亿美元收购以色列骨科机器人公司Mazor Robotics，迈出了手术机器人领域布局的第一步。

完成收购之后，美敦力对Mazor Robotics的技术进行了消化，并向软组织手术机器人进军。2019年9月，美敦力推出Hugo RAS腹腔镜手术机器人辅助系统，该系统主要适用于泌尿科和妇科手术。

为进一步提高机器人的手术能力，美敦力在2020年宣布了人工智能领域的几项主要并购，包括Digital Surgery和Medicrea。美敦力收购这两家公司主要是希望进一步强化软组织手术机器人系统。其中，Digital Surgery的人工智能技术将集成到美敦力的软组织手术机器人系统中；收购Medicrea主要是为了进一步优化包括人工智能脊柱植入物等脊柱外科解决方案。

(4) 糖尿病业务

糖尿病业务包含高级胰岛素疗法管理业务、非强化糖尿病疗法业务。

美敦力是胰岛素输注泵市场的领导者,也是同时生产胰岛素输注泵和连续血糖监测(Continuous Glucose Monitoring,简称CGM)设备的全能型公司。目前FDA批准的5款自动胰岛素输送(Automated Insulin Delivery,简称AID)系统全部来自美敦力。

美敦力进入糖尿病护理领域的时间其实并不算早。2001年,美敦力以37亿美元收购MiniMed和Medical Research Group(简称MRG)后,正式进军糖尿病护理市场。通过技术整合,美敦力推出了类似"人工胰腺"的胰岛素输注泵,在动态监测血糖的同时根据个体特征差异化给药。至此,美敦力将其产品服务延伸至慢性病(表1.4)。[3,4]

表1.4 糖尿病业务收购历史

时间	标的	意义
2001年	MiniMed和MRG	成为胰岛素输注泵的全球领先者
2009年	PreciSense	进军动态血糖监测领域
2013年	Cardiocom	进入糖尿病和心血管疾病等慢性病管理和监护领域
2015年	Diabeter BV	获得糖尿病创新治疗方案
2018年	Nutrino Health	获得预测血糖反应算法
2019年	Klue	扩展糖尿病护理赛道
2020年	Companion Medical	获得胰岛素笔产品

总结

与大多数世界级医疗公司一样,美敦力在发展初期以技术研发作为主要驱动力。在技术与产品成功落地后，公司开始实现市场营销规模化。后期出于战略考量，公司开启了医疗器械巨头的并购之路。因此，美敦力的成长史，也是一部恢宏的并购史（表1.5）。

表1.5　美敦力部分重大并购信息

标的	交易额	意义
MiniMed和MRG	37亿美元	开拓糖尿病赛道
柯惠医疗	450亿美元	奠定全球医疗器械龙头地位
Mazor	17亿美元	开启手术机器人新征程
Sofamor Danek	36亿美元	新增脊柱大赛道

在标的的选择上，美敦力有着非常明确的倾向，即选择龙头企业。这样的策略帮助美敦力在完成跨界的同时便取得了该领域较高的行业地位。

如果说美敦力前期立足凭借的是研发和营销的策略，那么其持续壮大则归功于赛道的选择和优秀的整合能力。从研发、营销到并购整合，已成为以技术驱动的医疗器械公司在行业称王的必经之路。

因美纳的创新之路

基本信息

公司名称	因美纳（Illumina）	业务类型	分析遗传变异和生物功能的综合系统
总部位置	美国圣迭戈	发展阶段	已上市
成立时间	1998年	发展方式	自主研发+并购扩张

因美纳是全球医疗器械巨头中非常年轻的一家公司，在20世纪末才成立。这家公司于2006年收购Solexa后正式进军测序仪领域，使得测序成本下降速

度突破摩尔定律，从原有的1亿美元下降到2014年的1000美元，再到后来的600美元。成立20余年来，因美纳持续深耕测序领域，从一名无名小卒成长为现今具有垄断地位的全球高通量测序大鳄。

由高校成果转化

因美纳有5位创始人，分别是CW集团传奇的生物技术投资人拉里·波克(Larry Bock)和他的助理同事约翰·斯图尔普纳格尔(John Stuelpnagel)、塔夫茨大学教授大卫·沃尔特(David Walt)、遗传学家马克·奇(Mark Chee)、化学家安东尼·查尼克(Anthony Czarnik)。

公司最初的核心专利来自沃尔特教授的光纤蚀刻和信息处理技术。波克和斯图尔普纳格尔最早希望投资的其实是加州理工学院的一项可以在芯片上放置大量传感器的技术，但该技术的发明人不仅没有接受CW集团的投资，反而转头成立了自己的公司。

于是，波克和斯图尔普纳格尔开始在市面上寻找类似的技术。1998年，波克和斯图尔普纳格尔正式获得了塔夫茨大学及其许可合作伙伴在光纤、微加工和先进信息处理相结合的技术授权；同时，沃尔特教授同意在其新公司担任顾问一职。

随后，两人在为另一家公司寻找CEO的时候遇到了Affymetrix遗传研究总监奇，以及一家初创公司的化学副总裁查尼克。斯图尔普纳格尔临时出任公司CEO，在准备公司成立的材料时，他想到了一个适合的名字——因美纳。

1998年12月，因美纳拿到了第一轮重大融资，除了种子轮的老股东CW集团和ARCH Venture，斯图尔普纳格尔还说服了文洛克(Venrock)参与。该轮融资总计募资约850万美元，为因美纳核心团队的搭建提供了支持。

1999年，还没有任何产品的因美纳通过猎头挖来了新CEO杰伊·弗拉特利(Jay Flatley)。在后面近20年里，弗拉特利带领因美纳从一家籍籍无名的创业公司成长为全球测序领域的霸主。[6]

收购Solexa进军测序仪领域

因美纳最初并没有从事任何测序仪业务，波克和斯图尔普纳格尔最初的设想是把因美纳做成一家生化检测公司，是马克·奇的背景将公司的航向转向了基因组学领域。

早期的因美纳主要聚焦在基因分析领域，主要产品是基因芯片，另外也提供一些与基因分型、基因表达阵列相关的系统和服务。在推出多款产品和服务后，因美纳逐渐在业内小有名气。他们还收购了一家叫作CyVera的公司，以获得一项适用于靶点验证和分子检测开发的新技术VeraCode。

2006年是测序领域的历史转折点。因美纳以6亿美元收购了实验性测序仪公司Solexa，获得边合成边测序技术，正式进军测序仪领域。

Solexa的基因测试技术较竞争对手快百倍，且价格低廉。收购完成后，因美纳进行了经营结构的重组，以便进一步利用测序和基因分型业务的协同优势。一方面，从耗材、分析工具到测序仪器，因美纳实现了上游市场的全覆盖。另一方面，因美纳也对Solexa的技术进行消化和改进，并建立了分销网络公司。

2007年，因美纳公布了5年内首次盈利的12个月，公司也因此被福布斯评为“发展最快的科技公司”。

另一家巨头公司罗氏（Roche）几乎与因美纳前后脚进入测序仪领域，它在2007年收购了454公司，后者先于Solexa两年推出基于焦磷酸测序法测序系统，开了边合成边测序的先河，也曾被《自然》（*Nature*）杂志以里程碑事件报道。

因美纳的快速发展吸引了罗氏的注意。2012年，罗氏提出希望以57亿美元收购因美纳，以提升其在生物制药方面的研发能力。罗氏表示他们看中测序行业在未来临床诊断及药物研究中的应用前景，如果能够成功收购因美纳，罗氏在生命科学及诊断市场上的地位将得到有效提升。

因美纳认为这是一场充满敌意的收购。于是，双方展开了激烈的博弈。为了阻止罗氏收购计划，因美纳于2012年1月26日宣布，将予以现有股东以半价购买股票的权利，对2月6日股市收盘后仍然持有公司股票的股东，该公司将按照每一股普通股发放一份优先股购买权的比例来给予激励。这就是所谓的“毒丸计划”。最终，罗氏不得不放弃对因美纳的收购，而因美纳如今的市值也远超当年罗氏的报价。不过，正是罗氏的恶意收购，让因美纳看到了测序技术在临床市场的机会。[7]

进军临床领域

此前因美纳从不与客户竞争，但这局面在因美纳进军临床领域后被打破。因美纳先后收购了英国遗传变异测序服务公司Blue Gnome和无创产前测序公司Verinata Health。消息一出，整个行业为之震惊，Verinata Health是因美纳在无创产前测试领域的一个直接竞争者。

2014年7月，因美纳收购了专注于伴随诊断及其他IVD的咨询公司Myraqa，为基因组学技术在监管市场的应用铺平道路，同时推动临床上使用的标准。尽管在一部分人看来，因美纳此举是在给自己四处树敌，但实则是在引发“鲶鱼效应”。尽管进军临床领域意味着他们将与客户存在竞争关系，但如果能以临床市场的竞争带动测序仪和实际耗材市场，最终收获渔翁之利的还是因美纳。

在这之后，因美纳改变了原有的临床市场销售策略，他们将销售对象定义为实验室或者其他希望使用设备的无创产前基因检测（NIPT）公司，通过对测序技术的普及来推动设备的销售。

随着多款肿瘤精准治疗药物等上市，因美纳也与百时美施贵宝（BMS）公司签订了伴随诊断产品开发协议。同时，因美纳也通过罕见病研究推动了全基因组测序。基因组学被赋予重要的价值，在遗传病和罕见病中有重要意义，包括一些传统方法无法诊断和治疗的罕见病。根据突变的特异性，不同的疾病会得到不同的治疗；药物产生更大的影响，试验也能取得更大的成功。

测序成本超摩尔定律

2014年被誉为测序技术商业化元年，也是整个生命科学领域重要的里程碑。这一年的J. P.摩根大会上，因美纳推出NextSeq系列新一代测序仪，宣布将测序成本从2007年的1亿美元降低到1000美元。

一年后，全球范围内基于测序技术应用类的大小公司如雨后春笋般出现，二代测序技术展现出从未有过的活力。因美纳正是凭借测序成本的优势成功打败了罗氏，成为测序仪市场上具有垄断地位的霸主。2016年，其产品的市场覆盖率便超过80%。随后，因美纳又推出了NovaSeq系列，百美元级别（实际应该是600美元）测序成本再次成为业界话题热点。

扩展蓝海市场，引领行业风向

布莱恩·阿瑟（Brian Arthur）在其《技术的本质》（*The Nature of Technology*）一书中指出，基于核心领域的技术之质的变化，将会引发商业系统的嬗变，通过一系列新模式达到新的均衡。在测序领域，超摩尔定律存在的成本变化给因美纳带来了巨大的机遇。因美纳看到了两个超级市场——肿瘤早筛和消费级基因检测。

其实进入测序仪市场不久后，因美纳就对消费级基因检测进行过试水。公司通过Understand Your Genome计划，推出了比23andMe及前几代产品更加深层次的测序排列。

2016年，因美纳投资成立了两家公司——Helix和GRAIL。其中，Helix是因美纳消费级基因检测战略的实体化公司。因美纳希望进一步推动DNA走入大众生活，而Helix最初的设想是为DNA信息学带来一个新模式——应用商店。与其他公司一个产品对应一次检测的模式不同，Helix选择先以低价给消费者做一次全基因组检测，然后再兜售各类报告。Helix在一开始就获得1亿美元的融资。不过，除了2017年产品上线以外，Helix并未有更多消息传出。

相比之下，另一家公司GRAIL就更加备受关注。GRAIL专注于泛癌种早筛赛道,成立以来先后完成5轮融资,累计融资超过20亿美元。B轮融资后,因美纳曾有意将GRAIL独立,让这家子公司成为自己的客户。不过后来,因美纳又以80亿美元将GRAIL收购了回去。

GRAIL的加入让因美纳的产品组合扩大到包括癌症筛查、诊断和癌症监测领域,也加强了因美纳在临床基因组学领域的优势地位。[8]

通过收购、专利狙击稳固地位

除了推出测序成本更低的仪器和进行市场扩展、边界扩展以外,因美纳在做的另一件事情就是稳固自己的霸主地位。它用到的两种重要手段就是“收购”和“专利狙击”。

因美纳几乎与全球所有知名测序仪公司有过专利纠纷,在进军临床领域后,也与部分无创产前基因检测公司、行业专利池有过专利摩擦。

专利诉讼一直是大公司打击对手的利器。大公司对小公司发起专利狙击时,往往会给小公司造成巨大的压力。因此大公司一旦发现竞争对手与自己专利相关存在中和或者交叉,就可以利用这种手段来打击对手。在美国这样专利体系相对健全的国家,专利狙击已经成为商业竞技的重要手段。另外,如同罗氏当年企图收购因美纳那样,收购也是因美纳巩固市场的一种方式。这里具体体现在它对Pacific Biosciences的收购策略上。

2018年11月1日,因美纳宣布将以每股8美元的价格用全现金交易的形式收购Pacific Biosciences,后者在这场交易中的总市值为12亿美元。因美纳之所以收购Pacific Biosciences,主要是看中了它在长读长测序(Long-Read Sequenicing)能力上的解决方案,因美纳希望将其与自己的边合成边测序技术结合起来,把潜在的对手变为自己的实力帮手。但这项收购案受到多方质疑,其中反对最为激烈的是英国竞争与市场管理局(CMA)和Oxford Nanopore公司。

2019年12月,反垄断的战火从英国烧到美国,美国联邦贸易委员会正式指控因美纳试图非法维持在美国高通量测序市场的垄断地位。这场收购最终在

2020年宣布终止。[9]

相比罗氏、美敦力等大公司，因美纳的收购次数较少，但它迈出的每一个重要步伐，都是通过收购实现的。

启示

从几个人的创业公司到行业巨头，因美纳只用了20多年。相比于百年老店，也许因美纳的发展路径更值得创业者借鉴。

首先，因美纳是典型的科研成果转化企业，由具备丰富经验的投资人挖掘，由科学家、投资人、产业资深人士共同创立。其次，因美纳懂得从边缘到核心的开源路径。最后，因美纳拥有睿智的市场策略。它的扩展其实非常有意思，一是扩展大领域，二是引领新领域。无论哪一种方式，因美纳都像是一条进入沙丁鱼群的鲶鱼，激发并带动了整个市场的活力。无论在下游市场的占有率如何，作为卖铲子的人，因美纳都能够从中收获利益。

丹纳赫的创新之路

基本信息

公司名称	丹纳赫（Danaher）	业务类型	生命科学、医学诊断、水质管理、产品标识
总部位置	美国华盛顿	发展阶段	已上市
成立时间	1984年	发展方式	跨界并购扩张

丹纳赫集团成立于1984年，总部位于美国华盛顿，是一家在全球科学与技术领域处于领先地位的公司，并于健康、环境和工业应用等高要求且富有吸引力的领域拥有众多闻名世界的品牌。

丹纳赫集团被称为全球最成功的实业型并购整合公司，它通过收购整合，从最初的房地产信托投资基金公司，逐渐成长为涉及生命科学、医学诊断、水质管理及产品标识四大领域的科技前沿公司，是“赋能式”并购之王。

起航：1980—1986年

丹纳赫的创始人是一对兄弟，哥哥叫史蒂芬·瑞尔斯（Steven M. Rales），弟弟叫米歇尔·瑞尔斯（Mitchell Rales）。他们的父亲诺曼·瑞尔斯（Norman Rales）是著名的房地产商，他开创了美国商业史上第一个员工股权激励计划。

1980年，受美国产业并购浪潮的影响，瑞尔斯兄弟决定离开父亲的房地产公司，合力创办一家投资公司，即证券集团控股（Equity Group Holdings）。1981年，他们并购了硕士盾公司和莫霍克橡胶公司，为后来成立丹纳赫打下了资金基础。

1984年，瑞尔斯兄弟发现了一家房地产信托投资基金公司DMG。当时DMG的情况非常特殊，因为自1975年起它就不再向外界公告它的利润了，但是有超过1.3亿美元的税损结转。自小受到商业熏陶且熟悉房地产生意的瑞尔斯兄弟敏锐地察觉到，DMG就是一个可以从税收角度借用的空壳平台。

于是，瑞尔斯兄弟立马收购了DMG，并抛售所有房地产控股，然后将硕士盾公司和莫霍克橡胶公司并入其中，企图通过房地产税收抵免保护制造业的收入。

同年，瑞尔斯兄弟将公司名称改为“丹纳赫”，开启了它的并购之路。[10, 11]

疯狂扩张期：1986—2000年

如果说1979年，史蒂芬和米歇尔离开父亲的房地产公司，一起创立了证券集团控股，是在形式上告别房地产行业，那么1986年收购Chicago Pneumatic则是在产业方向上也离开了房地产行业。

1986年是丹纳赫正式成立的第三年，此时它正处于大规模并购的阶段，其并购的第一家公司就是Chicago Pneumatic。在当时，Chicago Pneumatic并非无名之辈，它的历史可追溯至1901年，在高性能工具和设备方面可谓享誉全球，在工业设备制造业中也有很高的地位。正是有了它的加入，丹纳赫才算正式脱离了房地产行业。

丹纳赫利用数量可观的债务融资，以友好或敌意的方式收购了12家工业企业，涵盖工具、控制装置、精密零部件和塑料等各种制造公司，使丹纳赫旗下公司快速增长到14家，且这些公司全是工业相关行业，如汽车运输、仪器仪表、精密零部件等。

之后，丹纳赫的收购力度不如先前那样猛烈，但仍然快速增长。据不完全统计，丹纳赫又大规模地收购了8家公司，其中7家都与工业及工业设备相关。这些项目的共同特点是：周期快、盈利高，非常适合短期内积攒资金。

这样的收购模式，让丹纳赫的资产进入快速增长期。其实早在1986年，丹纳赫的业务营收便达到4.56亿美元，并被《财富》杂志评为世界500强。

行业占领阶段：2001—2008年

虽然丹纳赫一直通过收购合并的方式扩大自己的规模和累积财富，但其实它一直都有清晰的并购战略。丹纳赫的CEO乔治·谢尔曼（George M. Sherman）就曾公开表示，希望集团加强以市场为导向的战略计划，以巩固丹纳赫令人钦佩的市场地位。因此，丹纳赫在拥有足够的地位和财力时，自然开始考虑向不同行业扩张。2001年，丹纳赫便开始了进军多行业之路。

丹纳赫的行动并不是盲目的，而是有章法的。

丹纳赫在有特色的行业做“加法”，扩张自己的领域，并把投资组合重新定位为更有吸引力、更少周期性的业务。在这段时间内，丹纳赫共收购了13家企业，新涉足医学诊断和生命科学领域。当然，公司也没有忽略最初的工业领域及刚刚起步的水质管理领域。至此，丹纳赫基本上确定了四大业务板块——生命科学、医学诊断、水质管理和产品标识。

在2004年，丹纳赫出资7.3亿美元收购了研究生产血气分析仪器的Radiometer，进入医疗诊断行业。同年，它又收购了专注于口腔治疗的Kavo Kerr，进一步细化医疗诊断行业。2005年，丹纳赫收购Leica Biosystems，并将其保留为子品牌，打响了丹纳赫进入生命科学领域的第一枪。这些企业在各自的领域都是“领头羊”，丹纳赫通过收购它们，以达到其快速进入并占领这些行业的目的。

随着丹纳赫的不断发展，它开始倾向收购能和现有平台内主要公司业务形成互补协同效应，以及有一定的行业周期互补迹象的公司。例如，2006年丹纳赫收购了研究开发激光设备的Vision，虽然这是一家定位在工业领域的公司，但它的加入却推动了丹纳赫在生命科学领域的进步，为该领域的发展提供了高精度仪器、最佳解决方案等。

除了做“加法”，丹纳赫也在不断地做“减法”，将相对传统的初级工具部门出售，减少不必要的开支，加强对科技含量高、弱周期的生命科学、医疗诊断、牙科设备等行业的投入。[12]

平稳阶段：2008年至今

2009年是美国次贷危机爆发后世界经济萎缩最严重的一年，全世界绝大多数公司都受到了不小的打击，丹纳赫也是其中之一。为节约资金，公司削减了5000多个职位，还关闭了30多家工厂。但即便如此，丹纳赫也没有中断并购的道路，只是适时地放慢了脚步，对并购公司的条件也从最初的其能够提供经济支持变为其对市场具有一定影响力。

这一阶段，丹纳赫已经基本完成了对市场的布局延伸，要做的就是巩固地位、站稳脚跟，努力在各个领域都能坐到龙头的位置。

2010年，丹纳赫斥资4.5亿美元收购医疗器械行业知名品牌SCIEX，大大提高了丹纳赫在该领域的实力，使之在医疗器械行业排位中跃升至前10名。

无独有偶，2011年丹纳赫收购贝克曼库尔特公司（Beckman Coulter）的金额更是其自创建以来的最高收购纪录——68亿美元。这场收购直接让丹纳赫登上全球医疗诊断企业排名的榜首。

除了这场68亿美元的收购，丹纳赫还有另外两场“豪掷”。一场发生在

2015年,丹纳赫以138亿美元收购了Pall。此后,丹纳赫进行了其组建以来最大规模的公司拆分,将现有的生命科学、诊断、牙科及水质平台与Pall整合成为仍以丹纳赫为名的科学及技术增长公司。整合后的新公司,仅2016年的收入就达到约165亿美元,远远超过当年收购Pall的价格。不仅如此,丹纳赫在整个行业的地位也得到了显著提升。

另一场发生在2019年,丹纳赫以214亿美元收购GE Life Sciences生物医药业务(GE Biopharma)的消息震惊了整个市场。因为GE Biopharma对外公布的年营收额仅33亿美元,与丹纳赫出资214亿美元相较起来,后者简直是天价。[13]

但细究起来,GE Biopharma其实是一块优质资产。GE生命科学类产品的利润率都比较高,几乎占GE医疗整个业务利润率的25%以上,而且它掌握许多业界领先技术,帮助丹纳赫创收的同时,亦可带领其在技术上进行创新,使之在行业中占据主导地位。

可以说,以上三次收购为丹纳赫的后续发展铺平了道路。在公司的重新布局和管理下,不少被收购后的企业重焕新生,也创造出了惊人的成绩。

世界级医疗科技公司的典型特征

主动创新到追逐创新

大部分世界级医疗科技公司都是通过自主创新或者与高等院校合作的方式,推出具有颠覆性创新的产品来为成功奠基的。然而,要从已在市场立足的公司到具有一定社会影响力及规模的公司,仅仅依靠单次或几次创新是不够的,还需要在时代变迁中持续地追逐创新。

它们会基于自身的资源寻找更多与研究机构及知名科学家合作的机会,赞助有潜力的科研项目。尽管出于营收考虑,大公司在研发投入上更加审慎,但是它们仍在通过各种各样的方式持续追逐早期创新,立足科技前沿,布局具备潜力的创新项目。

成功的并购

一家新锐在历经技术驱动的洗礼、自身业务发展成熟和市场规模化之后,会发展成巨头企业。但巨头企业其实也有自己的难处,经常会在研发上面临"船大难掉头"的局面。要想保护自己的地位,避免被中小型创新公司超越,就必须与时俱进。

这时,并购是最高效的方式。几乎所有的世界级科技公司都会进行大量的并购,这些并购可能是横向的,也可能是纵向的。并购动机多数来自两方面:一方面是通过某一项收购来增加自己的营收和市场能力;另一方面是通过收购业务管线、投资甚至孵化创新公司,以获得新技术或者新产品。但并购是与风险同行的,标的的选择很重要。成功的并购能够帮助企业在并购后实现飞越,而失败的并购也会让企业在发展过程中遭遇危机,甚至需要较长时间才能恢复过来。

多元布局

无论是追逐创新还是并购,其最终结果都会丰富公司的业务布局。这也导致一个现象——没有一家世界级公司的产品和产品线是单一性的。复杂的业务体系,对于企业的治理而言,也是重大挑战。

锐度

尽管世界级科技公司的业务布局都相对多元化,但是这些公司最早的业务或者在发展过程中的某些业务,必定是以一个相对锐利的角度切入市场的。这些产品可能是首创且解决市场刚需的,如美敦力的心脏起搏器产品;也可能是通过收购而占据制高点的,如因美纳收购Solexa。在它们的多元化布局中,一定是有几个闪光的、立于巅峰地位的产品或者产品线。

同时,其营销模式,无论是直销还是代理,一定都具有全球化的销售网络。

第三节 中国医疗科技创新特殊之路

中国医疗科技发展的历史

中国的医疗创新发展与世界医疗创新发展有着异曲同工之处。但不同的是,中国的医疗科技在很长时间都处于传统的经验医学阶段。在中华人民共和国成立后,借由西方现代医学的基础,我国才快速建立了现代医学机制。现今,我们正同世界一起,准备迈向精准医学蓬勃发展的时代。

中医有着悠久历史,它诞生于原始社会。在春秋战国时期,中医理论已基本形成,之后历代均有总结发展。例如,石器时代,我国祖先没有药理知识,每当身体不适便用烤热的石头进行热敷和刮拭,他们发现一些特殊的石头确有疗效。这种楔状石块(砭石)便是我国古代最早的医疗器械。此外,河南安阳殷墟出土的公元前16世纪的甲骨文和成书于公元前11世纪的《山海经》中,也有关于“薰草”、药浴、涂抹药物等记载。张仲景的《伤寒杂病论》(汉)、葛洪的《肘后备急方》(晋)中出现了关于针灸、拔罐等疾病治疗的方法。在制造工艺进一步发展的元代,医用刀、剪、锥、凿等类现代外科手术器械出现。明清时期,除了银蓖、磁烽、通脓管、喉针、舌压、钩针、治管等器械,药布、药棉、药巾、药带、药袋、药包等卫生材料和敷、贴、吸、灌、熨等治疗器具也已经流行。

清末民初,西方医疗技术传入我国,我国的近代医学开始。不过这一时期我国医学发展非常缓慢,所需的体温计、注射器、听诊器等都要依赖进口。20世纪40年代,国内的医疗制造能力有所提高。在极度困难的战争条件下,解放区建立一些医疗器械生产厂,生产医用镊、止血钳、纱布、包装瓶等简单的医疗器械产品。

中华人民共和国成立后,我国的医疗科技发展迎来第一次加速,试制并生产了轻便手术床、消毒煮沸器、高压消毒柜、200毫安X射线机、直流感应治疗机、共鸣火花辐射器、超声波电疗仪、心电图机和眼科手术器械包等产品。这一时期,国内的医疗器械行业逐步从简易的修配迈向小型仪器和设备的生产。1958年，医疗器械全行业开始革新工艺，逐渐由机械化生产代替部分手工操作，锻坯、辊轧、静电喷涂等新工艺出现在生产线，我国开始试制高速离心机、鼓泡式人工心肺机、放射性同位素诊断仪、电子显微镜、腹腔镜、电鼻咽镜、超声切面显像仪、不锈钢手术剪与止血钳、风动骨锯、无损伤缝合针、人工心脏瓣膜等结构复杂、技术难度大的产品。

这一时期的医疗行业还谈不上创新，更多是在进行制造和工艺上的突破。不过，医药领域还是取得了一些成绩。例如，1965年，我国科学家团队成功完成牛胰岛素的合成；1971年，实现了青蒿素的提取。1980年开始，我国先后研制出X射线CT设备、大型X射线机组、B型超声波诊断仪、体外震波碎石装置、驻波直线加速器、磁共振成像等大型装置。

同期，以跨国药企为首的世界级医疗企业也开始在上海张江聚集，尽管这些巨头企业大多把生产和销售放到中国，但是也为中国的医疗医药产业打下了基础，培育了最早一批人才。在随后的10余年里，中国本土医疗科技创新的种子开始萌芽，威高集团、迈瑞医疗、恒瑞医药、联影医疗、华大基因、博奥生物、达安基因等现阶段中国医疗产业的龙头企业相继成立。苏州纳米工业园于1994年开园，10余年后成为继上海张江之后的又一医疗科技创新高地。

20世纪末，出国留学的人才大量回国，加上跨国公司释放的一批人才，中国的医疗科技创新开始在本土和海归潮的碰撞中发展。此时，医疗科技资本环境和政策环境也在朝着利好的方向发展。在仿制药后，跟随创新产品大量出现的，不仅有化学药、生物药，还有诸多对标跨国公司的重型医疗器械。在基因测序等新兴领域，国内的创新技术在同一时段崛起。不同的是，国内诸多公司仍旧以应用为主，上下游产业布局薄弱。

随着联影医疗、迈瑞医疗、信达生物制药等公司的产品上市，医疗器械的国产替代热潮开始兴起。2016年，中国加入国际医药法规协和会(ICH)，使得国内医药创新的标准与海外实现同步。

我国医疗产业，通过引进、消化、吸收、再创新的路径，不断缩小与发达国家的差距，并在部分领域实现了国产崛起和进口替代；但在很多细分领域，突破“卡脖子”的任务依然任重道远。

进入“十四五”时期，我国医疗产业国产化、高端化、品牌化发展将进一步加快，企业如何顺应信息化、智能化、网络化、数字化大潮发展，是其核心竞争力的体现。在国家大力推进生物医药创新发展宏观政策的指引下，我国从最初的创新跟跑者逐步变成引领者，涌现一批致力于自主创新的本土企业，正逐步跨越中国制造，向着中国智造转型。

中国医疗产业的发展方向

在短暂的几十年中，中国的医疗科技创新行业完成了从无到有的建设，并在飞速发展。这样的发展势头必将继续加速，逐渐赶上国际水平。那么从细节来看，中国的医疗科技创新将呈现哪些趋势呢？下面我们将试着总结一下。

发力上游，补齐供应链

中国的医疗科技创新在近几十年是以超加速向前发展的。这样的高速发展，建立在对上游及供应链的进口依赖上。如今看来，无论是国家层面、市场层面，还是资本层面，都意识到目前中国医疗科技创新产业在上游产业链核心力量的不足。因此，回头补齐上游产业，也将是必然。

就整个生命科学行业而言，试剂、耗材等目前仍主要依赖进口。这些产品广泛应用于生命科学的各个行业，是其必需的消耗品，对行业的发展至关重要。在生命科学蓬勃发展的大背景下，上游原料作为其关键组成部分，或许也将像下游产品、药品一样实现国产化。当然，这必须建立在国产产品性能和质量的提升上。

伴随下游治疗技术的进步，制药领域不断迭代，新兴疗法商业化潜力巨大，驱动上游需求快速扩张。同时，生物制药生产设备和(或)耗材的高壁垒和复用价值量显著提升，呈现明显的“一次性化+集成化/模块化+规模化”趋势，上游产业链目标市场空间潜力明显增加,催化领先公司向一体化全流程服务商转变。

“出海”

受带量采购、医保谈判、研发同质化等影响,国内创新药竞争格局逐步内卷。

在以往的研发思路中,中国的医疗科技创新企业更强调国内市场。无论是药物还是器械,大多是借鉴海外已经上市的产品,进行跟随研发。这种模式降低了企业的研发风险,使得企业能够针对国内市场快速布局,补齐空缺。在原有的“出海”战略中,这些企业也基本上是先布局国内市场,再基于国内的数据进行海外市场的申报。在底层设计上,这些“出海”的战略并不算严格上的“出海”,因为在整体的创新研发上,它们都是以国内市场的价值为主,海外市场只是一种弹性的尝试而已。

这种创新其实存在一定隐患。大量的跟随研发导致从研发端便开始的市场内卷,大量企业扎堆同一个产品或者品类产品,使得竞争格局恶化,企业上市后市值受到影响。

如何逆转?部分通过“授权合作”(License Out)的形式收到首付款及里程碑款的药企,以及将产品销售到海外的医疗器械公司似乎给出了答案——加速面向全球,实现真正的“出海”。

国产替代仍是主旋律

值得注意的是,“出海”是一条相对长的发展道路,在当下来看,国产替代仍是现阶段医疗科技发展的主旋律。

20世纪70年代,一线城市的医院所用医疗器械基本来自进口,定价昂贵。20世纪80年代起,中国医疗器械企业通过提高自主创新能力、“出海”并购等方式增强自身实力,提高国际市场话语权,逐渐打破外企对医疗器械的垄断地位。

外部政策因素加速了国产化进程,国家鼓励优先采购国产设备、带量采购降低了高素质国产产品的准入壁垒,按疾病诊断相关分组(DRG)和(或)病种分值(DIP)支付对医院的成本管控能力提出更高的要求。内有企业自身驱动因素对国产化的推动,使得企业不断加大研发投入,增强创新力,调整商业模式,扩宽产品管线,以及增加自身市场份额。

技术、品牌、性价比、渠道都是国产企业的制胜法宝。在不断变化的行业格局下,企业应对自身的定位和价值有更清晰的认识。从2018年和2020年境内三类器械获批对比情况中可以看出,体外诊断、无源植入器械、护理器械基本已实现国产替代,从融资规模可以推测,医学影像、心血管器械将成为未来国产替代的核心主力。

数字化与智能化

国内数字疗法行业在2021年正式起步,截至目前,国内已有近百家企业涉足数字疗法领域,覆盖了眼科、精神障碍、行为和认知障碍、慢性呼吸系统疾病、肿瘤等领域。整体而言,国内数字疗法在产品适应证布局、产品获批进展、审批监管体系建设等方面与海外仍存在较大差距。

眼科数字疗法领域是国内发展最为成熟的细分赛道:产品作用机制清晰、实现手段相对简单、治疗效果明确,获批产品已超过10款,且行业内已出现了头部企业。

相较多学科诊疗模式的肿瘤全病程管理理论,国内癌症管理数字疗法领域获批产品的功能相对简单。出现此现象的原因有两个:一是在当前的监管审批理念下,具有明确功能产品更易被审批部门所理解和接受;二是癌症此类重症管理内容复杂、技术壁垒高,当前的数字化技术及数字医疗生态无法支撑复杂的功能实现。

结合我国慢性病管理数字创新产品的发展历程,以及多数数字疗法企业的商业化策略,将慢性病管理数字疗法产品融入疾病的全病程管理中,使之成为基层医务人员进行患者管理的高效工具,将会使患者快速建立对数字疗法的认知和使用习惯。并且,通过在真实世界的应用,数字疗法产品才能搜集更大规模的患者数据,以此形成可生成具有更高可靠性、精准度的个性化干预建议的模型,实现数字疗法的优化升级,进而真正改变医疗范式。[14]

成果转化与原研创新

近些年,医疗科技创新领域出现了越来越多科研工作者的身影,也有越来越多的资本开始将投资阶段前移,出现了风险投资疯抢科学家的现象。

其实,中国的医疗创新发展到这个阶段,如果要再继续上升一个高度,那么其创新能力必然需要提升。高校、科研院所本身就是一座“智矿”。因此,将科研院所深藏的技术转化到市场,将“论文”转化成“金钱”,也成为政策上、资本端和产业端共同努力的方向和期待。

科研助力产业的同时,产业的需求也将反哺科研端的发展。这主要体现在横向合作上,企业为科研人员提供一定的研发资金,助力其科技创新;与此同时,通过与产业的不断接触,科研端的发展和方向也会发生转变,其应用研究将更加贴近市场,研究动机逐渐转变为产业需求。

第四节　中国医疗科技企业案例分析

中国的医疗科技企业在近年来发展迅猛,涌现出一批优秀企业。下面以联影医疗、迈瑞医疗和微创医疗为例,对其成长历程作简要分析。

联影医疗

基本信息

公司名称	联影医疗	业务类型	高性能医学影像、放疗产品、生命科学仪器及医疗数字化解决方案
总部位置	中国上海	发展阶段	已上市
成立时间	2011年	发展方式	自主研发+并购扩张

医疗影像是医疗数据的重要来源和临床诊断的重要依据。根据应用目的不同,医学影像设备可分为诊断影像设备与治疗影像设备。诊断影像设备又根据信号的不同,大致可分为:磁共振成像(MRI)设备、X射线计算机断层扫描(CT)设备、X射线成像(XR)设备、分子影像(MI)设备、超声(US)设备等。治疗影像设备则大致可分为:数字减影血管造影设备(DSA)及定向放射设备(骨科C型臂)等(图1.1)。

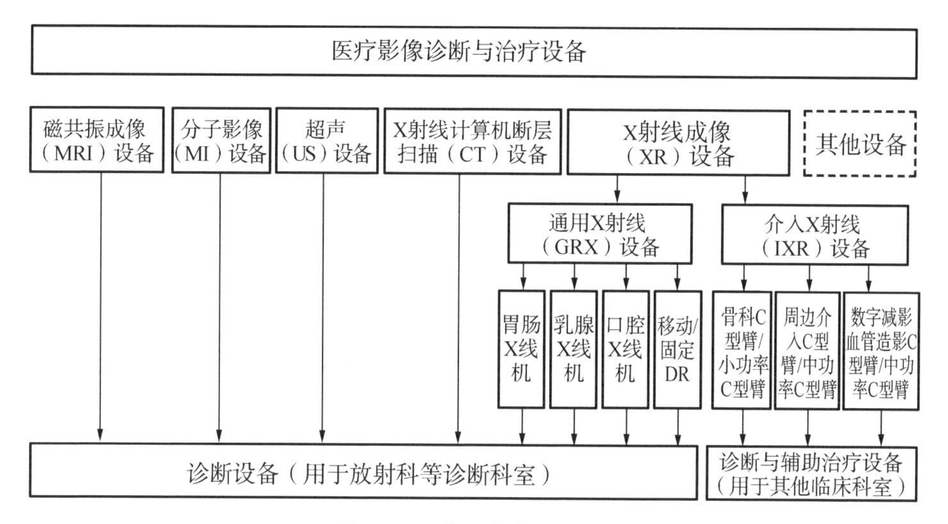

图1.1 医疗影像诊断与治疗设备

长期以来,国内医疗影像行业始终被合称为“GPS”的国外企业——通用电气医疗(General Electric Company,简称GE)、飞利浦(Philip)、西门子(Siemens)——所垄断。在高端医疗影像设备,如正电子发射计算机体层显像(PET/CT)、MRI和CT等产品市场,这些进口品牌曾占据90%以上的市场份额。如此情形的垄断,直接导致国内购买这些品牌设备时需要支付高昂费用。例如,一台1.5T的MRI设备在美国售价为75万美元,而在中国市场其售价则超过500万美元;加之供应链层层叠加等原因,最终导致国内患者做一次PET/CT扫描的费用最高可达1.2万元。

与国际水平相比,中国医学影像设备行业一直处于行业集中度低、企业规模偏小、中高端市场国产产品占有率低的局面。“拿来主义”并不能使国产医疗影像企业冲出“GPS”的包围圈。在医疗器械中低端市场上,以联影医疗、东软医疗、万东医疗为首的影像医疗器械厂商技术逐渐成熟，产品线逐步拓宽，能够在某一特定产品上以高性价比的优势超越“GPS”，进而拿下中低端市场。但在中高端产品线布局上，唯一突破“GPS”重围的只有联影医疗一家公司。

从制造到智造

关键核心技术是要不来、买不来、讨不来的。

联影医疗从2011年成立以来，就以追求核心技术自主研发为主要目标，下定决心掌握全部核心技术、对标国际顶尖水准、实现最一流的产品性能，并完成产品全线覆盖。

经过10余年的布局与努力，联影医疗基本实现了最初的愿景。2022年上市时，联影医疗已布局包括医学影像设备、放射治疗产品、生命科学仪器在内的完整产品线，累计向市场推出80余款产品。

表1.6 国内外各医学影像设备公司产品线分布

设备种类	GE医疗	飞利浦医疗	西门子医疗	医科达	联影医疗	东软医疗	万东医疗
MRI产品							
3.0T及以上	▲	▲	▲		▲		
1.5T及以下	▲	▲	▲		▲	▲	▲
CT产品							
320排/640层					▲		
256排/512层	▲						▲
128排及以下	▲	▲	▲		▲	▲	▲
光子CT		▲	▲				
XR产品							
乳腺X射线成像	▲		▲		▲	▲	▲
常规/移动DR	▲	▲	▲		▲	▲	▲

（续表）

设备种类	GE医疗	飞利浦医疗	西门子医疗	医科达	联影医疗	东软医疗	万东医疗
中小C	▲	▲	▲		▲	▲	▲
大C(DSA)	▲	▲	▲			▲	▲
MI产品							
PET/CT							
AFOV>120厘米					▲		
AFOV 50—120厘米	▲		▲		▲		
AFOV<50厘米	▲	▲	▲		▲		▲
PET/MRI	▲		▲		▲		
超声产品	▲	▲	▲			▲	
RT产品							
直线加速器			▲	▲	▲		▲
图像引导直线加速器			▲	▲	▲		

（数据来源：联影医疗招股书、动脉网）

由表1.6可知，在高端医学影像及放射治疗产品领域，联影医疗产品线的覆盖范围与GE医疗、西门子医疗、飞利浦医疗等国际厂商基本一致。

在联影医疗的“时空一体”TOFPET/MRI项目中，其自主研发了梯度放大器、射频功率放大器两个核心零部件。目前为止，这两项核心技术稳定性高、马力强，属于国际顶尖品质。在产品性能上，整体达到国际先进水平，部分指标已达到国际领先的水平。同时，联影医疗团队也逐步完成从技术创新到产品创新的转化。目前，这些核心部件已搭载于联影医疗相关产品，并在全国几百家医院投入使用。

巨量的研发投入在长线运作后,让企业看到了回报。近几年,联影医疗的业绩持续增长,摆脱了亏损状态,并在2020年后实现营收额大幅上升。

中国科学院深圳先进技术研究院的郑海荣副院长说过这样一句话:"对于一个综合的现代化工业制造体系来说,高端医学影像设备的属性不单是一个医疗产品。在生产制造过程中,它可以带动我国一批高端产业链的发展,从材料到芯片,从器件到电子学,不像一个小国家买一买就可以解决问题。"

以具有创新实力的国产龙头行业作为旗舰,带动整个领域由"制造"迈向"智造"发展的先例屡见不鲜。联影医疗正作为我国医学影像领域自主创新的范例,扬帆远航。

布局数字医疗

更智能、更人性化的医疗器械是高端医疗影像设备的探索方向,在联影医疗的各项新技术突破中,均以这类需求为方向标。

长期以来,在磁共振设备的应用过程中始终存在多重痛点,包括扫描过程噪声大、速度慢、操作复杂、阅片难度大、伪影来源多等。2021年,联影医疗集团发布磁共振"类脑"平台uAIFI Technology,用人工智能神经网络来模拟大脑神经元,彻底打破磁共振传统硬软件系统孤岛。平台中包含15项以AI赋能的核心技术,覆盖磁共振扫描前、扫描中、扫描后全流程,实现全场景赋能磁共振扫描,逐一突破现有痛点问题。

其中,uAIFI Technology的uVision技术将天眼技术应用于磁共振扫描,大幅加速扫描前操作流程,减少患者在扫描时的等待时间。在医生诊断环节,通过人工智能技术对智能斑块、智能脑分析、智能裁剪等高级应用赋能,极大提高了医生的诊断效率。

2020年4月,由联影医疗研发的临床创新uCT-ART在线自适应放疗技术(CT-guided adeptive radiotherapy)首次应用于中山大学肿瘤防治中心,并在肺癌领域率先落地。该技术为直击癌症装了“卫星导航”。

2022年5月，复旦大学附属肿瘤医院放疗中心基于联影医疗诊断级CT一体化直线加速器uRT-linac 506c，与“云端”信息化技术，实现了行业首个直肠癌远程在线自适应放疗，为肿瘤患者打通了“疫情生命通道”，同时大幅降低了医生、物理师、患者的交叉感染风险。联影医疗uCT-ART技术，助力医生实现在任一分次内根据诊断级CT-IGRT图像结果实时判断并修改方案，疫情防控期间一机双用，简化流程，为患者打造了高效、精准、便捷的治疗平台。[15]

无论是针对临床诊疗痛点的远程在线自适应放疗，还是使用人工智能技术的磁共振类脑平台，这些创新都体现了联影医疗在数字医疗、智能医疗上的布局。对于建设高端医疗设备高地的愿景，联影医疗董事长薛敏直言：“未来，智能医疗的发展方向之一正是让设备自主思考、自我进化，最大程度地简化操作流程，最终让患者感受到情感化关爱。”

国货“出海”，走向国际

凭借在地优势，单纯在中国市场与“GPS”分庭抗礼，显然不是联影医疗集团为自己设立的天花板。

联影医疗是国内医疗器械领域在海外布局最为丰富的企业之一，目前已在美国建立研发中心、销售公司，并进行了产能布局，在马来西亚、阿联酋和波兰等其他国家也设立了销售公司，逐步铺设全球化的研发、生产和服务网络。

日本素以医疗准入严格著称，而联影医疗在2017年实现了大型高端医疗设备在日本的“破冰”。日本最大单体医院日本藤田保健卫生大学医院引进了第一台进驻日本市场的中国高端医疗设备——联影医疗自主研发的超清光导PET/CT。

2019年，已冲出国门的联影医疗在世界范围内寻求合作。最终，联影医疗在产品层面与德国ITM签订战略合作协议，使自己的产品与服务触达世界客户。

2022年，阿拉伯国际医疗器械展览会（Arab Health）期间，联影医疗与中东最大整体癌症治疗中心侯赛因国王癌症中心(King Hussein Cancer Center，简称KHCC)签署了战略合作。根据协议，联影医疗、复旦大学附属中山医院和KHCC三方将合力构建全球范围的产学研医融合创新生态，共建辐射亚洲与非洲的核医学与医学影像应用展示研究与学术交流基地，围绕重大科研课题与技术培训开展国际多中心合作，共同培养创新型、复合型跨国人才。

总结与启示

联影医疗打破了外界对中国制造的刻板印象，是中国医疗创新史上的里程碑。在产品上，联影医疗布局上游核心元器件，以创新研发打造强大护城河。它坚持攻克高精尖技术，以高质量的科技供给带动产业迈向中高端，在巨头夹击下开辟自己的天地。

高投入研发、高标准的生产要求等因素亦为联影医疗的品牌进行了加成。自2012年医改以来，我国相关部门连续出台了一系列医疗行业政策，旨在优化医疗服务水平、鼓励分级诊疗实施、推动医疗资源下沉，这也为影像设备销售开辟了新的市场空间。所以，联影医疗的成功可谓国产品牌创新的天时、地利、人和之结果。

迈瑞医疗

基本信息

公司名称	迈瑞医疗	业务类型	生命信息与支持、体外诊断、医学影像
总部位置	中国深圳	发展阶段	已上市
成立时间	1991年	发展方式	自主研发+并购扩张

迈瑞医疗成立于1991年，总部位于中国深圳，主要从事医疗器械的研发、制造、营销及服务，致力于为全球医疗机构提供优质产品和服务。公司在全球

范围内拥有57家全资或控股子公司，其中在中国境内有18家，在北美、欧洲、亚洲、非洲、拉美等地区有39家，其产品覆盖生命信息与支持、体外诊断和医学影像三大领域。

生命信息与支持系统是迈瑞医疗最大的事业部，主要产品是监护仪、呼吸机、麻醉机、除颤仪和心电仪。超声事业部旗下有超声、影像、CT和磁共振等产品。体外诊断负责生产大量生物化学产品，以及外科设备（如灯床吊塔、骨科、内镜等）。

2015年前后，迈瑞医疗进军互联网医疗。它是国内第一家在美国上市的国产医疗器械公司，但在2016年，迈瑞医疗又以33亿美元市值从美国退市，重回A股。2020年以前，迈瑞医疗海外营收额占总营收额一半以上，2021年略有下滑，仅占比39%。

创立与发展

迈瑞医疗的7位创始人被称为“迈瑞七君子”，其中李西廷、徐航、成明和3位核心创始人都来自深圳安科高技术股份有限公司——我国医疗器械的“黄埔军校”。

作为民营科创企业，迈瑞医疗创立之初也面临窘境，其创新研发能力几乎为零，只能依靠代理。世纪之交的中国医疗设备版图是一片荒芜旷野，而加入世界贸易组织后中国骤然接触了诸如GE医疗、飞利浦医疗、西门子医疗等跨国医疗巨头的高科技产品，于是模仿跟进成为此时国产医疗器械发展的基调。

靠自主技术赚钱的愿望让迈瑞医疗走上了一条不同的道路。迈瑞医疗选择研发的第一款产品是单参数的血氧饱和度监护仪。初代产品毕竟技术含量低，当时这家小公司想出了两个应对之道：一个是“低价”策略，另一个是“农村包围城市”策略。迈瑞医疗以乡镇级中小型医院为切入口，其产品价格比进口设备便宜不止一半，于是迅速受到市场的青睐，因此迈瑞医疗获得业界“低价杀手”称号。

随着市场规模越来越大，1995年前后，迈瑞医疗每年已经有几千万元的业务，销售渠道也越来越完善。但分歧同样出现于这个时期。成明和作为代理派的代表，想继续扩大代理这条路；而以徐航为主的技术派想要加大自主研发力度。李西廷最终选择了技术派，但在随后的3年，公司研发不顺，高投入，但无产出。很快公司营收额与研发经费的平衡被打破，内部矛盾由此激化。1998年，成明和带着张巨平、严萍宜（迈瑞七君子之二）离开了迈瑞医疗，创立了深圳市雷杜科技有限公司。

创始人出走使得迈瑞医疗本就捉襟见肘的财务状况雪上加霜，此时，李西廷选择远赴美国融资。幸运的是，李西廷这趟美国之行顺利地拿到了美国华登国际资本的200万美元天使投资，研发也因此有后继之力，并逐步有了成果。

1999年，迈瑞医疗自主研发的产品销售额破亿元。在华尔街热钱的支持和吸引下，迈瑞医疗于2006年在纽交所上市，成为我国第一家海外上市的医疗器械公司。

融资成功并走向国际的迈瑞医疗重新邀请回了成明和。而后，他作为迈瑞医疗国际营销副总裁、战略发展执行副总裁、首席战略官、联席首席执行官，与公司一道向国际市场进发。

内生研发

长期以来，迈瑞医疗将营收的10%左右投入研发。得益于长久以来的高度投入研发，迈瑞医疗已经拥有国内同行业中最全的产品线，主要业务集中在生命信息与支持、体外诊断和医学影像三大领域。

迈瑞医疗长期以来培育的自主研发能力，正在为三大主营业务的稳健增长提供有力支撑。研发投入得越多，技术实力就越强，营收越高，进而出现强者越强的马太效应。截至2021年末，迈瑞医疗共计申请专利7418件，其中发明专利5308件；共计授权专利3437件，其中发明专利授权1618件。这些专利的转化将会进一步推动迈瑞医疗的全球高端产品线布局。

目前迈瑞医疗的高端产品布局确有成效，已经链接包括华盛顿大学医学中心、圣伯纳德医疗中心、钱伯斯纪念医院、菲比·普特尼医疗中心、西奈山医疗集团等医疗机构及实验室。

在国内，迈瑞医疗的产品覆盖我国近11万家医疗机构和99%以上的三甲医院，产品渗透率进一步提升。迈瑞医疗的监护仪、呼吸机、除颤仪、麻醉机、输注泵、灯床吊塔等市场份额均为国内领先；血细胞业务首次超越进口品牌成为国内领先；超声业务首次超越进口品牌成为国内第二。

在2022年世界大健康博览会上，迈瑞医疗董事长李西廷拿美敦力的研发投入与A股所有医疗器械企业研发总投入横向作比，他指出，2021年A股所有医疗器械企业研发总投入为173亿元，仅相当于美敦力一家企业的年度研发投入。这样的比较不禁让人唏嘘，更让人期待国产旗舰的崛起。这样的打法对于仍在挣扎前行中的中小企业来说或许有些超前，但从迈瑞医疗近些年的"砸钱做科研"上，人们总归可以看到国内龙头企业破浪"出海"、国产问鼎医疗器械尖端梯队的希望。

外扩收购

在海外市场拓展方面，迈瑞医疗的一贯做法是加大全球化发展投资，着眼高端市场的突破，并以此促进技术研发。李西廷在世界大健康博览会上披露了这样一组数据："全球巨头收并购业务的收入占比普遍达到60%，迈瑞医疗在多次大型国际收并购后，收购业务占比仅有10%，未来会加速收并购。"

从迈瑞医疗的发展历程来看，通过外扩收购实现产品本土化的战略，对于迈瑞的重要程度甚至不下于内部自主研发。迈瑞医疗早于2006年就在美国上市，除了寻求美国的资金来源之外，它还进行了一系列的企业并购，从中实现了广泛的产品线布局和技术突破。例如，收购美国Datascope生命信息与支持业务、瑞典呼吸气体监测领域知名品牌ARTEMA；收购ZONARE与ULCO，继续开拓欧美及大洋洲市场；以5.45亿欧元收购海肽生物100%股权。

诚然，医疗器械的“出海”其实较其他产品的国际化之路要更加艰难。

受新冠疫情的影响，各行各业的经济形势发生了重大变化，医疗器械是其利好的行业之一。但大环境并不单单青睐迈瑞医疗一家企业，也不可能成为行业长期发展的稳定因素，并且后疫情时代经济下行，“资本寒冬”期间全球本土主义的抬头，确实为海外名牌融入本土增加了障碍与壁垒。

除了世界贸易大环境遇冷之外，医疗器械本身的特质也在极大程度上影响了迈瑞医疗这类国内企业与国外医疗器械老牌企业争夺市场的速度与战况。比如，医疗器械更新换代相对缓慢，并且使用寿命较长，这让颠覆性的大批量产品鲜有替换潮出现。另外，临床使用者的偏好与习惯也在极大程度上影响了他们的选择，倘若医生与某一品牌机型磨合熟稔，那么替换另一品牌机械的确会影响医生工作效率。

迈瑞医疗的国际化进程并不是一帆风顺的。2016年，美国做空机构对迈瑞医疗进行绞杀，迈瑞医疗股价市值一夕之间蒸发上亿元。如今，中美贸易摩擦、汇率波动等情况仍然存在，迈瑞医疗突围问鼎国际之路依然漫漫。

微创医疗

基本信息

公司名称	微创医疗	业务类型	创新型高端医疗器械
总部位置	上海张江	发展阶段	已上市
成立时间	1998年	发展方式	自主研发+并购扩张+拆分上市

微创医疗于1998年成立于中国上海张江高科技园区，是一家创新型高端医疗器械集团，在中国上海、苏州、嘉兴、深圳，美国孟菲斯，法国巴黎近郊，意大利米兰近郊，以及多米尼加共和国等地均建有主要生产（研发）基地，形成了全球化的研发、生产、营销和服务网络。

截至2022年,微创医疗已上市产品400余个,产品已进入全球2万多家医院,在全球范围内,平均每6秒就有一个微创医疗的产品被用于救治患者生命,或改善其生活品质,或用于帮助其催生新的生命。

单线发展

创业需要一个契机,微创医疗的成立自然也不例外,这就不得不谈到创始人常兆华的故事。

20世纪80年代,在国内高级人才还比较稀缺的背景下,常兆华就已经从上海机械学院(现上海理工大学)毕业,他本可以靠高学历找到一份相当不错的工作,可他却选择飞到美国纽约州立大学攻读生物系博士学位,也由此开始了一段奇遇。

在留美求学期间,常兆华师从时任国际低温生物学会主席的约翰·鲍斯特(John G. Baust)教授。他跟随导师创业,并凭借工程背景的优势,先后出任Cryomedical Sciences、ENDOcare两家上市公司的副总裁职务,直接参与和领衔微创伤技术在多种癌症治疗方面的工作。

1994年,31岁的常兆华作为上海市人民政府特邀的25位海外学者之一,参加留学生回国省亲代表团。在省亲过程中,他看到了市场痛点,也瞅准了国内发展尖端医疗器械的商机。

在当时,上海浦东张江还是一块荒凉的庄稼地,“没有一个红绿灯,甚至一家餐厅都没有”。更重要的是,那时候的中国医疗器械产业还基本停留在“手术刀加止血钳”的时代,只有少数医院和医生能做类似微创伤手术。

1998年,常兆华选择回到上海张江,在几栋再普通不过的厂房里,创立微创医疗。[15] 成立之初,微创医疗主要依靠心血管支架这一单一产品线起步,仅用2年时间,经皮冠状动脉腔内成形术(PTCA)球囊扩张导管、Mustang冠状动脉血管裸支架先后上市,公司也因此实现盈利。之后,这两项产品又分别在日本和欧洲上市,从而开始打开全球市场。

在起步阶段,微创医疗研发的Aegis大动脉覆膜支架及输送系统被评为国家重点新产品。在该产品年销售额突破1亿元时,微创医疗力推Hercules-T主动脉覆膜支架在国内上市,冠脉药物支架植入量超10万套。毫无疑问,这些单一类型产品在国内的布局,为微创医疗后续扩张打下坚实的基础。

从最早的球囊导管到随后的金属裸支架,再到最新的靶向洗脱支架,以微创医疗为代表的国产心脏支架企业,一步步从跟随者成为全球引领者。

激烈的市场竞争,使得支架价格大幅下降,广大患者成为最终受益者。据统计显示,在微创医疗成立之初,国内冠状动脉血管形成术中使用国产心脏支架的手术量每年仅5000例,到2017年该数值已增至75万例。可以说,微创医疗基本攻下了这片市场蓝海。

多元布局

对标美敦力,一直是微创医疗讲述的故事。2008年,微创医疗成立微创生命科技有限公司,正式进入糖尿病医疗领域,标志着微创医疗实施"全球化、多元化、集中微创介入器械"战略布局的开始。这与医疗器械巨头美国美敦力公司的战略布局相似。

实际上,相比于之前单一的心血管器械产品线,微创医疗在这个阶段,以独具优势的冠脉支架业务为主,同时着手拓展其他医疗器械产品的生产和研发,并通过不断跨界并购来创新管线,实现产品多元化。

在纵向研发上,微创医疗加深产业链条,提高企业自研能力,先后打造了5大创新平台,包括材料供应与加工平台,临床前动物试验平台,灭菌、包装及医疗推广平台等,充分实现上下游一体化。此外,公司进一步搭建人才培养和资本运营平台,不断加强自身研发能力。

连续几年,微创医疗研发投入占主营收入之比都超过15%,在高值耗材企业中排名第一,投入研发的绝对值也远超同行。[15]

在横向扩张上,微创医疗依靠跨境并购、并购后战略重组和市场推广协助价值提升,打造了12条产品线和业务布局,基本覆盖医院内全科室器械产品。

2008—2018年,微创医疗共开展了5笔并购,并购标的集中在医疗器械行

表1.7 微创医疗2008—2018年开展的并购统计表

披露公开日	交易标的	交易总价值	所属行业
2011年11月29日	收购苏州贝斯特医疗器械公司及其全资附属公司海欧斯	110 000 000元	骨科业务
2012年9月12日	东莞科威医疗器械有限公司	148 182 000元	心外科业务
2012年11月5日	盈嘉富华有限公司及其附属公司	33 650 000元	心脏支架业务
2014年1月10日	美国Wright Medical公司OrthoRecon关节重建业务	279 233 000美元	骨科业务
2018年4月30日	收购LivaNova的CRM业务	195 800 000美元	心律管理业务

业,紧密围绕其战略布局——全球化、多元化、集中微创介入器械。

起初,微创医疗更加青睐通过国内并购来稳定市场。2011年,微创医疗以1.1亿元收购苏州贝斯特医疗器械公司及其全资附属子公司苏州海欧斯医疗器械有限公司100%的股权,利用苏州贝斯特在国内骨科行业的专业水平和建立的营销网络促进市场增长。而后,微创医疗又通过海外并购来进一步提高业务的综合能力和扩大海外市场。2014年,微创医疗又以2.9亿美元收购美国老牌骨科公司Wright的关节重建业务,进一步发展其研发、生产及销售髋关节和膝关节植入产品。同年,在美国田纳西州阿灵顿市设立微创骨科全球总部,促进全球化布局(表1.7)。[16,17]

拆分上市

一阵并购风暴后,微创医疗确实能够有效缩短创新周期,快速完成全球布局,但是也留下了"后遗症",即重金并购来的骨科Wright关节重建和索林心律管理CRM业务,一度出现"水土不服"症状,集团业绩被严重拖累。

为此,微创医疗开始新模式——拆分上市,即一边拓展新业务,成立子公司,一边引进各路投资者一起"养",再拆分出来上市。微创医疗也因此被业内戏称为"能产生上市公司的上市公司"。

这样的商业模式得以形成主要有两个原因：一是全球化并购与布局需要大量的资金投入，单靠企业自己的资金显然不够；二是凭借微创医疗的行业影响力，能快速吸引投资人，比较容易融资。

截至目前，“微创联合舰队”共有5名成员，包括心脉医疗、微创医疗机器人、微创心通、微创电生理、微创脑科学等板块（表1.8）。[18,19]

表1.8　微创医疗首次公开募股（IPO）版图

企业名称	上市地点	进展	时间	业务领域
心脉医疗	科创板	已上市	2019年7月22日	从事主动脉及外周血管介入医疗器械的研发、生产和销售
微创医疗机器人	港交所	已上市	2021年11月2日	从事手术机器人医疗器械的研发、生产和商业化
微创心通	港交所	已上市	2021年2月4日	从事研发、制造及销售治疗瓣膜性心脏病的器械业务
微创电生理*	科创板	上市辅导	2020年12月21日	研发、生产、经营与心脏电生理介入诊疗有关的各类医疗器械和设备
微创脑科学	港交所	已上市	2022年7月15日	神经介入赛道，治疗脑血管阻塞、破裂，脑卒中、脑出血等病变

* 微创电生理已于2022年8月31日上市。

微创医疗是如何孵化上市公司的呢？

一是公司内部孵化产品，这就不得不提到微创医疗旗下的奇迹点孵化器，它实施的是一种标准化、集约化和规范化的流水线模式。具体来说，奇迹点孵化器是通过知识产权驱动式主动孵化、线站式产业资源精准匹配以及联合式运营顾问深度服务的有效落地，整合研发和资本资源，为入孵企业提供全生命周期的进化服务。

二是业务形成规模并剥离出来后，子公司需要单独融资并争取上市，而在启动上市之前，引入多家战略投资成为关键策略。

2020年9月，微创医疗机器人宣布完成30亿元融资协议签署，包括15亿元的直接增资及15亿元的股权转让。新引入的战略投资者包括高瓴资本、中信产业基金、远翼投资、易方达及贝霖资本，投资后估值达225亿元。[20]

此外，2020年8月，微创电生理也完成3亿元战略融资，投资方包括中信产业基金、浦东科创集团、远翼投资和易方达资本。完成增资后，微创电生理的估值达到48亿元。

当然，微创医疗之所以能快速启动子公司上市进程，除了战略部署外，也离不开明星业务吸引资本和资本市场吹起的东风。例如，首批登陆科创板的心脉医疗集聚了微创医疗最早、最具代表性、最盈利的业务群。在吸引资本的同时，科创板也宣布设立，为其上市提供机会。

总结

对于微创医疗来说，独立研发是最基本的保护色，独立创新的能力能帮助企业在市场竞争中站稳脚跟，而并购与拆分上市则是打造“产业帝国”的关键。

当然，微创医疗也因密集地拓展新业务、不断“买买买”的模式导致公司财务状况多年不佳，而后的“拆拆拆”商业模式解其燃眉之急，对公司发展起到一定的积极作用。

第二章
新科技在医疗领域的发展应用

医疗科技的创新离不开科技的创新。《创新者的处方:颠覆式创新如何改变医疗》(*The Innovator's Prescripition: A Disruptive Solution for Health Care*)[1]一书把医疗科技创新分为三类,第一类是直接采用尖端技术来开发产品,这使得产品的性能和功能增多、增强,而成本降低了。值得注意的是,如何用好这些技术来创新医疗产品设计是可以有规范的方法的。第二类是商业模式的创新,这种创新往往离不开技术的发展,例如,计算机和大数据的发展使得医院的信息系统包括病历系统都可以实现数字化,互联网和5G的发展使得通信的带宽增大、成本下降、使用方便,为实施远程医疗提供了可能性。对于医疗成本高居不下的压力,国外的大医院开始抱团,例如美国波士顿地区的著名医院布莱根妇女医院和麻省总医院组成了麻省布莱根联盟医疗,共用一个影像科和病理中心,其能够实现取决于医院的数字化信息化改造和数据共享。[2]目前国内的医联体也开始兴起,其模式更多的是由一家著名三甲医院领头建立地区性分院或者召集基层医院参加,这有助于解决我国基层医疗资源缺乏的问题。需要注意的是,在模式创新中往往有大公司跨界进入,尤其在远程医疗和数字健康方面,一些大的电商和互联网公司利用自身云端和用户渗透率优势进入。例如,亚马逊在2022年7月宣布以39亿美元并购医疗保健提供商One Medical,进入医疗领域,国内的一些大型互联网公司也从网上卖药开始进入大健康领域。[3]第三类是来自价值网络的创新,这种商业架构常常被人忽视,国内公司往往习惯于上下游通吃的模式，这在新技术快速发展的情况下是不可持续的，一些红极一时的大型电子公司已经因此受到市场的反制。在这个上下游的生态系统中，除了供应链体系的建立，网络内的公司可以持续创新和相互增强。例如，最近医疗器械领域新兴的合同研发生产组织（Contract Development and Manufacturing Organization，简称CDMO）。由于技术的快速发展，医疗科技产品公司产品种类多，对于一些细分技术领域不熟悉，因此各种CDMO公司不断涌现，完善了生态链，也加快了医疗器械行业采用新技术的速度。

生态链的变化也可以促成新商业模式的出现，继而促进创新。例如，在半导体芯片行业，随着纯晶圆代工厂（常以其英文简称foundry指代）的兴起，出现了多家无厂半导体公司（常以英文简称fabless指代），此类公司一般只投入几千万美元就可以开发出创新的芯片产品，生产可以外包到晶圆代工厂或整合元件制造厂（IDM），这大大促进了半导体芯片产业在21世纪的繁荣发展。我们预见芯片的设计外包模式也将会促进医疗电子芯片的发展。这个生态系统包括医疗渠道，渠道的变革有时也会倒逼技术和产品的创新。传统的医疗渠道是高利润的，为了降低医疗成本、造福更多人群，每个国家都在压缩渠道费用。例如，我国在近几年开展的带量集采，就要求医疗科技公司采用新技术来改进产品，保证质量的同时降低成本。

新科技发展给医疗科技创新带来的促进作用是全面且深远的，往往会产生从0到1的创新[4]，并且在市场中形成绝对优势。在《颠覆医疗：大数据时代的个人健康革命》（*The Creative Destruction of Medicine: How the Digital Revolution Will Create Better Health Care*）[5]一书中，作者深刻地阐述了循证医学往数字医疗和精准医疗方向拓展的路径，从生理学、解剖学、电子病历和医疗信息系统及其他人类数据的收集融合方面来促进数字医疗和精准医疗的发展。新科技的转化往往被诟病成“拿着榔头找钉子”，但是实际上，颠覆性的技术创新往往是先有“榔头”，关键是“榔头”本身要过硬，然后才能预测出哪里有钉子。我们在以下章节中对新科技的几个领域近年来的发展和在医疗创新中的作用进行深入阐述。现在各个领域的科技创新不断涌现,如虚拟现实/增强现实/混合现实(VR/AR/MR)、元宇宙、区块链、虚拟人体、机器人等,都开始不同程度地应用于医疗和大健康领域。本书限于篇幅,不能一概而全。

第一节　计算机的发展及其在医疗领域的应用

计算机处理器的发展及其在医疗中的应用

计算机作为数据和信息处理的工具,已经成为人们生活、工作和科研中必不可少的工具。计算机从出现起经历了数次技术变革,如今已经普及到各行各业。第一代数字计算机以真空电子管为硬件技术特征,此时的计算机体积庞大、功耗高、功能简单。20世纪50年代末期,晶体管逐渐取代了真空电子管。以晶体管为技术特征的第二代计算机相比于第一代计算机,不仅体积缩小、能耗降低,且性能有很大的提升。第三代计算机出现在20世纪60年代,以中小规模集成电路为技术代表。凭借集成电路技术,人们将数以百万计的晶体管、二极管和电阻器汇集在小小的处理器芯片上,由此带来了新一轮的技术革新。第四代计算机以超大规模集成电路为技术特征,截至2021年,主流处理器的晶体管密度已超过每平方厘米100亿个。

微处理器开创了微型计算机的新时代。应用领域从科学计算、事务管理、过程控制逐步走向家庭。[6-8]计算机的形式也从最早的大型主机、中小型机、家用计算机等,向智能手机、云计算、边缘计算、可穿戴计算逐步拓展,功能和性能也越来越强,例如今天的智能手机的性能已经超过早年的超级计算机。计算机的处理器芯片将继续往多核集成、高性能和低功耗等方向发展,且可以通过三维化堆叠实现组合多个处理器芯片和外部存储器的异质集成芯粒(3D Chiplet)。这些新型的计算机在云端可以支持医疗大数据的数据库管理,以及大规模统计和机器学习计算、复杂的分子动力学计算等,在边缘端能适用于可穿戴生理参数监测、植入式医疗器件、医疗机器人，结合云端和边缘端为医学诊断治疗、新药开发、健康监护等提供无处不在的服务。

近年来，计算机核心处理器的架构也在不断创新。中央处理器（Central Processing Unit，简称CPU）是计算机的核心。常规的CPU架构主要包括5个组成部分（图2.1）：主存、控制单元、算术逻辑单元、输入系统和输出系统。需要被执行的命令和数据都在一个主存中，经由一个总线连接。控制单元决定计算机下一步执行的命令，算术逻辑单元执行具体的操作，例如数据的相加或相乘。在执行命令的过程中如果需要输入或输出，控制单元会将相应的指令传到输入或输出系统。在此基础上，通过采用调用子程序的调用栈、虚拟缓存和指令级并行等方式，即便是单核处理器，也可以实现多任务并行处理。[9,10]处理器有两种架构：复杂指令集计算机（Complex Instruction Set Computer，简称CISC）和精简指令集计算机（Reduced Instruction Set Computer，简称RISC）。指令集囊括处理器需要执行的所有命令。CISC虽然指令复杂，但代码精简，这种模式减少了编程人员的工作，但需要处理器分解任务，因此硬件设计更为复杂，CPU执行指令的机器周期也更长。CISC多见于个人电脑，基于Intel X86架构运行的计算机就是CISC的代表。RISC则是将任务分解，这样处理器可以按照顺序执行命令。相比于CISC，RISC完成一样的任务时，对硬件要求更低，耗能更少，但需要的代码更长。目前市场上RISC架构的处理器越来越多，如ARM处理器、RISC-V等，常见于移动设备如手机、平板或智能家电等。[11]

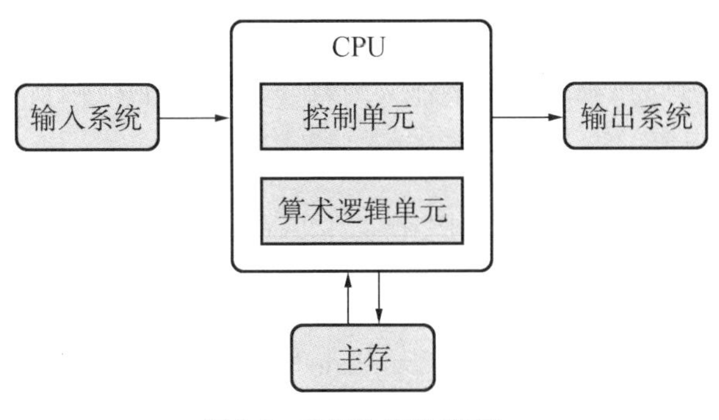

图2.1　常规的CPU架构

图形处理器(Graphics Processing Unit,简称GPU)最初的功能是二维、三维图像处理。最早的商用三维图像处理器应用于1994年索尼互动娱乐有限公司推出的Play Station电子游戏机,由东芝公司设计。随后,1999年英伟达公司推出GEFORCE 256 GPU,被广泛地应用在计算机中。GPU上有数千个处理器可以同时运行,执行并行运算,即单指令多线程(Single Instruction Multiple Thread,简称SIMT),因此在执行大量相同的指令时,其运行性能优于CPU。以英伟达2022年推出的服务器GPU为例,GH100 GPU采用Hopper架构,集成144个流式多处理器(Streaming Multiprocessors,简称SM),每个SM又可以支持数以百计的线程并行执行。[12]如今,GPU的应用远远不止于图像处理,在深度学习、语音识别、智能驾驶等人工智能领域也发挥出高性能计算优势。[13]

除了可以完成多样复杂任务的通用处理器CPU和GPU以外,图灵奖获得者约翰·亨尼西(John Hennessy)和戴维·帕特森(David Patterson)提出了领域专用架构(Domain Specific Architecture,简称DSA)处理器的概念。[14]最成功的例子是谷歌在2006年推出的张量处理器(Tensor Processing Unit,简称TPU),是AI深度学习专用处理器。针对深度神经网络中最常用的卷积矩阵计算,TPU采用脉动阵列(Systolic Array)架构,输入的数据和神经网络的权重参数从阵列的两个维度按照同样的脉动频率输入计算单元PE的阵列中,可以非常高效地完成矩阵运算。2021年,第四代TPU可以实现超过每秒10^{18}次浮点运算的性能。[13,15]在研究领域比较热门的还有神经形态处理器(Neuromorphic Processor),它能通过模仿大脑处理脉冲神经信号的方式来对输入的物理世界数据(如视觉、听觉等信号)进行计算识别。虽然这类处理器还没有正式商业化,但相关文献已指出,其在某些特定应用场景具有优势。[16]

除了以上用户可以编程的通用和专用处理器之外,为了进一步加强性能,产生了一系列基于专用集成电路(Application Specific Integrated Circuit,简称ASIC)和现场可编程门阵列(Field Programmable Gate Array,简称FPGA)的专用加速器芯片。从严格意义上来说,这类芯片不能算是处理器,因为用户不能对其进行通用性编程,因此这些芯片的修改空间不大。这些加速器芯片一般与片上或者片外的处理器配合,完成一些重复性高的特定计算功能,并且在完成这些计算功能模块的时候比处理器的成本和功耗更低,性能、速度和效率更高。例如,在深度神经网络的卷积计算中完成向量的乘法和加法,在通信中完成像快速傅里叶变换(FFT)、视频压缩等编解码计算。

高性能的CPU和GPU以及微控制器单元(Microcontroller Unit,简称MCU)在医疗设备领域里无处不在,例如在大型的医疗影像设备如MRI、CT和超声波诊断仪中,需要非常强大的处理器重建并优化二维和三维图像,且图像的重建算法应当既快速又准确,其输出分辨率也越高越好。如今,这类算法不断得到更新,压缩感知和深度学习等算法已被应用其中。在医学影像的人工智能诊断方面也要求有强大的GPU对大量的三维图像数据进行训练,并且在医院部署时可以用一般的桌上电脑或者边缘轻量级服务器进行实时推理。智能手术辅助系统已在多个科室开始使用,在术前规划阶段,根据患者病灶部位图像及其他相关数据,通过大量的软件计算和渲染,帮助医生精确地预计手术效果和规划手术方案。VR/AR/MR也逐步集成到手术规划里,这些技术不仅对处理器的算力要求非常高,而且需要并行计算能力,以随时扩充算力来应对新的算法要求。此外,术中的影像匹配导航技术,不仅有效降低了医生的负担和辐射暴露,还提高了手术精度,这对计算能力的实时性有一定要求。例如,目前市场上的脊柱手术辅助系统(如美敦力、捷迈邦美和国内的天玑机器人等)的核心技术之一是手术导航的精准性。脊柱的结构复杂且椎体附近有很多血管和神经,若术中出现偏差,可能会造成脊椎损伤、瘫痪等严重并发症,因此对机械臂的定位精度和稳定度要求在亚毫米级。目前手术辅助机设备已经较为广泛地应用在骨科、神经外科、胸外科、泌尿外科等领域,有效地提高精准度,降低并发症发生概率。[17,18]

在生物医药与智能医疗领域,超级计算机已经成为不可或缺的工具。基于中国天河系统的人类群体基因型高分辨率分析软件,已建立了超过1PB的华大基因北方基因库，通过“天河一号”的GAEA软件，15个小时内便可解析人类64X全基因组的所有测序数据。[19]通过对人群开展大样本基因测序，可以多层次了解人体构造的疾病机制，改进治疗方案并开展预防和精准治疗。随着人工智能的快速发展，新药的研发方向越来越精确。新药研发中，先导化合物的确定是关键步骤。天然成分是其中一个来源，例如根据吗啡的结构制造镇痛剂等。随着合成药物的出现，广泛地筛选化合物是更为常用的方法。计算机辅助药物设计（Computer-Aided Drug Design，简称CADD）方法根据化合物的结构预测其性能和靶标的相互作用，选出候选化合物，再进一步研究、优化和测试。计算机的引入使初期探索从大海捞针变为有迹可循，从而加快了新药研发的速度，节省了研发的费用。[20]

随着科技的不断发展和人们对健康关注度的逐渐提高，高性能、低能耗的处理器芯片也使得越来越多的便携式、可穿戴医疗设备走进常规医疗系统和家庭护理中。以苹果手表（Apple Watch）为代表的可穿戴设备，能够监测用户心率、血氧饱和度，测量心电图、呼吸速率等信息，有些已经获得医规认证的产品可应用于日常健康管理和监控。德州仪器（TI）2016年发布的医用单片系统（System on Chip，简称SoC）之一66AK2E05有4个ARM Cortex-A15处理器内核，其频率可达1.4 GHz，具有高带宽、高吞吐量的性能特点，适用于高性能超声波设备。[21, 22]嵌入式专用处理器或者ASIC也给医疗器件带来很多优势，甚至在某种程度上决定了这些医疗器件是否在临床上切实可行。例如胶囊肠胃镜，由于功耗、体积和数据传输带宽的限制，在摄像头输出的视频数据必须在超低功耗下进行实时的压缩，然后经过无线传输到体外的接收天线，这就要求内置一个集成了定制ASIC处理器与周边控制电路等部件的单片系统。[23]

计算机算法的发展及其在医疗中的应用

处理器芯片必须搭配计算机软件和算法才能在实际场景中得到应用，计算机软件本质上就是算法的实现,编程语言是软件开发的工具,编程语言的执行包括数据的存储、转移、处理等命令。随着计算机技术的发展,计算机编程语言也随之不断进化。高级编程语言(如C/C++、RUST、Python、Java等)的表达形式更接近数学公式的描述和自然语言逻辑,并且不依赖于计算机本身的硬件环境,编辑后可以在不同的计算机上运行。[7]各种编程语言由于各自的特点在某些领域使用得比较多,C/C++是应用最为广泛的语言,Python由于其开源性、语法简单和有大量机器学习及深度学习的库等特点,在数据处理、网站和软件开发及一些大型项目中应用广泛,Rust则是在密码学和安全计算方面比较受欢迎的编程语言。

计算机算法的领域非常广泛,有很多信号和数据处理方面的基础算法,例如傅里叶变换、Z变换、决策树算法、回归算法、人工神经网络、聚类算法、贝叶斯算法等。在真实世界的信号处理方面,算法要对传感器输出的原始信号先进行预处理,例如去噪声、滤波(包括高通、低通、高斯等多种滤波算法)、调制解调、增强、图像重建等。人体相关信息繁多,如生理电信号、病理图像、语音、基因、蛋白质质谱、内镜下手术视频和人体姿态视频等,与之对应的算法各有不同要求,更何况人与人之间个体差异大,信号收集的方式和场景会导入很多变数,并且每个厂家的医疗设备也存在不一致性,这导致了医疗数据的预处理方法从某种程度上来说比自动驾驶和安防监控还要复杂,需要数学、物理、医学及计算机等各个方面的知识相融合。有些科研团队在预处理上形成了很强大的核心竞争力,并且商业化落地,例如在影像采样和重建方面被广泛使用的压缩感知算法。压缩感知算法由统计学家伊曼纽尔·坎迪斯(Emmanuel J. Candès)等人提出,是一种压缩信号数据提取的方法,在将模拟信号转化为计算机可以读取的数字信号时,以远小于尼奎斯特采样定理的采样频率采集信号,并能重构原信号。[24,25]应用在MRI等医疗成像领域,可以提高成像速率并降低噪声。[26]各种医疗数据经过预处理之后就可以利用机器学习和深度学习算法建立人工智能模型,以进行辅助诊断和治疗。

人工智能领域在2012年前后,因深度学习算法在各医疗领域的应用体现出前所未有的准确性,引起了科研工作者、创业者和投资者的广泛关注。除了在人脸识别、语音识别、自动驾驶、推荐系统等方面的应用外,人工智能开始广泛应用于医疗和医药的各个方面。

机器学习的算法种类很多,根据不同的应用目标,也有多种分类方法。深度学习可以处理和识别大量的文字、图像、语音和影像数据,例如在医疗影像的分割、识别和病情预后等方向的应用,可以结合MRI和CT图像诊断是否患有癌症、阿尔茨海默病等,根据图像提供的肿瘤形态、质地等信息预测癌症是否会发生转移,或是结合基因组学和临床数据等信息预测癌症康复率等[27,28]。目前为止,从科研文献和公司落地的范围来看,人工智能已经应用在医学的不同领域及各个方面,如影像诊断、病理诊断、病历理解、患者监测、体外诊断、基因分析、放疗勾画、手术规划和导航、人机交互、医患行为识别、心理精神诊断和治疗等。ChatGPT等预训练大模型带来的生成式人智能革命,进一步推动了通用人工智能在医疗各个方面的应用。

近年来,人工智能在科学发现的基础研究方面也起到了巨大的推进作用,广泛用于探索新的材料和药物化合物,尤其是谷歌旗下DeepMind公司开发的AlphaFold,它能在10^{300}种可能性里,根据基因序列预测蛋白质折叠的结构[29],对结构生物研究产生了颠覆性影响,使得相关领域从科研到转化都受到了巨大冲击,很多结构生物学家转而开始应用AlphaFold做研究。

随着人工智能在医学应用领域的落地要求提高,技术也往以下这几个趋势发展:多模态多类型数据学习、可解释性模型、小数据学习和多中心泛化。如图2.2所示,医疗中用到的数据类型非常多,医生很少只用一种数据来进行诊断,因此,人工智能模型也用到多模态多类型数据的融合学习来进行更准确的诊断,或者用多模态数据进行训练,使得单模态的准确性进一步提高。

按照医疗数据的标注量来分的话,深度学习有监督学习(Supervised Learning)、无监督学习(Unsupervised Learning),以及折中的弱监督学习(Weakly Su-

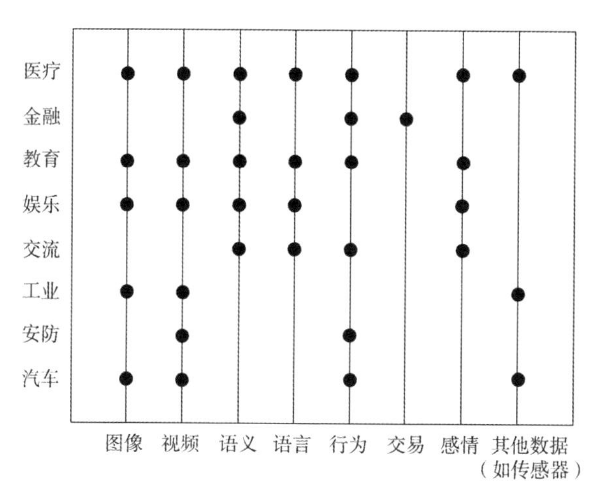

图2.2 人工智能算法在各行业中所使用的数据情况

pervised Learning)。因为监督学习的训练数据需要医学专家投入大量时间进行标注及提取特征,所以基于小量数据训练(弱监督学习)和不需要人工标注数据的无监督学习模型愈发受到研究人员的关注。无监督学习模型是寻找没有标记的输入数据的特征,算法可以自动挖掘数据结构和关系,例如通过聚类算法等自动抓取数据特征建立模型。为了增强学习效果、适用于更多场景,在应用中不同模式的算法越来越多地相互融合。[30]深度学习模型的训练一般都先基于某种特定疾病的公开数据库,优点是公开数据库标注完整、噪声小,缺点是数据往往过于理想,而且数据量不大。在公开数据集上调整模型后,需要在医院收集真实数据并进行标注、训练和验证,在此基础上再扩展到多个医院的数据集,也就是所谓的"多中心泛化"。在这个过程中用到了大量的迁移学习和域适应等模型泛化的算法,从而保障深度学习模型在医疗真实世界部署中的鲁棒性和通用性,解决由于医院的操作流程和设备等不同而产生的医疗数据差异。因此,医疗用的人工智能模型需要在多中心的数据集中得到验证和调整后才能投入临床使用。当一个模型的准确性和召回率得到验证之后,医生会对模型的可解释性提出要求,需要知道模型是根据什么做出判断的,但因为深度学习模型是一个黑盒子,所以这个黑盒子的内部逻辑需要具有一定

的可见度。[31, 32]

目前的机器人手术还是全程由医生操作机械臂完成的，针对下一代智能手术机器人所进行的人工智能应用研究越来越多。未来智能手术机器人将大大减少医生在术中的判断和介入程度，在某些特殊手术中亦会有更好的表现。智能手术机器人要在一个动态的复杂环境下对手术器械、病灶、解剖结构，甚至手术动作等进行精确且实时的识别和判断，这个要求是非常高的。例如，有经验的外科医生在常见的胆囊切除手术中出现损伤主胆管的事故率为0.5%，并且他们不断努力用质量控制的方法进一步降低这个事故率。所以，未来的智能手术机器人在解剖结构的识别方面至少要达到类似水准。[33]

医疗数据的相关技术发展和机会

人工智能在医学里的应用可以看成是由3点驱动的应用：场景驱动、计算驱动及数据驱动。首先，由临床场景的需求引领，要求人工智能的应用不但能帮助医生解决问题、提高效率，而且能嵌入医生的工作流程，实现商业化落地，所以很多时候在临床上发现关键问题往往要比解决问题更重要。后面我们将用一个章节专门讲述发现和筛选临床需求的方法学。其次，在临床需求明确的情况下，就需要有合适的算法和足够的算力，这就是计算驱动。通过前文计算机处理器的发展史，我们可以看出，摩尔定律使得算力实现了指数型提升，深度学习的算法也在开源架构的基础上蓬勃发展。最后，如果我们把算力和算法比作引擎，那么数据则是整个人工智能应用系统的燃料。大量的高质量数据才能使整个系统正常运行。因此，越来越多的公司和政府机构开始关注各种医疗标准大数据库的建立。这个工作量非常庞大，涉及各类病种和各种类的数据，国家药品监督管理局（NMPA）下属中国食品药品检定研究院已牵头建立了一系列人工智能医疗器械数据的国内、国际标准[34]，医疗数据将随之发挥越来越大的价值。

除了传统医疗行业的管理和治疗等方面产生的大量数据(如影像和病历数据),随着物联网发展引入越来越多的电子设备,尤其是可穿戴式医疗设备的增加,近年可用于人工智能分析的患者记录、医院记录、检查结果等数据亦快速增长,个人基因测序数据也在快速增长,预估这个数据量将会是临床数据的几倍。[35]这也是医疗行业成为人工智能应用重要领域之一的原因。仅依靠单个机构自有的存储和计算能力,无法满足庞大医疗数据日益增长的处理和分析需求,因此云计算已经成为发展趋势。

由于医疗数据包含大量个人信息和敏感信息,在处理和传送数据时则对稳定性和安全性有很高的要求。如果医疗大数据网络平台存在安全漏洞或是管理不良,难免会遭遇黑客或病毒入侵等问题,从而导致数据被篡改或被盗用。2017年,我国实施的《中国网络安全法》对数据收集和交易实施了严格控制。欧洲实行的《通用数据保护条例》(GDPR)对个人数据的隐私保护建立了指南。[36]在美国,加利福尼亚州于2020年实施了《加利福尼亚消费者隐私法》(CCPA)以保护医疗数据。[37]

如何在发挥医疗数据价值的同时保障医疗数据的隐私安全?在解决这一问题的过程中,将会出现很多商业机会。在计算机领域中,已有多种算法可以实现所谓的"数据可用不可见",但它们各有优缺点,至今还没有一个非常通用的方法。

安全多方计算(Secure Multi-party Computation,简称MPC)可以使互相不信任的参与者使用同一个模型,参与方各持有密钥输入,只能得到计算结果,不能得到其他参与者的输入数据。这在保护原数据隐私的同时,还可以进行数据交换和协同计算。[38]作为安全多方计算的延伸,谷歌在2016年提出联邦学习(Federated Learning),其模式是参与方可以不传输数据,在各自终端运行相同的人工智能模型,之后将模型的参数反馈给服务器,服务器将各终端反馈的参数整合,通过不断更新来优化模型。参与方通常有相同的数据特征,比如多个医院的患者数据结构相似,但患者重复低,医院可以共同合作建立人工智能模型,这类是横向联邦学习模式;或者参与方提供不同的服务,拥有的数据特征不同,但是有重合的用户群,例如医院和医疗器械公司,也可以通过不同的用户信息来优化彼此的模型,这类是纵向联邦学习模式。[28,39]

安全多方计算的问题是对于参与各方有算力和通信带宽的要求,交换的中间数据量巨大且有安全隐患。全同态加密(Fully Homomorphic Encryption,简称FHE)与普通加密手段加密后无法进行运算不同,同态加密算法可以直接在加密数据上进行计算甚至是运行人工智能模型,对其结果进行解密后可以得到和明文运算一样的结果。同态加密常常与安全多方计算和联邦学习一起使用,进一步保护数据。[40]全同态计算,即可以在加密数据上直接执行任意形式的计算,对于存储和通信等基础建设的要求与明文计算是一样的,因此是安全计算比较理想的方法,但是在加密数据上直接进行计算对算力的要求很高,可能要达到明文计算算力的百万倍左右。[41]所以,在实际部署中,一些复杂的迭代计算还有待算法和加速处理器方面的改进。

在交易数据的加密方面,近年来零知识证明(Zero Knowledge Proof,简称ZKP)应用越来越多,尤其在区块链领域。零知识证明原理是当至少有2个参与方,证明方向验证方证明一个陈述,例如证明自己上传和下载医疗数据的合法性,证明的过程不需要给出陈述本身或者数据本身,验证方拿到证明(Proof)之后,用一个证明器(Verifier)进行验证即可。[42]作为基于密码学的隐私保护技术的替代方案之一,可信执行环境(Trusted Execution Environment,简称TEE)凭借具备硬件级安全技术的CPU实现了基于内存隔离的安全计算:TEE的硬件架构能为敏感数据分配一块隔离的内存分区,所有敏感数据的计算均在这块内存分区中进行,并且除了经过授权的接口外,硬件的其他部分不能访问隔离内存中的信息,可在保障计算效率的前提下完成需要保护隐私的计算。[43]但是,由于在硬件中设置的隔离会对计算和存储资源的扩展调用产生一些限制,对于需要高算力、大存储的人工智能计算不大适合。在实际应用中,这几种方法往往会混合使用,根据需求集成在一起,形成数据分布式安全计算的系统。

第二节　半导体芯片的发展及其在医疗领域的应用

半导体芯片技术的发展

通常我们所说的半导体芯片本质就是集成电路模块：厂商通过一定的工艺将晶体管、电阻和电容等电子元器件集成在硅质基片上，从而实现某种特定功能。自20世纪60年代问世以来，集成电路产业一度按照摩尔定律（Moore's law）高速发展，芯片上的晶体管和性能约每2年翻一倍。1971年，英特尔公司推出的第一款商用处理器Intel 4004，在12平方毫米大的芯片上有2300个晶体管；2021年，苹果公司发布的M1 Max处理器，在420平方毫米大的芯片上有570亿个晶体管。[44-46]随着5纳米、3纳米技术节点逐渐成熟，规模最大的晶圆厂台积电（"台湾积体电路制造股份有限公司"的简称）和英特尔等公司已在研发2纳米芯片。[47-49]摩尔定律对于我们在前面介绍的计算机处理器的发展至关重要。

在摩尔定律开始遇到物理瓶颈的同时，人们朝着"后摩尔时代"（More than Moore）和"CMOS之外的新材料新技术"（Beyond CMOS）[50]等方向创新信息技术产品。"后摩尔时代"是指不单减小尺寸和增加晶体管，还要在芯片上实现更多新的功能。"CMOS之外的新材料新技术"方向可以探索高κ栅介质、应变硅等新材料和工艺来制造各种集成的半导体传感器。世界领先的芯片代工厂除了不断缩小半导体尺寸，在横向的特殊工艺上也有很大投入，例如在55纳米和28纳米等成熟工艺上开发了用于工业和医疗的高性能、低噪声模拟工艺，用于新能源汽车的高电压高功率工艺，用于通信的高带宽射频工艺，用于传感器的CMOS图像传感器工艺和微电子机械系统（MEMS）工艺等。

后摩尔时代的发展对于医疗的应用特别有意义。[48]芯片的应用并不限于计算机处理器(如CPU和GPU),更多样化的芯片包括射频、模拟混合信号、高压高功率、传感器、驱动器及生物芯片等,这些芯片不仅在消费电子、汽车电子、工业电子等行业里面无处不在,在医疗健康产业中的应用也越来越广泛。事实上,这类芯片的定制化对于医疗电子产品的创新特别重要。

非处理器半导体芯片及其医疗应用

芯片发展对于医疗科技产品的意义可以从可穿戴器件的例子中很明显地展现出来:几年前用分立芯片搭建的可穿戴器件包括多个功能模块,如电源管理、模数转换、微处理器、无线通信、生理参数检测传感器等,电路板尺寸很大,但经过芯片技术的发展,把这几个芯片集成为一个专用芯片之后,成本降低至10多分之一,尺寸缩小至100多分之一,而功耗降低至200多分之一。[51]这使得医疗可穿戴产品的实用性大大提升,也促进了相关产品的普及。在后摩尔时代,3D chiplet封装技术可以集成存储器、高功率充电器、MEMS传感器和高功率驱动器这类无法完全集成的芯片,真正做到系统级芯片集成,对可穿戴器件的进一步普及和植入式器件的发展有决定性作用。[52]

医用芯片的信号链始于与人体直接相连的传感器:通过医用传感器收集的生物、化学、物理等数据,医护人员可以在监护、治疗中更准确地掌握患者的健康状态,进而提供更高质量的医疗服务。我们将通过几个类型的设备来介绍医用传感器在医学中的应用。医用传感器既有如采集脑电图(EEG)、肌电图(EMG)和心电图(ECG)的电信号传感器,也有将压力(颅内压、肠压、血压等)、血糖、pH、温度、软组织密度或运动状态等数据通过相应信号接收器转化为电信号再进行处理和输出的传感器。例如温度传感器的基本工作原理是,当材料(如金属)在不同温度时电阻等数值发生变化,通过对感应端的电信号进行放大、滤波及转换等最终得到温度值。其中低噪声放大器、高精度模数转化器、非线性补偿算法等是关键技术。还有一些对生物标志物(如血糖)的检测则是基于生物化学反应后引起与标志物浓度成正比的电流。人体的生物信号一般比较微弱，对应的检测器件不仅要有极高的精确度，还要有高信噪比，以提供更准确的结果。[53]

如今配置各类传感器的医疗器械越来越多，它们更为智能，可显著提升治疗效果。例如，重症加强护理病房中的生命维护设备呼吸机就集成了多种传感器，在医生设置呼气末二氧化碳分压、氧饱和度、肺力学指标等参数后，呼吸机根据压力、流速和二氧化碳浓度传感器的信号自动调节工作模式，实时调节并反馈患者呼吸情况，不仅治疗效果更佳，同时减少了医护人员手动调节和监控的工作量。[54,55]再如智能送药系统，它们也集成了多种传感器。用于控制血糖的胰岛素泵可以根据血糖传感器检测血糖水平，自动调整胰岛素的量和给药速度，更接近人体的工作机制。在癌症治疗方面，智能送药系统也愈发受到关注。传统治疗方案的抗癌药物既对癌细胞生效，也攻击健康细胞，不良反应较大。智能送药系统可以受环境信号（如pH、电场、磁场、温度等）的变化刺激，或者通过特定的抗原结合方式找到病灶后再释放药物，以精准用量靶向攻击病变细胞，从而减少因治疗产生的不良反应。[56]微创手术较于传统手术的特点是创伤小、疼痛轻、恢复快，其应用领域越来越广。但微创手术的间接操作存在固有挑战，即医生无法直观感知组织的软硬度以及自己操作时的用力效果。要解决这一问题，可以给微创手术设备添加力反馈，为医生提供术中医疗决策支持。值得注意的是，医用传感器往往需要定制，以医用内镜传感器为例，由于内镜应用场景深入人体，其传感器必须直径小，并且分辨率和灵敏度高。例如半导体公司豪威科技根据医用内镜规格定制了一系列专用的图像传感器，其要求与消费类手机、汽车和安防摄像头的图像传感器芯片完全不同。

有了传感器输出的信号，还需要嵌入式的芯片来处理数据，控制医疗设备。结合前文所述，医用芯片的基本要求可归纳为如下几点：低能耗、尺寸符合人体构造和医疗流程要求、低噪声、生命周期符合医疗方案要求、高安全性。在实际应用中，部分芯片还需要满足特定的医疗需求，例如前面提到的内镜，它除了采用定制的图像传感器芯片外，还得搭配配套的图像信号处理器（ISP），

ISP在色彩、白平衡、图像增强和降噪等方面通过特定的算法来实现成像需求。在医疗成像领域,一个常见的成像处理流程可以分为3个环节:图像信息接收、图像合成和图像展示。接收的成像信息为声、光、无线电波和X射线的模拟波,模数转换器(ADC)根据预先设置的程序将其转换为数字信号。为了能够实时成像,接收器需要高带宽、高内存的架构,来快速处理大量数据。图像的快速合成除了依赖高质量的接收数据,还需要芯片使用高效的信号调节算法(过滤掉噪声和其他异常信号),同时借助多核并行运算等方法来实现。最终呈现在医生端的图像,一般还需要有配套的软件对其进行相应的展示、测量等操作。

以生理电信号监测设备为例,德州仪器和亚德诺半导体技术有限公司为不同医疗器械设计了多款专用芯片。亚德诺半导体技术有限公司的ADAS1000是专为ECG、EEG和生命体征测量仪器设计的,它提供了一种低功耗、多通道、小信号数据采集系统,并具备有助于提高ECG信号采集质量的辅助特性。该公司设计的另一款芯片AD8233则是为可穿戴设备而设计的,其尺寸更小(2毫米×1.7毫米)、能耗更低,且噪声更小。德州仪器的AD12xx系列芯片也被广泛用在ECG、EEG、EMG等人体电生理信号监测仪和可穿戴设备上。

除了性能和能耗,医疗电子芯片对可靠性和安全性也有很高的要求。下文以可植入电子设备中的深部脑刺激(Deep Brain Stimulation,简称DBS)系统为例介绍。DBS疗法用于治疗神经和精神疾病,例如帕金森病引起的运动障碍,通过将电极植入脑内特定位置,由植入式脉冲发生器(Implantable Pulse Generator,简称IPG)根据程序产生电流刺激。当前,其主要的供货商仍是美敦力,不过国内的厂商也开始进入市场。植入式设备的研发除了需要充分考虑生物相容性和安全性(如运行中是否会泄漏有毒化学物质,是否存在电、热辐射等)以外,还得在芯片设计方面顾及像人体工学和使用习惯等其他因素。因为植入式设备是由内置电池供电的,电池的寿命将影响后续做换电池手术的次数,这不仅会给患者带来经济负担,也会增加感染等并发症的发生率。即便使用可充电的电池,如果需要经常充电的话,也不方便使用,因此包括芯片在内的系统设计上需要尽可能地降低能耗。当前支持无线充电的DBS也进入市场了，不过与消费类电子领域的无线充电功能有所不同，植入式器件的安全性和生物相容性对无线充电的芯片和算法提出了额外要求，例如在无线充电中要求器件的温度不能超过40℃。植入式系统的尺寸也受人体构造的限制。目前市面上的IPG，以美敦力 Activa RC 为例，大小为54毫米×54毫米×9毫米，需要植入胸部。设备体积过大则会导致皮肤撕裂、感染等问题。如果IPG系统可以更小，那么也可以被植入颅内，这样可以省去连接电极与IPG的第二次穿颅手术。因此，芯片的大小也必须满足系统尺寸的设计要求。未来DBS发展也会朝着引入人工智能算法方向，根据每个患者的病情和实时的脑部活动，来闭环调整电极释放的电信号频率和强度等参数，以达到最佳治疗效果。[57,58]

半导体芯片和医疗器械合作模式

芯片的制作技术复杂，资金投入多，制作流程主要有设计、制造和封测几个环节。目前，半导体产业有两种商业模式：垂直整合制造和垂直分工。在垂直整合制造模式下，企业从设计、制造到封装都由自己完成，代表企业有英特尔、德州仪器、三星和东芝。自1958年德州仪器发明集成电路以来，芯片产业有近30年时间一直采用垂直整合制造模式，但该模式需要投入的资金巨大，风险高，如一条28纳米工艺集成电路生产线的投资额约50亿美元，20纳米工艺生产线高达100亿美元。[59]20世纪80年代，晶圆代工模式将芯片产业细化，出现了更为灵活，且低门槛的设计、制造和封测相互独立的垂直分工模式。只做芯片设计而没有生产线的公司，称为无厂半导体公司，代表企业有超微半导体、英伟达和高通等。只做芯片代工而不做设计的公司，称为晶圆代工厂，代表企业有台积电、中芯国际等。近年来，芯片IP授权模式吸引了越来越多的厂商加入，继安谋控股、美谱思科技后，国际商业机器公司（IBM）、超微半导体也纷纷启用授权IP模式。

一些架构实施开源，例如RISC-V，冲击着传统芯片厂商的市场占有率。[60]目前绝大多数的芯片产品公司都是无厂半导体公司、外包晶圆厂和分装厂生产。但由于芯片开发的周期长、投入大、风险高，并且其对研发团队的产品经验也有很高要求，芯片产品设计公司往往瞄准市场需求量大的产品，例如消费类电子产品和汽车电子产品。同类芯片在医疗市场中每年几十万片的销量已经属于比较大量的了，相比较而言，其在手机市场的销量却是每月几千万片。尽管医疗电子芯片的毛利高，但是投资回报率并不高，芯片公司一般不会将医疗电子芯片的投产放在优先级，更不会把整个公司的产品路线图都放在医疗芯片上。多数规模比较大的芯片公司会成立一个事业部专门做医疗芯片，例如德州仪器和亚德诺半导体技术有限公司等。

对于医疗器械产品公司来说，如果采购现成的芯片组装产品，那就没有差异化创新了，但是它们又不愿意冒着高风险去做周期长、投入大的定制芯片。而医疗产品中需要定制芯片的产品范围很广，包括心电脑电芯片、植入式脑刺激DBS系统的芯片、微创手术图像和视频传感器芯片、医学影像设备中的放大器和多通道高速高精度模数转换芯片、药物传递芯片，以及体外诊断和基因检测芯片等。一些大型医疗器械公司，如美敦力，有自己的硬件设计团队，为自家产品研发内部专用芯片。医疗器械公司也常常选择与芯片或相关科技公司合作研发定制芯片，发挥各自的特长，同时降低研发成本，缩短研发周期。例如，深圳迈瑞医疗在研发上常年与英特尔合作，推出的Resona 7多普勒超声波系统使用了第七代酷睿i7处理器，不仅可以提供高品质的图像，还集成了弹性成像以及基于深度学习的自动测量、自动识别等功能。[8]GE医疗也和英伟达合作，引入人工智能芯片加速CT成像等领域的医疗数据处理。[61]作为超声、CT、MRI领域的巨头公司，飞利浦医疗也和亚德诺半导体技术有限公司等芯片公司合作研发影像信号链中所用的一系列芯片。雅培公司开发的连续血糖监测产品也采用了合作方的定制芯片，它能够非常灵敏地检测皮肤组织液中的血糖而不受外界因素（如汗水等）的干扰。前文提及的豪威科技为微型可抛弃型医用内镜开发的CMOS图像传感器芯片也在近年来被国内外主流内镜公司所采用。

国内医疗产品公司在定制化芯片和传感器方面仍处于僵局，这在某种程度上阻碍了医疗科技产品的创新。近年来中国的大型医疗器械公司也开始建立合资医疗电子芯片公司，但更多的是通过做低端芯片，甚至是做一些系统级模块，从商业模式上来看很难独立成长。从建立一个健康的医疗电子芯片生态来看，最好的方法是与大型芯片公司合作，尤其是2019年国内开设科创板以来，我国很多本土芯片公司上市，且市盈率远高于技术更先进的国外同行。在这个生态中，科研院所可以起到一个桥梁的作用，根据临床医学的需求定义芯片的规格并开发芯片的特定算法和应用系统，完成后开放给医疗器械公司。定制芯片的设计、流片、量产可以交由芯片公司负责。医疗器械公司如果发展创新产品的话，应更多地投入核心技术芯片的研发，以开放合作的态度构建起一个医疗电子创新共同发展的生态环境。

总结

纵观历史，新技术商业化的速度越来越快，电话从发明到大规模使用经历了40多年的时间，电的发明到普及用了30多年，汽车和电视机用了20多年，个人电脑和数码相机用了10多年的时间，而最近的智能手机和电动汽车等只用了几年，而人工智能ChatGPT的普及只用了几个月。对于医疗科技的创新来说，需要充分利用发展越来越快的新技术实现医疗科技新产品和新服务。

如图2.3所示，创新可以从两个方向驱动：一个是从技术创新出发，研究新技术在性能、尺寸、价格、能耗等方面的创新怎样用于新的医疗科技产品；另一个是从临床需求出发，或者说从要解决的急迫问题出发，找到关键技术问题。在实际场景中我们看到，创新的初创公司在这两个方向都有努力，并且取得成功。

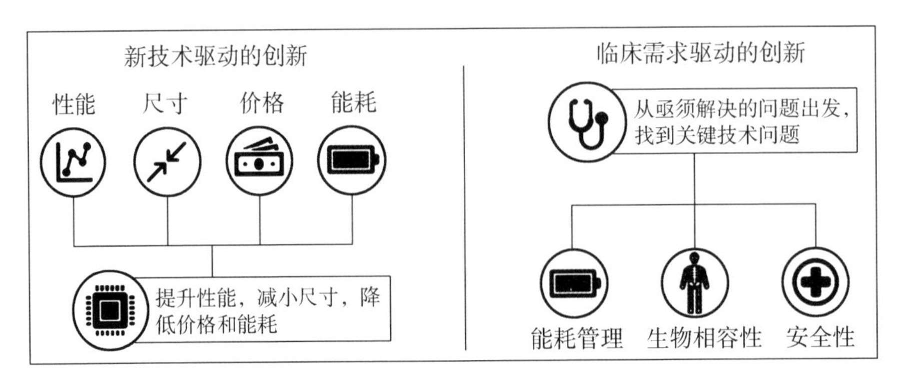

图2.3　两种创新驱动模式

第三节　新材料的发展及其在医疗领域的应用

生物医用材料是具有特定医学功能的一类功能材料或结构-功能一体化材料，具有鲜明的学科交叉特征，主要类别有金属材料、无机非金属材料、高分子材料、复合材料等。在临床实际应用过程中，需要依据不同的应用环境，选用最合适的材料。新材料的创新发展为医疗技术的进步提供了重要的支撑，可见新材料在医疗水平的发展过程中具有举足轻重的地位。

金属材料

医用金属材料因其高强韧性、耐疲劳性、易加工成形和高可靠性等优良性能，成了目前临床应用量最大的一类生物医用材料，广泛应用于骨科、齿科、介入治疗等领域的各类医疗器械中。据统计，金属植入物在全球植入物中的占比为70%—80%，[62]典型医用金属材料的特点及应用领域如表2.1所示，[63]主要有不锈钢、钛及钛合金、钴合金，但普遍存在某些共性问题，如有害元素溶出引发炎症反应、组织局部坏死甚至癌变，容易发生摩擦磨损、应力腐蚀及疲劳损

表2.1 典型医用金属材料的特点和应用领域

材料	特点		应用领域
	优点	缺点	
传统金属材料：316L不锈钢、钴铬合金、钛合金	生物相容性良好、力学性能优良	有害元素溶出、缺乏生物活性、应力遮挡、不可降解、高磁化率、有摩擦磨损、应力腐蚀、疲劳损坏等风险	骨钉、钢板和钢丝、关节假体、牙科植入物、颅骨支撑板
贵金属、稀有金属	生物相容性良好、耐蚀、延展性高、导电、抗菌	高成本、高密度、强度不足	牙科植入物、血管支架、抗菌涂层、关节假体、电极
形状记忆合金	形状记忆效应、生物相容性良好、耐蚀、耐磨	镍元素不良反应、生物活性较差	正畸、自扩张支架、缝合器
可降解合金(镁合金、铁合金、锌合金)	可降解、生物活性良好	降解速率难控制、降解不均匀、机械强度降低、种植体断裂	接骨螺钉、带线锚钉、界面钉、闭合夹、血管支架、胆道支架

坏,导致表面生物活性较差、长期植入稳定性较低、不可降解、MRI伪影等。近年,世界范围内医用金属的创新发展进步显著,其中尤以高氮无镍不锈钢[64,65]、低模量钛合金[62,63]、抗菌钛合金、生物可降解金属(镁、铁、锌及其合金)、生物功能化金属、可实现个体化医疗的3D打印金属,以及磁兼容金属(锆、铌、铜、金、锌)等为代表的多种新型医用金属材料的发展对行业影响巨大。例如,中国科学院金属研究所杨柯团队研发的新型抗菌钛合金,具有良好的强度、塑性、耐蚀、抗菌、抗炎和促进骨整合的性能,在牙种植体、骨科植入器械等领域展现出广阔的应用前景。[66—74]

进入21世纪以来,可降解医用金属材料的发展成了生物材料领域的热点方向,吸引了众多研究者。大量研究表明,镁及镁合金具有与骨相似的弹性模量和密度、良好的生物相容性，以及促成骨、抑炎症、抗肿瘤等生物医学功能，在微创外科、骨科运动医学、介入和医美等领域中展现出广阔的应用前景，[75—79]已发展了以镁-锌、镁-钙、镁-锶等为代表的多种可降解镁合金体系。例如，上海交通大学博士张绍翔、张小农等人开发了一种二元镁锌合金，证实其具有良好的力学性能、耐蚀性、降解速率及生物活性，有望成为应用于肠道重建的可降解吻合钉的候选材料。[80,81]目前有代表性的可降解镁金属植入器械产品已经逐步开始临床试验和大规模应用，如冠脉支架（德国百多力公司的 Magmaris®）、接骨拉力螺钉（德国 Syntellix AG 公司的 MAGNEZIX®）、接骨螺钉（韩国 U&I 公司的 Resomet™）、胆道支架（爱尔兰 Q3 Medical 器械公司）、口腔引导膜（德国 Biotiss 生物材料公司）。中国在此领域不仅有广泛和深入的基础研究，也有突破性临床应用研究，如可降解高纯镁骨钉（东莞宜安科技股份有限公司）、可降解镁金属闭合夹（苏州奥芮济医疗科技有限公司）等。[82]

生物医用陶瓷材料

医用陶瓷材料主要分为生物惰性陶瓷和生物活性陶瓷，具有多种理化和生物功能，近年来在生物医药、硬组织修复和骨组织工程支架等领域得到越来越多的应用。表 2.2 列出了典型医用陶瓷材料的特点及应用领域。[63,83]随着临床研究的发展，逐渐开发出了能够应对和治疗更多特殊疾病（如肿瘤性骨或皮肤组织损伤）的生物活性陶瓷材料。上海硅酸盐研究所施剑林团队携手上海市第六人民医院的骨科医生制备了一种黑磷涂层修饰的生物玻璃支架，证实了其具有良好的光热效果，并能够促进骨组织再生。[84]上海硅酸盐研究所吴成铁团队以硅酸盐和磷酸盐为原料，利用镁热还原法制备了一种新型的“黑色生物陶瓷”，证实其在保持最初的高生物活性和再生能力的同时，具有光热功能，在肿瘤治疗和组织再生方面有广阔的应用前景。[85]目前全球范围内已有 10 多种胶原-羟基磷灰石复合成分的骨修复材料获批临床使用，如 Bongold（中国奥精医疗科技股份有限公司)、HEALOS(美国强生公司)、MCS Bone Graft(美国Bioventus公司)等。在骨科和口腔科的种植领域,我国已批准1项磷酸钙骨水泥、2项硫酸钙骨水泥及3项磷酸钙-硫酸钙复合骨水泥用于临床治疗。[86]目前,生物陶瓷材料的发展仍然受其固有的脆性和低断裂韧性的限制。[87]在未来的发展过程中,需要开发更有效的加工策略(如3D打印),发展仿生结构,并进一步提升材料刚度,以使其在伤口愈合、神经修复、眼部植入物等新兴领域中,与机体组织具有更好的相容性。

表2.2　典型医用陶瓷材料的特点及应用领域

<table>
<tr><th colspan="2" rowspan="2">材料</th><th colspan="2">特点</th><th rowspan="2">应用领域</th></tr>
<tr><th>优点</th><th>缺点</th></tr>
<tr><td rowspan="4">生物惰性材料</td><td>氧化铝</td><td rowspan="3">生物相容性良好、稳定性高、耐蚀、耐磨</td><td rowspan="3">具有生物惰性、易碎、易引发骨折</td><td rowspan="3">髋关节假体、牙科植入物、人工中耳骨、眼科手术角质假体</td></tr>
<tr><td>氧化锆</td></tr>
<tr><td>玻璃陶瓷(微晶玻璃)</td></tr>
<tr><td>碳素材料</td><td>生物相容性、力学相容性、抗疲劳性良好</td><td>脆性大、拉伸强度较低、高负载应用受限</td><td>生物传感器、光热癌症治疗、人工关节、人工牙齿、组织工程</td></tr>
<tr><td rowspan="3">生物活性材料</td><td>生物活性玻璃</td><td rowspan="3">良好的生物相容性、多功能性、生物活性</td><td rowspan="3">生物降解速度慢、脆性大、机械阻力低、承重应用受限</td><td rowspan="3">软组织修复(肝转移大肠癌治疗)、牙科植入物、关节置换、金属或聚合物假体涂层</td></tr>
<tr><td>磷酸盐类生物活性陶瓷</td></tr>
<tr><td>硅酸盐类生物活性陶瓷</td></tr>
</table>

生物医用高分子材料

近年来,生物高分子材料以其独特的特性在全球市场竞争中脱颖而出,在材料学、化学、生物医学、临床医学等交叉学科领域有很高的应用价值和市场需求，部分商业化产品如表2.3所示。[88]医用高分子材料的应用主要集中在功能化、影像诊断、导电、3D打印以及纳米药物等。表2.4整理了典型医用高分子材料的特点和应用领域。[88-92]厦门大学固体表面物理化学国家重点实验室郑南峰团队发现，聚吡咯（PPy）在1瓦·平方厘米的近红外激光照射下具有44.7%的光热转化率，能够有效地消融肿瘤，且生物相容性较高。[93] 中山大学帅心涛等人提出了一种基于聚乙二醇（PEG）的聚合物胶束，可以在血液循环中为免疫检查点抑制剂抗“PD-1”提供屏蔽作用，待到达肿瘤微环境（TME）时，就会释放胶束中的抗PD-1和化疗药物紫杉醇（PTX），进行有效的免疫激活。[94] 在实际应用中需要重点关注医用高分子材料的生物相容性、力学稳定性以及降解安全性，如临床研究表明，PEG-蛋白质偶联物可能诱导细胞空泡化。[95] 因此，未来还需进一步建立、采用合理的大型动物模型，以精确指示材料临床转化的潜力。[96]

表2.3　商业医用高分子产品

高分子材料	应用领域	商品名
胶原	3D生物支架，用于细胞培养	SpongeCol® VitroCol®
	皮肤置换产品	TransCyte®
明胶	出血表面止血医疗器械	Gelfoam®
蚕丝	治疗性服装	DermaSilk®
壳聚糖	动物的自然伤口护理	ChitoClear®
	自然愈合和瘢痕愈合	ChitoCare®
聚乙醇酸（PGA）	可吸收缝合线、支架、黏附屏障、人工硬脑膜的可吸收加固材料、支架	BioDegmer® PGA DEXON
聚己内酯（PCL）	医疗设备	PURASORB® PC
聚乳酸（PLA）	固定装置，如接骨板、接骨钉、外科缝合线、旋压机	Revode 100 series Revode 200 series

表2.4　典型医用高分子材料的特点和应用领域

材料	特点		应用领域
	优点	缺点	
壳聚糖	来源广，在生物降解、生物相容性、抗菌、抗肿瘤、止血方面表现出色	生理条件下溶解性较差、比表面积小、孔隙率低	骨科和牙周植入物、疝气治疗、血管和心血管假体、生物可吸收缝合线、敷料
海藻酸盐（ALG）	可食用，可溶于水，在生理环境中易形成柔软的凝胶结构	缺乏机械完整性	食品添加剂、外科用吸收性敷料
胶原蛋白	人体含量丰富，细胞外基质的主要成分，热稳定性好	水环境中缺乏机械强度和结构稳定性	骨移植材料
羧甲基甲壳素（CMCH）	保湿，乳液稳定性、絮凝性强，促进创面愈合、止血、抑制瘢痕、镇痛和抑菌	生产困难	水凝胶、愈合创伤类生物材料、组织工程基质、药物递送、生物成像、生物传感器、基因疗法
聚乙醇酸（PGA）	高熔点，可溶于大多数有机溶剂	成本高、水解快	可吸收缝线、可降解支架
聚乙烯（PE）	抗冲击强度、生物相容性、化学稳定性高	磨损颗粒引起不耐受反应	人工关节滑面、心血管、骨科缝合线、导管、支架移植物、心脏瓣膜、椎间盘置换术
聚四氟乙烯（PTFE）	极低的摩擦系数、高疏水、不可降解	可能产生轻微炎症	血管钉、导管、面部重建、人造肌腱
聚甲基丙烯酸甲酯（PMMA）	与骨头的相容性良好	具有生物惰性	干细胞、骨水泥、接触镜、人工晶状体
聚醚醚酮（PEEK）	耐热、耐磨损、耐动态疲劳，具有生物（力学）相容性、高韧性、高疲劳强度	骨结合不良	整形外科植入物、心脏瓣膜、颈椎植入物

（续表）

材料	特点		应用领域
	优点	缺点	
聚己内酯（PCL）	控制细胞和血管生成，低降解率，无毒，生物相容性、机械性能良好	低生物活性，阻碍伤口愈合，承受机械载荷容易出现问题	医用降解材料、药物控释载体
聚乳酸（PLA）	生物相容性、热稳定性、机械性能良好，较优降解率，降解产物无毒	脆性大、低热稳定性	免折型手术缝合线、骨折内固定材料、组织修复材料、人造皮肤

生物医用复合材料

复合材料主要分为金属基复合材料（MMCs）、陶瓷基复合材料（CMCs）和聚合物基复合材料（PMCs）。它们的机械性能、生物相容性和仿生性都较为出色，主要应用于伤口修复、牙科和骨科植入、心血管植入、药物输送以及抗菌材料等领域（图2.4）。[97-99]在骨科植入领域，将可降解吸收的组分（如透明质酸钠、矿化胶原、磷酸钙）引入PMMA骨水泥体系，进而构建出能够引导骨组织长入骨水泥内部的新型复合骨水泥，大大增强了植入材料的骨整合能力。[100]在伤口修复领域，研究者尝试采用胶原蛋白、纤维蛋白、弹性体（如聚甘油癸二酸、聚柠檬酸辛二醇酯等）辅以抗生素、抗氧化剂、生长因子、细胞黏附因子等，匹配受伤组织细胞外基质（ECM）复杂的结构和组成，能够减少炎症并促进伤口修复，进而创造出有利于再生医学中细胞分化和生长的复合材料。[101]

生物医用纳米材料

在医疗领域，纳米材料作为一类易于使用的生物材料，已成为生物传感、生物成像、生物催化、抗菌治疗和生物治疗的多功能工具（图2.5）。[102]目前被批

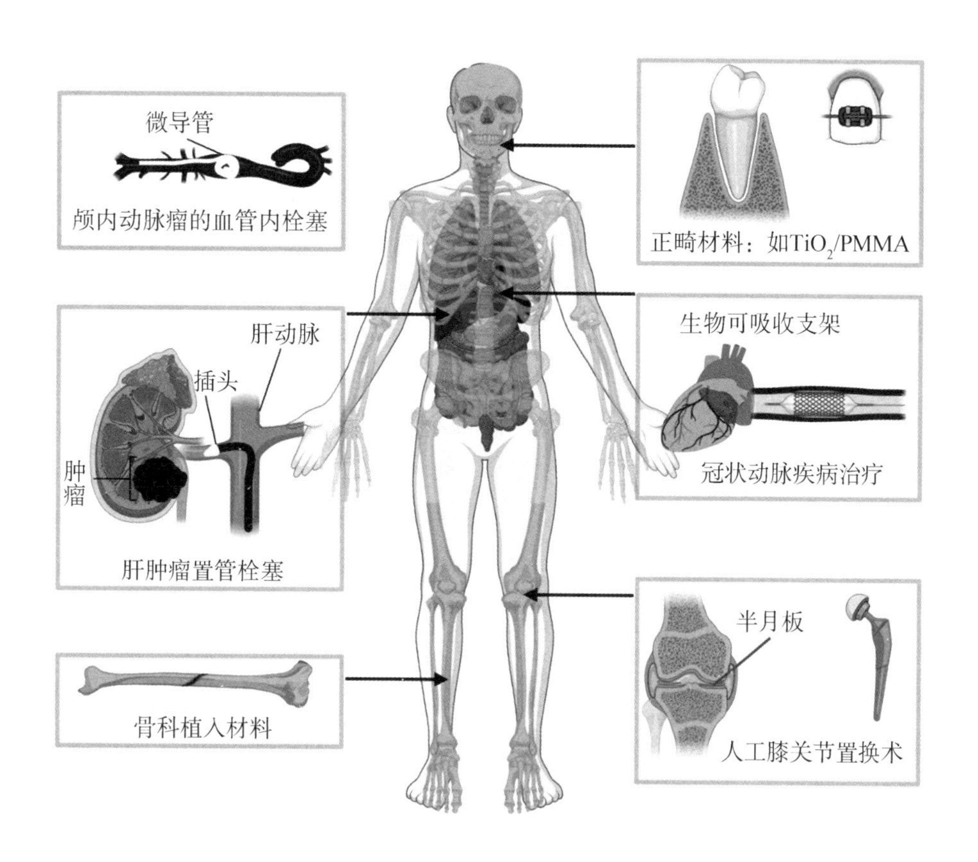

图2.4　复合材料在生物医学中的应用

准用于临床癌症治疗、铁替代疗法、麻醉药、真菌治疗、黄斑变性和遗传性罕见病治疗的纳米药物配方已有50多种，如Vyxeos（治疗急性髓系白血病）、Onpattro（治疗转甲状腺素蛋白淀粉样变性）以及NBTXR3（治疗局部晚期软组织肉瘤）等。已批准的纳米颗粒以脂质体、铁胶体、蛋白质基纳米粒、纳米乳剂、纳米晶和金属氧化物纳米粒为主。[103]纳米材料还具有良好的近红外吸收能力、光稳定性，以及较低的光腐蚀性和细胞毒性，在肿瘤领域具有广阔的应用前景。上海市第九人民医院口腔颅颌面科王旭东团队携手上海硅酸盐研究所，用3D打印构建了一种负载四氧化三铁和过氧化钙纳米颗粒的多功能镁黄长石–四

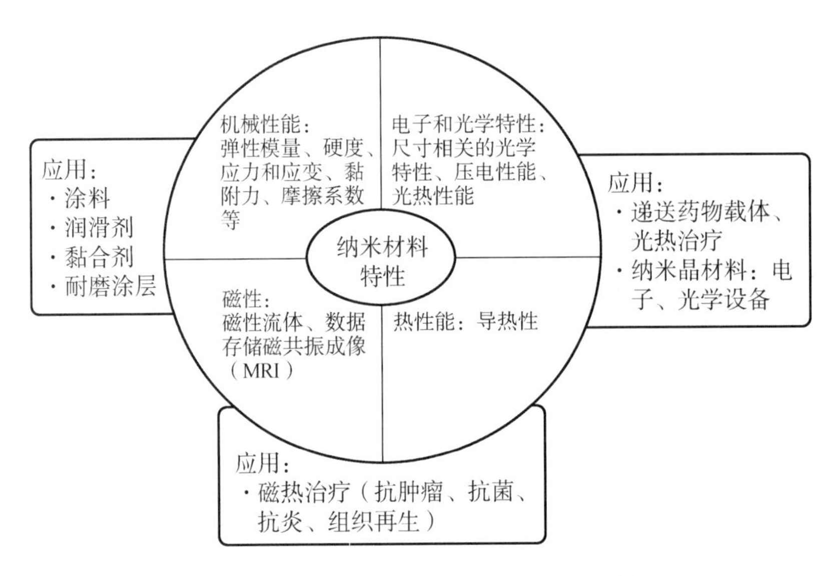

图2.5　医用纳米材料的物理化学特性及应用领域

氧化三铁-过氧化钙支架，并证实其具有良好的骨再生活性，可以用于骨肉瘤的催化-磁热联合治疗。[104]土耳其安哥拉巴耶济德一世大学（AYBU）助理教授富尔坎·索伊萨尔（Furkan Soysal）等人制备了一种新型的三元纳米复合材料还原氧化石墨烯-四氧化三铁-聚苯胺，并证实其在808纳米的近红外激光下具有优异的光热性能以及靶向药物输送和生物成像性能，适合应用于肿瘤光热治疗和诊断。[105]不仅如此，医用纳米材料的临床研究领域还包括疼痛、感染、神经系统疾病、眼病和遗传性疾病的治疗及疫苗接种。[103]例如，金纳米粒子可以增强神经元的生长、调节细胞内钙信号、神经元去极化和抑制神经元活动，为治疗神经退行性疾病（如帕金森病或阿尔茨海默病）提供参考。[106]此外，在2019年冠状病毒（COVID-19）流行的大环境下，COVID-19脂质纳米粒子mRNA疫苗在全球范围内的临床应用也展现出了纳米材料在生物技术前沿的转化优势和潜力。[107]

在生物医用材料行业不断发展下，其相关的技术革新也如雨后春笋般涌现。目前生物医用材料的核心技术主要有材料表面改性技术、增材制造技术、纳米技术和可生物降解技术等。

表面改性技术的发展及其典型应用

与生物环境直接接触的材料表面显著影响着相关生物反应，通过表面改性可使医用材料具备较好的机械性能、生物相容性及生物功能特性（如成骨、成血管、抗炎、抗菌等性能），从而延长其服役寿命。例如，在医用材料表面采取调整蛋白质吸附、促进巨噬细胞极化、改变表面形貌、制备仿生涂层、局部给药、一氧化氮调节、巨噬细胞凋亡等策略，可以在一定程度上改善其抗炎特性。[108]而材料表面接枝血管内皮生长因子（VEGF）、胎盘生长因子（PGF）、成纤维细胞生长因子（FGF）、转化生长因子β（TGF-β）等的涂层则可以在特定位置调节血管的生长，进而建立代谢生态微环境，维持血管周围的造血干细胞和间充质细胞活性。[109,110]根据不同的临床问题，选用合适的生物医用材料表面改性技术，对于术后恢复、植入物服役寿命和医疗设备性能的提高均有长远影响。[111]例如，目前临床常用的瑞典Nobel Biocare公司开发的TiUnite（钛易耐）系列牙种植体采用阳极氧化技术处理表面，可以改善表面的耐磨、耐蚀性能，以及生物活性；韩国Dentium种植体采用大颗粒喷砂酸蚀（SLA）表面处理，以此促进表面骨整合，并保障种植体的机械稳定性。[112]值得注意的是，目前临床常用的表面改性技术大多来自传统工业，这些表面改性技术仍然存在不足，如涂层缺乏生物活性、界面结合力和耐磨性仍需加强，以及植入周围组织整合性差等。针对以上问题，还需在现有技术上不断深入，并探索新的表面改性技术，进而为广大患者的健康带来更好的保障。

增材制造技术的发展及其典型应用

增材制造技术即3D打印技术，它基于分层制造的原理，与计算机辅助设计（CAD）或CT技术相结合，可用于快速制造具有复杂形状的定制化部件。[92]3D打印产品的定制化制备步骤及其应用领域详见图2.6。2013年，普林斯顿大学

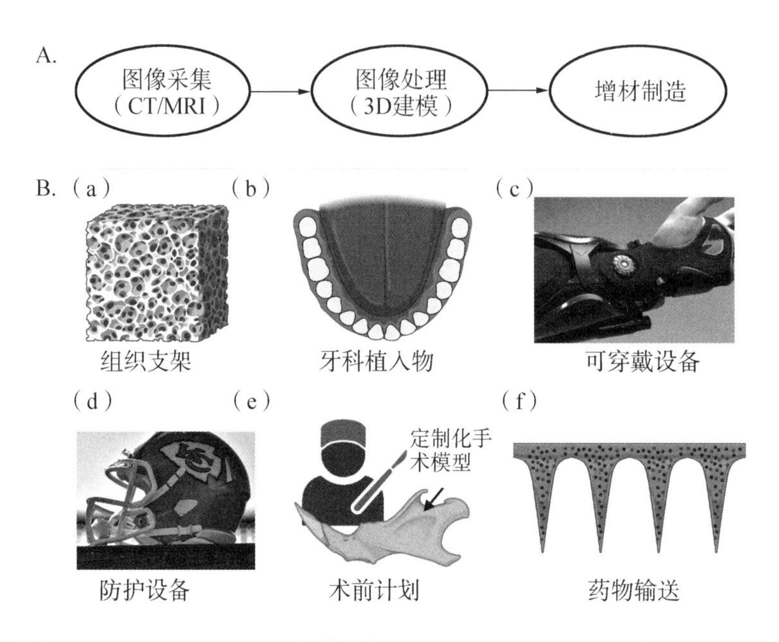

图2.6 （A）定制化模型3D打印过程[113]；（B）3D打印技术的医学应用：（a）组织支架、（b）牙科植入物、（c）可穿戴设备、（d）防护设备、（e）术前计划、（f）药物输送[114]

助理教授迈克尔·麦卡尔平（Michael McAlpine）团队沿着人耳的解剖几何结构，3D打印了基于软骨细胞的藻酸盐水凝胶基质，随后与银纳米粒子导电聚合物缠绕以生成仿生耳朵，并发现它对无线电频率的听觉感知优于人耳。[115]波兰卢布林医学院阿加特·普热科拉（Agata Przekora）团队利用激光选区熔化（Selective Laser Melting，简称SLM）方法制备了3D打印的网状TC4钛合金椎间融合器，并证实其具有较高的抗压强度和更低的下沉倾向，且能够显著增强成骨细胞矿化过程，在骨-种植体交界面处实现良好的骨整合。[93]在3D打印的基础上，近年来还发展出了4D打印概念，即器件的结构或功能能够随着时间响应温度、光、磁等外部刺激，从而更好地贴合实际应用环境，基本原理如图2.7所示。[116]美国科罗拉多大学博尔德分校教授克里斯蒂·安赛特（Kristi Anseth）团队利用4D打印技术制备了一种关联特定时序的可挤出和降解的聚乙二醇微凝胶支

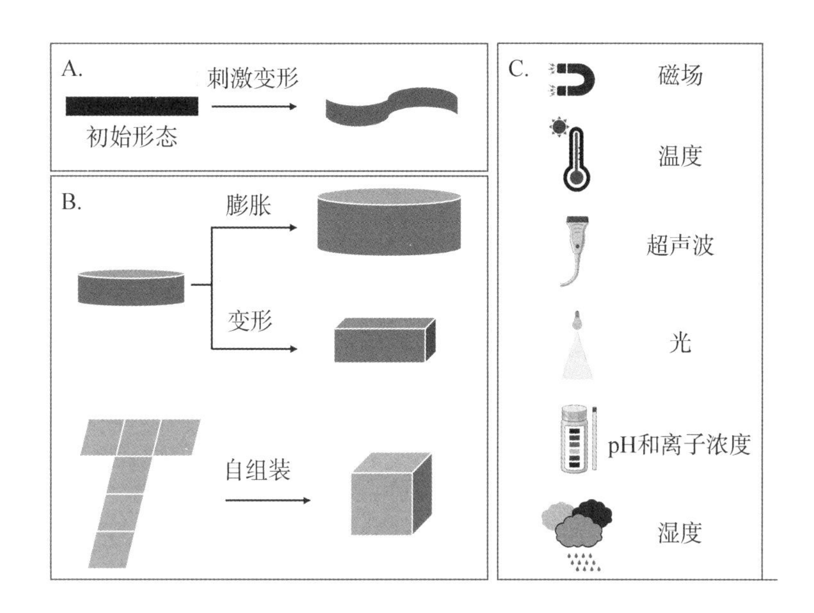

图2.7　(A) 4D打印对象响应于刺激的变形示意图;(B) 在4D打印的动态材料中可能出现的响应类型;(C) 可用于触发4D反应的内部或外部刺激[117]

架,使得在大孔生物材料中进行大规模多维细胞培养成为可能,并进一步推动了对支架性能的时序调控。[118]增材制造技术促进了智能材料和结构的研究进展,在组织工程、药物输送以及构建适合移植和器官再生的功能器官等生物医学领域应用中显示出巨大的潜力。

医用材料的功能性发展及典型应用

生物医用材料发展至今,其临床应用的要求已从传统的仅具备机械支撑、固定特性的生物惰性材料,逐渐向兼顾安全及多功能的生物功能化特性发展。医用材料的生物功能化是指赋予材料生物功能,如抗菌、抗炎、抗肿瘤、促成骨、促成血管、抗凝血等,以使其更适合于生物医学应用。材料研究常用的生物活性元素及其生物功能如图2.8所示。[74,119,120]杨柯团队利用铜的生物活性功能,制备了含铜不锈钢,并证实其具有优异的抑制细菌感染、降低支架内再狭窄、促进成骨等生物医学功能,有望成为新一代心血管支架和骨科植入器械。[121]张小农团队与美国麻省理工学院及我国复旦大学附属中山医院合作,证实了镁能够显著抑制胆囊癌、骨肉瘤的细胞生长并促进其凋亡,在胆道外科、骨肿瘤临床手术治疗中具有良好的应用前景。[122,123]除此之外,生物功能化材料还可以通过共价键、主客体超分子相互作用和静电相互作用等,添加功能化成分,如杀菌成分(如季铵盐基、光敏官能团等)、血液相容性成分(如聚乙二醇酯、富羟基基团)、促细胞增殖成分(如细胞因子、多肽等)来实现特征功能,从而满足预期的应用需求,并推动新一代植入性或留置医疗器械的发展。[124]我国现已批

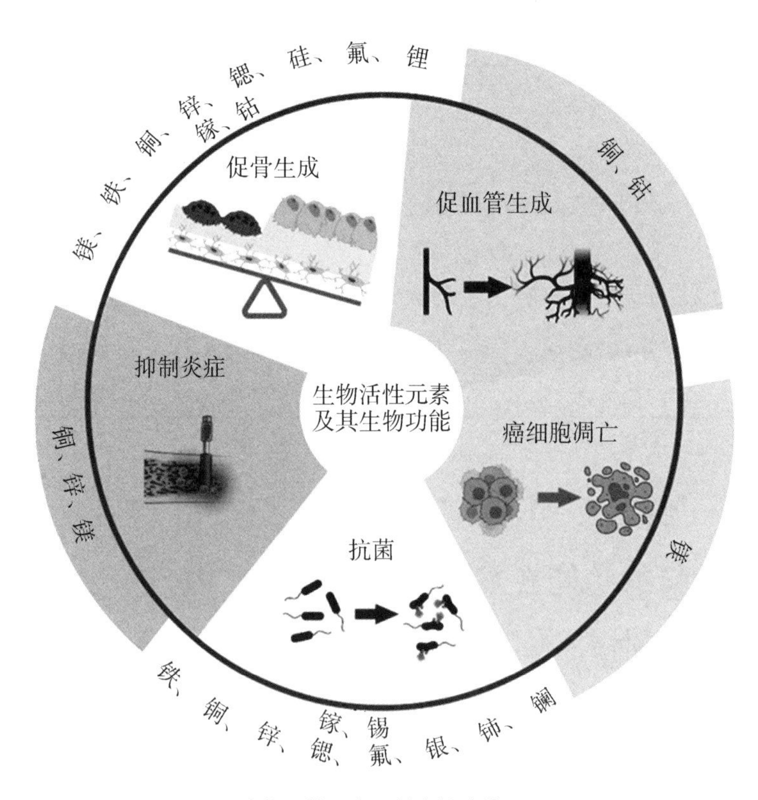

图2.8　生物活性元素及其生物功能

准2项载rhBMP-2生长因子的骨修复产品用于临床椎间融合、椎体成形术、股骨头坏死、各类骨折等的植骨治疗,并均取得了良好的骨修复效果。[86]虽然目前生物功能化产品的转化仍处于发展阶段,其临床使用规则(如治疗部位、适用人群、使用剂量等)还需进一步规范和严格审批,但其临床获益颇为可观,已然能代表生物材料的一大发展方向。

第四节　分子纳米技术的发展及其在医疗领域的应用

分子纳米尺度的生物医学工程

分子纳米尺度的生物医学工程(以下简称分子纳米医学工程)是指运用生命科学的知识和分子纳米尺度的规律,建造可以对细胞及细胞尺度以下的生命过程进行观察、调控、干预或操纵的方法和工具,从而对疾病的预防、诊断和治疗发挥重要作用的工程科学。

分子纳米医学工程基于分子与纳米尺度的基本热力学和动力学规律,重新认识与疾病发生、发展相关的生命过程,基于上述认识而发展出创新性的工程手段,将在解决包括肿瘤、心脑血管疾病、出生缺陷、重大传染病等影响国民健康的关键问题上发挥核心作用。随着分子生物学、各种组学和纳米生物技术的发展,基于DNA、RNA、蛋白质等分子的纳米医学工程,将为疾病的预防、诊断、治疗提供更加精准的医学工具,有可能从根本上改变诊疗模式,具有重大的社会与经济意义。

传统的生物医学工程大多在器官或组织尺度上进行疾病诊疗,分子纳米医学工程则工作于细胞尺度以下,充分运用分子细胞生物学和纳米技术的最新成果,发展出有分子特异性的纳米工具,实现更加精准的疾病诊治是生命科学与纳米技术深度融合的领域。

美国麻省理工学院第16任院长苏珊·霍克菲尔德(Susan Hockfield)曾指出:“詹姆斯·沃森(James Waston)和弗朗西斯·克里克(Francis Crick)于1953年发现的DNA结构为其后生命科学的两大革命奠定了基石。”这两次革命分别是分子生物学革命和基因组学革命,前者揭示了编码在DNA内的信息是如何通过RNA解译给蛋白质,再由蛋白质行使各种生物学功能的;后者则帮助人们揭示基因组的组成、组内各基因的结构、相互关系及表达调控等信息。现在,随着分子纳米尺度的生物学工程的蓬勃发展,人们看到的将是生命科学与物理学和工程学融合而来的“第三次生物革命”。

分子医学工程的进展

分子纳米医学工程从20世纪末开始取得快速发展,其重要的技术基础是纳米材料技术的发展。

纳米材料通常是指基本结构单元至少有一维处于1—100纳米且具有独特性质的材料。纳米材料独特的力学、磁学、光学、电学等物理性质,以及化学和生物学性质为药品和医疗器械的发展提供了新的机遇,基于纳米材料的创新诊疗应用也变得越来越多。例如,新冠抗原检测试纸中的胶体金、核酸自动化提取过程中所用到的磁珠、纳米银创贴之类的预防感染固化纳米材料等。

生物相容性和(或)毒理学评价是应用纳米材料医疗器械安全性评价的重要内容。由于纳米材料的比表面积特别大,纳米材料表现出不同的理化性质。生物暴露于纳米材料之后,可能表现出与常规材料不同的生物相容性和(或)毒理学反应。针对医疗器械不同的结构特征、预期用途、与人体的接触途径、所含纳米材料的种类和形态等因素,应设计一系列可定性、定量研究纳米材料和生物相互作用的试验,从而制定适合该产品特点的生物相容性和(或)毒理学评价专属试验方案。2021年8月23日,国家药品监督管理局颁布了《应用纳米材料的医疗器械安全性和有效性评价指导原则第一部分：体系框架》。这个文件的颁布，为创业者和政府监管人员提供了关于应用纳米材料的医疗器械安全性和有效性评价相关方面的有效信息，同时意味着当前对纳米材料的安全性认知水平和评价方法在不断地快速发展。

进入21世纪以来，纳米技术和分子细胞生物学的结合更加紧密，由此诞生了传统生物医学工程难以企及的全新诊疗解决方案。

在疾病诊断方面，随着后基因组时代的到来，人类对生命现象的认识进入了全新的发展阶段，对疾病的检测也将从以往基于病因学、病理学及机体体液特异性反应产物的检测，发展到基于基因组学、蛋白质组学及代谢组学等的系统性检测。

在疾病治疗方面，以小分子靶向治疗、抗体靶向治疗、干细胞治疗、免疫治疗、基因治疗等创新疗法的面世，表明分子纳米医学已经逐渐成为临床医学中解决重大疾病问题的主流方法，由此促进了生命科学和分子纳米工程技术的深度融合。

纳米技术还促使二代甚至三代基因测序技术的形成，使得普通实验室都能操作基因组学的高通量研究，为了解先天性疾病的遗传变异、感染性疾病及肿瘤等复杂疾病的遗传易感性、确定致病病原体等提供有效的途径；利用蛋白质组学、转录组学、代谢组学等系统生物学的分析研究方法，将有助于揭示参与疾病发生、发展过程的关键蛋白质，相关信号通路及相关特异性代谢产物。尤其是近10年来，上述组学手段进入了单细胞、单分子、多组学融合的发展阶段，使得现代生物医学研究正式步入数据整合时代，疾病检测也不再依赖于单一分子组学进行诊断，而是将人体作为一个完整的系统，利用多种分子指标的组合对疾病的发生、发展及预后进行更加精准的检测。毫无疑问，这些新的方法和工具将推动重大疾病诊疗技术的进步（图2.9）。

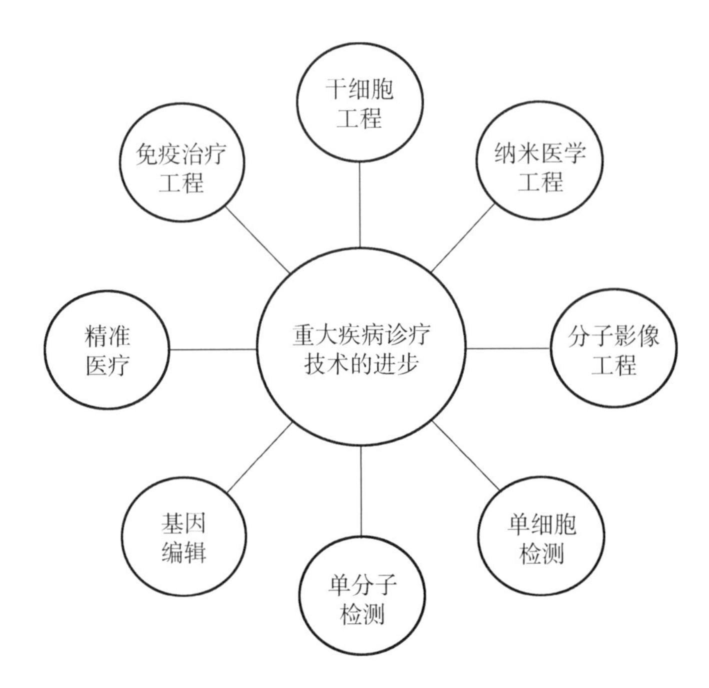

图2.9 分子纳米医学工程的主要应用领域

纳米诊疗工具与典型应用

基因治疗

基因治疗，通常指将能起到治疗作用的正常基因导入人体靶细胞，或将异常基因敲除的治疗方式。基因治疗的核心在于精准打击特定遗传病的根源——异常基因，是一种根本性的治疗策略。

"中心法则"为基因治疗提供了理论基础，即遗传信息沿着"DNA-RNA-蛋白质"的路径传递，疾病发生时多表现为蛋白质层面的异常。传统治疗主要干预蛋白质，而基因治疗则从指导蛋白质合成的DNA入手，通过调控DNA来改变遗传信息传递，从而改变蛋白质的性状，实现从根源上治疗疾病。因此，这种治疗方法完全是基于纳米尺度的DNA分子来开展的。

基因治疗的适应证以单基因遗传病（罕见病）为主，包括眼科遗传病、血友病、地中海贫血、运动神经元疾病等。这类疾病的致病基因明确,同时缺乏有效的治疗手段,面临巨大的未满足的临床需求。绝大多数的罕见病由基因异常导致,种类达7000余种,总病例数达3.5亿,超90%的罕见病缺乏有效的治疗手段。

根据治疗途径,可将基因治疗划分为两类:体内基因治疗和体外基因治疗。体内基因治疗,操作流程相对简单,将携带治疗性基因的重组载体直接递送到患者体内。体外基因治疗,额外涉及细胞层面(自体造血干细胞)的体外遗传修饰,包括细胞的分离、转染、扩增培养和回输等。

基因治疗的临床优势体现在DNA层面直接干预治疗,从而规避传统药物在蛋白质层面遭遇"不可成药"靶点困境。目前大部分药物以蛋白质为靶点,如治疗肿瘤的小分子靶向药和大分子单抗药。基因治疗直接在DNA层面修正致病基因,绕过传统药物在成药性上的难点,对致病基因清晰且在蛋白质水平难以成药的疾病具有独特的临床优势。

基因治疗的研发优势体现在核酸序列的合成难度较传统药物更低。基因治疗的三大共性步骤:核酸序列的设计与合成、目标序列递送至靶细胞和工业化生产。其中,核酸序列的设计与合成难度较小分子靶向药和单抗药更低,因此一旦研发出一个安全高效的递送方式,基因治疗产品的研发难度就会降低。

基因治疗的一大核心是纳米尺度的递送方式,而理想的递送方式需具备多项要素:首先,能够剔除复制自身载体的能力,具有高转导效率;其次,能靶向特定的细胞,且可以长期稳定地表达转基因;最后,要具有较低的免疫原性,不会引起炎症。目前被广泛使用的递送方式是经人工改造失去致病能力的病毒载体,其关键优势在于天然转导效率高。

治疗肿瘤的纳米疫苗

近年来,癌症免疫疗法已成为临床癌症治疗的关键手段,其原理是通过激活机体免疫系统,识别并杀死特定的肿瘤细胞,进而高效地抑制肿瘤的发展与转移。肿瘤疫苗通过运输肿瘤相关抗原和免疫佐剂至淋巴结组织,随即被相应的抗原提呈细胞摄取加工,进而激活T细胞介导的抗肿瘤免疫反应。然而,传统的肿瘤疫苗由于自身抗原包载效率低、淋巴结靶向运输能力差、溶酶体逃逸能力弱等一系列缺点，导致其临床前及临床疗效评价不佳。面对这些问题和挑战，将纳米生物材料载体应用于肿瘤疫苗递送已经逐渐成为研究的热点。纳米生物材料不仅可通过静电相互作用、疏水相互作用、共价结合作用等，实现对抗原和佐剂的高效包载，还可以依据其特殊的理化性质，实现在淋巴结组织的靶向蓄积以及在抗原提呈细胞内的高效释放。

目前业界已经开发了一系列多功能纳米生物材料，如刺激响应型聚合物、模块化自组装纳米载体、自佐剂型疫苗递送材料等，它们被广泛应用于抗原肽及其佐剂的淋巴结递送，为克服传统肿瘤疫苗淋巴结递送效率低、溶酶体逃逸能力差等困难提供了有效的解决策略。

核酸型肿瘤疫苗的发展为免疫治疗注入了新的力量，以脂质型纳米载体为代表的纳米生物材料在核酸分子靶向递送上表现出巨大的潜力，它们可以高效包封核酸分子、有效屏蔽核酸酶的降解作用，并促进核酸分子的胞浆释放。此外，针对外源性纳米材料的引入会诱导机体免疫排斥反应，研究人员还进一步开发了基于仿生材料的仿生型纳米疫苗、各种类型的细胞膜材料、内源性纳米递送载体等，在为仿生型肿瘤纳米疫苗发展提供重要支持的同时，也为实现个性化精准肿瘤治疗提供了有效策略。

mRNA疫苗

mRNA是一种天然存在的分子，带有人类细胞的“蓝图”，可以产生靶标蛋白或免疫原，激活体内免疫反应以对抗各种病原体。mRNA疫苗利用的是病毒的基因序列而不是病毒本身，因此，mRNA疫苗不带有病毒成分，没有感染风险。同时，mRNA疫苗还具有研发周期短(有利于快速开发新型候选疫苗应对病毒变异)、可激活体液免疫及T细胞免疫双重机制、免疫原性强、不需要佐剂、易于批量生产的关键优势。

mRNA疫苗开发的关键，是将mRNA封装且安全有效地送进机体细胞的脂质纳米粒。从技术上来讲，核酸药物的研发主要有三个壁垒：第一个是原料端，包括mRNA原料序列的筛选和修饰；第二个是递送系统；第三个是整个药物的生产工艺。目前的mRNA递送技术采用微流控技术生产脂质纳米粒，将mRNA包裹在脂质纳米粒中，再将其输送进人体，是FDA唯一批准上市的相关工艺，其安全性和有效性已经在这次全球新冠疫情中通过上亿剂的mRNA新冠疫苗注射得到验证。得益于前期开展的大量有关mRNA疫苗优化和脂质纳米粒的基础研究和测试，使得针对COVID-19新型冠状病毒的mRNA疫苗开发，从病毒基因序列到成功上市只用了不到一年的时间。这在从前是无法想象和实现的。

脂质纳米粒制备是典型的分子纳米医学工程技术。在包裹核酸的脂质纳米粒配方中，起关键作用的是可电离脂质。首款siRNA（干扰小RNA）药物Onpattro®中的Dlin-MC3-DMA（简称MC3），其酸解离常数在6.3—6.5，这个特性让它在血清环境中的表面电荷基本为中性，有利于细胞将带有核酸片段的脂质纳米粒整个吞进细胞内，形成胞内体。一旦进入细胞后，胞内体的酸性环境使电离脂质的头部质子化并带正电荷，从而与胞内体的内膜融合，释放目标核酸到细胞中以发挥作用。然而，siRNA的成功经验并不能直接复制到mRNA上。只有数十个核苷酸的siRNA与数以千计核苷酸组成的mRNA在质量与结构上有巨大差异，需要搭配不同的可电离脂质才能实现有效封装和递送。关于新型可电离脂质的研究，一直伴随着mRNA的药物开发。科研人员在可电离脂质的碳链中引入酯键，使其更易被生物降解，而调整纳米颗粒中4种脂质的比例可以改变脂质纳米粒在体内的分布。

分子纳米工程与精准医学

2015年1月，美国政府提出“精准医学”计划，同年3月中国也开始制定精准医学计划。精准医学是医学自身发展的客观必然，是公众对健康需求的推动。精准医学的内涵是根据患者的临床信息和人群队列信息，应用现代遗传技术、分子影像技术、生物信息技术，结合患者的生活环境和生活方式，实现精准的疾病分类及诊断，从而制定个性化的疾病预防和治疗方案。简而言之，即精准地确定“合适的患者、合适的方案、合适的药物、合适的时间”。

“精准”或“精确”的概念和实践要求贯穿于精准医学全过程，包括对风险的“精确”预测、对疾病的“精确”诊断、对疾病的“精确”分类、对药物的“精确”应用、对疗效的“精确”评估、对预后的“精确”预测，进而对整个疾病的发生发展过程做到“心中有数”。

若想实现“精准”，则需要多个前沿学科及技术交叉融合、共同发展，包括人类基因组测序、生物芯片技术的革新发展，蛋白质组、代谢组、免疫组、肠道微生物组分析技术的充分运用，临床技术、装备和药品的不断研发，分子影像与诊断、内镜和微创技术、靶向药物等的临床使用，大数据分析工具和技术的应用，等等。

分子纳米医学工程为精准医学提供核心支撑，其主要作用是通过分子诊断、分子影像和分子病理助力精准诊断。其中，分子诊断目前是实现精准诊断最为有力的武器。分子诊断技术的创新是精准医学发展的必然需求，而变异DNA和蛋白质分子的准确检测是分子诊断技术的关键。此外，代谢组学和肠道微生物组学在分子诊断中发挥了重要作用。作为临床精准医学的关键技术之一，分子影像的相关工作领域包括：开发特异性分子探针，提供高空间分辨率和时间分辨率的全数字化三维或四维成像，通过网络化传输实现图像同步的共享和互认，可同时反映形态学变化和功能变化的功能化成像，实现能反映微小代谢或活体异常的微观化和分子化成像，建立便于诊疗和数据挖掘的影像资料云数据库。临床精准医学的另一关键技术是分子病理。目前，分子病理已经在病理诊断工作中发挥重要作用，免疫组织化学染色在鉴别诊断中的作用尤为突出。结合分子病理的循证医学发现了不同病理类型对应不同标志物，这些标志物可以建议医生采用对应的治疗方案。分子病理越来越多地应用于分子分型、分子分期、鉴别诊断、预后判断和治疗方案选择。

当前，精准医学的发展体现在如下几个方面：一是精准防控技术及防控模式研究，包括大规模健康人群队列、专病队列、高发区人群队列、易感人群队列，以及临床疾病患者队列；二是分子标志物的发现和应用，即建立各种筛选和鉴定平台（包括基因组、表观遗传组、转录组、蛋白质组、代谢组、体内微生物组等），并结合用于早期疾病的预警、筛查、早诊的分子诊断，借助分子标志物判断治疗敏感性、预测疾病的预后和转归等；三是发展分子影像学和分子病理学的精准诊断，包括分子病理、分子分型、分子影像学成像、CT、MRI、超声的多模态图像融合、无创及微创精准诊断；四是临床精准治疗，包括综合临床分子分型、个人全面信息、组学、影像学分析大数据的治疗方案，涉及靶向治疗、免疫治疗、细胞治疗等生物治疗。

以上仅举例说明了分子纳米医学工程的典型应用，实际上这个领域的发展日新月异，几乎涵盖所有医疗健康的领域，感兴趣的读者可以寻找专门的资料，这里不再赘述。

第五节　数字医疗的发展

伴随移动互联网的崛起和逐渐成熟，数字化产品正在从方方面面改变我们的生活，医疗健康领域也不例外。借助数字技术的发展，互联网医疗、智慧医院等以往只能在愿景中出现的场景一一成为现实。现在，甚至可以通过医生的处方下载可用于疾病治疗的APP，这类APP可作为一种药物形式，或单独存在，或与传统药物相结合，带来更高效、更普及的治疗方式。这就是目前全行业高度关注的"数字疗法"。

数字疗法的核心特征可以归纳为5点：面向患者；基于循证医学证据；治疗或干预措施；软件驱动；单独或协同均可使用。

1）面向患者：首先要保证数字疗法的服务对象或者使用对象应该是患者

或患者家人，然后在服务患者的基础上，可以同时服务医生。但仅为医生提供服务，如帮助其在疾病治疗过程中进行高效诊断、决策、患者信息管理等情形，则不在讨论之列。

2）基于循证医学证据：数字疗法基于循证医学，而非经验医学。换言之，其效果必须是基于临床医学证据支持的。

3）治疗或干预措施：通过数字疗法提供的治疗或者干预措施，能够对患者的健康状态或者疾病的发展过程产生一定影响，实现预防、治疗或者管理某种疾病的功能。

4）软件驱动：数字疗法实现治疗或干预的主要功能应由软件应用的数字技术提供，比如图片、视频或者虚拟环境等。当然，软件的应用还应满足各种功能及法规要求。

5）单独或协同均可使用：数字疗法产品可以以手机APP或者电脑软件，甚至浏览器插件的形式单独呈现，也可以与硬件、其他软件及服务联合使用，但在联合使用时如何分类还需要根据各地区的具体情况和要求来决定。

数字疗法解决的痛点

作为传统治疗手段的补充和优化，数字疗法主要用于解决患者、医疗服务机构、支付方和药械企业一直存在的诸多痛点。

患者端

数字疗法需要优先解决患者遭遇的诸多痛点，包括提高就医可及性、患者依从性，改善就医体验感，提供个体化治疗，改善患病时的生活质量，以及降低就医成本。

数字疗法的兴起主要源于以移动互联为基础的各类数字技术的崛起。绝大部分数字疗法基于移动互联技术，患者可以随时下载并使用数字疗法产品，这令医疗服务的可及性大幅提高。部分数字疗法或许并未依靠移动互联技术，但仅基于数字技术的赋能就使得医疗机构的服务能力大大提高，同时提高了患者的就医可及性。

在疾病的治疗过程中，患者的依从性一直是个难题。很多时候，治疗效果不佳的主要原因在于患者依从性不佳，而通过纯人工手段提升患者依从性被证明并不成功。数字疗法通过数字技术主动提醒患者，并通过改善界面、患者教育及激励机制等多个维度提高患者依从性，并在必要时引入人工干预，有效提高了患者依从性。

相比于前往医院的诸多不便，数字疗法可以让患者在家中获得咨询并接受治疗，用户体验得以提升。此外，数字疗法可以为精神和认知健康方面有状况的患者提供更好的隐私保护，进一步提升其就医体验，从而提高此类患者的治疗率，并减少患者因病耻感自觉美化病情而误导医生判断的情况。

由于缺乏数据，传统治疗方式或许无法实现个体化治疗，或许需要付出极大的代价才能实现。通过与硬件的结合，数字疗法比以往更加轻松地实现对用户基本数据的采集和分析，并基于数据驱动为用户提供个体化的治疗方案。

数字疗法可以通过提高效率或扩大服务能力等方式间接降低成本。由于大部分通过软件实现，一般来说数字疗法的成本也比人工干预更低。此外，如果考虑可及性、依从性、用户体验及个体化等方方面面，那么数字疗法对就医成本的降低往往更可观。

医疗服务机构

对于医疗服务机构来说，数字疗法主要可以提升服务效率、患者满意度与数据采集及其辅助能力，降低服务成本。

通过各种数据技术的采用，数字疗法可以极大提高医疗服务的可及性，在适当的时候提示医生主动干预，并进一步通过提高单次医疗服务的效率或扩大服务范围的方式，来提高医疗服务机构的服务效率。此外，数字疗法还可以提高患者依从性，提供基于数据驱动的个体化诊疗，并基于医学原理和数据分析模型为医生提供辅助诊断功能,从而提高医疗服务机构的诊疗效率。

数字疗法可以帮助医疗机构实现服务能力的提升,在同样的条件下服务更多患者,从而实现服务成本的降低。在很大程度上,数字疗法也提高了服务的可及性,使得患者可以在家接受医疗服务,并在需要的时候与医护人员实现一对一交流。通过数字疗法,患者可以更清楚地了解自己的病情,并获得个体化治疗方案。因此,数字疗法也能够帮助降低医疗成本。以上种种,都将提高患者对医疗服务机构的满意度。

另外,数字疗法也有利于院外患者数据的采集。这种采集是连续的,能够极大地弥补医院在患者院外数据方面的缺失,从而更好地实现预防-诊断-康复的全程管理。这些采集的数据也更加全面和丰富,涵盖患者生理、心理、生活方式、生活环境等多个维度,可为临床科研提供更多真实世界的数据,从而提高行业对相关疾病的认知水平与科研能力。

支付方

对于支付方来说,数字疗法可以起到智能核保及控制支出的作用。基于数字疗法采集的数据,支付方还能以此开发新的产品。此外,对于商保等支付方而言,数字疗法还能起到促进获客及续保等重要作用。

不管医保还是商保,抑或是为员工支付保险费用的企业,作为医疗服务的支付方,最关心的是如何控制费用支出。数字疗法可对用户进行生活方式干预,也起到一定程度的疾病预防作用,降低了疾病发生率,使得支付方的赔付额有所降低。

随着国内保险市场的发展,针对精神及认知类疾病的保险产品将会成为接下来的一大蓝海。数字疗法可在一定程度上实现对精神健康的量化,从而提供智能核保手段,帮助支付方和投保人快速判断是否符合投保条件,降低了支付方的风险。

针对"非标体"的(有条件承保)健康险探索被保险行业广为关注。数字疗法收集了大量慢性病患者的健康信息,可为商保公司模型精算所用,从而开发出创新的保险产品,使更多人从保险中获益。

数字疗法可以在检查早筛和慢性病干预等环节提早介入,并实现持续监控。由此产生的结果有可能会唤醒患者对疾病的担忧,进而对有针对性的保险产品产生兴趣,从而帮助正处于市场份额激战中的商保企业获客或者后续续保。

药械企业端

对于药械企业来说,数字疗法可以起到提高给药精准性及用户黏性的作用。此外,数字疗法采集的患者数据也有助于药械企业实现精准营销,并为后续研发与评价提供参考作用。

由于身体状况、年龄、遗传和同时服用其他药物等多种因素的影响,每个人对药物的治疗反应存在差异。通过对患者实际情况的评估,数字疗法可以为患者提供个体化的给药方案,从而提高给药精准性,提高药物疗效或降低不良反应,并减少医疗费用。

数字疗法可以定时提醒患者服药,并通过激励等方式提升患者用药依从性。软硬件结合的数字疗法还可以在一定程度上对患者的用药状况进行跟踪——通过传感器的实时监测反馈,医疗机构或者监护人也可以了解到患者是否按时服药,并在必要时纠正患者行为。

除了实现个体化给药和提高用药依从性,数字疗法还可以监控患者药物和耗材的消耗量,及时捕获潜在需求,并在合规前提下通过消息推送和商家配送的方式实现精准营销。

数字疗法可以为药械企业提供前所未见的、远远超出随机对照试验的数据。通过为药企和医生提供患者的实时结果,并通过准确和标准化的大数据,数字疗法可以持续提供用于改善治疗,甚至创建全新产品的强大辅助功能。

数字疗法中涉及的技术

从表面上看，数字疗法仅涉及软件技术，但其实背后涵盖了大量技术，如无线网络、传感器、微处理器和集成电路、人工智能、云计算及大数据、VR/AR/MR等。这些技术的运用为数字疗法产品的实现奠定了基础。

人工智能

传统的医疗服务由医生基于自身专业知识和经验提供给患者。数字疗法则需要将医生的知识和经验沉淀下来，并实现服务过程的数字化。在整个服务过程中，人工智能随处可见，从个体化和主动性等多方面为数字疗法赋能。同时，数字疗法也需要具备自驱能力，能够在一定程度上代理医生，从而跟患者产生有效互动，其背后也需要人工智能的支撑。

利用人工智能和机器学习系统，数字疗法可以借助数字化生物标志物在自适应临床反馈循环中监测和预测单个患者的症状数据。人工智能可以学习和预测有效的干预措施，通过多维度的数据来提供更个体化的治疗方案。在这个过程中，需要将传统临床中总结出来的专家经验和共识形成不同指南类型的临床知识图谱，并通过人工智能学习在服务过程中实现自动化，具有较高的门槛。

主动性也是人工智能赋予数字疗法的好处之一。数字疗法可以利用人工智能的预测分析能力，更快、更高效地预防护理事故。比如，人工智能可以通过对知识图谱的学习，防止药物不良事件。无论患者、支付方，还是已经不堪重负的医院，都将从中受益。反过来，患者共享的数据也将为人工智能的学习提供源源不断的素材，有助于提高人工智能的预测能力，从而根据患者的各种特征（年龄、性别和用药情况等），更好地预测患者的潜在需求。

不过，现阶段而言，数字疗法所用的人工智能多为通用的固定的算法，只能提供有限的个体化，尚无法完全根据患者独特的症状数据提供适应性干预。因此，未来数字疗法的人工智能需要侧重于通过机器学习实现更具有适应性的算法和更灵活的干预,即人工智能和机器学习使系统能够自动从数据中学习并调整输出,能在没有明确编程的情况下执行比肩人工干预的任务。这对人工智能行业来说无疑是一个巨大的挑战。

物联网

在数字疗法的定义中我们曾提到,数字疗法可以单独使用,也可以与硬件、其他软件及服务联合使用。其中,联合硬件使用的很大一个原因便是,数据驱动的数字疗法需要采集大量数据来实现指定功能或更好的效果。这些数据采集及传输在很大程度上需要依靠可穿戴设备、智能家居监测设备等物联网设备。

物联网概念被提出时正值全球医疗健康费用快速上涨期,这使得医疗健康行业迅速采纳了相关理念。物联网一直被认为可以有效增加医疗行业的收入并降低其相关成本,但前提是具备足够洞察力的相关企业能够以可操作的方式转化物联网设备采集并生成的数据。无论是在治疗过程中加以利用,还是留待研究开发所用,数字疗法都能够真正将物联网采集到的数据有效地利用起来。可以说,数字疗法与物联网是天造地设的一对完美搭档。

借助物联网,数字疗法可以极大地拓宽其应用的广度和深度。物联网结合医疗器械可以自动持续地采集并传递患者身体信息,赋予数字疗法实时监控患者健康状况并调整患者行为的能力,从而提高诊断和治疗的速度和准确性,并有助于对患者进行实时远程护理。此外,物联网结合人工智能使数字疗法可以通过自动化的方式简化临床流程、信息和工作流程,改善患者与医疗机构、医疗机构内部和医疗机构之间的通信,从而提高医疗服务机构的运作效率和有效性,提升患者就医体验。

不过,物联网设备的管理并不是一件易事。整个物联网设备的管理遵循"计划—预配—配置—监控—退役"的周期。每个周期的侧重点不尽相同。计划阶段即根据组织的需要对设备进行分组并控制访问。预配阶段主要是对设备进行安全认证,实现预配管理和服务预配。配置阶段则是通过更新、配置应用程序来分配每个设备的用途。在监控阶段,需要监视设备目录、运行状况和安全性,同时提供问题的主动补救措施。最后,还需要在发生故障、升级周期或使用寿命到期时,更换和退役老旧设备。随着规模的扩大,数字疗法企业需要对越来越多的物联网设备进行接入和管理,继而通过专门的应用软件实现进一步的业务分析等功能。除了功能上的逐步递增,有所抱负的企业还需要在未来考虑国际化的问题。即使对于跨国企业来说,这也是个巨大的挑战,更不要说处于初创期的数字疗法企业。好消息是,不少物联网平台可以提供成熟的服务,并且已有不少成功的应用案例。目前,中国移动、中国电信和中国联通等网络运营商在物联网接入管理上开展了大量工作,阿里云、腾讯和华为等主要的云计算服务商也提供了相应的接入及管理服务。

云计算及大数据

数据驱动是数字疗法的重要特征,智能终端的APP是其主要表现形式之一,基于临床数据的循证医学证据则是其核心之一。正是因为近年来云计算和大数据应用的逐渐成熟,数字疗法才得以迅速发展。在数字疗法的运营管理、临床科研、迭代开发、智能服务等方面,云计算与大数据都发挥了重要作用。

数字疗法背后的人工智能可提供智能服务,其背后逻辑是基于大数据建立的知识图谱和基于深度学习的人工智能辅助诊断能力。比如,数字疗法可以标记患者健康状况与药物处方间的矛盾,在出现用药错误风险时及时提醒患者和医务人员。此外,借助大数据,数字疗法可以提醒并重点关注高危人群,并分析制定相应的预防计划,防止患者病情恶化并在需要时提供紧急服务。

以患者数据为主的大数据规范应用结合数据挖掘及智能化分析方法,将为临床科研有效建立基于真实世界数据和数据挖掘技术的科研思路及科研方法,从而为数字疗法的临床科研提供长期助力。

大数据还为数字疗法的运营管理提供了基础。对用户使用情况进行分析,可以使数字疗法通过快速迭代的方式日趋完善。此外,随着数据作为一种市场要素被国家认可,数据在未来经过合规脱敏处理后也有可能被允许交易。在大数据挖掘和分析能力的帮助下,数字疗法或许有机会从中找到新的商业模式。

虚拟现实、增强现实及混合现实

虚拟现实(VR)、增强现实(AR)及混合现实(MR)是一脉相承的几个概念,统称为扩展现实(XR)。随着计算机3D显示的发展及行为心理学等学科的研究,这些概念让人们仅通过佩戴立体眼镜和数据手柄(手套)等特制传感设备,就可以置身于交互的虚拟环境中。随着技术和理念的不断发展,这一概念从最初的VR进化到AR,再到如今的MR。VR是由计算机生成的、可让用户沉浸其中的虚拟环境,整个环境是纯虚拟数字画面,并与现实环境相隔绝。AR则是在真实环境中增添由计算机实时生成的、可以交互的虚拟物体或信息,即虚拟数字画面与裸眼现实相结合。MR则可以看成是VR和AR的结合,在概念上它与AR类似,是现实环境与虚拟环境的场景混合;但在结合的方式上则与VR的原理类似,通过数字化生成可互动的数字界面来结合现实与虚拟环境。

XR在医疗上的用途早已有之,除了手术施教和手术导航,也被广泛应用于认知行为疗法以增强其疗效——这种“暴露治疗”可以让患者暴露在各种不同的沉浸性场景中,使之逐渐耐受并适应。随着技术成熟及研发成本下降,XR逐渐被大规模引入数字疗法。XR具备体验逼真、直观有效、可重复性高和适配远程治疗等优势。同时,运用XR的虚拟现实暴露疗法相比于传统的暴露疗法(实景暴露、想象暴露等)可控性更高,强度和次数均可预先设定,也能更及时地获取数据。因此,XR可以在精神、心理相关疾病的数字疗法中发挥重要作用。

XR结合数字疗法可以实现虚拟现实沉浸式心理教育并解决相关问题。XR本质上非常适合被动心理教育。它可以创造出身临其境的体验,对患者进行有效的心理教育。虚拟现实被认为是一种强大的教育工具,因为它允许用户体验环境,而不是仅仅空洞地学习感知环境。因此,XR比传统疗法更有优势。比如,最近开发的针对抑郁症的XR干预教导可以有效鼓励青少年,保障他们的心理健康成长。

XR结合数字疗法可以实现行为激活和体育锻炼。此外,XR可以给使用者提供特别的环境来纠正不良习惯,还可用于戒烟治疗、转换性障碍治疗和理疗复健等。

XR还能为数字疗法带来更好的认知重建效果。传统的认知练习需要患者想象一个场景,并从中提取对象和进行相应操作以达到锻炼目的。这种方式对于患者来说显得相当抽象。XR能够使用户融入虚拟场景,并通过使用手柄(手套)来操纵这些对象。这将实现患者的静默神经由被动向主动转变,加速受损神经功能重塑,从而锻炼患者的执行能力、记忆能力、辨别能力、观察能力、判断能力、空间定位能力、抽象思维能力和注意力等,帮助他们康复。

社交技能培训是一种通用的认知行为疗法技术。XR非常适合通过虚拟会话代理和沉浸式场景来训练社交技能,从而提升数字疗法功效。举例来说,VR设计了不同的场景来教孤独症儿童学习生活常识,比如过马路、去超市购物等。这样的体验能够提高孤独症患儿的生活能力,有助于他们更好地融入基本的日常生活。

目前,VR技术在数字疗法中应用较多。这有几个原因:第一,VR技术在消费娱乐应用领域最为成熟,与现阶段数字疗法多以专门设计的游戏的表现形式相符合;第二,VR解决方案相对成熟,包括HTC(宏达国际电子)、Oculus、索尼和PICO等主要的VR设备厂商都可以提供较为完善的技术支持和集成服务,集成难度相对不高。

随着数字疗法与XR技术的进一步结合,将物理现实与虚拟现实融合的MR也将逐渐为人关注。微软Hololens应该说是目前行业最为成熟的MR整合方案之一,可以通过与Azure云服务的结合提供云服务和扩展能力,且在制造业、汽车、建筑施工、高等教育、零售和医疗健康领域已有广泛的应用。

低代码开发

尽管有如此之多的数字技术可以为数字疗法助力，但对于初创企业来说，要想真正活用这些技术似乎并没有想象中那么简单。作为横跨医疗、药械、软件、大数据、心理学及患者行为研究等多个学科的产品，数字疗法的开发具有一定的门槛，对于资源有限的初创团队来说更是如此。为了帮助团队将有限的精力和资源聚焦在最核心的环节上，行业也有大量的整合方案可供采用，近来比较火的低代码开发无疑是其中之一。

低代码开发是新兴的云计算和软件开发技术。通过可视化拖拽的方式，即便不依靠传统的专业编程，应用软件开发者也能开发出符合自己需求的应用软件。可视化编程并不是新鲜事物，专业开发软件Visual Basic等工具早已采用可视化方式。如今，低代码开发又进一步降低了软件开发的门槛，为轻量级应用软件的开发和更广泛的非专业开发人群带来新体验。低代码开发集成了大量模块供软件开发者调用，从而降低了开发要求，大幅提升了开发速度。

在传统开发模式下，要想为软件附加人工智能能力，得调用相关类库的应用程序接口（API），还要另行开发报表、仪表盘及工作流；但在低代码开发平台上，只需要直接调用相应的模块即可——比如，通过调用对话机器人等人工智能模块获得人工智能能力。通过类似的低代码开发平台，可以在“院前—院中—院后”的各环节触点体验优化，实施对患者就医流程的数字化管理，从而简化业务操作，实现内部运营流程自动化，提高团队协作和对外服务效率，改善患者就医体验。

值得指出的是，低代码开发并非万能，尤其是数字疗法具有医疗器械属性，需要将数据安全、私有化部署和未来扩展等方方面面纳入考量，是否在整个开发中引入低代码开发仍需权衡。不过，在特定时期或特定流程中引入低代码开发，从而为数字疗法助力，无疑是明智之选。

现状与未来

2017年,FDA以“创新医疗器械”(De Novo)分类的名义,审批通过了Pear Therapeutics公司针对药物滥用及乙醇滥用障碍推出的产品ReSET。此后,越来越多的国家和地区开始关注数字疗法,从而推动了该领域的发展。

所谓“时势造英雄”,随着数字医疗大潮的兴起,全球数字疗法行业迅速发展。在这种背景下,我国数字疗法行业紧跟国际发展,并凭借巨大的想象空间获得了一大批知名投资机构的注资。目前,越来越多的企业(除数字疗法企业本身,还有人工智能、心理健康、神经科学及互联网医疗等领域相关企业)开始探索将数字疗法作为其未来发展的战略方向。然而,我们必须承认,我国数字疗法行业仍然存在明显不足。为此,包括数字疗法企业在内的利益相关方应该共同推动一些关键问题的解决。

首先,业内仍然在数字疗法是否针对健康人群、是否需要通过医疗器械认证、是否需要完成临床试验等细节上持有不同看法。尽管这种状态在任何行业初期都是客观存在的,但若一直不能达成共识则必然会影响到利益相关方及公众对数字疗法的信心。因此,我们应尽快建立相应的行业协会,明确数字疗法的定义和标准。目前,在监管层面对数字疗法进行强制定义的仅有德国。数字疗法联盟(DTA)等非官方组织的标准影响相对深远,但仍是约定俗成,并未达成统一。类似韩国对于数字疗法的非强制性指导或许是一个值得参考的方式,通过渐进的方式使各方逐渐达成一致,为未来强制性标准的制定打下基础。

其次,建议尽快将相应监管框架的建设列入日程。相应监管框架的建设并非一蹴而就。以时下热门的人工智能医疗器械审批来说,就逐步经历了从无到有的发展过程,且至今仍在不断完善。在框架建设上,英国、美国方面皆有相应的经验可供借鉴。比如,英国国家医疗服务体系(NHS)设立的框架包括相应的APP综合发布平台、合规的营销声明、隐私及安全指南、可能被包含在内的医疗指南、基于价值的激励及互用操作性标准等。再如,美国的企业以个别已获得广泛认可的精英项目为先导,对整个框架建设进行验证,以为后续打下基础。

最后,“打铁必须自身硬”。对于数字疗法企业而言,面对社会认知、商业模式和支付方等诸多方面的难题,更要从自身出发,深耕行业商业化模式等,用过硬的产品能力来证明数字疗法的价值。在相关标准、规范不明朗的情况下,坚持以高标准要求及规范自身,进一步提升相应产品临床效果,即使未来被要求纳入监管,仍然可以做到游刃有余。随着我国对医疗健康事业的愈发重视,数字疗法一定可以获得长足的发展,并借助我国巨大的市场规模反哺行业,诞生我们本土的行业巨头。[125]

第二部分
医疗科技创新的转化孕育

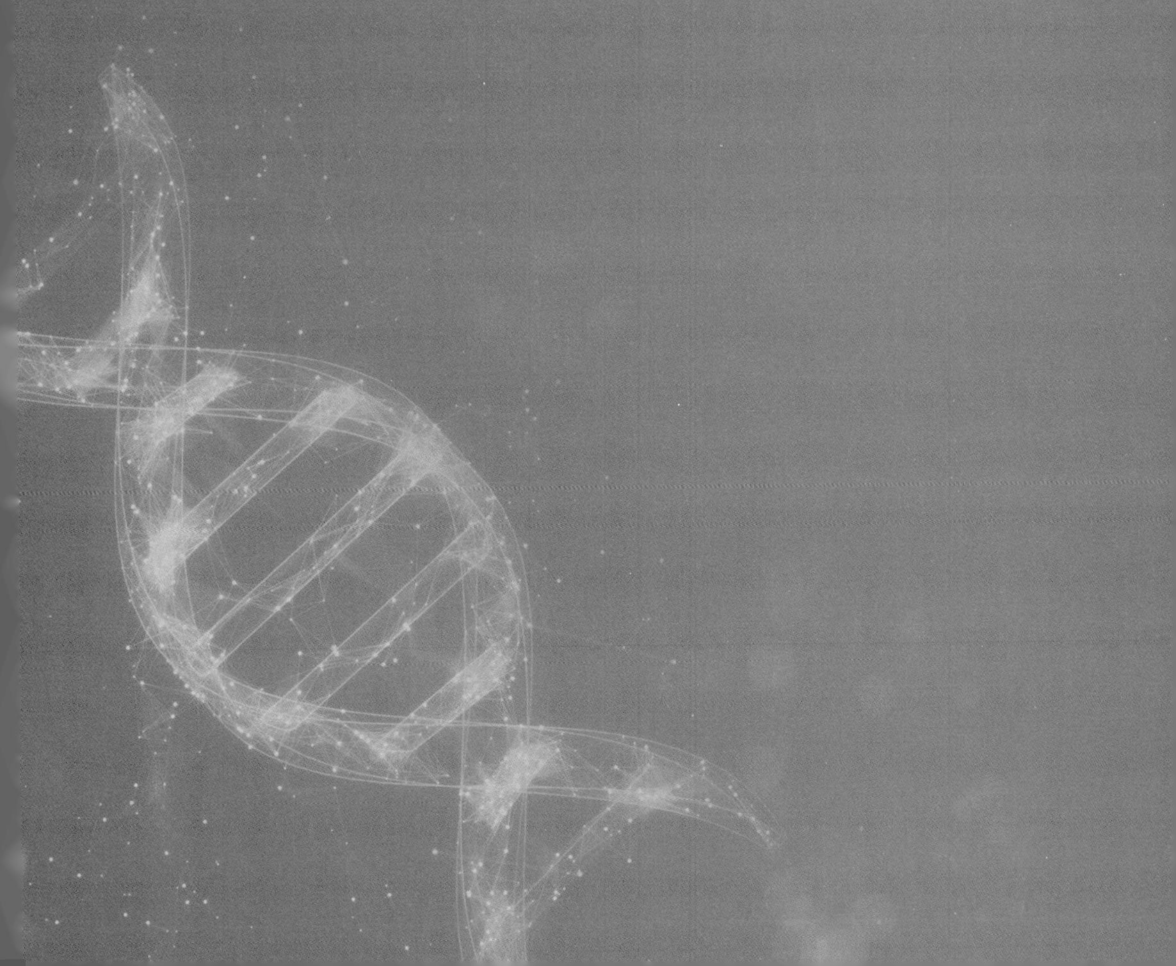

第三章
创新需求的发现

在医疗产品创新中,任何一个想法都必须基于确切存在的痛点或需求,而不是靠突发奇想或是没有经过严格调研考证就凭空产生创新。在创新的过程中我们很容易陷入一种主观偏见,它让我们在没有任何证据的情况下认定自己的想法是正确且不可能出错的。这种情况多数是因为过于自信的创新者没有经过透彻的需求调研所导致的。从行为心理学上来说,人很难客观看待自己的想法,容易对自己的观点抱有不切实际的美好幻想。

不来自需求的产品注定会失败。在生活中我们能看到很多这样的例子,例如,早期依据不同音乐储存媒介所衍生出来的音乐播放器,都是单纯针对科技进步而研发出的产品而未准确对接需求,最终只能迅速退出市场。在任何情况下,市场都不会为一个没有符合真实需求的产品买单;反之一个基于仍未被满足的需求所产出的创新则有可能成为成功的产品。

需求有很多不同形态,有的是使用者主动提出的实际产品需求,例如手术医生要求切割组织与凝血更快速且可更精准操作的能量器械,但也有的是通过观察与调研挖掘到的需求,例如医疗人员对产品的使用错误可能隐藏着产品自身使用流程中存在的问题。不论是使用者主动提出的,还是通过观察与调研所发现的,这些需求都是驱动创新的起源。

第一节　以临床需求为起点的医疗器械创新

据相关研究机构统计，全球医疗器械市场规模在2020年已突破4400亿美元，并预计2030年或将超过8000亿美元。随着我国对医疗器械行业发展的愈发重视，鼓励创新和加速审批等利好政策不断出台，人们医疗卫生支出增加和健康意识增强，国内医疗器械市场也将进一步发展。近年来，从药品到医疗器械，我国正有序开展集中采购，这给整个医疗行业带来诸多机会的同时，也倒逼企业进行整合与优化。2015—2020年，国内医疗器械市场规模从3126亿元增长至7789亿元，增速已超过全球平均增速。预计到2030年，国内医疗器械产业的市场规模将超过22 000亿元。很多人认为，国内医疗器械赛道的投资逻辑是进口替代，但国产如何替代进口？除了进口替代之外，国内医疗器械企业还有没有其他机会？这些都是值得思考的问题。过去20年，国内医疗器械发展高歌猛进，现今国内医疗器械赛道正面临集中采购新形势，我们或许应该回过头来，从医疗器械的创新源头再出发，寻找医疗器械创新的新价值。

对创新的再认识

“创新”二字对于我们来说可谓“熟悉的陌生人”。在我们上学时，觉得创新就是解难题。解难题给我们留下了一个心理阴影，就是我做不出来就是做不出来，而且不知道用什么方法才能做出来，因此只能坐困愁城。所以，一旦看到成绩优异的学生把很难的数学题、物理题解出来，我们对他们除了佩服，还是佩服。在这种情况下，“创新”在我们脑海中就变成了一种妖里妖气的东西，这也是人们对创新的普遍看法。等长大一些，我们会觉得创新离我们很远，很远。它似乎是一个白胡子老爷爷，戴着眼镜、穿着白大褂，在实验室里摆弄那些瓶瓶罐罐，搞出一些普通人完全无法掌握，甚至无法理解的成果，那才叫“创新”。

我们对创新认识的第一个误区是,创新离我们很远。其实,创新可以离我们很近,甚至就在我们身边。150余年前,维也纳总医院有一位产科医生名叫伊格纳茨·塞麦尔维斯(Ignaz Semmelweis)。他看管的产房产妇死亡率明显高于本院其他产房和其他医院产房。即使他用相同的接生步骤和手法,也没能让产妇死亡率下降。塞麦尔维斯医生百思不得其解,仔细琢磨,最终确定问题就源于自己。当时很多医生都是学者,需要通过尸体解剖来了解疾病的发病规律和转归。塞麦尔维斯也不例外,他想是不是自己在解剖尸体的时候,感染了某种物质,然后又传播给了产妇,从而导致产妇死亡率升高。之后,他开始洗手,而且是用含氯的溶液洗手。这一招果然奏效,之后的产妇死亡率明显下降。1847年,塞麦尔维斯正式在学术会议上推广"洗手"。对于当今的医护人员来讲,洗手实在太平常了!虽然塞麦尔维斯医生不知道病原微生物和疾病之间的关系,但是他发现洗手确实有用,世人仍公认他为流行病学的始祖。

通过这个故事我们发现,医学上的创新正源于医生对临床需求的观察和对临床问题的解决,即使是如"洗手"一般再平常不过的改变,也可能影响整个临床实践。如果洗手不是创新,那什么是创新?就像物联网之父凯文·阿什顿(Kevin Ashton)在他的那本《创造:只给勤奋者的创新书》(*How to Fly a Horse: The Secret History of Creation, Invention, and Discovery*)中提出的创新的两个本质:创新是解决每一个遇到的具体问题,即使这个问题可能很不起眼;全人类形成一个全新创造的线,然后把它连接成一个网。

我们对创新认识的第二个误区是,创新是由技术驱动的。如前文所述,医疗器械创新的源头来自医护人员对临床需求的发现和对临床问题的解决。医护人员在临床实践中提出的问题,为医疗器械创新提供了始动力量。当今医疗实践中广泛使用的器械,小到冠状动脉支架,大到手术机器人,莫不如此。因此,临床医生在医疗器械中起到了不可或缺的重要作用,他们既是临床需求的提出者,又是问题的解决者,还是创新型医疗器械的使用者和效果反馈者。

医护人员在医疗器械的创新中如此重要,但过去的半个世纪为什么我们感觉不到呢？改革开放以来,我国提出了“以技术换市场”的口号,国外先进技术大量涌入国内市场。面对这些先进的、已经成形的技术和器械,我们首先要做的是消化和吸收。这些技术和器械一下子就满足了当时临床上的众多需求,解决了诸多问题。在此基础上,国内的企业和工程师开始了“二次研发”之路,形成了众多改良式创新。在这个过程中,医护人员确实没有发挥创新的始动作用,大量的工作都是由企业和工程师完成的,让我们误以为创新是技术驱动的。我们似乎忘记了,国外先进技术和器械的源头是当年国外医生对于临床需求思考的成果。

以临床需求为起点的医疗器械创新

什么是临床需求

所谓临床需求,即“未被满足的临床需求”,也有人将其称为“临床问题”或“临床痛点”等。总之,临床上仍然存在的一切不合理的现象、未被解决的问题,都可以被称为“临床需求”。临床需求一般包括3个要素:特定的人群、特定的问题、预期达到的结果。通常用需求报告书的形式来表述这3个要素,并阐述达到某种预期结果的方法。当撰写需求报告书时,以下几个问题需要特别注意。

首先是需求针对的人群。这里的人群可以非常宽泛,如“急性心肌梗死的女性患者”,也可以非常具体,如“65岁以上、女性、急性非ST段抬高心肌梗死患者”。较为宽泛的人群定义,意味着该需求拥有相对广阔的市场,但它同时意味着该领域存在更多的竞争对手并处于红海市场。较为具体的人群定义,通常意味着该需求拥有相对较小的市场规模,同时意味着该领域存在更少的竞争对手,或处于蓝海市场。如何定义需求人群,需要根据具体的情况来决定,如技术的颠覆性程度和疾病本身的特点等。

其次是拟解决的问题。当我们在定义一个问题时,需要注意的是,不要把预想中解决问题的方法加入待解决的问题中。比如,当我们在定义“急性心肌梗死较高的机械性并发症发生率”这个问题时,不要写成“如何通过介入治疗降低急性心肌梗死的机械性并发症发生率”。如果我们把预期的解决方案也写进需求报告书,那么后期我们针对该临床需求寻找的所有解决方案,可能都和介入治疗有关。在这个过程中,我们自动忽略了能降低急性心肌梗死机械性并发症发生率的其他潜在方法,如药物治疗、搭桥手术等,限制了自我解决问题的思路。

最后,如何定义预期达到的结果。定义一个准确的预期达到的结果,决定了我们能从多大程度上解决临床需求或临床问题。比如,我们预期的结果是“降低急性心肌梗死机械性并发症的死亡率”,而将死亡率降低50%和降低10%,是两个完全不同的结果。此外,我们在定义预期结果时,尽量使用客观性指标(如“改善临床疗效”)及治疗成功率(临床研究中常用的各种终点指标)来描述;在“提高患者安全性”中,可以用不良事件发生率来描述;在“降低治疗费用”中,可以用治疗的均次费来描述;在“加速患者的康复时间”中,可以用“平均住院日”来描述。避免使用某些主观性指标,如“疼痛程度”和“焦虑程度”等。

需求报告书建立在我们对疾病的认识、现有的解决方案、需求参与方分析和市场分析等基础之上。只有充分分析需求的上述基础,才能更好、更全面地认识临床问题和市场情况。以心房颤动导致的缺血性脑卒中为例,我们只有了解了房颤导致缺血性卒中的机制,才有可能发明左心耳封堵术;只有了解了房颤缺血性卒中的流行病学特点,才能了解市场规模大小;只有了解了现有的解决方案,才能明白我们的对手都有谁、市场规模到底有多大。

如何发现临床需求

临床上有很多线索可以帮助我们发现临床需求,比如患者出现的疼痛、疾病导致的功能不全、并发症、不确定性、诊疗过程的效率低下等。例如，一些糖尿病患者需要长期注射胰岛素，而这种注射给药给患者带来一定程度的疼痛，降低了患者的治疗体验和依从性。据此，有研究者发明了吸入式胰岛素，代替注射式胰岛素，在达到控制血糖目的的同时，消除了患者的疼痛体验。

我们通常通过临床见习来发现临床需求。医护人员在日常临床实践中频繁地接触患者，在识别临床需求方面具有先天的优势，但是这种能力是需要培养的，而对于工程师和投资人而言，只有真正走进临床，接触临床诊疗，才能发现临床需求。所以医护人员、工程师和投资人，通常会组成一个3—4人的小团队，共同完成临床见习，参与门诊、查房和手术的全过程，并对同一临床问题进行讨论和表决。

临床见习要求团队人员做到以下几点，①在临床见习前，需要针对某个或多个疾病进行必要的知识准备，了解疾病的流行病学、解剖学、病理学和病理生理学知识等。②在临床见习时，保持好奇心，仔细观察，不放过某个可疑的细节。重视对见习过程的记录，包括客观事实和个人想法，这些可能会成为解决问题的灵感。值得注意的是，勿对临床实践工作妄加评判，保持客观。③在完成临床见习后，需要将个人疑问或有价值的问题反馈给指导医生，获得来自临床一线的反馈，这有助于更好地识别和把握临床需求。

一般而言，在创伤外科、冠脉监护室（CCU）、新生儿监护室等科室遇到的患者通常具有病情重、治疗难度大、并发症发生率高、预后不确定、治疗费用大等特点。所以，在这些科室临床见习发现临床需求的概率更大。

如何筛选临床需求

一般而言，经过一段时间（通常2周到2个月）的临床见习，团队成员能发现很多临床需求。但是真正有价值的需求，是不容易被识别出来的。我们需要明确的是，真正有价值的临床需求，实际指的是同时具有临床价值和市场价值的需求。只有临床价值而没有市场价值的需求，通常难以得到进一步研发，或者很容易被市场淘汰。比如,在冠状动脉介入治疗中,有一类并发症叫作冠状动脉穿孔。这种并发症的后果比较严重,通常需要外科处理。而介入治疗中有一种器械——覆膜支架,正好可以有效地封堵穿孔的冠状动脉。有意思的是,目前市场上很难见到商品化的覆膜支架,临床上若医生遇到冠状动脉穿孔,则通常需要自制覆膜支架来完成封堵手术。原因很简单,尽管冠状动脉穿孔的后果很严重,但是发生率很低,这就意味着市场规模很小,厂家不愿意生产如此小众的一款产品。所以,覆膜支架就是一款有临床价值,但是市场价值不大的产品。

鉴于此,这就要求团队成员一方面要善于观察和总结,发现真正的问题;另一方面要使用特定方法,把那些有价值的临床需求筛选出来。常用方法是团队成员共同对同一个需求从不同维度进行评分,得分相加最高的那个需求,通常是既有临床价值又有市场价值的需求。常用的评判维度包括市场规模、影响人群范围、临床效益和成本、对疾病治疗的颠覆程度等。每一个维度可以细分为几个等级,对应不同的分值。比如,需求直接影响人群在100万人以上,可以赋4分;10万—100万人,赋3分;1万—10万人,赋2分;1万人以下,赋1分。再比如,需求对疾病治疗的颠覆程度,若解决这个问题便可能救命,可以赋4分;能够减少发病率或消除并发症影响,赋3分;虽然不能减少发病率或并发症发生,但可以改善生活质量,赋2分;不会对患者造成显著影响,赋1分。每个团队成员独立根据自己对需求的理解,从不同维度进行评分,最终得分相加,最高分的那个需求就会脱颖而出,成为最有价值的需求,也就是团队将会致力于去解决问题的那个临床需求。

识别和筛选临床需求仅仅是医疗器械创新的第一步,后面还有很长的路要走。无论如何,发现一个有价值的临床需求,是医疗器械创新的良好开端。

Biodesign医疗器械创新理论的本土化探索

Biodesign医疗科技创新理论诞生于1998年,其实体机构位于美国斯坦福大学。该理论将医疗科技创新分为3个阶段:需求发现和筛选、寻找解决方案和商业化。在该理论的指导下,Biodesign已培训了超过300位学员,由学员成立了超过53家初创公司(其中85%的公司目前仍然运营良好),所研发的器械或技术帮助了超过760万名患者。Biodesign不断开发、定义、提高健康技术的创新方法,将其应用到医疗保健改造的重要挑战中,同时利用硅谷丰富的医疗资源和创新文化开展医疗科技创新,为医疗科技领域的创新者提供了清晰的创新创业指南。

2015年9月,中国心血管医生创新俱乐部(CCI)成立。CCI是一个以医生为主体的,集创新培训、项目孵化、创新媒体、概念验证等为一体的一站式创新服务平台。受上海中山医院葛均波院士委托,吴轶喆医生于2017年赴美国斯坦福大学Biodesign创新中心学习医疗器械创新方法论,并将该理论与中国国内医疗器械研发和投资等实际情况结合,将其融入CCI创新学院创新培训系统中,取得了巨大的成功。6年来,CCI创新学院已在国内培养了超过400位学员,这些学员的技术背景遍布临床医学各科室,同时平台上也汇聚了各工程专业的工程师以及医疗器械行业投资人。迄今,学员共成立20余家初创公司,目前有60余项项目在研发,部分由CCI牵头研发的器械,已成功通过国家药品监督管理局审批在国内上市销售。CCI取得的这些成绩,离不开各位学员对CCI的反哺和支持,也再次验证了Biodesign医疗器械创新理论的成功。

无论是Biodesign还是CCI,最大的成功之处在于培养了众多拥有创新思维的学员,这些学员成立的初创公司,又成功验证了Biodesign的医疗器械创新理论;而这些学员,又以他们的创新思维影响周围的人,共同构建了一个创新生态圈。在这个生态圈里,大家有共同的语言、共同的目标,因此生生不息,共同推动着中国医疗器械的创新发展。

第二节 医工交叉科研成果的筛选与转化

医工交叉诞生的学科称为生物医学工程学科。生物医学工程英文全称为Bio-Medical Engineering,简称BME。根据我国教育部生物医学工程类专业教学指导委员会对该专业的定义,生物医学工程是运用工程学的原理和方法解决生物医学问题,提高人类健康水平的综合性学科。它在生物学和医学领域融合数学、物理、化学、信息和计算机科学,运用工程学的原理、方法获取和产生新知识,促进生命科学和医疗卫生事业的发展,从分子、细胞、组织、器官、生命系统各层面丰富生命科学的知识宝库,推动生命科学的研究进程,深化人类对生命现象的认识,为疾病的预防、诊断、治疗和康复创造新设备,研发新材料,提供新方法。

可见,生物医学工程是"守护人类健康的工程科学",它是自然科学和工程技术各学科领域与医学深度交叉融合的产物,是依据工程技术手段解决医学和人体健康问题的一个年轻学科,其应用技术主要涉及用于人类疾病的预防、诊断、监护、治疗、保健和康复等方面的仪器、设备、材料和系统,是现代医疗器械和医用材料产业的主要支撑学科。

医工交叉的发展历程

生物医学工程学与其他学科一样,其发展是由科技、社会、经济诸多因素决定的。它与医学工程和生物技术有着十分密切的关系,而且发展非常迅速,是世界各国竞争的主要领域之一。"生物医学工程"这一名词兴起于20世纪50年代的美国。1958年,国际医学电子学联合会在美国成立。1965年,该组织改名为国际医学和生物工程联合会,后来又被命名为国际生物医学工程学会。

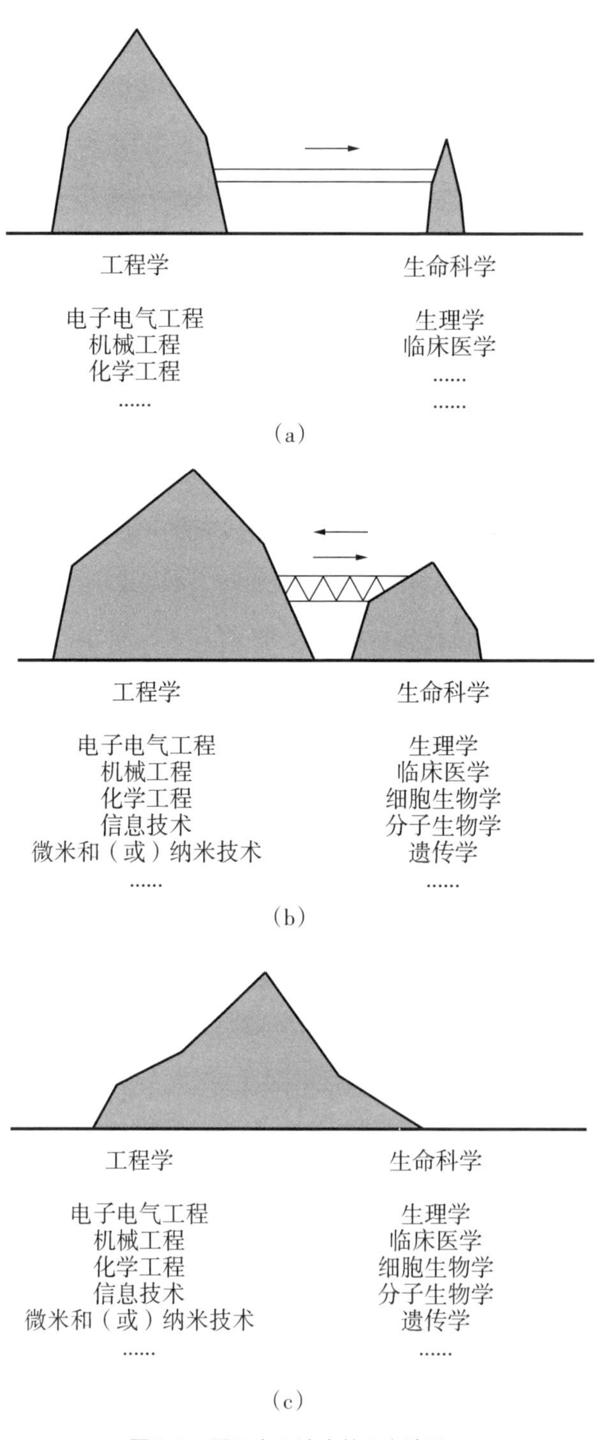

图3.1　医工交叉演变的3个阶段

20世纪60—80年代，生物医学工程学科处于初创期，此时一大批传统工程学科，如电子信息工程、机械工程、材料科学工程、化学工程等，将工程学的成果输送到医学应用领域，进而产生了众多极具创新性的医疗器械和医疗解决方案。这个阶段的特点是，工程学科向生命健康领域的单向输出，并在医疗终端得到验证（图3.1，a）。

20世纪80年代至20世纪末，随着生物医学工程早期所取得的巨大成功，以及生命科学（尤其是分子生物学）的日益成熟，工程学科与生命科学之间的交叉得到蓬勃发展。工程学科不仅为生命科学的研究提供了强有力的研究手段，而且根据生命科学对疾病发生发展机制的新认知发展出全新的工具和手段，从而呈现两者双向交叉的局面（图3.1，b）。

21世纪以来，工程学科与生命科学领域进入了融合整合的新阶段（图3.1，c）。一方面，传统的生物医学工程向智能化、精准化、数字化方向发展；另一方面，一大批基于亚细胞尺度的工程手段开始涌现，诞生了诸如分子诊断、靶向治疗、免疫治疗、基因治疗等方法和工具，深刻地改变着医学诊疗的模式。

上述演变过程反映了人类对自然及生命过程认识的基础研究对工程学科的持续促进作用，同时充分体现了生命健康需求对工程学科的强大牵引作用。目前，这种交叉融合呈现不断加速的趋势，使得生命科学的工程化突破和工程科学的颠覆式创新的周期大幅缩短。

生物医学工程领域发展根据工程技术大致可以分为3个阶段：第一阶段为初级阶段，标志性成果为听诊器、X射线、脑电图技术、超声检测技术，该阶段的工程技术对医学并未产生全面且强烈的影响；第二阶段为发展阶段，新型生物医学材料、电子信息技术、计算机科学技术、激光技术、红外技术等在临床上普遍应用，并且发展迅速；第三阶段为交叉融合阶段，材料科学、纳米技术、细胞与基因工程技术、电子信息技术、计算机科学技术等飞速发展，临床应用的转化大幅度提速，更加有效地促进人类健康发展。

从人才培养的学科角度来看,生物医学工程专业始于20世纪50年代末至60年代初。1959年,美国德雷克塞尔大学受美国国立卫生研究院(NIH)资助建立了第一个生物医学工程硕士学位点,其人才培养的理念是从生物医学电子学发展到生物医学工程,培养工程师制造仪器满足学界对生命系统的精密测量需求,扩大包括数据处理、控制系统、信息论、生物物理原理的应用,用于处理生命医学问题工程与数学论题。1961年,受NIH资助,宾夕法尼亚大学的电气工程学院医电实验室与医学院联合设立第一个博士点,随后将生物医学电子工程系改名生物医学工程系。1967年,同样是在NIH的资助下,华盛顿大学的工学院与医学院共同组建了生物工程中心。

医工交叉对医疗科技进步的影响

生物医学工程学是在电子学、微电子学、现代计算机技术,化学、高分子化学、力学、近代物理学、光学、射线技术、精密机械和近代高技术的基础上,与医学结合发展起来的。它的发展过程与世界高技术的发展密切相关,同时采用了几乎所有的高技术成果,如航天技术、微电子技术等。

磁共振医学影像技术的发展就是医工交叉对医疗科技进步影响的典型案例。磁共振技术的发展经历了三次大飞跃。

第一次飞跃奠定了磁共振技术基础并实现了组织结构成像医学应用。1973年化学家保罗·劳特伯(Paul Lauterbur)发明了磁共振成像原理,1977年英国物理学家彼德·曼斯菲尔德(Peter Mansfield)发明了适用于医学应用的成像技术,之后磁共振成像进入快速发展时期。他们二人也因此共同获得2003年的诺贝尔生理学或医学奖。通用电气、西门子、飞利浦在20世纪80年代分别研制出了1.5特斯拉(T)超导磁共振设备,将磁共振技术打造成人体软组织结构成像最佳手段,与CT一同成为临床最常用的高端影像诊断设备。

第二次飞跃奠定了功能磁共振成像的基础并大大拓展了磁共振的医

学应用领域。从20世纪末至今，涌现出神经回路扩散成像、多维血流成像、血流微循环成像、血氧成像、动态成像、非笛卡儿成像、代谢及分子成像等多模态成像技术，磁共振以其无侵入、无辐射、多层次、定量评估人体器官组织功能等优点荣膺“最佳3D可视化工具”称号，成为精准医学的重要基石。

磁共振成像的第三次飞跃即将来临，其显著特点是将最先进的磁共振影像技术与人工智能技术、机器人辅助手术，以及介入物理治疗技术相结合，从而使关乎国民健康的肿瘤等重大疾病的临床治疗发生颠覆性变革，使磁共振成像仪从影像设备发展到集诊断和治疗一体化的新型医疗设备。磁共振技术在诊疗一体化过程中将用于实时的组织特性检测、实时组织功能评估、靶向药物输送，以及组织深处病灶的早期干预。这次技术飞跃的显著特点是高端医疗装备应用范式的变革，即基于人工智能的影像与治疗技术的一体化集成，将更加提升磁共振成像在高端医疗装备中的影响和地位。这次技术飞跃也将促使磁共振设备本身向两极发展：一极是将低磁场强度、低价位、亲民化设计理念引入治疗中，这将是磁共振在第三次飞跃中最具影响力的一面；另一极是向超高磁场发展，主要服务于神经系统疾病的诊断，以及脑与认知科学的研究。

磁共振成像的第三次飞跃能否实现，依赖于以下关键共性技术的突破（图3.2）：提高磁共振成像速度，实现实时导航；解决磁共振与手术器件的磁场兼容性，实现介入治疗系统与磁共振的集成；通过实时影像导航在体内输送纳米诊疗材料，提高对病变组织结构与功能检测的灵敏度和特异性，提高物理治疗效率。

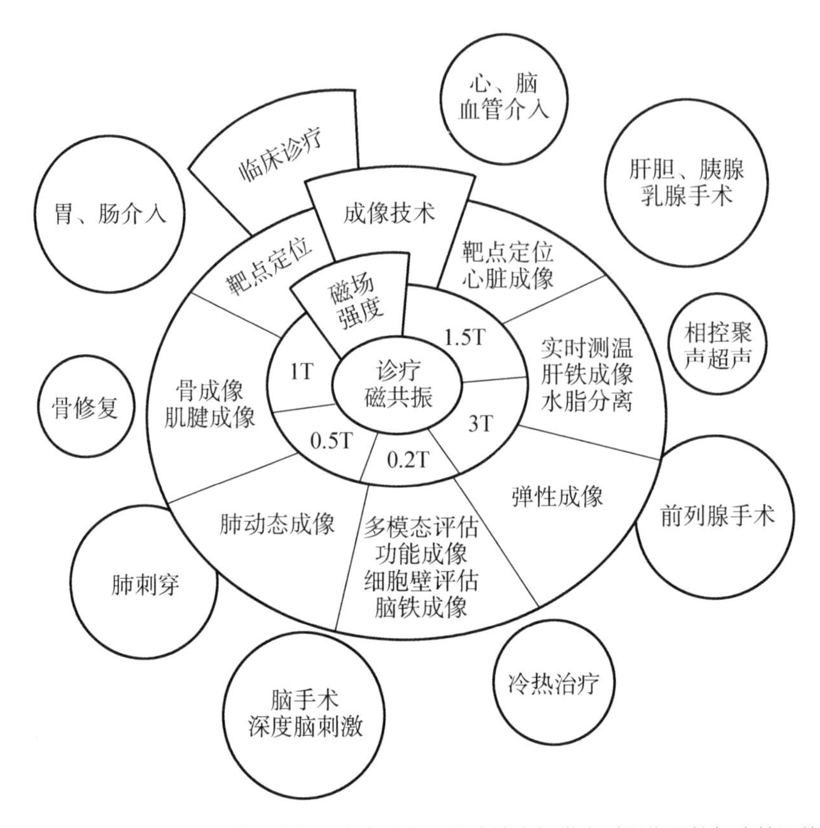

图3.2 不同磁场下的成像技术可为多种介入治疗技术提供实时影像导航与疗效评估

医工交叉科研发展态势的变化

医学需求的发展变化

疾病是指人体在一定条件下,由病因与人体相互作用而产生的一个损伤与抗损伤斗争的过程。这里提到的病因包括多个方面,既包括遗传、免疫、心理、衰老等内因,又包括由生物、物理、化学、社会等因素造成的外因,也包括外因和内因的联合作用,如生活方式的改变等。人类的起源就伴随着疾病的发生,但是在人类进化的各个不同阶段,特别是人类进入文明社会后的各个阶段都有其独特的疾病谱。

史前人类的疾病主要是因营养不良、寄生虫病、创伤等造成的。进入农耕社会之后,人类疾病的种类发生了变化,主要特点是人畜共患病。同时,传染病开始流行，主要通过肠道、空气、昆虫等方式来传染。由于城市的形成、战争的爆发、交通网络等原因，传染病开始大规模暴发。

现代社会政治、经济、文化、科技均在高速发展，相应地，人类疾病的相关因素主要包括人口数量、生活环境、生活方式等。随着人类平均预期寿命的持续增长，人口老龄化问题日趋严重，包括心脑血管疾病、恶性肿瘤在内的慢性非传染性疾病已成为我国当前疾病的主要死亡原因。从新中国成立初期的呼吸系统疾病和传染病，到20世纪70年代的脑血管病、80年代的心脏病、90年代的恶性肿瘤，以及2000年之后的心脑血管疾病。从上述50年中国主要死亡病因的演变过程，我们不难发现，死亡的主要病因已从传染病过渡到慢性非传染病。另外，随着全球工业化进程的推进，多地生态平衡被打破。例如，全球气候变暖对生态平衡，尤其是微生态平衡，带来了强烈的影响，改变了传染病病原体的突变速度及其媒介生物的繁衍与分布状况，从而助长了传染病的全球流行。同时，大量工业化肥、核污染废料的排放对环境造成严重的污染，引发了新的疾病。现代社会饮食、生活方式的改变（例如吸烟）以及工作压力，也导致肥胖症、职业病、抑郁症等疾病愈发常见。

疾病的不同特点决定了它们对医学技术的需求是不同的。比如，急性心肌梗死等急性疾病往往需要能实现快速、高灵敏度的及时检测和及时治疗的医学技术。对于如恶性肿瘤等慢性疾病，一般发病相对缓慢、病程较长，往往各种治疗手段都有机会发挥作用。肿瘤相关疾病推动了外科手术技术的发展，脑部疾病推动了影像技术的快速进步，肠、胃等部位的疾病则大幅推动了内镜技术的成熟。另外，即使是同一疾病，随着人类对疾病认知水平的不断提高，疾病诊断和治疗的技术也在不断变化。以恶性肿瘤的治疗方法为例，其主要方法已从早前的手术治疗过渡到结合放射治疗和化学治疗的综合治疗，日后还可期待正在研发的免疫治疗。

手术切除是恶性肿瘤最为常见的局部治疗方法，可以根治某些早期肿瘤，但是涉及深部重要器官的肿瘤切除术风险比较大。所幸，目前微创手术技术在高速发展,此类手术时间短,术中出血少,术后患者恢复快,已经成为主流肿瘤手术治疗方法。放射治疗是一种利用放射性元素产生的射线杀伤肿瘤细胞的治疗方法。它可以结合影像导航技术实现对肿瘤的治疗,以弥补手术治疗的不足。当然,放射治疗也有其缺点,即副作用较大。化学治疗是利用化学合成药物,杀伤肿瘤细胞、抑制肿瘤细胞生长的一种治疗方式。化学治疗往往也有一定的副作用,还容易产生耐药性,至今仍无有效的解决办法。作为当前研究热点之一的肿瘤免疫治疗,是通过重新启动并维持肿瘤-免疫循环,恢复机体正常的抗肿瘤免疫反应,从而控制与清除肿瘤的一种治疗方法。这些不同的治疗方法对应的技术需求是完全不同的。当前临床采用的方案往往也是结合多种治疗方法,相互弥补不足,以减轻副作用,从而提高治疗效果。

由于我国的人口基数大,人口老龄化问题日益凸显。当前我国居民的主要死亡病因是心脑血管疾病和恶性肿瘤等慢性疾病,而这些疾病的大部分患者确诊时都已处于中晚期。这样的国情决定了我国迫切需要通过疾病的早筛、早诊和早治来推动重大疾病防治关卡的前移,以此提高患者的生存率,而不仅仅是依赖中晚期的治疗。例如,2016年国务院发布的《"健康中国2030"规划纲要》提出,要强化慢性病筛查和早期发现,对高发地区重点癌症开展早诊早治工作,推动癌症、脑卒中、冠心病等慢性病的机会性筛查,并提出到2030年要实现全人群、全生命周期的慢性病健康管理,总体癌症五年生存率提高15%。

综上所述,人类疾病的发展史、不同疾病的不同特点,以及我国的国情等多个方面,共同决定了临床医学本身的需求在不断地发生变化。

科学工程技术的发展变化

科学工程技术的发展始终伴随着人类社会的发展。在农业社会时期,人类主要从事打猎、畜牧业及农业,以体力劳动为主,所使用的工具经历了石器时代、铜器时代和铁器时代的发展过程。此时,科学工程技术发展相对缓慢。

进入工业社会之后,科学和工程技术飞速发展。从世界范围来看,从农业社会向工业社会过渡时，科学工程技术上的重大发现使得生产力有所突破，引发了3次产业革命。第一次产业革命始于18世纪60年代的英国，以蒸汽机的发明和广泛使用为主要标志，极大地推动了纺织、冶金、煤炭、机器制造和交通运输等新兴产业的发展。这是一次生产技术的根本变革。第二次产业革命始于19世纪中叶，以电力工业为开端，使科学工程技术从机械化时代进入到电气化时代。第三次产业革命始于20世纪下半叶，以电子技术的广泛应用为主要标志，信息通信、航天航空、核工业、集成电路等产业高速发展，人类社会进入信息时代。当前，人类社会正在经历新一轮科学工程技术革命的洗礼，纳米材料、生物克隆、基因编辑、人工智能等新技术的浪潮陆续涌来。

我们应该看到，科学工程技术的发展也在不断推动着医学技术的革新。例如，X射线的发现极大地推动了影像技术在医学诊断领域的应用；光学显微镜早已成为组织病理学和细胞病理学中必不可少的基础工具；磁共振成像可实现无创、无辐射成像，特别适用于脑部疾病患者的诊断；综合了材料、生物光子学、微纳系统、影像技术、感知技术、生物电子等多个领域技术的医疗手术机器人有望实现对肿瘤、心血管疾病、脑卒中等重大疾病的远程精准诊断和微创治疗。

结合方式的发展变化

如何将先进的科学工程技术与医学的临床需求相结合，是一个值得探讨的话题。

早前，一个工程或材料技术的突破往往就能带来疾病治疗方案的创新。例如，通过亚甲蓝等染料分子的显影作用，外科医生顺利实施了针对乳腺癌前哨淋巴结的活检术，从而显著避免不必要的淋巴清扫术，这被称为乳腺癌外科治疗史上的一次革命！这个时期医学和工程技术的结合往往是简单且单向的，主要由从事工程技术研究的科研工作者带着已有的科学和工程技术，向医生寻求帮助和合作，寻找临床上的应用可行性。当然，也有小部分的临床医生，对新技术有需求和渴望，容易接受新事物，愿意主动学习新技术。他们主动进行医学技术的研发，或者向从事科学和工程技术研发的科研工作者寻求帮助并合作。医生提出临床需求，科研工作者进行配合开发。在这样的医工交叉过程中，由于医生和科研工作者的知识背景不一样，经常会导致交流不顺畅或信息丢失。

随着现代社会中导致疾病发生的相关因素越来越多，相应的发病机制越来越复杂，因此对新技术的需求也越来越强烈，甚至一个临床问题的解决需要多项工程技术的突破和应用。这种全新的临床需求和应用场景，对医工交叉的方式也提出了新的要求。要从以往简单且单向的结合模式向双向且多途径的医工融合过渡，将医科与工科、理科等多门学科领域的合作研究进行深度交叉，实现科学研究与实际应用的结合。在这种模式下，医生与科研工作者在技术或产品的早期开发阶段就融合在一个团队里，工程研发人员有医学背景，可以充分理解临床问题，医生有工程技术的应用经验，可以充分理解技术的解决方案。这样的医工融合模式将大大有利于医工交叉科研成果的产生。

医工交叉科研成果的筛选

主要源自高等院校、科研机构、医院及临床机构。

（1）高等院校

高等院校是医工交叉科研成果的重要源头。自20世纪70年代末以来，我国有数十所大学都建立了生物医学工程专业，产生了众多的医工交叉科研成果。此外，高等院校的理工学科，如生命科学、化学、机械、电子、材料等，也将其领域的新进展应用于医疗健康领域，成为创新研究和人才培养的热点，由此也会不断诞生创新的医工交叉科研成果。近年来，我国多所综合性高等院校都建立了医学院，甚至拥有多所附属医院，这显著地增强了高等院校产出医工交叉科研成果的能力。

从总体上来说，高等院校作为医工交叉科研成果产出的源头，具有学科齐全、人才聚集、创新活力强、涉及领域广的优点。但我们也应注意到，高等院校在发现行业需求、产品化及工程化方面仍存在短处。

（2）科研机构

中国科学院及国家发改委、科技部、各省市均建立有以医工交叉研究为目标的研究机构。这些机构面向生物医学的重大需求，开展先进生物医学仪器、试剂和生物材料等方面的基础性、战略性、前瞻性研究工作，引领生物医学工程技术的发展，且多数建立了医疗仪器科技创新与成果转化平台，成为不可替代的医工交叉科研成果的重要源头。

以中国科学院为主的这些研究所，围绕医用光学技术、医学检验技术、医学影像技术、医用声学技术、医用电子技术和康复工程技术等研究方向，在承担国家医工交叉科研任务、搭建医疗器械研究平台，以及实现科技成果的放大实验和工程化上具有很强的实力。其特点是，不同的研究机构有相对持续的聚焦领域，从原理创新到形成核心技术往往基于团队长期积累的成果。与高等院校不同的是，科研机构的多学科融合、学生资源往往要少一些。

（3）医院及临床机构

医院是实施疾病诊疗的主体机构，临床医生或医院医技人员对疾病最为了解，对临床需求的痛点体会最深，在需求发现、产品验证、临床转化上具有独特的优势。近年来，随着研究型医院的持续发展及成果转化体制机制的建立，医院及临床机构已经成为医工交叉科研成果产出的重要源头。

想要获得医工交叉源头成果的主体，可通过直接联系相关机构开展交流的方式，与机构的科研及成果转化部门或者发明团队接触，深入了解相关技术成果的状况；也可以通过参加相关学术会议、行业会议、创业大赛等来了解源头项目的情况。各学会或协会、媒体、国家及地方政府可公开的科技资助项目信息，也是获取医工交叉源头技术信息的重要途径。

在进行医工交叉科研成果筛选的过程中，须对研发机构和团队、成果的内涵和形式、技术演化的路径、与已有技术的差别进行充分评估，以确定技术成果的转化价值，必要时可借助第三方进行专业化评估。

医工交叉科研成果的转化

转化路径

医工交叉科研成果表现的形式通常包括知识产权类和非知识产权类。知识产权类成果是指以专利申请权、专利所有权、技术秘密、软件著作权、集成电路布图设计专有权、动植物新品种权等知识产权为表现形式的成果。非知识产权类成果是指以在研究、开发、应用、推广过程中形成的试验材料、产品、装备、器械等实物为表现形式的成果。

无论是哪一类医工交叉科研成果,其转化路径都包括成果的实施许可、转让、作价投资和完成人实施等。

对于"实施许可"的转化路径,许可行为包括普通许可、独占许可、排他许可。普通许可是指科研成果同时许可给多人,成果持有者和被许可方均可使用该项知识产权。独占许可是指将科研成果许可给被许可方后,仅被许可方可以使用该项专利,成果持有者和其他人均不能使用该项知识产权。排他许可是指在签订许可合同之后,除成果持有者及被许可方之外,其他人均不得使用该项知识产权。

"作价投资"是指成果持有者以科研成果作为出资条件,依法设立企业或与他人共同设立企业或参股他人已有公司的行为。

"完成人实施"是科研成果转让的特殊形式。我国为了支持成果发明人实施成果转化,允许科研成果完成人利用职务科研成果,开办或参股创办企业,开展与科研成果相关的生产和服务活动。高校及国有科研机构在同等条件下优先将科研成果向完成人转让。

以上转化路径的设计一般需要有专业的团队帮助进行。

组织方式

有效的组织方式对医工交叉科研成果的转化至关重要。上海交通大学生物医学工程学院有组织地开展了科研成果转移转化的"离岸孵化模式"。具体做法总结如下。

1）院系在与地方政府洽谈签订合同协议之初就设定以学院为主的原则，将校地合作相关资源引入校内体系进行统筹使用，同时勇于承担主体责任，向地方政府承诺回馈相应成效（例如，承诺20个优选项目中有不少于5个能够发展成熟并入驻地方产业园区）。

2）院系主导开展有组织的科研成果转移转化，每年邀请本产业领域投资、技术、市场、法律、知识产权等全产业链专家，与院系专家、地方专家一同担任评审，筛选论证科研成果并转移、转化拟推项目。

3）通过论证的项目，由院系投入经费与资源，招聘专业工程师与职业经理人等，用1—2年时间开发出产品样品，同时完成知识产权全套合规流程。

4）院系与项目负责教师签订科研成果转移转化协议，重点建立诚信约束机制。基于该机制，教师须承诺在享受院系资源孵化的条件下，待项目成熟并产业化后，优先入驻提供前期资源的各合作方共建的产学研机构。

5）院系投入经费与资源，配套吸引社会资源与专业管理团队，巧妙采用民非的形式搭建共性研发平台与创新孵化空间（民非形式既能确保院系牢牢掌握平台核心决策权，又能有效规避其他组织形式的繁复审批与效率低下问题），低成本提供给孵化项目团队入驻。

6）孵化项目进一步发展3—5年，在适合进入产业化生产阶段时，院系推荐项目方正式入驻提供前期资源的各合作方共建的产学研机构，回馈地方政府科研成果转移转化相应收益（国内生产总值、税收、产值、上市等）。

7）院系统筹打造地方的孵化基地，特别是在与地方签订的战略合作协议中确定：早期项目可以留在离市区近且空间需求少的机构；中期项目可以入驻离市区稍远但空间需求稍大的基地；成熟期项目可以入驻地方产业园区，逐步培植出高成长性的医工交叉科研项目。

典型案例分析

在医工交叉临床转化方面，中国工程院院士陈亚珠及其团队是我国该领域的先行者，他们实现了高端医疗器械装备国产化。

20世纪80年代初，陈亚珠院士作为医工交叉的倡导者，率先研制出中国液电式肾结石体外粉碎机技术，造福众多患者，获得了国家科学技术进步一等奖。近年来，陈亚珠院士团队持续发力，集成了多模式电子聚焦、快速扫描、精准测温等创新的工程技术，研制出相控型高强度聚焦超声（PHIFU）肿瘤治疗装置，并实现了磁共振引导的MRI-PHIFU、由B超引导的US-PHIFU的诊疗一体化技术融合，成为我国在这一高端医疗装备领域的引领者。

在实现技术突破的基础上，陈亚珠团队聚焦于肿瘤无创绿色治疗的重大临床需求，与10余家医院合作，在子宫肌瘤、乳腺肿瘤和骨肿瘤等领域开展全面的临床转化研究，解决了传统治疗方法副作用大、难以实时精准治疗的难题。依托于生物医学工程学科的临床转化和产业孵化平台，其团队还进一步开展了全面的产学研合作。目前项目成果已经落户上海、南通、宁波等地的产业园区，使我国成为全球除以色列之外第二个掌握“磁波刀”技术的国家。陈亚珠院士因其显著贡献荣获2019年度上海市科学技术奖中的科技功臣奖。

在以技术原创引领产品创新方面，上海交通大学涂圣贤团队极具代表性。他们深耕冠脉影像和计算冠脉功能学领域，发明了全球首个基于冠脉血流储备分数（FFR）的冠脉造影快速计算新方法。博动医学影像科技（上海）有限公司（以下简称博动医学）已成功将该原创技术产业化。涂圣贤团队研发的QFR产品，在中国和欧洲多家医院进行国际多中心临床研究，并于2017年进入中国国家药品监督管理局创新医疗器械特别审批，2018年7月获得NMPA三类医疗器械注册证，获得欧洲CE认证和美国FDA认证，成为全球唯一一个获得FDA、CE和NMPA认证的FFR影像技术产品。

2020年11月，博动医学完成B轮数亿元战略融资，上海市批准立项由博动医学承担上海市战略性新兴产业重大项目，系列创新技术被纳入上海市战略性技术产业化规划体系。本次融资吸引了行业头部基金和国有战略创投机构的共同投资，再次确立了博动医学在全球计算冠脉功能学细分领域的领头羊地位。博动医学将继续秉承创新驱动，推动中国原创计算冠脉功能学技术成为国际"新标准"，为广大心脑血管疾病患者的诊治带来更多有效且经济的创新产品。

临床证据的逐步充实和卫生经济学研究的逐步揭晓，有望推动原创的计算冠脉功能学系列技术进入中国、美国和欧洲的PCI及心脏外科手术治疗的指南，让更多患者从这项技术创新中获益。

第三节　国外新技术的引进和落地

海外医疗科技创新生态圈

在西方医学的发展史中，真正意义上的第一个医疗技术是法国医生伦内·雷奈克(Rene Laënnec)在1816年发明的听诊器。之后的80年里，检眼镜、医用体温计、血压计等重要技术发明相继涌现。它们的出现极大地提高了医生的诊断能力，直至今日它们仍在临床中广泛使用。

但这一时期，治疗方面缺乏重大技术突破。唯一值得一提的是，外科手术中开始普遍使用麻醉和无菌技术，这极大地提高了手术的安全性并降低了患者的创伤感。进入20世纪后，X射线机、心电图仪等有源产品出现。自20世纪中叶起，随着科学技术高速发展，越来越多的材料、工程和工艺才广泛应用到临床上，进而产生了我们今天普遍使用的各种医疗技术，生物医学工程学也应运而生。

医疗技术是高端制造业，它所需的原材料一般要求高精密度、微型化，并且符合医疗级才可使用，工艺要求也较为繁复。

现今，医疗技术创新若想蓬勃发展，就得在上述基础上构建一个完整的生态产业圈。该生态圈由这几个方面构成：创业团队；零部件供应商；提供产品开发设计、测试、外包生产、临床法规和专利布局的服务供应商；提供资金，包含风险投资、大厂等的投资人。

创业团队在早期要提出设计概念并制作产品原型，进入正式开发阶段后要按法规要求以及行业标准落实产品，并且开发工艺生产出产品。团队还要紧跟法规要求制定注册路径，积极与管理部门沟通，就临床前及临床研究制定既符合法规又有临床价值、切实可行的研究方案，并且高效执行。

创业公司需要供应商提供种类繁多的零部件。在多数情况下，创业公司还会通过第三方外包服务来完成软件开发、产品设计和生产，这样企业能够充分整合、调用各个细分领域的技术专家，而无须搭建生产线，就能快速生产产品。同时，还有不少质量管理和法规注册咨询公司，以及临床研究CRO公司，为企业提供临床注册路径的策略支持。这种全周期服务共生的生态环境非常利于创业公司在创立初期以最小的成本、最快的速度完成产品早期开发，尽快实现首次临床试用。

投资人对创业企业进行投资一般以风险投资为主，他们最关注的就是投资项目能否成功，是否可获得最大的回报。部分投资人占有董事席位，对公司的重大战略决策有决定权。不同的投资人对市场有不同的认知和信心，大多数时候他们的态度和想法对技术转让项目起决定性作用。大厂也以小部分股权投资进入创业公司，虽然它们在项目早期干预较少，但到了关键时候其对创业公司的影响也是巨大的。政府投资时，一般不会干预创业公司的战略决策，但其对技术转让会有相应制约。例如，以色列的许多创新技术不能以技术转让的方式流出，只能通过增加生产场地进行技术转移。

欧美国家医疗科技产业发展较早，累积了大量人才和成功经验，目前已将医疗技术创新流程化、可复制化，并且产业相对集中，形成了规模效应。虽然没有完整的统计数据，但通过对欧美及以色列主要医疗技术产业中心区域的分析可知，这些区域约有2万家医疗技术创新公司或孵化器机构。表3.1列出了美国3个最大的医疗技术产业州（加利福尼亚州、明尼苏达州和马萨诸塞州）的相关信息。[1,2]这些区域设有诸多高等院校、研究机构及教学医院，并且拥有许多大型医疗技术公司，它们扎根多年，具有丰富的医疗技术研发生产经验。除此之外，大量的零部件和服务供应商也坐落在这些产业中心区域，及时且全面地为创新提供各种所需原料及专业技能。风险投资公司也扎堆在这些区域附近，投资人普遍在医疗技术领域有着多年经验，和创业团队熟识，并对各种新技术有深刻且清晰的认识。这有利于他们抓住机遇，快速有效地做出决策，助力初创企业运营得更加高效。这个全面覆盖"人、物、钱"的生态圈给海外医疗技术创新提供了沃土。

值得一提的是，目前欧美及以色列仍然是医疗前沿技术创新的发源地。它们在医疗创新方面与国内有何不同呢？下面，我们将以其对首次人体试验（First-In-Human，简称FIH）的包容性为例。FIH在医疗技术开发中具有划时代意义。东欧国家对于FIH几乎没有监管，对于欧美创新的产品持开放和欢迎的态度。事实上，目前大多数医疗技术的FIH都是在东欧完成的。美国食品及药物管理局一度对任何新技术的临床使用持非常谨慎的态度，导致美国民众在获得创新医疗技术的救治上远落后于欧洲，创新公司的运营负担较大。迫于舆论和医疗业界压力，FDA自2013年起推出了早期可行性研究的路径，鼓励在美国本土进行包括FIH的创新技术临床研究。相比之下，欧美公司的确比中国公司更容易获得FIH的机会。

创新产品的研发极具风险和不确定性，为了有效管理项目资源，识别和管控项目风险，项目研发有6大阶段极为重要。

第一阶段是确定市场和产品需求，找到好的市场赛道。虽然这个阶段属

表3.1　美国医疗技术集中产业区域前三位

医疗技术集中产业区域	重要研究机构/教学医院/孵化器	大型公司	行业就业人数	公司机构数	授权专利数	NIH资金（百万美元）	风险投资（百万美元）	风险投资项目数	重量级供应商数
加利福尼亚州（旧金山、橙县、圣迭戈）	斯坦福大学、加州大学系统、南加州大学、斯克里普斯研究所、山景城医疗中心、Rock Health等	美敦力、雅培、爱德华生命科学、直觉外科、CareFusion、艾尔建	72 471	2131	1764	3500	1249	72	8
明尼苏达州（明尼阿波利斯、圣保罗）	明尼苏达大学、妙佑医疗国际、联合健康保险	美敦力、BSC、雅培、3M	30 455	482	701	505	80	15	16
马萨诸塞州（波士顿、剑桥）	哈佛大学、麻省理工学院、波士顿大学、马萨诸塞大学、塔夫茨大学	BSC、美敦力、Abiomed、强生、飞利浦	15 342	303	512	2400	385	29	13

注：NIH资金为2014年数据，其他数据为2019年数据。

纸上谈兵，没有实质的技术可以展示，但它是成功的基础。第二阶段是设置产品概念和原型。许多创业公司会在这个阶段开始融资，但此时产品还有许多不确定性，设计还会有多轮修改。此时做技术转让，主要是锁定将来开发的权益。第三阶段为设计定型。此时设计参数、图纸、物料清单等关键技术要求都已基本定型，可以进行实质的技术转让工作。不过，此时技术的可靠性和临床应用的可行性都还有待进一步验证。第四阶段为设计确认。按照法规要求对产品进行严格的测试，同时完成相应生产工艺流程。FIH通常发生在这个阶段。若可完成设计确认和FIH，则证明该技术风险要小得多。尤其是FIH，其真正证明了新技术在临床应用的安全性及可行性，为注册临床研究做好了准备。这个阶段是公司价值的第一个拐点。在此之前，多数创业公司都会专注于产品开发至FIH。虽然它们对技术转让合作有一些探索性的沟通，但目的主要是看一下市场兴趣，为获得下一轮资金做准备。一般不会分散其研发人员精力进行实质性的技术转移。当然，如果能够以较少的资源获得不稀释股权的资金，那么这些公司也是有很大兴趣的。

第五阶段为设计验证。此阶段主要是进行大规模注册临床研究的工作，同时完成大规模生产的验证。这个阶段对公司的资金要求最高，故而多数公司会在完成设计确认和FIH后，开始融资。设计验证的阶段性胜利将极大程度地保证新技术在下一阶段获批及面市后的市场成功，能显著提升公司价值。第六阶段为注册申请和获批，注册证的获批标志着新技术商业化的开始，这将再一次提升公司价值。此时，部分创业公司考虑被大公司收购而退出，但更多创业公司需要通过技术商业化后进一步证明自身的市场价值。在第五、第六阶段，多数公司会认真考虑投资方有关技术转让的要求。

对于海外技术创新公司来说，中国市场的规模极具吸引力，但目前中国漫长的注册审批流程让多数公司对多年后才能带来销售分成的模式有所顾虑。多数情况下，医疗创新公司希望获得较高的前期现金流，如技术转让费、里程碑支付费等。当然,也有少数有经验的海外医疗科技公司创始人和投资人看中中国股市的高估值,考虑成立合资公司或者建立能够分享中国公司高市值的企业运作机制。

对于国内医疗技术公司来说,其可以通过引进海外公司的技术,尽快将自身的产品线提升到国际竞争水平,并在技术转让的过程中不断学习和提升自身的原研技术能力,根据自身所处阶段的需求,寻找合适的标的和时机,尽可能地通过提出对标的公司有吸引力的条件来赢得合作。

全球新技术的搜索和评估

前文中我们提到欧美及以色列有约2万家医疗技术创新公司或孵化器机构,那么如何在如此繁多的机构中有效找到企业所需技术和标的公司,并做出正确评估呢?一套行之有效的方法是必不可少的。下面我们将以“企业需要什么技术”、“企业如何寻找技术”和“企业如何评估技术”来展开分析。

企业需要什么技术

企业需要何种技术,取决于企业的战略目标。大多数企业在成立之初就已锁定一个或多个专科领域,部分专科领域拥有多个细分市场,企业可以根据市场容量和增长率做技术热点分析(图3.3),就具体疾病来分析市场现状和需求,并搭建市场模型,以预估该领域的市场价值。企业也可以参考大厂在投资人会议上公布的战略布局。这些公司具有顶级的人才和资源,对于其所在的专科领域有着全面且深入的分析,且一旦收购新技术,它们将会把大量资源投入市场开发,让新技术发扬光大。当然,各公司都有自己的“偏见”,国际大厂的市场推广对于中国企业来说或许是一把双刃剑。所以,企业要根据自身的战略目标和能力资源,综合考虑后再做出布局。

锁定需求大且有高增长潜力的细分市场后,企业要考虑其和自身现有产品线的协同效应。新技术是否在研发、生产、供应链和营销渠道等方面能够分

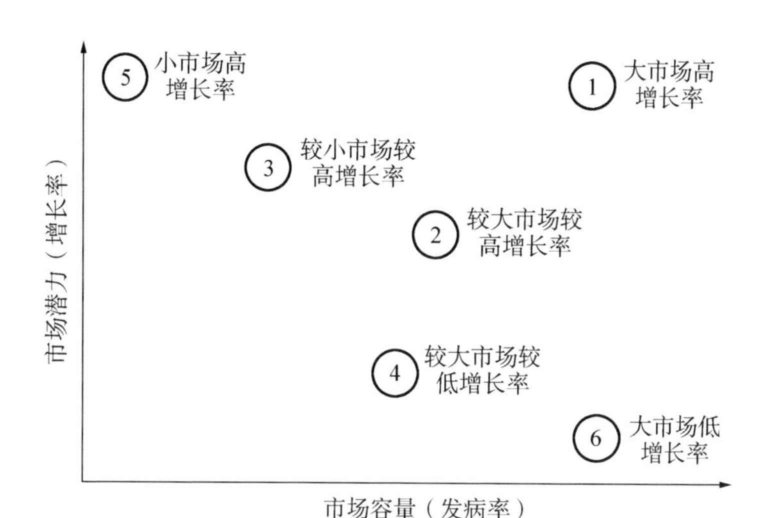

图3.3 技术热点示意图。需要说明的是：①最理想的技术，优先投资；②具有一定竞争优势，值得投资；③市场相对较小，但有高增长率，可以考虑；④增长率相对较低，但市场较大，可以考虑；⑤虽然有高增长率，但市场有限，一般不予考虑（除非有政策扶持或有高度协同效应）；⑥大市场，但低增长率，一般为成熟技术，不予考虑

享同一资源，达到规模效应呢？有些技术能力是企业已经具有的，可以自己开发新技术；有些技术是企业目前不具备的，但对于长远发展有战略意义，这时就适合用技术引进来快速入局。

企业如何寻找技术

现今是信息大爆炸的时代，有许多途径可以搜寻到企业需要的技术。这要求企业配备相关的市场拓展和市场分析人员。市场拓展人员需要熟悉各个会议组织人、投资人及财务顾问，与其建立长久的信任关系。只有这样，才能在第一时间获得可能的合作机会，并且得到强力推荐。

"clinicaltrials.gov"是美国国家药物图书馆组织的一个数据库。FDA和国际医学杂志编辑委员会(International Committee of Medical Journal Editors，简称ICMJE)均要求临床研究的发起机构在此数据库登记其临床研究，方可获得FDA批准或发表医学文章。因此这个数据库相对完整，可以成为技术搜索的第一站。

各专科领域的学术会议是新技术展示的最佳舞台。各创新企业为了获得临床专家的认可,从而获得投资人青睐,一般在开始临床研究后都会让新技术在相关学术会议上曝光。近年来医学界对创新技术愈发重视,这些学术平台都设有新技术专场。

医学期刊同样是值得搜索的方式。虽然临床数据的发表相对滞后,对新技术搜索帮助不大,但临床前对动物的相关研究也多有发表。关注创新的中国临床专家也会关注国际上的新进展,在和企业讨论时也会有所提及。

摩根大通峰会是投资人组织的典型会议之一。每年1月初,近2万名医药与医疗技术创新公司的管理层、相关代表,以及银行、分析师和投资人在美国旧金山相聚。在短短的4天里,主办方会以技术和专科领域分类,组织几十场介绍活动,同时安排有兴趣进一步合作的公司或投资人见面洽谈。其他大投资银行,如高盛、花旗银行和瑞银集团(UBS)等也都有类似会议。

Medtech Strategist组织的创新峰会(Innovation Summit)、Life Science Nation组织的RESI创新挑战赛等行业巨头组织的会议或大赛,都涉及几百家医疗技术公司的曝光和沟通。这无疑是寻找技术的好方式之一。

当然,搜索各风投基金、孵化器和加速器的网站,查看他们的项目公司等未尝不可,但这个方法较费时间,可以配备一些浅资历的人员专门负责。部分行业组织和财务顾问公司也可以帮助企业介绍相关的技术公司。

企业如何评估技术

"最好的不一定是最合适的。"企业从一开始已经根据自己的战略目标和能力资源定义了要什么样的技术,在找到具体标的后,还需根据具体的业务技术特点做细致的评估。

下面我们以某公司为例*。某中国创业公司看中了患者数量过亿且高速

---

* 鉴于篇幅限制和保密需要,所举案例被简化,与实际情况不尽相同。

增长的房颤市场。公司核心领导团队将战略目标定为“做中国房颤治疗的技术领头者”。房颤治疗主要是经导管,在三维标测系统的指引下用消融导管进行治疗。其中,三维标测系统的技术壁垒极高,强生公司一直占据龙头地位。迄今为止,只有雅培公司的系统可以与之抗衡,获得一些市场份额。其他各家公司,包括美敦力、波士顿科学等在内的巨头公司,都无法突破其技术壁垒。中国微创公司等相对具有一定规模的大厂也在三维技术上远远落后。消融导管传统上主要使用射频能量和少量冷冻消融,近年来脉冲电场消融(PFA)由于其优越的安全性、易操作性而获得整个业界的青睐。许多临床专家认为PFA是房颤治疗的未来,并且PFA的开发相对简单,时间短、费用低。因此,在短短几年内中国就涌现数十家PFA公司,都希望以消融导管进入该领域。但他们忽略了两个重要因素:①消融导管需要与三维标测系统匹配,医生一般习惯使用和标测系统同一个品牌的消融导管;②相对来说,PFA技术壁垒不高,一经上市就会面临多家竞争和集中采购降价的风险。

此时该公司接触到两个标的。第一个标的是美国一家三维标测公司,有一些射频消融导管和配件。它的技术较强生、雅培有一些优势,但因缺乏销售技术支持团队在美国商业化失败。第二个标的是美国一家消融导管公司,它将射频和PFA结合,在消融上有技术优势。虽然三维标测公司已在开发一款PFA消融导管,但和第二个标的技术相比,属于落后产品。对于这两个标的,公司运用技术评估打分表开展了客观评估(表3.2)。

根据战略目标“做中国房颤治疗的技术领头者”,评判标准定在4个方面。若以平均分计算,两个标的分数一样,不分伯仲。但三维标测是中国公司无法竞争的痛点,这方面的核心研发能力将大大增强公司在房颤领域的长远竞争力。因此需要在这两方面加重比例,加权平均分显示标的1明显优于标的2。

从产品线策略的角度评估完就要对具体标的进行深入研究,包括技术的工作原理,设计理念,台架、动物及临床研究的历史数据和计划,关键测试方

表3.2　技术评估打分表示例

评分标准

产品差异化	核心研发能力的建立	研发生产协同性	市场营销协同性
5-第一个上市产品	5-公司必要的核心能力	5-公司现有资源完全满足	5-客户和渠道都能共享
3-前3个上市产品	3-公司可以要的能力	3-公司现有部分资源	3-客户、渠道有一个共享
1-同质化产品	1-公司已有或不需要的能力	1-公司需要建立全新的资源	1-客户、渠道没有共享

标的打分(平均分)

	产品差异化	核心研发能力的建立	研发生产协同性	市场营销协同性	平均分
标的1	5	5	1	5	4
标的2	3	3	5	5	4

标的打分(加权平均分)

	产品差异化40%	核心研发能力的建立30%	研发生产协同性20%	市场营销协同性10%	平均分
标的1	5	5	1	5	4.2
标的2	3	3	5	5	3.6

法,关键零部件的供货可靠性及产品成本,大规模生产的可行性,中国临床专家反馈,临床及注册路径,以及竞争公司的情况。这样做的目的是对该产品尽可能地了解透彻,确认该技术是否符合中国市场的需求并且是否有市场前景。深度技术评估一般分2个阶段:双方表示合作意愿后签署保密协议,此时可以获得一批技术数据,对产品有70%—80%的了解后再决定是否继续;签完主要条款后进入尽职调查阶段,此时双方可以进一步要求获取技术信息。

从上面的案例中我们可以看出,新技术评估存在很强的主观性。如果把“产品差异化”和“核心研发能力建立”比重提高,就会得到完全不同的结论。为了减少由创始人或高层个人偏见带来的决定偏差,建议企业设立“新技术评判委员会”,收集经验丰富且来自不同职责功能的代表意见,并且建立一定的投票机制和决策流程。

综上所述,在新技术的搜索和评估方面,企业首先要根据自身战略目标,考虑市场潜力,并结合其技术实现能力和协同效应选定技术领域,然后利用多种渠道进行技术搜索。在评估技术时,要尽量保证客观,用统一的评分标准衡量各种技术,为达到战略目标而服务。

全球新技术的引进

前面我们提到,中国有些企业在布局产品线时,若遇到有长远战略意义但目前不具备相应能力的技术,可以采用技术引进来快速入局。其实,医疗技术发展日新月异,即便是发展成熟的公司也需要通过技术引进来保持其技术竞争优势和行业龙头地位。对于海外技术公司来说,它们最感兴趣的是,不稀释股权的现金流和中国的低制造、开发成本。一些经验丰富且熟悉中国市场的公司还对中国股市的高估值,以及在中国获得更多的包含扩展适应证的临床证据感兴趣。它们最担忧的是,缺少核心知识产权保护,以及因技术转移而分散研发人员精力,最终导致欧美市场开发进度拖延。一些海外公司运营不善,也会考虑被中国公司整体收购。出于上述不同目的,海外技术引进中常见的合作模式有:①技术转让(可以包含供货协议);②技术转让+共同开发(可以包含供货协议);③委托开发;④合资公司(影子公司或实际注册);⑤资产收购;⑥股权收购。具体合作内容及各合作模式的优缺点详见表3.3。

双方通过初次接触互相有兴趣后签署保密协议,中国公司对技术和产品有进一步了解后进入主要条款协商。投资条款清单(Term Sheet,简称TS)是投

表3.3 海外技术引进合作模式的优缺点

合作模式	合作内容	优点（对被许可方而言）	缺点（对被许可方而言）
技术转让（可以包含供货协议）	海外授权公司允许被许可的中国公司在约定的地域（通常为大中华区）及使用范围内使用其知识产权，将相关技术资料转移给中国公司，并帮助设立测试和生产设施流程，以在被许可地域完成法规注册	管理简单直接，被许可方按里程碑支付费用，驱动授权方完成各技术转移工作	长期利益绑定较弱，销售分成因为要多年后才成规模，对授权方的激励有限
技术转让+共同开发（可以包含供货协议）	技术处于开发早期，授权方希望被许可公司投入资源（资金+研发生产人力）帮助后续产品开发	早期介入可以让中国专家参与开发，将产品设计得更符合中国（及其他被许可区域）市场需求 对技术和知识产权的控制权和所有权更大 技术转让费、里程碑支付费和销售分成相对较低	更长的开发周期，更多的研发成本 技术不确定性高，失败可能性上升
委托开发	中国公司委托海外设计公司针对公司需求量身定做技术和产品。适合在已有的底层技术上快速开发新的迭代产品	设计完全针对中国市场需求 拥有完全的知识产权（但不包含底层平台技术） 费用一般较技术转让要低，而且按里程碑支付费	公司需要有一定底层技术启动和开发管理能力 预定合同制限制了设计更改的灵活性 迭代受地域时区差限制，速度不快
合资公司（影子公司或实际注册）	适用于高价值技术，预计合资公司获得高市值；或者技术壁垒高、难度大，授权公司希望获得最大程度控制权。双方通过出资，投入知识产权和（或）人力、物力在合资公司占股，共同经营分享市值	授权公司积极性最高，可以获得最大程度的技术支持	管理沟通成本高 中国公司控制权弱 可能影响开发速度

（续表）

合作模式	合作内容	优点（对被许可方而言）	缺点（对被许可方而言）
资产收购	一般适用于授权公司不再关注的技术或者是经营不善的授权公司。一次性获得被许可知识产权的使用权和相关技术资料	性价比较好，无须后续付费 完全拥有知识产权（专利、商标）	基本是一次性交易，能够获得的技术支持有限 基本不能获得技术秘密 基本是现金交易，很少有股权交换
股权收购	一般适用于经营不善的授权公司	完全拥有知识产权（专利、商标和技术秘密） 可能获得关键技术人才 可能用股权交换方式降低前期现金流的压力	相较于资产收购，价格更高 需要花精力进行并购后整合

资公司与创业企业就未来的投资交易所达成的原则性约定，主要包括交易框架、投资机构优先权、公司治理、对创始人及团队的限制等。比如，TS需注明技术转让过程中或后期开发中双方对新产生知识产权的控制和所有权；双方在产品开发、生产、销售营销和质量管理方面的职责和权利；技术转移所需要的文件及支持；合作的监管、争议解决、合作终止的条件和处理方式。

TS财务条款通常会约定技术转让费、里程碑支付费、销售分成、零部件及产品供应成本，以及产品开发费用的分摊比例。如果涉及股权或债务投资，还需确定股份，相关债期、利率、坏债条款等。如果涉及成立合资公司，还要列出资金投入、股权架构、董事席位及投票权、高管派任，以及公司上市、并购、解体时资产兑现和分配机制。TS还包含其他常规法律条款，如有效期、排他性、保密性、尽职调查的权利等。

TS虽然不是正规的合作协议(Definitive Agreement,简称DA),但关键的合作条件都在其中。所以,企业应在此阶段多花一些时间和对方充分沟通,确保后期顺利签署DA。值得指出的是,在此过程中深入了解合作方至关重要,搞清楚在尽职调查阶段需要关注哪些雷区,以便在DA的具体条款中保证己方权益。

TS有效期通常约为3个月,但这取决于前期的铺垫和对方的反应速度,一般1—6个月都算合理。更短的TS时间可能会因考虑不充分导致在DA期间遇到诸多问题,更长的TS时间则预示双方可能不合适或者签署时机不成熟。

签完TS后即进入尽职调查阶段。尽职调查(Due Diligence,简称DD),顾名思义就是对合作双方为合作而提供的信息、资质、计划等做确认,对技术在中国落地的可行性做评估。同时DD也是与对方公司团队进行深入接触、建立信任的基础。医疗技术转移是一件复杂的工程,在DD阶段公司各功能部门都要参与,并就下列领域进行认真且细致的分析。

1）条件允许的情况下对产品实际样品做一些基本测试,并得到临床专家反馈。

2）确认专利在被授权地域和使用范围内是否可以自由实施(Freedom to Operate,简称FTO)。

3）确认所有研发资料是否齐全,以便其可支持技术转移及在中国的后续开发和获得注册。一般包含设计历史文件(Design History File,简称DHF)、器械主记录(Design Master Record,简称DMR)等体系文件。与此同时,关注所涉及行业标准的中外差异,确认是否存在不可克服的技术困难。

4）确认质量体系完整严谨,检查器械历史纪录(Design History Record,简称DHR),以保证技术和产品的可靠性。同时分析授权公司和自己公司所用的质量体系的差别,判断在技术转移过程中需要投入的精力多少,是否存在不可克服的技术困难。

5）核验所有动物及临床研究方案、报告,确认流程是否合规(如伦理审批)、有无过往不良事件及审核检查记录等。

6）核验过往法规机构的沟通记录、审评检查。

7）确认其全球临床研究和注册计划，是否对中国相关计划有重大影响。

8）确认生产所需的环境、设备、原材料，以及其对工艺和人才的要求，确保该技术产品可以在中国大规模生产。

9）确认产品成本可以控制在市场要求内。许多海外创新公司在产品早期阶段成本过高，想要通过技术转移在中国降低成本。的确，中国企业可以通过与本土零部件供应商合作、支付相对较低的产线工人薪资、降低间接制造费用等方式，在产品生产成本上有较大优势。但如果产品的关键零部件必须由海外进口且处于被垄断状态，那么就很难降低生产成本了。

10）授权公司的财务、法务状况，确认其不存在潜在风险。

11）如果条件允许，去授权公司实地考察上述内容。

在DD阶段除了要准备一个粗略的技术开发转移计划，规定各功能部门需要完成的工作之外，还要给出大概完成的时间节点。该计划除了可以帮助合作双方做好资源规划工作，还可以向授权公司展示大概的付费时间。里程碑支付费由公司根据项目性质和资金情况来定，一般建议和项目风险管理挂钩，并且维持一定的节律让对方保持合作动力。

在DD时就可以起草DA了，除了技术转让合同（License Agreement）之外，一般还包括供货合同、质量保证合同等。如果涉及财务投入，则还有股权投资或债务相关的合同。完成DD和DA需要3—6个月。

在TS和DA的沟通修改过程中会涉及谈判。在大多数创新公司，投资人及董事对创始人管理团队有着相当大的影响，并且直接参与是否做技术转让的决定。因此，对于所有的条款，中国公司需要从管理团队及投资人两方面考虑，尽量达到共赢。许多海外公司对中国市场的了解有限，谈判过程中会有许多问题，也会经常犹豫不决。中国企业要从对方视野看问题，耐心指出对方和中国合作的益处，解决他们的担忧。在条件许可的情况下与对方会面，并邀请双方熟悉、信任的“中介”（如财务咨询公司）参与，提高信任度，为后期谈判顺利进行和合作打下基础。

随着技术引进模式的不断推广，越来越多的中国公司进行技术“海淘”，增加了竞争和引进成本。企业在标的选择谈判上要有策略、有原则，做好预案和备选方案，避免卷入“收购大战”，否则即使赢得标的，对公司发展也是不利的。

总的来说，要想成功地引进新技术，先要了解海外技术公司的兴趣及其关键决策人的想法。针对不同情况，从常用的6种合作模式中选择使用某模式。技术引进通常的流程是先签订保密协议让双方做初步了解，然后协商主要条款，最后是签订正式合同。尽职调查在技术引进中起到非常重要的作用，需要各个功能部门相互合作仔细检查标的技术。在DD过程中还应该完成技术开发转移计划，作为双方合作的共同初始目标，帮助顺利过渡到技术引进的落地执行。

全球新技术的落地

正式合同签署后，企业就可以专注执行技术开发转移计划了。首先要搭建一个专注在这个项目上的团队，这个工作可以在DD阶段就筹备起来。许多参与DD工作的人员后期都应该加入项目，这样可以降低沟通学习成本，在项目执行时也有比较好的连贯性。技术转移时有大量的文件、测试方法和生产工艺需要学习消化。技术新、任务重、时间紧，因此必须设立专门的团队，由项目经理带领每一个功能部门的项目代表落实具体工作，按时按质完成工作。

技术转让和开发新产品所需的功能部门类似，只是在技术开发阶段人员配比略有不同。越是早期的项目，越是需要研发和质量工程师；越是成熟的技术，越是需要转产方面有经验的人员。大部分技术引进项目都涉及生产本土化，要降成本、提产能，因此往往会有工艺改进。有经验的生产工艺工程师可以给项目带来高价值，同时对全球及中国医疗器械零部件供应商熟悉的采购也是很重要的角色。中国医疗行业标准虽然多数参照的是国际标准，但由于版本变更等因素多有出入,所以法规注册人员也很重要,其需对中国标准和相对应的国际行业标准都很熟悉,清楚其中差异。只有这样,才能在项目早期及时提醒开发转移团队寻找解决方案。比如,按中国标准重新测试,开发新的测试方法,更换零部件原材料和工艺,甚至可能需要产品工程师更改设计方案。只有及早做好评估、计划,才能不影响项目进度。如果产品需要在中国做临床试验才能注册,那么临床团队就需尽早对海外临床研究的结果做细致到每个病例的研究,尽早就在中国注册所需要的临床方案和中国专家以及授权公司的临床团队沟通,并达成一致。

海外创新公司一般人员精简,技术转移对他们来说更是个不小的工作量,所以为了不影响其在欧美市场的开发计划,他们也需要提前计划。

技术转移之初,双方就要设立共同目标和KPI,按计划有效推进项目、管理双方团队。有效的沟通机制,更利于双方克服时区、语言和文化的差异,及时解决相应问题。除此之外,还要准备好项目所需的场地、设备和设施。如果需要采购新设备,务必尽早开始。特别需要注意的是公司整体产品线开发的节奏和对场地、设备和设施的要求,提前规划好资源。

前文提到技术引进时可能要对产品设计进行修改,这可分为两种情况。

一是中国的行业标准与国际标准有差别,无法用其他方式解决,必须进行设计变更。这种情况下没有其他选择,需要团队尽快进行修改,回到预定的开发路径上尽早获得注册证上市。

一是产品工艺不适合大规模生产,成本太高。此时优先想办法改进工艺,替换零部件。但有时产品设计限制了可以改进的空间,这就需要项目团队做出选择,是尽快上市以占领市场,开发二代产品进行改进,还是为了让产品有竞争力,或避免重复投入昂贵耗时的临床研究,先变更设计达到要求后再继续开发。如果选择后者,公司则要考虑因开发转移计划的改变而导致的里程碑支付费变化,以及授权公司是否支持。从技术资料到动物试验、临床数据,从技术转移开发计划到人力资源、财务预算的影响,都要做好准备和沟通。

第四章
从需求筛选到解决方案

第一节　需求筛选的考量

在任何一个创新项目中,通过完整调研与分析所得到的需求数量都是极为庞大的,并且当调研做得越透彻,得到的需求质量就会越高。在这种情况下,需求的选择至关重要。因为开发产品必须有方向性,也必定有局限性(毕竟研发的资源是有限的),想要确保在创新过程中有效产出良好且可实现的解决方案,就必须对需求做出选择。

需求选择会受产品开发团队或是公司的实际战略与目标的影响。这也就意味着需求本身并没有所谓的对错,只不过对于团队来说,具有是否适合团队本身的创新目标的说法。在本节中,我们将探索在需求分析中常见的几种维度,供创新团队参考。

医疗需求弹性分析

从医疗创新的角度来看,需求分析中最重要的就是医疗导向的需求。这种需求可以来自医生、护士等医疗从业人员,也可以来自患者、患者家属、医院管理层、政策管理层等其他利益相关者。要获得最切实且完整的医疗需求,我们就必须多方面地深入了解这些人的痛点。此外,创新者对于疾病本身也要有深层且全面的理解，只有这样他们与医疗从业人员等的访谈调研才能更顺畅，才更有可能产出创新产品。由于医学本身是一个涉及很多专业知识的领域，对医学的理解尤为重要，多数创新团队会确保有医疗从业人员共同参与产品研发。

当我们有一个创新的问题方向时，首先要做的就是针对对象疾病进行相关调研。在此，创新者应该从6个方向展开研究：①生理学与解剖；②病理生理学；③流行病学；④临床表现；⑤临床结果；⑥经济影响。[1]通过对这6个方向的相关调研，创新者可获得基础的医疗知识储备，以便进一步实现针对使用者的医疗需求调研（表4.1）。

表4.1　疾病调研方向及其解释

疾病调研方向	解释
生理学与解剖	在正常健康状态下的生理系统与器官的结构与功能
病理生理学	在疾病影响下的生理系统与器官，以及产生的物理性、结构性、电理性、生物化学性的异常
流行病学	疾病在群体中的产生原因、传播与控制
临床表现	描述患者的状态与临床特征，包括患者自身感受与病征上的呈现，以及通过检查所能得到的数据
临床结果	疾病阶段性结果与通过干预手段所要达到的目的
经济影响	疾病对个人与整体社会层面的经济影响

生理学与解剖

在调研相关疾病的时候，我们必须对解剖与生理功能有一定的了解。这有助于创新团队构思符合人体构造的想法，与医疗人员的讨论更加顺畅。工程师在考虑产品设计的时候，如果能掌握解剖的相关知识，则有助于其设计出符合人身体结构的产品尺寸，避免在测试过程中走弯路。此外，在调研时我们会查看一些手术视频与图像，这个时候如果团队成员对解剖内容不够熟悉，那么很有可能会无法理解视频内容，例如腔镜下的手术由于视角的转向可能会让人分不清对应的身体方位，只能用器官作为空间标示物。

病理生理学

在对生理学与解剖有基础了解之后，我们就应该针对具体疾病去找出它是如何影响正常生理运作的，例如从生物化学角度出发了解疾病与细胞、组织、器官之间的交互作用。另外，我们也必须分析患者自身的客观因素所导致的影响，例如基因、年龄、生活习惯、其他相关疾病等。在做这种研究中我们必须要知道，疾病本身是没有绝对性的，很多时候会因患者个体差异存在不同的疾病状态。

流行病学

对于医疗创新来说，流行病学属于在初期寻找需求中最关键的环节之一。这里所说的流行病学不单单指可传播的“流行病”，也包括其他由于生理结构改变所出现的病症。分析疾病所影响的人群、患病概率、成长率等，可以获得很多普通调研所不能得到的数据，用这些数据对疾病需求进行解读，挖掘潜在的市场趋势，对我们大有帮助。

临床表现

在临床表现的调研中，我们通过学习病症的各种呈现状态可以获得相关疾病的重要资讯，然后利用这些资讯便可对潜在的需求做出相应判断。例如，在各种影像技术中我们常常为了要让病灶更加明显或与健康组织有区别性，会刻意让影像上的临床表现更突出（增强边缘清晰性、染色、异色渲染等技术），这样一来医护人员就能够做出更准确的判断。此外，通过分析临床表现，我们还能够帮助患者更好地去表达疾病对自己身心的影响。由于这类反馈一般来说都是很主观的，如果能通过创新给予客观评价，那么对疾病的发现与治疗则会有很大帮助。

临床结果

在了解临床表现之后，我们就要对临床结果做进一步分析。对于临床结果分析,我们主要要了解的有:疾病的各阶段治疗手段与目标、疾病最终导致的病重程度与死亡率、康复状态的定义等。这些临床结果能够让我们对需求有更明确的定义,也能帮助我们找到比较好的创新方向,并且激发我们在之后的过程中构思出符合临床目标的解决方案。此外,对临床结果的调研也能帮助我们分析疾病对患者生活品质的改变,以及治疗疾病给患者造成的经济负担。

经济影响

在我们所做的医疗创新中,商业的成功转化是产品上市的重要环节。因此,在初期调研需求的过程中,我们也必须对疾病所造成的经济影响进行研究。一个疾病对整体医疗系统或是个人,都会造成不同程度的损失,例如因为疾病误工所带来的经济上损失,或是医保对社会大众所承担的支出等,都是经济影响调研的关键。值得注意的是,在做宏观经济影响的调研中,除了对患者数据进行分析外,对医疗给付的长期影响也要进行探索分析,这样可以确保需求在逐渐演化的市场上是有效成立且长期保有价值的。

目标市场分析

因为我们最终的目的是能够产出在市场上具有商业价值的产品,所以我们对于市场需求的分析就显得格外重要。我们在创新的最初期就要厘清市场中需求的重要性与影响力,而不是先想好产品再去找市场对应。虽然市场分析的颗粒度可以到非常微观的场景,但是多数市场分析主要分为市场概况、市场区分化和目标市场三个步骤。下面我们将针对这三个步骤介绍分析的要点。

市场概况

对于任何一种方向的需求类型,我们都必须先从宏观的角度去分析这个市场的体量大小,找到一个整体的数据。首先,从市场总体量来说,我们必须要发现对象疾病给整体医疗体系所带来的经济影响。譬如,某种疾病在演进过程中会消耗个人多少财富,从个人延伸到一个家庭再进一步延伸到群体乃至整个国家,这样我们可以得出其对经济影响的总量。我们可以在政府公开数据、世界卫生组织(WHO),或是第三方报告中获得此类数据。其次,在分析总量的过程中,我们也要预估出市场缺失及不足的部分(还未有任何解决方案)可能带来的经济价值。也就是说,我们需要计算出尚未被满足的需求可能带来的经济影响。最后,我们要从目前市场的增长趋势找出未来一定时间段内的市场经济价值,这个分析能让我们获得可能潜在的商业发展空间。简单地说,市场整体概况的分析会给我们带来三种重要数据:市场总体量、市场缺失,以及市场趋势。

市场区分化

在获得前面所有得到的三种重要数据之后,我们必须要对一个市场做区分化。区分化能够帮助我们就部分市场区块做创新,由于多数时候整体市场体量过于庞大,并不适合一个团队所产生的创新去解决所有需求。区分化做得越细致明确,就越能够让团队专注于特定部分的重要需求开发产品。我们可以从疾病的进展、患者类型、产品、医疗提供方(例如公立医院、私立医院、诊所等),以及缴付方做区分。当然,多数时候不同的类别也会有重叠,但最终目的还是要获得明确的市场区块。我们要找出每个区块的经济体量、成长和竞争环境、独特需求,以及经济承担意愿。这些都能帮助我们分析每个区块的商业可能性与目前的经济影响。

目标市场

市场分析的最后一个步骤则是在不同区块中选择一个目标市场。正常情况下,团队会以提供最大化经济效应作为衡量标准,因为这种方式更有可能会让使用者接受并为新产品买单。在衡量经济效应时,我们可以根据不同的利益相关方去分析,例如最终使用者能带来多少收益、投资方能够提供多少研发资金,以及开发团队本身在这个过程中能承担多少成本等。最终针对目标市场我们就会有一个完整的商业价值报告，帮助我们在之后的流程中筛选需求。

竞争分析（包含已有解决方案的分析）

"知己知彼，百战不殆。"医疗创新也不例外。从产品来讲，分析现有的解决方案能让我们快速找到更多未满足的需求，同时也可以发现目前解决方案有哪些优势是我们能借鉴的。除此之外，分析竞争产品还能帮助我们找出一个对标的基准点（作为对标产品），而这将会成为我们日后选择解决方案的一个至关重要的角色（详见后文"方案测试"部分）。

想要得到完整的竞争分析，我们必须要先对疾病本身有深刻了解，详见前文中"医疗需求弹性分析"部分。通过对疾病本身的认知，才能够拓展找到目前应对的解决方法或是产品，才能理解为什么一个产品能达到其治疗效果。

解决方案的类型

即便是对疾病有深刻了解的情况下，非医学专业的创新者也很容易忽略掉某些解决方案，因为并不是所有的解决方案都是很明显的。只有完整考量不同的解决方案，我们才能确保找出所有的潜在竞争对象，然后进行对比（表4.2）。

表4.2 解决方案的类型及其解释

解决方向类型	解释
检验	判别疾病的存在与严重性、进程等
行为变更	通过变更患者生活习惯的治疗，例如饮食与运动计划
药物与生物治疗	通过注射或口服药物治疗
经皮下治疗	通过各种类型导管的治疗手段
微创手术	通过小创口以及腔镜下器械的手术治疗
开放手术	需要通过大型切口直接观测到对象区域的手术治疗
治疗服务	通过医疗人员所带来的外界帮助治疗，例如复健
疾病管理	针对疾病的监测与控制所带来的治疗

解决方案的缺口

在完整找到各种解决方案之后,我们要针对不同解决方案中尚未成功改善的部分进行分析。这种分析帮助我们找到创新的方向与切入点。解决方案缺口可分为成效缺口、患者群体缺口,以及经济效应缺口。成效缺口体现在不同解决方案对于疾病能带来的改善,解决方案有可能会由各种不同原因导致没有办法达到需求所要程度的成效,这种临床上效果不明显或不达预期的状况就能呈现可能的机会点。患者群体缺口在于不同患者群体对于解决方案适应性的差异,以及群体可能有的需求,或者是未被满足的患者类别。这种类型的缺口能帮助我们找出潜在的市场,或通过对比群体的特异性与解决方案,找到创新机会点。经济效应缺口顾名思义则是挖掘不同昂贵程度的解决方案是否有覆盖到完整市场,以及解决方案成本对比成效的差异,找出这种缺口能够帮助我们改善产品的表现或是降低开销成本。

潜在的解决方案

在分析现有的解决方案过程中,我们也要关注解决方案的发展趋势及创新迹象。由于医疗产品开发的长周期性(常见3年以上开发周期),科研创新的状态有可能会在开发中改变解决方案存在的合理性,使得产品在开发中被其他产品取代。为了避免这种情况,我们在调研解决方案的时候就必须留意相关的创新及科研方向。通过相关的科研报告、专家访谈,以及投资人的关注点,我们可以最大限度地预测未来的产品创新与竞争环境,做出相应改变。

第二节 需求选择

团队的主观性导致需求筛选的流程是多样化的,而不是只有一种导出方法。这些导出方式本身并没有绝对的优劣之分,而是在不同前置条件下会使用不同的需求筛选方法。通过调研得到的需求必须被精简成**需求阐述**才更容易与其他需求做对比,进而导出筛选后的需求;经过筛选后的需求阐述会通过与之前调研所得到的资讯相结合,进而得出**需求规格**。需求规格则会成为创新开发的出发点。

需求筛选流程与方法

通过详尽的调研所得到的需求数量是巨大的,多数创新型项目中有300—400个需求量是很常见的情况。当然,这是在完全没有筛选整合的状态下。需求筛选至少要经过3轮才能将300—400个需求筛选至10个以内。为了更直观地对比需求,我们在调研中得先将需求转化为需求阐述。

需求阐述

需求阐述是一种规范化的叙述句,用来表达调研中所得到的或是观察到的口头需求。它通常以下面句式呈现:"一种方法让[使用者],在[特定情况与场景]中,达到[目的与成效]。"其中,使用者可以是医疗人员,或是之前提到的任何利益相关者。特定情况与场景则是指对需求来说重要的使用环境、使用涵盖范围、疾病等限定因素。目的与成效则是需求所最终要达到的效果,可以是临床结果,或是能效等可以测量的结果。值得注意的是,需求阐述并不能包含解决方案,因为这样会影响创新的开拓性,容易陷入浪费大量资源而只做微小改变的项目。举个例子来说,一个好的需求阐述可以是:一种方法让孕期糖尿病患者,在不影响胎儿的情况下,控制胰岛素水平与非孕期时相同;但同一个需求可能也会因为需求阐述建立得不好而导出一个无用的需求,例如一种方法让糖尿病患者通过胰岛素泵良好控制血糖。这个需求阐述有很多问题,首先,它所定义的患者并不够明确,很多时候我们除了定义所患疾病以外,还要详细针对某些患者去做细分,因为通过病理生理学与临床调研,我们能发现更典型或是更适合的患者,进而让需求更完善。其次,这个需求将解决方案也放进去了，里面提到使用胰岛素泵，而不是开放给其他可能更适合的解决方案。最后，“良好控制血糖”这点并没有对良好的实质性定义，也没办法做有意义的测量。

在将需求转化成需求阐述之后，我们就可以将每个需求拿出来做比对了。下面我们将以一个拥有320个需求量的项目为例来解释需求筛选流程（图4.1）。

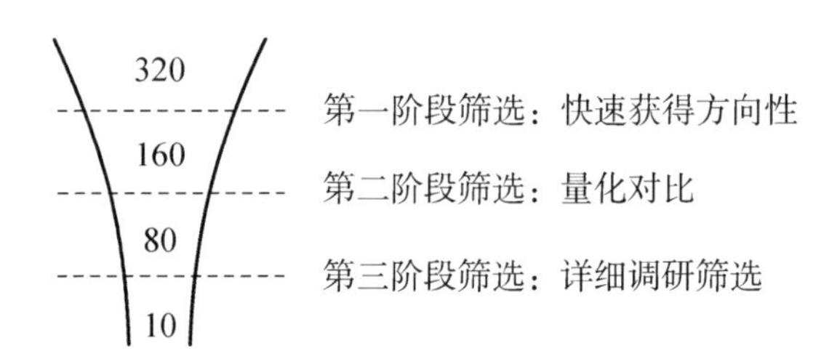

图4.1　需求筛选流程

第一阶段筛选

第一阶段筛选主要是为了快速获得创新的方向。在这个环节中，比较多的筛选决定来自团队意向，多数仰赖团队内专家做概略性筛选。在整理需求的时候，我们将可以结合的需求精简成一个，并且归类需求，这样在之后的对比判断中就会更加方便。此外，检查需求时也必须再次确认需求是有其他证据辅助证实其存在的，而不是凭空构筑出来的。

根据团队的创新方向，可以选择前文中提到的不同筛选考量作为主要基准，假设团队所做的创新最希望能够帮助最多患者，那么他们可能就会以患者量作为最优先的选项，远离稀少疾病相关的需求。通过第一阶段筛选，我们的目标应该是将需求筛选掉一半以上，以之前的320个需求量为例，筛选后的需求量应该减少至160个以下。

第二阶段筛选

第二阶段筛选开始，我们则要带入可量化的对比值，针对每个需求给出评比意见。对比值分为外在与内在两种因素。外在因素即调研到的客观数据，常见的外在因素包括：个人治疗疾病所需费用、患者体量、疾病对患者生活的影响、市场饱和度、相关专利注册、政策导向等。较常见的内在因素则有：团队的相关科技或是技术储备、需求的相关专业匹配度、现有经费对需求的研发可能性、团队人员对需求的热忱度等。在列出所有需求对比值之后，还需要给各个对比值设定一个比重，确保较为重要的对比值能有更大的影响力。这部分就靠团队自己的选择及调研所得到的资讯，或是通过分析趋势等去调配相应比重。举例来说，如果创新团队发现近几年有很多公司投资手术机器人，但最终成功案例并不多，那么团队就可以通过分析不同公司的产品所针对的问题来检验是否存在某种趋势，若有严重技术壁垒，或是市场尚未到达一定的成熟度等，此时要将技术或市场成熟度的比重调高。

虽然带入可量化的对比值能给予筛选一个量化的结果，但其实创新团队自身的直觉性与行业敏锐度也非常重要。团队应该将量化的结果作为一种指标性的参考来筛选，而不是盲目地选择最高分的需求。经过这个阶段，需求量将再次筛掉一半，按我们先前的例子，此时需求量仅在80个及以下了。

第三阶段筛选

第三阶段筛选的主要目的是，通过对比所剩的高分需求，找出可能存在的相关性与发展趋势，并且在必要的时候回到最初对使用者进行的调研，然后深度挖掘需求。很多创新团队做过初期需求调研之后并没有意识到，调研这件事情是伴随整个开发过程的。一个好的创新必须是一而再、再而三地去反复确认且深挖这些未被满足的需求，而反复的调研也会在之后产出概念时起到至关重要的作用(详见后文“方案测试”部分)。通过这一轮筛选(通常情况下，本轮筛选实际会进行多次)，团队应该将需求量筛选至少于10个，而这些最终的需求将会在下一阶段转化成需求规格。

需求规格

需求规格是一个包含需求中各种细节，且能独立、完整、精细化解释需求的文件。常见的需求规格内容详见表4.3。这个文件以需求阐述开头（包括需求的起源、调研所得的内容等），并包含对各种需求筛选的分析，以及需求的接受标准（以“不可或缺的要求”或“锦上添花的要求”呈现）。

假设我们的需求阐述是：一种方法让手术医生，在胃肠开放手术中执行淋巴清扫时，完全消除癌细胞转移的可能性。那么不可或缺的要求可能是：①患者的临床结果不会受到负面影响；②使用方法不改变目前的手术流程；③适用于所有类型的开放性胃肠手术。这些不可或缺的要求可以通过跟使用者交流获得（如医生可能会要求解决方案不能影响目前的手术流程或是临床效果），也可以从调研中获得（如团队发现某方案不能应用于所有手术，手术体量可能不足以支撑经济上的负担等）。不可或缺的要求将会成为评判解决方案的限

表4.3　常见的需求规格内容

需求规格内容	解释
需求阐述	规范化的叙述句，用来表达调研中得到的口头需求或观察到的需求
接受标准	用来限定所产出的解决方案
问题概述	简单介绍需求的目标与挑战，以及想要达到的结果
现有解决方案分析	调研目前市场上存在的直接或是间接满足需求的解决方案
疾病分析	疾病的介绍
经济分析	分析需求所影响的市场规模、赔付承担、对医疗系统的影响，以及利益相关者等有关的经济内容
相关科技	任何与此需求相关的科技或创新
引用与参考	在调研过程中，必须紧密地追踪需求处境。这能确保需求的可信度，也可以让我们有机会再次深挖某些需求

制,任何解决方案都必须满足这些要求。通常,不可或缺的要求在3—5条,因为过多或过少的要求都会影响创新。锦上添花的要求则是能让产品更受欢迎的要点,也是很多创新突破的关注点。利用之前的需求阐述做例子,锦上添花的要求可能是:①除了开放手术外,解决方案也适用于腔镜手术;②解决方案能够帮助癌细胞可视化;③解决方案是不需要医生或是护士手动操作的。我们可以看到,这些要求都是在往“更好”的方向推进。要找到锦上添花的要求,除了与使用者交谈、调研,学习当前最优解还有可以提升的部分以外,也能通过分析习惯与项目主观目标来制定。譬如,团队的开发周期比较紧张,那么可能的限定解决方案是要完全符合现有技术储备的。相比不可或缺的要求,锦上添花的要求一般有3—5条(或是更多)。但要注意的是,所有接受标准的要求如同需求阐述,其中不能出现解决方案。

有了需求规格,我们便有了对需求方向较为透彻的理解。在这个状态下,团队可以去思考一些针对需求规格的具体研究方向,以How Might We(HMW)问句的方式呈现,以便之后产出具体方案。HMW问句跟需求阐述的建立要点非常相似,但前者的侧重点在于使这个问题获得更多的开放式解决方案,这样一来,我们在之后的头脑风暴中能够更有拓展性地挖掘解决方法。我们可以在需求阐述中针对不同的部分建立HMW问句,但要确保依然遵从需求规格中的接受标准。在完成多个基于需求规格下的HMW问句后,我们就能够进到下一个创新阶段——方案建立。

第三节　针对需求规格的解决方案建立

在有一个(或数个)完整的需求规格之后,团队终于可以开始构思解决方案了。很多团队可能在调研过程中就设想了某些解决方案,其中部分团队可能会考虑能否跳过共创或头脑风暴环节直接进入产品开发,然而这种做法是极其不明智的。因为若产品构思未通过规格化且反复提炼的创新流程,则很容易导致致命的问题,但它在表面上又显得毫无破绽,获取了团队成员的信任,直到方案有可能上市时,团队成员才发现并没有使用者愿意用该产品。在这个章节中,我们将通过可执行的环节,逐步解说如何正确地构思解决方案。

通过设计思维从点子到方案

做医疗创新,首先必须确保"先做对的事情,再把事情做对"。所谓"做对的事情"包含我们在初期的调研,通过正确的方法获得需求,同时包括利用较好的方式去获得初期的想法。这里强调的"较好的方式",即我们所要学习的设计思维,通过设计思维所获得的创新方案,多数能让项目进展得更顺畅,产出更可能成功的产品。

但值得注意的是,设计思维并非唯一的"较好的方式"。有的公司通过产品战略或其他改进型的商业模式,也能获得所谓的创新。我们知道,可以根据产品及用户的开发将创新分为四大类:管理渐进式、适应演进式、拓展演进式和创造革命式。设计思维与多数人所认为的不同,它不仅是针对全新产品与用户的革命式创新,还是指引我们基于以上四种创新类型做产品开发的向导(图4.2)。

由于每个公司可能都有一套专属于自己的商业战略,在这里我们主要介绍通过设计思维的方式所做的创新方法,而不再对不同公司开发或使用的方式(如Six Sigma、Kaizen、Lean等)多做探讨。

IDEO的董事长提姆·布朗(Tim Brown)曾说:"设计思维是一种以人为本的创新方法,灵感来自设计师的方法和工具,它整合人的需求、技术的可能性及实现商业成功所需的条件。"的确,像设计师一样思考可以转变企业组织开发产品、服务、流程和战略的方式。它把人的需求与技术的可行性及商业的永续

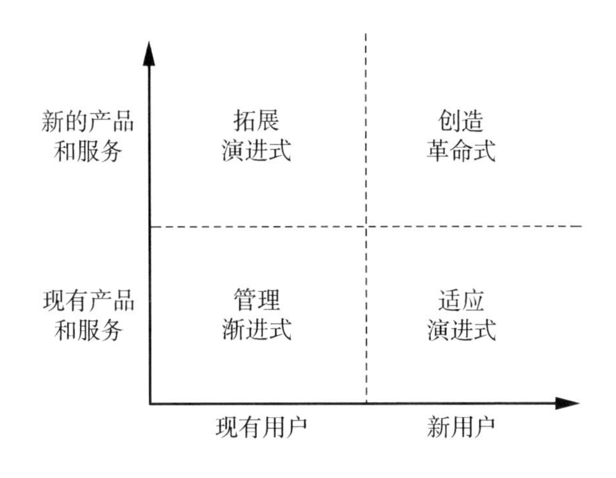

图4.2　创新的种类[2]

性相整合。不仅如此，它还能让非设计专业出身的人们运用创新工具来应对各种挑战。[2] 在医疗创新中，设计思维更能颠覆传统的开发流程，获得新的产品方向，让创新公司能够在市场中获得成功。

设计思维中的一个重要原则就是创新流程的推演，从发散思维到聚敛思维。我们在前面的章节也有提及这个概念，在调研过程中找到大量各种不同的需求（发散），然后在筛选过程中获得最合适的需求，确定开发的方向（聚敛）。方案的生成过程也是同样的流程，我们先通过共创与头脑风暴发散出众多的解决方案，然后筛选解决方案，获得可以推进且开发的方案。这种先发散后聚敛的方式有助于提升创新的开拓性及其成功的可能性。

此外，设计思维中的7种核心观念[3]也值得我们在医疗创新中应用，它们分别是：①创造力自信；②动手执行；③从失败中学习；④共情；⑤接纳不确定性；⑥乐观主义；⑦反复迭代。下面我们将具体介绍这7种核心观念在医疗创新中的作用。

创造力自信

在医疗创新中所有的团队成员都必须意识到，每个人都天生拥有创意，并且每个人都能建立且提升创造力。在这里，创意与创造力的定义是不一样的：

创意是人与生俱来的一种基本能力，我们可以回想一下自己在生活中是否也曾不经意地产生创意，如边打电话边在纸上随意涂鸦的图案，听到新科技时脑中瞬间浮现的各种不同的应用场景；而创造力在于如何将这些创意具象化，并且推进其往现实的方向前进，它并不是天生的能力，而是靠后天训练与理论知识启发的。在创新团队中，所有成员在创意上都是平等的，并没有谁的创意是更好的，每个人都应该努力凸显自己的创意，并将其转化成创造力。一个具有创造力自信的创新团队更能开发出市场上还未见到的、更有价值的产品。

动手执行

不论是在工程开发阶段还是后期打样阶段，将概念转化成实体都是设计中非常重要的一环，但其实这个概念可以被套用在创新的任何一个过程中。从人类学角度来看，人通过实体物件获得的感知比起通过视觉（图像或者文字）所能得到的资讯体量要大得多。制作实体的过程还能够帮助我们思考哪些是先前想法中没有涉及的细节。尤其是在医疗器械创新中，对于手持器械的设计，实体物带来的优势是非常明显的。一把手术刀可能在图样上不能让人体会到其大小和形状是否符合人体工学，但一旦被制成实物，哪怕是非常简单的模型，它也能让使用者判断出其是否存在人体工学上的错误。除了实际做出实体模型以外，这里所说的动手执行也包括减少无效的讨论，增加更多可视的、可接触到的实际产出，因为很多时候团队容易陷入反复讨论，支持各个方向与观点的人都各执己见、互不相让，却没有人将想法以实体的方式实际产出，让对方能够更直观地去了解。所以，动手执行所讨论的内容能够尽可能避免这种情况出现。

从失败中学习

失败并不是方案的终结，而是提示方案改进的方向。有时，人们甚至会在测试的过程中确保有多种“可牺牲方案”来获得最大的习得。所谓的“可牺牲方案”，是指提出方案的目的并不在于其能成为一个真正的解决方法，而是通过较为夸张的执行方式及更加天马行空的想法呈现，我们能够挖掘到更有价值的反馈。因为这种类型的方案更能激发使用者给予直接且强烈的建议，而不会出现使用者觉得方案“很好”，然后表示给不了什么意见的情况。

共情

我们在调研的过程中其实已经广泛应用这个核心观念去获得最好的结果。当以人的角度而不是以数据的角度去考量使用者的痛点时，我们能够切身地获得痛点的真实意义以及它给使用者造成的代价。在整个医疗创新过程中，我们必须时时刻刻地将自己放在使用者的角度去考量我们的解决方案是否符合使用者的操作习惯。通过这种思维模式，我们产出的解决方案会更人性化，在面对利益相关方时也能讲出更有说服力的产品故事。

接纳不确定性

所有的创新都源自对未知的探索。因为我们面对的问题都是一些未被满足的需求，所以更容易产生不确定性。诚然，在医疗创新中，不确定性更加明显，尤其是针对市场上没有明确解决方案的问题，然而这种类型的需求往往是最有价值且最需要被解决的。我们应该以接纳的眼光去看待不确定性，而不是焦虑或抗拒。要知道，创新本身虽然在初期是不确定的，但通过我们的方法论，是能够一步步排除掉错误的答案，筛选出较有机会的解决方案，并最终产出真正有价值的产品的。多数时候，如果问题的“正确答案”非常明显，那么我们反而要更加警惕，去探索其背后的细节和原因。万万不能在初期就认定这个答案，最终做出一个很多人可能已经尝试过且会在市场上失败的产品。

乐观主义

由于我们所需要解决的问题本身是很庞大的，并且其创新性越强就越有挑战性，难度也越高。在这种状况下，我们很容易对最终的结果产生怀疑。但我们更应该做到的是，对问题最终结果充满信心，并以乐观的心态去创新。只有团队相信它是"可以被解决，可以被改变"的时候，才会有动力去不断推进创新。传统的产品开发则更关注各种限制条件及壁垒，所以更容易对新的点子提出疑问与批判。这种行为虽然能在某特定阶段起到重要作用（如在做使用性测试时），但在创新初期却没有益处，因为多数时候否定一个点子比起想出一个新点子容易太多了。

反复迭代

从前文中的"动手执行"与"从失败中学习"的核心观念中，我们可以看出创新的流程不是一条直线，而是通过一轮又一轮地反复迭代、逐渐优化，才最终明确解决方案的。反复迭代的要点是，我们需要对方案产出保有灵活性，在每一次方案迭代中进行不同程度的优化，逐渐获得一个正确的方案。此外，反复迭代没有真正意义上的"终结点"。从产品战略的角度来看，一个市场的开发并不止于单个产品，而是通过产品迭代去满足同样不断变化的市场需求。通过不断学习，获得反馈并且改善我们的产出，才能确保产品是能够不断优化并且在商业上能够持续增长的。

以上7个核心观念都是设计思维可以带给医疗创新的最有价值的提升。我们在之后的创新操作流程中也可基于这些核心观念去实操演练解决方案的构思与筛选。

共创与头脑风暴

创新的流程并不是一个单人的行为，通常我们在调研通过不同的使用者而获得真实且未被满足的需求时，也会通过共创去获得大量的点子。共创的人数越多，产生的效果可能越好（图4.3）。

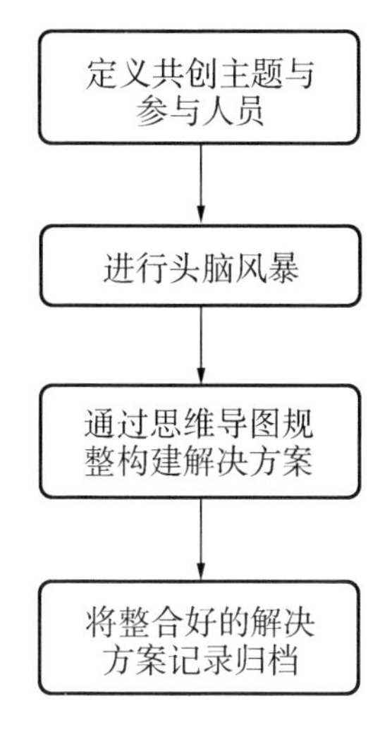

图4.3　共创流程

定义共创主题与参与人员

在共创前，我们要先找出需要共创的点，并且考量有哪些利益相关者必须参与这个流程。我们还要想明白，共创与头脑风暴的目的是什么。共创并不是只有在产品开发初期才能做，但每次的共创都必须针对明确目的才能产出有效的结果。例如，我们可以在创新初期做解决方案的共创，通过需求规格、HMW问句、接受标准去构想初始的解决方案。我们也可以在产品开发过程中，对于产品雏形与未来使用者一起共创，通过使用者的体验获得反馈，同时可邀请使用者参与方案的改进。又或者我们可以在产品上市前的开发后期针对商业模式共创，邀请投资人一起制定最佳的商业战略。总之，共创的类型是各式各样的，并且在开发周期中任何一个时刻都有可能带来有效的帮助。

在定义共创目的后，我们就要确定参与人员。首先，不可或缺的就是团队内所有利益相关方，包括团队的工程师、商业和（或）市场专家、设计师和科学家等。其次，我们要考量头脑风暴是否有医疗专业知识的需求（通常是需要的),若有需求,那就必须确保在各个小组中有足够的医疗人员(HCP)。除此之外,我们也可能在探讨不同问题时邀请更多的专家来共创,这里所说的专家范围很广,包括最终使用者(如患者、患者家属)等。另外,我们也应该确保各种高层决策人员能够分散在不同的小组中,这样可以让每个小组的产出都有足够的执行可能,并且确保拥有足够的话语权。最后,如果情况允许,每个小组也应该有至少一名设计师帮助大家利用设计思维去做创新,这些设计师(或对设计思维及共创经验丰富的人)通常会担任组长/主持人的角色。一个常见的共创活动可能有4—5个小组(每个小组最多6人,最少4人)针对之前所产出的HMW与需求规格进行头脑风暴。

头脑风暴

头脑风暴是一个很常见的词汇,尤其是现在几乎所有创新的方法都会包括头脑风暴。头脑风暴的形式大体上都是先有一个基础问题,然后在某个时间段内所有人针对问题快速地提出自己的想法或解决方案,最终通过某种投票得到最终的解决方案。有设计思维的头脑风暴虽然与普通的头脑风暴没有较大差异,但前者在细节上的规范更能使头脑风暴所获得的产出具有真正的价值。在头脑风暴中,我们必须了解以下7个原则。[4]

(1) 不要批判

在与工程师共创的过程中,由于专业性与经验性的差距,开发团队的成员很容易本能地去批判或是推翻他人的想法,但其实这种做法是弊大于利的。第一,经验主义容易导致创新的方向非常局限,没有办法打破现有市场的解决方案,最终产生与其他竞争对手并无差异的产品。第二,很多创新的出发点并不是通过最有经验或专业知识丰富的人产出的。如果一个尽管稚嫩却可能性极大的点子在初期就被某些主观想法扼杀,那么我们很难在后期从一个较保守的解决方案中重新开拓创新的可能性。

（2）疯狂的点子

在头脑风暴中，我们经常会发现当共创持续一段时间后，就不会再有人提出新的点子了，多数情况下我们所获得的点子都是单调且缺乏新意的，但若在头脑风暴中有疯狂的点子出现，则可能避免这样的情况。疯狂的点子很多时候乍看起来非常不切实际，但事实上其只是换了一种不同方向的思考。这种类型的点子能够启发团队中有更多专业知识的人获得更加"靠谱"的想法。在少数情况下，疯狂且不切实际的点子反而是最正确的解答。

（3）建立而不是推翻

从之前的两个原则中我们可以看到有一个共性存在，即点子的最大价值不在于其初期所给人带来的反馈，而在于在讨论与迭代中最终进化成的解决方案。当我们听到其他人有不同意见（甚至不切实际的想法）时，第一反应可能是想要推翻，但是我们要控制这个想法，要去思考如何将这种不切实际的想法或意见变得更有价值，或是让自己更能接受。在这样的过程中，我们会发现他人的想法可能通过自己的改良而变得更好。

（4）量大于质

从设计思维的核心观念中，我们知道创新是一个发散且不断迭代的过程。同样，这在头脑风暴中也极其重要。通常一次头脑风暴能产出300—600个点子，但在聚敛后，可能只会产出3—4个解决方案。在这种比例下，只有通过增加点子的数量才有可能获得更多的解决方案。如果我们专注于1–2个点子且想要将它们转化为解决方案，但在聚敛的过程中很容易由于某客观原因而必须将这些点子移除。这个时候，我们反而很难再想出其他方向的点子了，而不得不从头开始重新执行头脑风暴。此外，头脑风暴的时间并不足以让我们针对每个点子一一改良，所以唯一的方法是在头脑风暴时获得最大量的点子，然后在之后的环节中做好筛选和迭代。

（5）不要打断别人

这个看似非常简单基础的要求,反而是很多人都没办法严格遵守。因为参加头脑风暴的人数众多,且每个团队成员几乎都有极深的专业背景与丰富的知识经验,所以在讨论时人们很容易陷入一种想要将自己的价值更多地贡献给团队,并认为自己的想法无疑是正确的状态。在这种情况下,与其说与会人在"聆听他人想法",不如说他们更多的只是在"等待他人发表意见结束"。严重情况下,个别人会直接打断他人的发言,认为他人的观点是没有价值的。这样不但对团队不尊重,也严重影响创新的效果。在他人发表意见的时候,其他成员更应该利用这个时间去深入理解及消化别人的观点,在他人意见的基础上,设法通过自己的理解与设想,构思出更新、更好的点子。

(6) 专注于主题

前文中已提到,头脑风暴的时间是非常短暂的(每个需求阐述或问题可能只有5分钟的时间可以思考)。所以我们更需要确保在点子产出的过程中所有人都是全神贯注的状态。这也是为什么在头脑风暴的过程中,我们会建议所有人在产出想法时不进行任何讨论,等到大家分享完所有想法再进行讨论。讨论的时候,也必须确保不会偏离主题或不纠结于某个细节或工程的实现性,而是针对点子本身进行更多的发散或提出更具建设性的问题。

(7) 视觉化

如同设计思维的核心观念中所提到的,人们要将想法实体化,而在头脑风暴中,图像描述会帮助创新者让他人更能理解自己的想法。视觉化还能帮助工程师与设计师在现有的基础上进行其他改动,并且帮助创新者开拓更多的想法。这里所说的视觉化重点不在于能将想法描画得多么拟真,而在于如何利用图像让他人全面了解自己的点子。

在头脑风暴时,我们可以利用一些简单的框架来帮助大家产生更好的点子,例如点子构建表(图4.4)。点子构建表是基于头脑风暴中"建立而不是推翻"的原则所创的。整体的构造为两列报事贴大小的方格,根据纸张大小可能有5—10个。当然,点子的数量越多越好。左列为首创点子,右列为构建点子。

点子构建表

<table>
<tr><td>发起人</td><td>改进人</td><td rowspan="2">其他贡献者</td></tr>
<tr><td rowspan="2">点子#</td><td rowspan="2">改进#</td></tr>
<tr><td rowspan="2">需求规格</td></tr>
<tr><td rowspan="2">点子#</td><td rowspan="2">改进#</td></tr>
<tr><td rowspan="4">笔记</td></tr>
<tr><td>点子#</td><td>改进#</td></tr>
<tr><td>点子#</td><td>改进#</td></tr>
<tr><td>点子#</td><td>改进#</td></tr>
</table>

图4.4 点子构建表

用法非常简单，在一个HMW下，第一轮头脑风暴时，使用者将自己的点子写在报事贴上，并且贴在首创点子列。第二轮时，使用者将自己的构建表顺时针或逆时针传递给他人（当然也可使用其他方式，只要确保不是两人互相交换即可）。接收到的人在第二轮头脑风暴中，只根据所收到的点子去构建、改善首创点子。通过这种方式，团队中每个人都能够进一步理解他人的想法，并且产出更多不同的解决方案，这让每个人都有参与感，对于不同点子的投入也会更深刻。点子构筑完成之后，大家便可以开始针对每个点子进行讨论。分享自己的观点,并且继续互相建立点子。

解决方案的构成

在头脑风暴中所得到的大量点子乍看起来非常庞大且混乱,似乎无法产生成一个或数个解决方案。其实并不然,在这里我们将会通过几种不同的工具去帮助点子构筑成解决方案。

思维导图

从头脑风暴中获得大量点子后,第一件要做的事情就是将所有的点子归类。归类点子的方式有很多,若从思维导图的方式出发,我们要做的重点便是找出不同类型点子之间的相关性。举例来说,如果今天有很多腔镜下环绕吻合器的解决方案,我们可能会通过吻合的作用模式去分类,或者通过吻合术式分类。不论通过什么样的方式分类,我们都能获得一些聚合的点子。接下来,我们就要找出不同类别点子之间的关联性,来帮助我们更进一步理解归类的趋势。

归类好的思维导图可以帮助我们找出最重要的三种场景:偏向性、缺口,以及结合。偏向性是指我们在想出的点子中什么样类型的点子最多,并且挖掘其原因。出现偏向性的原因很多,如团队对创新的熟练度不够高,导致多数人不敢开拓创新,当然也有实际上解决方案的机会点的确匮乏的情况。缺口则是偏向性的另一种极端,很多时候我们会发现部分类型的解决方案特别少,这同样可以带来一些提示与思考。结合则能够帮助我们找到将解决方案完整化的可能性,不同的点子类型有时其实是同一种解决方案的不同阶段,譬如一种新型导管除了有探测功能,还能通过跟经导管的肿瘤切除工具做结合而成为一个全套的手术解决方案。通过深入探索和挖掘这三种场景及其背后的原因,我们才能够继续改良点子,并且将点子转化成完整的解决方案。

解决方案档案

解决方案档案能够帮助创新团队将一个完整的解决方案记录归档，这个档案也会成为日后产品开发的基础。解决方案档案最重要的部分在于完整记录方案形成的过程及其初始图样，尽可能地确保未来知识产权保护的安全性。此外，解决方案档案也能让其他团队内的所有人快速理解这个想法，促进之后的产品开发（图4.5）。

解决方案档案

<table>
<tr><td>解决方案名称</td><td rowspan="3">贡献者</td></tr>
<tr><td>需求规格</td></tr>
<tr><td>详细介绍</td></tr>
<tr><td>解决方案草图</td><td>挑战与风险</td></tr>
</table>

图4.5　解决方案档案

第四节　解决方案的筛选

当我们获得了几个解决方案之后,创新团队可能会陷入一种难以抉择的状态。由于每个解决方案都是通过点子的组合与互相影响所获得的,很容易让人们有种所有解决方案都具有同等优越性的错觉,导致团队无法选择一个方向进行产品开发,而错误地开发所有的解决方案。这种方法非常不可取,并且很有可能耗尽整个项目的人员精力与开发经费,最终无法产出能够上市的产品。在这个章节中,我们将会探讨与学习如何利用规范的方法去筛选解决方案。

方案筛选的考量

从执行层面或是工程层面上说,这个阶段的解决方案很难在没有进一步开发的状态下获得筛选的指标。所以,我们要通过其他方向去评判解决方案是否存在价值。其中,市场价值尤为重要,我们应该考量解决方案的市场相关性,通过知识产权、法规、谁来买单、商业模式这四种维度,发现解决方案的市场价值。有了市场价值的指标性,我们就要回到使用者需求上,根据每个解决方案是否满足使用者需求来了解这个方案的价值。

方案原型与最小可行产品

在设计思维中,一个很重要的核心观念就是实体化。有了解决方案后,我们应该更进一步将这些方案实体化。

方案原型,即将要构建的方案有形化。它的种类有很多,主要可分为以下6种:陋模、草模、白模、功能模型、外观模型和高拟真模型。每种原型在不同的创新阶段都能够帮助团队成员相互沟通,助力市场分析,具体内容详见表4.4。

表4.4　方案原型的种类

名称	介绍	用途	成本	耗时
陋模	最快速、简单能够做出的模型	用来协助头脑风暴发散想法，了解基本的构造	0元，用随手的物件组成	5—10分钟
草模	手工制作的模型[用模型材料(例如泡沫棉)制成]	用来定义产品基础大小以及形态，基本人体工学探索	约500元（模型材料费）	2—4小时
白模	由3D建模打印制成	用于精确定义产品形态与大小、使用性、人体工学	1000—5000元	约1周
功能模型	“功能一致”的模型	用于工程开发，功能性与实际产品无大差异	大于5000元（根据产品复杂度，成本差异较大）	2—3周
外观模型	“外观一致”的模型	用于模拟实际产品外形，测试市场反馈	5000—20 000元	1—2周
高拟真模型	生产前的最终模型	作为产品标准的模型，不论在功能或外观上，都与实际产品一致	不定(根据产品开模与生产方式，成本差异极大)	3周以上

最小可行产品(Minimally Viable Product，简称MVP)，是一个项目从方案原型转化成产品的第一步且最重要的一步。它是产品的最“低配”版本，但仍具有相应功能可满足解决使用者最核心的需求。从商业模式来看，MVP能够让潜在的投资人或利益相关方理解这个产品将会如何盈利，进而获得融资。MVP的重点不在于能够多么完整地呈现产品，而在于证明产品是能够满足潜在需求、具有实际效果，并且在商业模式上站得住脚的。创新团队必须在开发中时刻提醒自己，这仅是第一个里程碑，先不要纠结于更后期的细节。

方案测试

所有解决方案在成为产品之前都要经历无数次测试,这些测试包括:方案的需求测试、产品性能的测试、使用性测试、安全性测试、可靠性测试等。在之前的环节中,我们从多个不同的点子中得到了众多的方案,并且粗略筛选出几个较有竞争力的方案。在这些被筛选出的方案中,我们需要通过方案的需求测试来找到最终要开发的产品。因为只有在产出方案对于需求有最大化的满足的情况下,产品才能在市场上取得成功。

方案测试的目的,就是以量化的形式比较不同方案,以便创新团队做出产品开发方向的决策。方案测试的流程为:①制定使用者与设计规格;②给予使用者与用户规格比重跟优先级;③确认解决方案并选择参照组;④解决方案的打分与排序。

制定使用者与设计规格

使用者规格与设计规格是两种用于精细化需求的规格描述,它们都源自调研所获得的需求。值得注意的是,虽然使用者规格与设计规格都来自需求(产出源于使用者或其他利益相关方),但这些规格只能用来界定被开发的产品,而不是界定使用者或是其他相关的物件。打个比方,我们可以有这样一种使用者规格,即产品能让身高在一定范围内的使用者正常使用,且在符合人体工学的情况下不会对使用者造成疲劳伤害。但我们不能有下面这种使用者规格,即产品要求身高低于一定程度的使用者需通过某物体增高到一定标准,且每隔几分钟休息数十秒,才能正常使用。因为在一个真实的使用环境下,使用者并不会依照使用者规格出现,也不会依照我们制定的规格使用产品。此外,一个良好的规格必须满足以下几种要求(表4.5):清晰且无歧义的、不冲突的、完整的、单一的、具有时效性的、无解决方案植入的、具有优先级的、必需的、可达成的、可追踪且测量的。不同学科对规格的要求略有不同,但多数规格要求都大同小异。

表4.5　良好规格必须满足的要求

要求	描述
清晰且无歧义的	规格必须清晰，并且不使用可能会让人无法理解的术语或易产生歧义的叙述
不冲突的	规格必须不与其他规格或现实中的要求有所冲突
完整的	规格必须完整，而不是需要与其他规格组合才能够成立
单一的	规格必须单一，而不是叠加数个规格在单一规格中
具有时效性的	规格必须是现存有效的，而不是已经因为时间的改变而无效化
无解决方案植入的	规格本身不能带有对特定解决方案的要求
具有优先级的	规格必须能够被排出优先级
必须的	规格是必须的、直接影响解决方案成效的，而不是一种锦上添花的要求
可达成的	规格必须是可以在当前物理法则中可实现的
可追踪且测量的	规格必须是能够被观测且追踪的

在这个环节，团队应该再次回到之前的调研内容中挖掘相关规格，并且在必要的时候再次开展使用者调研。

确定使用者规格的比重和优先级

每一条使用者规格都应该被给予一个比重，正如前文所说，要求也分优先级，只有这样，才能确保要求是有质量的，能帮我们更好地给解决方案打分的。除了通过之前的调研获得比重外，创新团队还可以让使用者自己对其要求提出比重意见。这不仅可让创新团队以直观且简单的方式获得要求比重，同时是进一步确认用户需求及获得市场反馈的绝佳机会。

确认解决方案并选择参照组

在做方案测试的时候,我们必须要选择一个参照产品。市场上的现有产品是最有可能给予我们模拟上市的机会的,通过参照产品,我们可以更加明确自己的产品是否能在市场上取得成功。在对标产品时,我们必须通过使用者规格与用户规格来对比,而不是通过产品和解决方案直接对比。因为我们确定的比重和优先级是通过产品战略及相关调研得出的。此外,解决方案相较产品来说,还是很初期的,直接拿来对比也是不公平的。所以,在产品直接对比时,我们认为某些解决方案没那么有吸引力,但通过每条规格要求,我们或许会发现这些解决方案其实更有价值,也更能满足潜在的需求。

解决方案的打分与排序

针对每个解决方案我们将对比参照组,按以下要求进行打分:相较于参照组更优(+)、与参照组齐平(0)、低于参照组(-)。最后根据每个要求的比重给予解决方案一个总分,随之对其排序。

最终方案选择

获得解决方案的排序后,我们可以依照当前分数选择一个最终方案进行更多的开发。在前面的章节中我们也提到过,打分并不是一种绝对的指标,而是给予可量化的参考价值,最终还要靠团队本身的直觉与经验去做方案筛选与产品开发。同时要注意,即便是选择了某种最终方案,它也仍处于不断迭代中,有时我们可能会发现最终方案存在严重错误而需要重新回到筛选阶段,甚至是更早阶段。但这些都是项目开发的正常情况,通过不断习得或者重新定位,我们才能真正通过医疗创新做出成功的产品。

第五章
医疗科技创新早期资金及知识产权布局

第一节　医疗科技创新转化的早期资金来源

在科研转化阶段,早期的资金来源非常重要。在某种程度上,它是影响后续转化成功率的关键因素之一。一般来说,在这个时段,前期的科研经费几乎已使用完或者所剩无几,相应论文已经发表,科研人员开始准备探索下一个课题,并期待发表更多的论文。此时,大多数的科研成果可以被其他科研成果所引用,但不能自然形成有实用意义的产品,它们仅在一系列先决条件下有几个性能相对突出,或属于新发现而已。可实际应用的产品则要求性能有均衡的提升,并且可在复杂的环境中使用,因此需要有后续资金持续投入,以便进一步验证科研成果的可行性和完整性,并且进行知识产权的申请(必须在论文公开发表之前)。这个过渡阶段的经费来源是需要认真对待和规范化的,因为这个时期成果转化的公司可能还没成立或者刚刚成立,并不具备融资能力。此时,以下几种经费渠道可供参考。

科研经费

由于科研和转化是同一个课题,现在科研院所对于成果转化也非常重视,有的甚至将其列为考核指标之一,因此部分科研经费可用于探索科研成果的完整性和可行性,并且申请相应的专利和其他知识产权保护是合理的,同时它可激励研究人员继续把时间投入在科研成果的转化方面。需要注意的是,这些知识产权属于职务发明,不能想当然地认为只要自己是发明人就拥有其所有权,在转化时一定要与原单位处理好授权问题,有的甚至要经过"招拍挂"流程。

企业赞助

企业赞助一般面向的对象是科研院所的科研人员或者课题组,赞助的目的和资金种类差异性很大。比如,一部分企业仅捐助科研人员做科研,不追求回报,对产出和知识产权没有要求,这类捐赠经费的条件是最宽松的。一部分企业因公司内部的工程人员更多地专注于近两年内可以产出的产品,而将开发周期在3—5年的探索性技术交给高校或科研院的科研人员去做,企业出资且与其共享知识产权,以便在未来的高科技竞争中占得先机。还有一部分企业由于内部产品开发能力不足而将一部分开发工作外包给科研人员,期望科研人员能帮助其解决短期的产品问题。这种形式在我国改革开放初期很盛行,但在近年来越来越少,一方面是因为科研人员往往更关注能产出科研成果的项目,而不是产品本身;另一方面,多数科研人员缺乏产品开发经验,把产品开发委托给科研人员做常常会造成双方期望值上的落差,所以这种形式的合作经费应该谨慎对待。

个人赞助

随着民营企业的高速发展,有相当一部分人先富起来,越来越多的有情怀的民营企业主开始捐赠资金给高校做科研和转化,并且不求回报,但是他们对于课题的方向是有要求的,基本都是有转化前景的、经过相当激烈竞争和评估的科研项目。有意思的是,相当一部分企业主指定全部或者部分资金用于大健康领域,例如原盛大创始人陈天桥捐赠的资金就是用于脑科学方面的研究。

种子轮融资

随着科研院所不断加大对科研人员转化和创业的支持,成立公司的门槛越来越低，注册资本都是认缴制。一旦公司成立，搞清楚知识产权的所有权之后，就可以开始公司的实体融资。在硬科技很热的现阶段，出现了较多专门做早早期投资的基金和个人。如果公司在早期做估值有困难的话，也可以做可转债，具体来说，就是先以债的形式进行融资（即种子轮融资），然后在下一轮正式融资时其可以以融资股价的折扣价转换成股份。如果公司没有做成，这个债务也属于公司债务，不需要个人资产抵押。这种形式在国外应用得较多，在国内基本都是需要创始人将个人的资产进行抵押的。高科技初创公司的轻资产特性使得小微企业向银行贷款不大现实，尽管现在银行开始研究怎样评估初创公司的无形价值，但是在实施的大部分时候仍需要团队或者个人的有形或无形资产进行抵押。

创始团队成员及其亲朋集资

在公司刚启动的时候，资金往往并不需太多，但要快速到位。在这种情况下，很多创始团队成员自己出资或者找亲戚朋友出资，这往往是一个很好的开始，因为在某种程度上，这说明创始团队对自己的项目有决心、有信心，对于后来的投资者来说，它是一个加分项。现在我们时常能听到类似初创团队凑了几万元或者十几万元启动资金的佳话，这的确是对创始团队凝聚力的一个考验。在集资过程中要注意公平性，明确股份怎样分配，是按照出资多少还是贡献大小等，以避免团队之间的矛盾。我们注意到国内很多公司因为团队之间的矛盾而衰落，这是非常可惜的。

第二节　创新成果的知识产权转让

2022年6月29日，《中国科技成果转化2021年度报告（高等院校与科研院所篇）》（下文简称《报告》）在全国出版发行。该报告是在科技部成果转化与区域创新司指导下，由中国科技成果评估与成果管理研究会、国家科技评估中心、中国科学技术信息研究所共同编写，较为系统地反映了我国高等院校与科研院所的成果转化情况。《报告》显示，2020年，全国3554家高等院校与科研院所的科技成果转化类合同项数共计466 882项，合同总金额达1256.1亿元，均比之前统计有所增长。[1]

为了更好更有效地转化科技成果，需要在法规上进一步支撑，在机制上进一步改善，在路径上进一步明确，以下几点或有助于投身科技成果转化的科研人员达成目标。

法规支持与机构设置

近年来，我国的知识产权法律不断发展与完备。1982年，我国通过《中华人民共和国商标法》制定了第一部保护知识产权的法律，标志着现代知识产权法律制度构建的开始。1986年，《中华人民共和国民法通则》明确了对公民、法人的知识产权保护，并且首次将知识产权作为民事权利。1991年《中华人民共和国著作权法》与1996年《中华人民共和国促进科技成果转化法》的颁布与实施等，标志着我国知识产权法律进一步完善。

1996年5月15日，为促进全国科技成果转化为现实生产力，规范科技成果转化活动，加速科学技术进步，推动经济建设与社会发展，第八届全国人民代表大会常务委员会第十九次会议通过《中华人民共和国促进科技成果转化法》。2015年8月29日，第十二届全国人民代表大会常务委员会第十六次会议，根据我国经济社会发展和科技体制改革的进一步要求，通过了《关于修改〈中华人民共和国促进科技成果转化法〉的决定》。修改要点体现在以下几个方面：首先，为加强社会层面对科技成果相关信息的了解，对科技成果相关信息的发布制度进行完善，并且打造信息平台提供相关信息；其次，从科研机构和科研人员入手，充分发挥其从事科技成果转化的动力，发挥其积极性；再次，推进产学研合作,强化企业在科技成果转化中的主体地位,促进企业与科研机构等合作,充分调动企业积极性;最后,营造良好的科技成果转化氛围,为科技成果转化提供良好的服务环境。[2]

根据《中华人民共和国促进科技成果转化法(2015年修订)》第一章第二条规定,科技成果,是指通过科学研究与技术开发所产生的具有实用价值的成果。职务科技成果,是指执行研究开发机构、高等院校和企业等单位的工作任务,或者主要是利用上述单位的物质技术条件所完成的科技成果。科技成果转化,是指为提高生产力水平而对科技成果所进行的后续试验、开发、应用、推广直至形成新技术、新工艺、新材料、新产品,发展新产业等活动。

除《中华人民共和国促进科技成果转化法(2015修订)》对科技成果转化做出专项规范与要求外,我国另有多部法律法规、规范性文件对科技成果相关内容也做出了规范与要求。例如,《中华人民共和国民法典》、《中华人民共和国专利法》、《中华人民共和国商标法》、《中华人民共和国著作权法》、《中华人民共和国著作权法实施条例》、《中华人民共和国专利法实施细则》、《计算机软件保护条例》、《高等学校知识产权管理规范》,以及《科研组织知识产权管理规范》等。

各科研院校与医院也针对不同的建设需求与管理要求发布相关的管理条例与办法,如2007年复旦大学附属中山医院拟定《知识产权管理办法草案》,2019年哈尔滨医科大学修订《科技成果转化管理办法》等,均标志着各院校与医院对科技成果转化的重视。

科研院校与医院的知识产权管理机构是科技成果转化中的重要环节,在产学研模式下,为科研院校与医院的知识产权的产生、转化和管理提供了保障。1999年,我国教育部第3号令《高等学校知识产权保护管理规定》发布施行,针对知识产权管理机构,其第十六条明确提出,高等学校应建立知识产权办公会议制度,逐步建立健全知识产权工作机构。有条件的高等学校,可实行知识产权登记管理制度,设立知识产权保护与管理工作机构,归口管理本单位知识产权保护工作。暂未设立知识产权保护与管理机构的高等学校,应指定科研管理机构或其他机构担负相关职责。[3]

目前,根据科研院校与医院科技成果转化的现状,整体机构设置分为以下三种。

第一,设立专项知识产权管理机构。科研院校与医院设立知识产权管理专项机构或管理办公室,统筹和协调所有科技成果转化工作,可下设多个办公室管理知识产权的条线。目前,多数985高校和部分三甲医院已设立专项知识产权管理机构,服务其科技成果转移转化相关工作。例如,2009年12月,上海交通大学设立先进产业技术研究院(下文简称"产研院"),负责统筹全校科技成果转移转化工作。产研院的主要工作职能包括:科技合作管理、校企联合研发平台管理、知识产权管理、成果转化服务与管理、统筹协调技术转移服务机构共同开展学校内成果转化工作等。产研院下设科技合作办公室,负责产学研合作的组织、策划与实施等,知识产权办公室负责知识产权管理,技术转移办公室负责学校科技成果转化等工作。医院的机构设置方面,四川大学华西医院设立成果转化部作为医院行政管理职能部门,其业务主要分为知识产权管理、横向课题科技合同、成果转化科技合同、成果转化基金四个部分。知识产权管理业务主要负责专利申请、咨询、奖励等专利相关事宜;横向课题科技合同业务负责成果转化科技合同的咨询、签订、项目跟踪管理与相关纠纷等协调处理工作;成果转化科技合同业务负责成果转化基金的管理工作、基金资助项目的管理工作和提供成果转移转化服务;成果转化基金业务提供科技成果收集、分析与评估服务,并且负责成果转化的培训、会议与接待工作。[4]

第二,科技成果转化工作由科研部门的二级科室负责。部分高校与多数医院未设立专项知识产权管理部门,科技成果转移转化工作由科研部门下设的二级科室负责或兼职管理。例如,北京大学第六医院的管理机构中设置科研处,负责医院学科建设、科研项目的管理、成果申报、学术交流与科研档案的管理等工作。[5]上海交通大学医学院附属瑞金医院设立科技发展处,为医院科研管理工作的职能部门,负责医院科技工作的综合管理、协调、组织与策划工作，其下又设科教处，负责成果转化与专利申请，为医院科研人员提供支持与服务工作。[6]这种知识产权管理模式多见于地方高等院校。例如，江西理工大学知识产权管理工作由科学技术处下属的科技开发与服务科和成果管理科共同承担。[7]

第三，科技成果转化由签约的第三方成果转化服务公司或平台进行专项管理。除了上述两种由高等院校与医院直接管理科技成果转移转化外，还有部分科研院校与医院采用第三方专业成果转化服务公司或平台帮助其进行知识产权转化等专项管理工作。例如，中南大学湘雅医院下设科研部，负责医院学科及平台建设、科研项目及成果申报、科研论文及档案管理、学术交流及科研合作，其成果转化则依托医院签约的第三方成果转化服务公司及园区进行。[8]此种管理方式可以在科技成果管理上发挥公司的专业特性，但是也存在(园区)对医院成果内容了解不全、沟通不畅等问题。

知识产权转化的一般步骤

知识产权转化涉及较多内容，下面我们将从科技成果转化方式、科技成果转移与转化工作流程，以及激励与奖励机制等方面，详细介绍其转化步骤，并在最后对医生创新成果化的特殊性进行分析。

科技成果转化方式

根据《中华人民共和国促进科技成果转化法》第十六条规定，科技成果持有者进行科技成果转化的方式有6种：①自行投资实施转化；②向他人转让该科技成果；③许可他人使用该科技成果；④以该科技成果作为合作条件，与他人共同实施转化；⑤以该科技成果作价投资，折算股份或者出资比例；⑥其他协商确定的方式。

对于当前高等院校与医院而言，第②、③、⑤种科技成果转化方式最为常见。《报告》显示，2020年高等院校以转让方式进行的科技成果转化合同金额为

69.8亿元,以许可方式进行的科技成果转化的合同金额为67.8亿元,以作价方式进行的科技成果转化的合同金额为65.0亿元。从转化合同项数看,转让合同是科技成果转化的最主要方式。2020年,转让合同项数为14 364项,许可合同项数为6126项,作价投资合同项数为487项。从科技成果转化合同平均金额来看,作价投资合同平均金额最高,其平均合同金额为1335.4万元,分别是转让、许可方式平均金额的27.5倍、12.1倍。[1]

除上述3种常见的科技成果转化方式外,其他3种方式也有其对应特点。首先,第①种方式通过自行投资实施转化,一般由科研院所等主体独立完成,无其他主体参与,将其研发的科技成果直接应用于本单位的科研、生产等活动中。多数转化成果产出为校办企业,例如清华大学的清华同方股份有限公司。其次,第④种以科技成果作为合作条件,与他人共同实施转化的方式,一般是以市场为导向,通过学校、企业等多个主体进行技术创新。企业可以根据发展需要与科研院所进行新技术等的合作研究与开发,或者提出研发需求与内容,委托科研院所进行项目的研发。最后,第⑥种其他协商确定的转化方式较为灵活,当前5种转化方式均不满足要求或者无法达成转化意愿时可以采用。

科技成果转移与转化工作流程

科技成果转移与转化的工作流程是科研院校与医院科技成果转移与转化中的重要组成部分,要求内容清晰、覆盖所有工作,并为科研人员提供明确的指引,提高科技成果转化管理过程中的效率,便于推进相关工作。

目前,科技成果转移与转化并没有一个统一、标准的工作流程,一般由各高校结合自身实际工作制定。2018年教育部印发《高等学校科技成果转化和技术转移基地认定暂行办法》,2019年教育部发布《教育部办公厅关于公布首批高等学校科技成果转化和技术转移基地认定名单的通知》,认定清华大学等47所高校为首批高等学校科技成果转化和技术转移基地。2020年教育部科技司印发《首批高等学校科技成果转化和技术转移基地典型经验》的通知，从风险防控机制、专业化机构和人才队伍建设、专利布局与高价值专利培育、科技成果转移转化工作流程等方面，介绍首批基地探索的典型经验以供参考。图5.1—图5.4为大连理工大学科技成果转移转化工作流程的典型范例。[9]

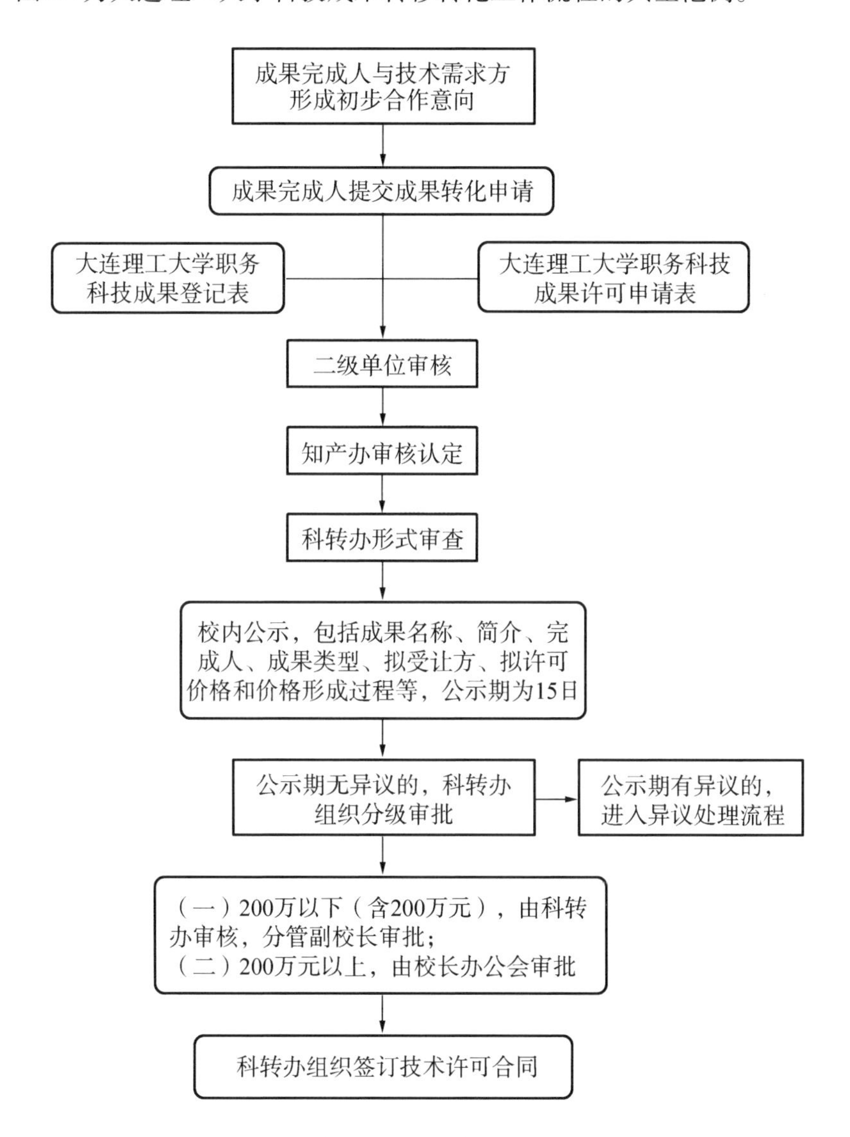

图5.1　大连理工大学科技成果实施许可流程(非关联)

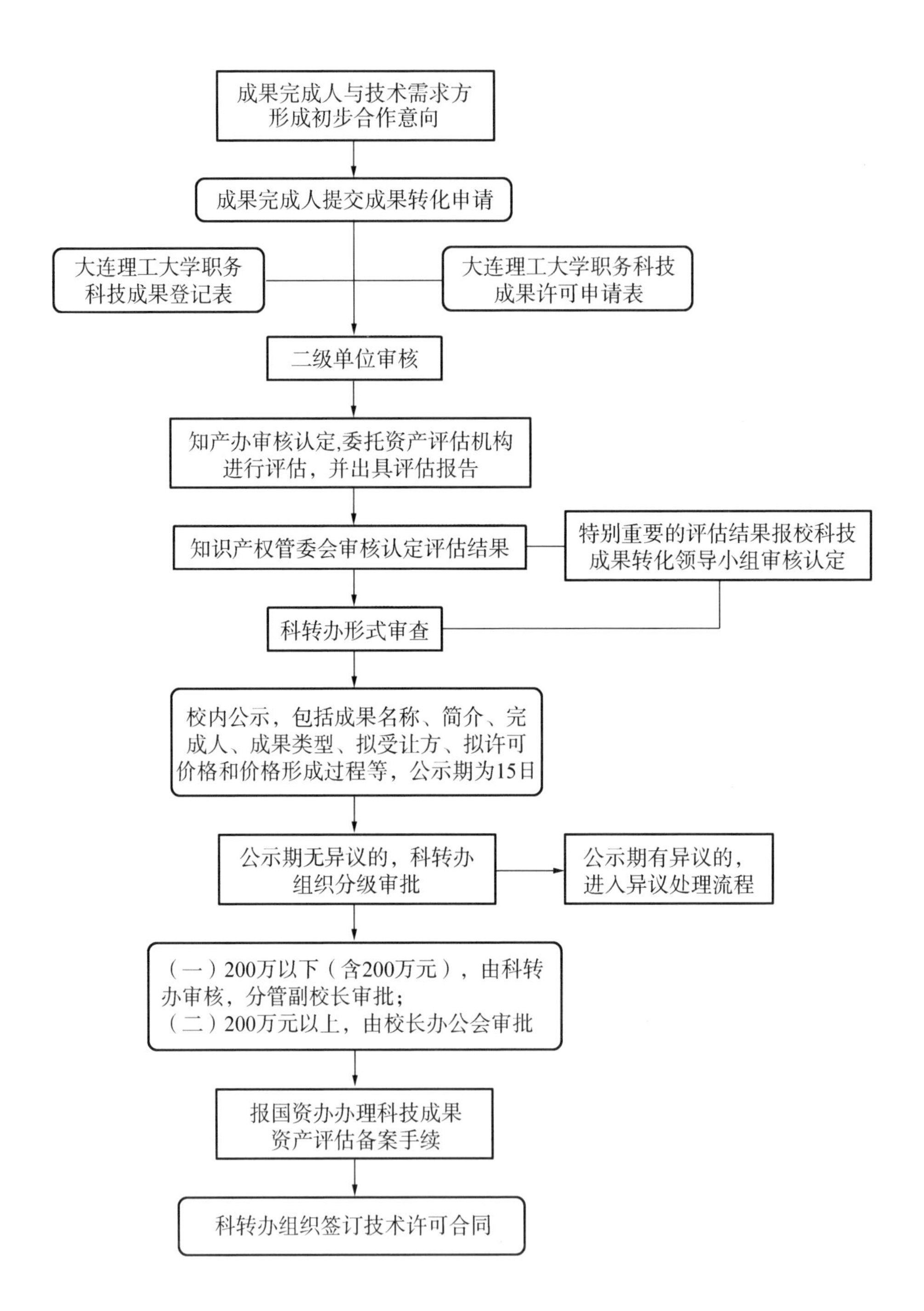

图5.2　大连理工大学科技成果转让流程(非关联)

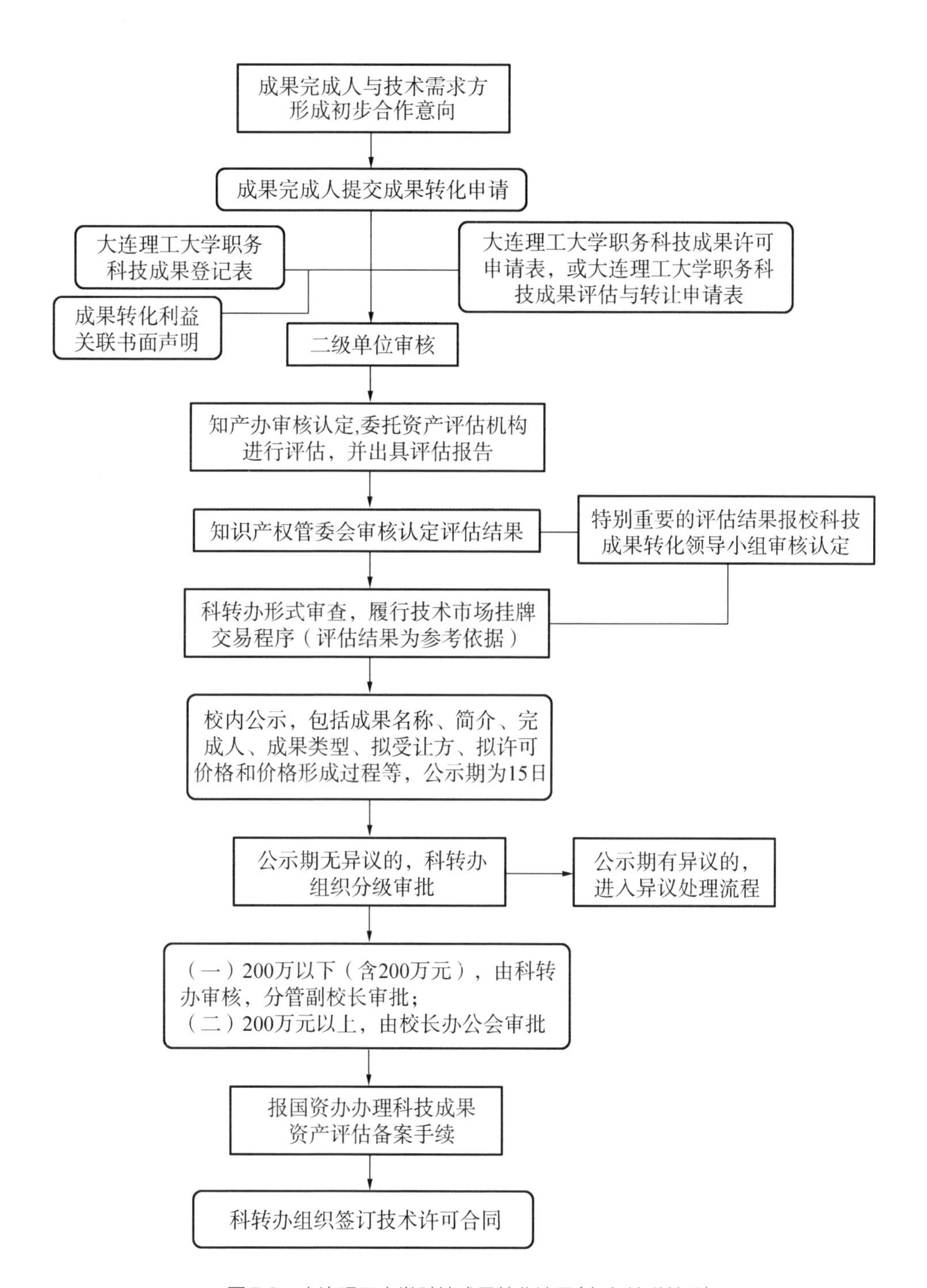

图5.3 大连理工大学科技成果转化流程(存在关联关系)

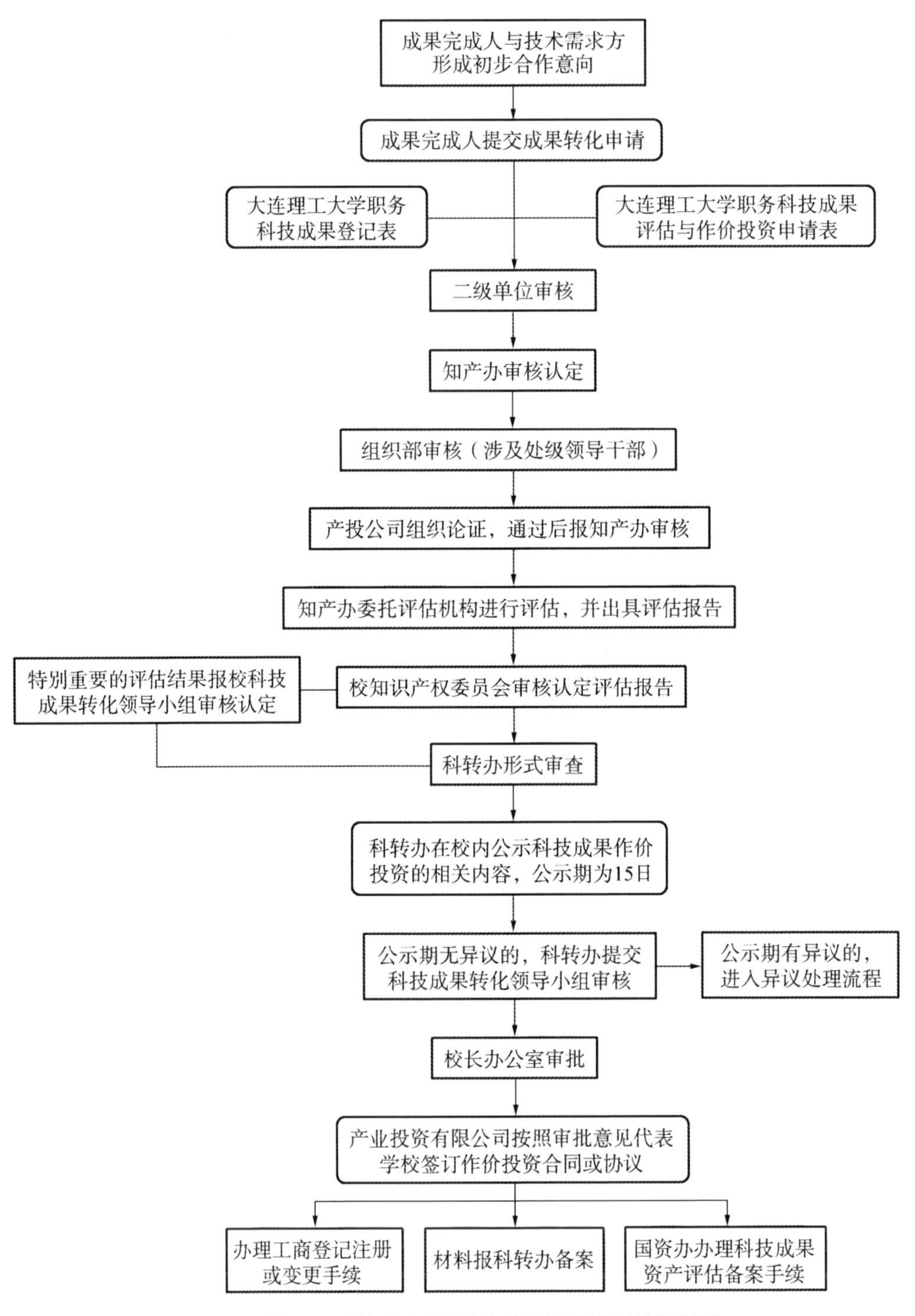

图5.4　大连理工大学科技成果作价投资流程(非关联)

根据典型经验来看，科研院所与医院的科技成果转移转化的工作流程应至少包含以下5个步骤。

（1）提交申请

当科技成果完成人/团队有转化需求，或者科技成果转化机构或中介机构挖掘相关可转化项目时，应由科技成果完成人提交科研院所和医院的科技成果转化申请书，并进行科技成果相关信息登记。登记的信息包括但不限于：科技成果来源、科技成果完成人/团队信息、核心技术成果要点、科技成果转化要求、管理情况等。每个高校的申请表通常根据各个机构的实际情况制定，有相应的模板和范式。申请提交后，科技成果完成人和（或）团队所在二级单位进行初步审核，审核通过后会进一步提交至科技成果转化部门，由科技成果转化部门负责后续流程。

（2）尽职调查

尽职调查是科技成果转移转化工作流程中的重要环节，一般由科研院所和医院的科技成果转化部门负责，编制完成尽职调查报告，对科技成果的市场化定价等信息进行确认。目前，多数科研院所的尽职调查的工作是委托第三方机构进行评估并出具调查报告，也有部分高校采用聘请专职和（或）兼职科技成果转移转化专员的方式进行。例如，2021年4月，上海交通大学为首批10位科技成果转化专员颁发聘书，由他们负责学校内科技成果转移转化事宜。

（3）确认科技成果转化方式与方案

完成尽职调查后，由科技成果完成人/团队和相关企业等确认科技成果转移转化的方式，确认是通过自行投资、转让、许可、合作、作价投资还是其他方式进行转化。如果有具体实施方案，可以进行登记记录，确认转化中的定价等内容。

（4）公示与审核

完成上述工作流程后，科研院所将会对该项目进行公示，公示时间一般为15日。公示无异议后，由科技成果转化部门进行最终审核，确认是继续执行还是返回前述步骤进行修改或补充。

(5) 签订合同与合同执行

完成上述工作流程后，将针对不同的转化模式，签订对应的科技成果转移转化合同，并进行合同执行。

激励与奖励机制探索

国家高度重视创新驱动下的多方发展，2014年提出"大众创业，万众创新"的口号，形成"万众创新"及"人人创新"的新态势。为加速科技与经济相结合，2016年国务院印发《实施〈中华人民共和国促进科技成果转化法〉若干规定》(下文简称《规定》)，其中对激励科技人员的创新创业做出了明确规定和要求。

《规定》指出，科研院所等进行成果分配制度的设定时，应当充分听取相关科技人员的意见并进行制度公开，以保证科技人员的相关利益。同时，对职务科技成果完成人和在转化中做出重大贡献的人员进行奖励时，也给出了明确的规定标准：对于通过技术转让、许可、作价投资方式进行转化的，应当从转化金中提取不低于50%的份额用于奖励；对于转化中做出突出贡献的工作人员，获得奖励份额应当不低于奖励总额的50%。不仅如此，《规定》对兼职从事科技成果转化活动、离岗创业等人员的相关人事关系保留时间也做出规定，原则上不超过3年。对其他相关科技人员的科技成果转化奖励，也有对应的分类管理原则。[10]

近年来，不同高校针对本校的情况出台了相应的促进科技成果转化管理办法，并对科技人员的奖励激励做出相关规定，以促进其科技成果转化的积极性，提高科技成果转化效率(表5.1)。预计这些政策也会根据执行情况在将来做适当的调整。

表5.1　部分高等院校对科技成果转化的激励政策

高等院校名称	激励政策
清华大学	科技成果转化收益分配:科技完成人课题组70%,学校15%,学院15%
上海交通大学医学院	科技成果入股:可从科技成果形成的股份中提取不低于70%的比例奖励 转让或许可:可以从收益中提取不低于70%的比例奖励 科技成果投产:在盈利后的3—5年,每年可从实施该成果的机构所得分红中提取不低于50%的比例奖励
大连理工大学	设立科技成果转化类高级专业技术岗位,将科技成果转化进款等纳入职称评聘条件
浙江大学	科技成果转化收益分配比例:课题组70%,学校15%,学院10%,转化基金5%
上海交通大学	学校支付维护费用:现金收益分配比例为学校15%,所属单位15%,科技成果完成人70% 科技成果完成人支付维护费用:现金收益分配比例为学校10%,所属单位10%,科技成果完成人80%
四川大学	在职称评审标准中加入成果转化类指标,在专职科研系列、教学科研系列、工程实验系列中均明确成果转化类指标要求

除了制定具体的科技成果转化奖励办法外,为提升科技成果转化效率,高校、科研院所等应完善科技成果转化体系,统筹全局,打造良性创新循环。目前高校、科研院所推行“四步走”方法,多措并举,提升科技成果转化效率:第一步,打造高精尖科技研发团队,重视科研人才队伍建设,从资金、政策等内容上布局高水平研发方向;第二步,重视科技成果转化,将科技成果转化与科学研究协同推进与发展,明确科研团队的科技成果转化目标;第三步,建立健全科技成果转化制度,完善科技成果转化具体办法与政策,对知识产权保护、奖励办法等科技成果转化过程中涉及的部分,做到“有政策可依,有办法可行”;第

四步，建立健全科技成果转化工作流程体系，规范科技成果转化涉及的财务、法务、市场等各方面要素，培养和(或)聘请专职“经理人”与科研团队进行有效配合，提高科技成果转化效率。

医生在创新成果转化中的困境与思考

当前，我国医疗创新成果转化主要涉及以下几个方向：基于临床需求的单点创新、耗材类方向、试剂盒检测方向、医药类方向、人工智能交叉方向，以及其他学科交叉方向。在这些医疗创新中，创新需求往往是基于临床中的实际需求，如医生对手术过程中医疗器械的使用要求和使用习惯，促使其创新更便利的三类医疗器械。我国的人口基数庞大，临床样本量巨大，临床医生便成为医疗创新中的重要一环。临床医生在一线积累了大量的临床案例和临床需求，这些需求更具有迫切性和真实性；同时，他们作为实际使用者，更了解创新的目的和方向，对于创新的内容也有更加严格的把控。

然而，医生的医疗创新成果转化却没有理想中那么丰满。尽管国家出台了一系列鼓励科技成果转化的政策，并且修订了法律条款及配套的奖励措施，但在实际的实施过程中，对于医生来说，仍面临难以跨越的“职业伦理要求”和“职业技术要求”两座“大山”。

第一，医生科技成果转化要面临各界对其职业伦理的质疑。在大众的一般观念中，医生的天职是救死扶伤、治病救人，应当以患者为中心，围绕疾病的救治来展开，如果进行医疗创新并对科技成果进行转化，必定会占用部分临床时间，可能会被认为是“旁门左道”或者是“不务正业”。不仅如此，医院对医生的考评内容中，临床指标仍为首要标准。在同样的时间分配中，更多医生会在医院指标要求、大众心中更重要的临床内容上付出更多时间，这就导致医生的科技成果转化变得十分困难。

2016年，国家有关部门提出了对医疗卫生机构等有关单位科技成果转移转化的指导意见，要求完善职务发明制度，并且对职务科技成果完成人和在其中做出重要贡献的人员给予奖励。尽管部分公立医院，如上海第九人民医院、北京大学第三医院、四川大学华西医院等均出台了院内的成果转移转化管理办法，并且在科技成果转化方面取得了一定的成绩，但是大部分医院的科技成果转化方式仍多限于“直接转让”和“许可使用”，对于“作价投资”的方式仍抱有较大顾虑。在“十三五”期间，中南大学湘雅医院科技成果转化合同超过2亿元，但是以“作价投资”方式完成的为“零”；出现同样情况的还有北京大学第三医院。“作价投资”这种方式涉及的最重要问题就是，是否存在国有资产流失。根据目前的规定，医院是不能持股的，在这种情况下，医院也不敢明确让医生持有股份。但是，在实际操作中也存在让科研人员的亲友甚至学生“代持”等方式，这种操作不仅没有解决可能产生的国有资产流失等问题，还会带来渎职等新风险。从实际发展和运营的方面考虑，“作价投资”的方式能够让医疗机构相关人员参与后续公司发展，更能够促进科技成果的良性转化。因此，由政府牵头多家科技成果转化优秀医疗机构，进行现有问题沟通，制定细节更加完善的科技成果转化管理办法应是我国相关部门未来努力的方向。

此外，现实中科技成果转化后，医生也要面对相当大的质疑，如在开具处方时使用自己作价入股的药品会受到质疑，在手术中使用包含自己专利技术的产品会受到质疑等。这种质疑主要源自整个医疗过程，其中的确存在某些医生依靠工作便利为部分产品或者技术提供更多的成交机会，这种不正当竞争无疑破坏了现有医疗体系的公平性。虽然绝大多数医生仅是为了工作更有效率或者解决当前所遇到的技术难题等，但在存在利益冲突的情况下，如何解释自己的专业判断，如何让社会公众了解客观的情况仍是较为困难且烦琐的事情。所以，这常常会让医生退缩，选择从根源上杜绝此类事情的发生。

第二，医生在科技成果转化中面对的另一座“大山”就是医生的职业技术要求。我国对于临床医学生的培养，一般分为“五年制”和“八年制”两种培养方案，前者毕业后获得医学学士学位，后者获得医学博士学位。对临床医学生的培养方案，多是以医学方向的内容学习为主，而数理化类的其他内容学习较为缺乏,无法支持其未来在工作中的科技创新,致使其在后续医疗成果转化中也受到极大限制。以上海交通大学医学院的培养方案为例,“五年制”的临床医学学生在大一阶段将进行1年的通识课程与医学前期课程的培养,然后进行为期3年的基础医学与临床医学课程的学习,最后1年完成临床各科实习教学。在临床医学“八年制”的培养方案中,前5年的安排与“五年制”相同,最后3年增加临床二级学科培养、科研训练并完成学位论文。1年中的通识课程与医学前期课程包含:思想道德修养与法律基础、中国近现代史纲要、毛泽东思想和中国特色社会主义理论体系概论、马克思主义基本原理、大学医科数学、大学物理、基础化学、有机化学、程序设计基础、大学英语、普通心理学和体育等。这一年中的基础数理化知识的学习内容远远不足以应对未来科技创新时所需的知识。值得欣喜的是,2021年11月,上海交通大学医学院印发了临床医学专业“4+4”培养方案,可以在综合性大学进行4年学习后再进行4年的基础医学与临床医学等内容的学习,完成后可获得博士学位。这意味着,学校开始重视和培养临床医学生向医文、医理、医工交叉等“医+X”交叉方向的发展,使学生成为复合型创新医学人才,希望他们能够在人工智能等交叉领域运用交叉学科知识来解决未来医学创新中可能遇到的问题。

近年来,海外一些知名医疗机构在创新成果转化方面也探索出了较多经验。例如,美国知名医疗机构梅奥医学中心(Mayo Clinic)在科技成果转化方面有极强的经验,善于将临床经验转化成科技成果并进行转化。它不仅成立了超过270家初创企业,还成立了风险投资机构Mayo Clinic Ventures对技术和产品进行孵化。2022年,梅奥医学中心启动了加速计划(Mayo Clinic Platform Accelerate),通过提供平台产品和服务等,支持有价值的项目发展并在初创公司中占有相应的股权。美国斯坦福大学设置技术许可办公室(Office of Technology License,简称OTL),专业处理校内的科技成果转化事项。OTL拥有专业的技术转化人员,一方面协助校内师生进行专利成果登记和初步商业化等工作,解决了科研人员在商业方面的短板,避免科研人员的时间浪费,并在前期约定学校、医院等股权分配等问题，能够让科研人员更专注于一线科研工作，极大了提高了科技成果转化效率；另一方面帮助企业匹配技术需求，通过内部的科技成果平台筛选企业需求，完成后续商业化对接等步骤，满足企业与科研人员的要求。

如何打破国内现有医生在医疗创新成果转化方面的困境，如何将海外知名医疗机构的案例经验实现本土化应用，探索一条具有中国特色的医疗成果转化路径，是我们需要思考的问题。

产学研合作模式下的知识产权

随着科技成果转移转化的逐步探索，科技创新的活动需要多方参与，共同面对技术和市场的新要求，多要素投入技术创新以应对变化的市场需求。近年来，基于产业、高校、科研院所为主体，政府机构及其他技术相关单位为辅的多元合作的产学研合作模式，已经在全国各地进行初步探索。在当前科技与经济社会的高速发展中，产学研合作模式通过利用产业、高校、科研院所的相关资源，进行融合互补，并发挥资源统筹优势，在促进科技成果转化方面起到了重大作用，提高了科技成果转移转化效率。

国外产学研合作模式

美国、日本等发达国家在产学研合作模式上已经进行多年探索，有相对成熟与体系化的合作模式，以下3种可供国内科研院所及相关单位参考。

(1) 基于教育合作的产学研合作

基于教育合作的产学研合作模式的核心在于利用产业、高校、科研院所的人才资源进行培养与交流，通过教育合作发挥人才在各主体中的资源优势。以日本为例，将大学的教育面向社会开放，鼓励企业科技人员进入大学再次进修与交流，加强互动，将企业中亟待解决的技术问题与面临的技术难点带入大学，进行针对性学习，提高技术创新效率。同时，大学从企业聘请科技工程师进行指导,企业聘请大学教师进入企业教学,从师资层面上进行优势资源互补。基于教育合作的产学研合作模式,通过学生、教师的人才资源的横向流动,以人才需求和人才培养带动科研院所与企业的交流、合作。

(2) 工业科技园区平台

工业科技园区平台是另一种产学研合作模式,一般围绕在研究型高校或科研院所周围,集聚以新科技、新产品、新技术为核心的高新技术企业,形成一定规模的工业科技园区。著名的工业科技园区就是以斯坦福大学为中心打造的高水平的工业科技园区平台——硅谷,它依托斯坦福大学的优势研究资源和高水平人才资源,集聚高新技术企业、产业基金等,是产学研合作模式的成功典范。一方面,工业科技园区提供大量的就业岗位和项目机会,为学生提供优质的实践平台,满足学生理论知识的应用需求和就业前的培训需求。另一方面,优势的地理位置为科研人员的项目研究提供了良好的基础,帮助企业留住优秀的人才资源。良好的工业科技园区一般和研究型高校有密切联系,园区中的优质企业会以设立奖学金、提供科研经费等方式支持高等院校发展,达到科技成果转移转化的良性循环。

(3) 企业孵化器平台

企业孵化器平台是通过提供场地、服务等帮助新企业快速成长的一种产学研合作模式。对于多数新的高新技术企业来说,它们虽然拥有前沿的核心技术,却面临着资金、人员等不足的现实问题。企业孵化器通过提供优惠的生产/办公场所、产业投资、技术支持等,为新企业提供融资机会解决资金问题,或者提供技术咨询、专家交流等机会,在企业发展初期促进其快速发展。企业孵化器的模式在20世纪70年代诞生于美国特洛伊城,通过“培育箱计划”成功帮助了一批小型高新技术公司。此后,该模式在美国各地蓬勃发展,并且影响到欧洲的产学研合作。[11]

国内产学研合作模式

近年来,国家实施创新驱动发展战略,深化高等院校的创新创业教育改革,重视产教融合与校企合作,出台了一系列指导政策与实施意见。2015年,国务院办公厅发布《关于深化高等学校创新创业教育改革的实施意见》。2017年,印发《关于深化产教融合的若干意见》,从指导思想、总体目标、强化企业重要主体作用等方面对产学研合作模式提供了指导建议。2018年,教育部高等教育司设立产学合作协同育人项目,通过组织相关企业支持高校共同开展产学合作协同育人项目,加强校企合作,促进协同育人。

在国家政策与实施意见的指引下,企业、科研院所等主体对产学研合作模式展开了积极的探索。我国目前的产学研合作模式可以主要划分为以下3种。

(1) 技术转移转化模式

技术转移转化模式是最直接的产学研合作模式,也是目前应用最广泛的产学研合作模式,其通过科技成果转化的6种方式进行,通过科技成果完成人签订契约进行成果转化。最常见的形式就是科研院所和医院通过直接转让其技术或者专利,由企业接收其成果。技术转移转化模式目前使用广泛,其优势在于历时短、操作简单清晰、权责分明,能够较高效地将技术或成果转化为生产力。但是,技术转移转化模式的缺点也十分明显,其合作是一次性的,不具有持续性,不利于产学研合作的可持续。相关资料显示,2020年,3554家高校院所以转让、许可和作价投资方式转化的科技成果的合同项数为20 977项,总金额达202.6亿元。

(2) 基于项目研究的产学研合作模式

基于项目研究的产学研合作模式是以项目研究为中心,通过委托研究、合作研究、共建基地等形式,依托特定的产学研项目开展合作。目前,科技部主导的国家重大科技专项“863计划”和“973计划”等,都是依托项目研究开展的产学研合作模式。该合作模式具有合作目的性强、产出要求明确等特点,适用于产学研合作的初期，帮助企业与科研院所快速开展研究工作。[12]委托研究和合作研究是最常见的合作形式，根据研究开展的主体来进行分类。委托研究一般是企业提出项目研究的最终目标和基本要求，并提供研发经费，相关科研院所进行的项目研究，最后会形成一定的产出。但是委托研究也存在着经费受限、合作周期不定，以及合作主体交流沟通不畅等问题。

(3) 其他产学研合作模式

经过近几年产学研合作模式的探索，除直接的技术转移转让和基于项目研究的合作模式外，还有成立联合实验室、建立国家大学科技园、组建产业技术联盟等形式的合作。

联合实验室是由科研院所、创新企业共同投入经费、人力、场地、仪器设备等，结合企业与学校的优势特点，以某一主题或技术而成立的。例如，北京邮电大学与杭州康晟健康管理咨询有限公司共建的"北邮-智云健康医学人工智能"联合实验室，上海交通大学与博动医学影像科技(上海)有限公司成立的"上海交通大学-博动医学影像"联合实验室，上海交通大学附属第六人民医院、中国科学院上海微系统与信息技术研究所及漫迪医疗仪器(上海)有限公司联合组建的生物磁医学影像技术联合实验室。

建立国家大学科技园的产学研合作模式是促进研究型大学科技成果转移转化的重要手段，依托有科研优势和学科特色的科研院所，利用自身科研优势并且结合当地市场资源和国家政策，成立各具特色的国家大学科技园区。相比于其他产学研合作模式，国家大学科技园拥有舒适的人文环境、良好的创新氛围和有活力的人才库；不仅如此，丰富的国家政策和有区域特色的优惠措施也会落地在此。

组建产业联盟是由企业、科研院所、协会等在某一个或几个相关的领域共同组成，整合该领域的优势资源集聚优势，推进其技术创新与产业发展。我国医疗器械产业技术创新战略联盟于2009年成立。

产学研合作模式下的知识产权归属

随着产学研合作的日益密切,其合作过程中产生的知识产权归属与处置工作的重要性便凸显出来。2021年,国家知识产权局办公室、教育部办公厅、科技部办公厅联合编制《产学研合作协议知识产权相关条款制定指引(试行)》(下文简称《指引》),为产学研合作中涉及知识产权相关核心条款提供参考。《指引》指出,产学研合作中知识产权归属一般分为3种情况。

(1) 高校或科研院所拥有知识产权

因为在产学研项目中,科研是上游,比较容易产生知识产权,而科研的主体教授或者医生所做的贡献又属职务发明,所以根据现在政策,高校和科研院所才是知识产权所有者。知识产权转让产生的效益大部分将分配给科研团队。企业可以向高校做知识产权的授权。

(2) 企业拥有知识产权

在校企合作中,由于企业投入科研经费,并且在高校有科研成果之后还要继续投入大量的人力、物力将其产品化、量产化,因此就有了如专利等商业化的知识产权归企业所有的情形。企业可以在这些知识产权获得相应收益后,选择回馈部分金额给高校等科研单位继续资助其他项目等,但值得注意的是,高校和科研院所是学术论文署名和评奖的第一单位。

(3) 双方共有或各自拥有知识产权[13]

企业和高校双方共享知识产权是一种比较普遍的情况,企业投入科研费用,并在生产和实验条件方面具有优势,而高校投入了科研团队,并且提供了诸多无形的资源帮助,如在医疗科技产品中高校的附属医院资源就非常重要。因此,大家约定各自可以自由使用知识产权,但是这个共享条款并不像字面显示的那样简单,有一些问题和条件是需要细化的,如两方是否拥有知识产权转让给第三方的权利,以及在这个基础上发展出来的新的知识产权归属等。

一般来说,知识产权归属协议条款将在合作伊始进行签署,约定明确且界限清晰的知识产权归属。但是，在实际产学研合作过程中，科研院所与企业双方为了达成合作目的，快速推进技术进步和创新发展，在知识产权归属上存在条款签订滞后、知识产权使用等约定不明确等问题，尤其是学术发表方面。对于高校与科研院所来说，参与产学研合作项目的教师与同学的学术发表权尤为重要，在合作中应当对此进行保障；同时，教师和同学也应当履行保护商业机密的义务。

综上所述，产学研合作有多种模式，最直接简单的是成果转让模式，但由于高校科研成果的成熟度问题，往往转让的成功率不高。相对而言，企业可能对医生从临床一线受到启发而产生的创新的转让更有兴趣。只要双方约定好知识产权的归属，委托开发或者合作开发模式则是最为常见的。值得注意的一点是，高校只能作为关键技术的研发单位，而产品的开发一定要企业介入才行，我们看到的较多失败案例往往因为企业对科研单位的期望不切实际。企业出资在高校建立研究院，针对某一个特定方向展开全面的科研合作，包括人才培养、教师引进、项目评估、成果分享等，这便是更广泛的合作。例如，商汤在上海交通大学建立的清源研究院，就具有自己引进师资队伍和招收研究生的权利。需要注意的是，企业和高校对研究院的期望一致性非常重要，如果期望不一致的话，则会在科研人员的知识产权归属、研究院的长期发展和科研人员自主创业等诸多问题上产生矛盾。

第三节　技术产权及发展产权布局

对于以科技创新为发展动力的初创企业而言，保护专有技术使之无法轻易被竞争对手所模仿与使用是需要时刻关注的问题。目前，企业对自研技术常规的保护手段有两种：一是将其申请为专利，通过专利路径予以保护；二是通过相应的保密措施，使之成为企业的商业秘密，进而通过商业秘密路径予以保护。二者各有其优缺点。

专利以及专利保护

专利是指接受国家或区域组织层级认可，并以将内容对公众公开为交换条件从而获取法律保护的专有技术。专利背后隐含的逻辑便是将技术通过对公众公开的方式来换取法定的独占使用权。专利的主要特点有3个。一是独占性，即专利由权利人所独有，专利权人享有专利的占有、使用、收益和处分的权利。二是时间性，即专利的保护期限具有时长的限制。在我国专利法框架下，以申请日为计算起点，发明专利的保护时长为20年，外观设计专利的保护时长为15年，实用新型专利的保护时长为10年。三是地域性，即对专利的保护限制在专利申请地的司法辖区内。比如，在中国申请的中国专利只可在中国获得保护，中国以外的其他国家或地区不对该中国专利提供保护。这意味着如果要对某项技术进行跨国跨区域的保护，则需要在多国多地区进行专利申请。

专利的类型以及可被授予专利权的技术类别在不同国家或区域组织中有不同规定。举例而言，在我国专利法框架下，专利的类型分为发明、实用新型与外观设计，而美国专利体系则将专利分为发明专利、外观设计专利与植物专利。欧洲较为特殊，由于不少欧洲国家是《欧洲专利公约》（European Patent Convention，简称EPC）的成员国，这些国家除具备一套只适用于本国的专利制度（National Level）之外，还同步适用EPC框架下的专利制度（European Level），后者受欧洲专利局（European Patent Office）统筹管理，在所有EPC成员国之间通行。EPC框架下只保护发明专利，对于外观设计与实用新型专利而言，除了欧洲不同国家有着各自的保护体系外，欧盟知识产权局（European Union Intellectual Property Office）也存在着一套独立的体系来规范它们。

除了上述三个特点之外，出于公共利益的考量，医疗领域相关技术的可专利性以及授予专利后的保护水平会受到一定程度的限制。如《与贸易有关的知识产权协议》(*Agreement on Trade-Related Aspects of Intellectual Property Rights*,简称TRIPs协议)第27条第3款明确规定,TRIPs协议成员国可以拒绝对人类或动物的诊断、治疗和外科手术方法进行专利授权;同时,TRIPs协议第31条对药品专利的强制许可进行规定,即在一定情况下,第三方可以不经专利权人同意而实施其与药品相关的专利。TRIPs协议规范以各种形式写入多国的专利法当中。

专利布局的策略与方式

专利布局是指企业围绕某一技术领域或主题,系统性地进行专利申请,从而构成特定的专利组合,并以此在该技术领域或主题下获得专利保护网及技术独占优势。强大的专利组合与精巧的专利布局可以为企业的生产、发展构筑牢固的屏障,阻止竞争对手复制自身产品与服务,以维持自身稳定的竞争力与营收能力。

初创企业专利布局可以有两种思考路径。第一种路径为“由内向外”,即从企业自身发展的需求出发,以事先设定的产品投放战略为线索,锁定与产品相关的技术领域,在该技术领域中进行专利布局。通常而言,为了分散风险以及扩大营收,企业的产品线并不是单一的,而是会被分配入不同类别之中,尤其是随着技术复杂度与精细度的提高,一款产品将不可避免地覆盖多个技术领域,企业对于哪一技术领域更具有迫切的保护与布局需求,是“由内向外”专利布局时首先应当考虑的问题。值得注意的是,在考虑该问题时我们应从多个维度进行分析,而主要维度有两个,第一,技术领域是否能够覆盖企业自身足够多的产品与服务。例如,对于一家主要生产超声波医疗器械的企业而言,其基于超声波技术研发了多款不同类型产品可以应用于不同的医疗场景,超声波作为多款产品的共用技术,对企业的产品线进行了足够广泛的覆盖,属于该企业值得进行专利布局的技术领域。第二,哪些产品或者服务将会成为企业下一个阶段的增长点。对于企业而言，也许其会在多个市场提供多类产品和服务，但并非每一类产品或服务都具有长期发展前景，尤其是对于医疗企业而言，一些疾病或者症状的诊断与治疗方式已经完全成熟，在患者较低支出便能够获得较高医疗回报的情形下，这些领域不会出现爆发式增长，并不值得医疗企业对其进行过高的投入。

第二种专利布局的路径是"由外向内"。在这种思路下，首先需要从企业的主要竞争对手出发，通过对这些主要竞争对手的专利资产与专利组合进行评估，来帮助企业判断自身专利布局处于何种状态和水平，继而帮助企业自身设定新的布局目标。尽管"由内向外"以自身产品与服务为依托来进行专利布局的思考路径更加符合传统商业逻辑，但专利布局的实质内容在于不同专利之间的排列组合。在此排列组合中所涉及的专利数量以及分布在不同技术分支的专利比例将深刻影响企业与竞争对手对产品研究路径的选择。以新能源汽车行业为例，日本知名车企本田公司与丰田公司都认为，未来新能源汽车的发展方向是将氢能源作为石化燃料的替代能源，故早年在氢能源领域申请大量专利进行布局，并且它们以该专利壁垒为依托，对氢能源汽车进行了长达几十年的探索与研究。本田公司与丰田公司的竞争对手，在对这两家车企的专利布局进行研究后至少可以得出两点结论，第一，在氢能源领域进行如此密集的专利布局，明显能够体现出这两家车企已选择氢能源汽车作为其未来的发展方向。第二，基于上述二者现有的专利布局来看，若其他企业也以氢能源汽车作为下一个增长点，极有可能在日后氢能源汽车的生产制造中与这两家企业产生大量侵权与许可纠纷。所以，相对于其他企业来说，其最佳商业选择也许是另辟蹊径，聚焦于与氢能源旗鼓相当，且也能为汽车提供清洁能源的技术，并在该技术领域进行专利布局。正因如此，美国诞生了特斯拉这一电动汽车行业巨头，中国出现了比亚迪、理想、小鹏等一系列电动汽车新兴厂商。

关于实践中的具体专利布局方法，依据企业经营目的的不同可以分为多种思路。常见的布局方式有以下3种。

(1) 占领关键技术节点

关键技术节点是指为了实现某一项技术目标而无法进行规避设计的技术。将关键技术节点申请专利可以为竞争对手的产品或服务带来极大的阻碍。这一布局方式性价比高,可以使用最低的申请与维护成本,产生最大的收益。该思路的难点在于如何认定关键技术节点,这极大地考验着企业对该技术领域的理解。此外,少量专利申请与维护难免会给竞争者留有突破封锁的空间。

(2) 技术节点全覆盖

技术节点全覆盖这一布局思路,除了围绕关键技术节点进行专利布局外,同时围绕这些节点的衍生技术节点进行专利布局,从而有效封堵竞争对手在该技术领域的发展空间,使得自身获得长效的竞争力,但缺点是申请与维护成本较高,不太适用于初创企业。

(3) 围绕关键技术节点环绕式布局

该布局思路的前提是关键技术节点已经被竞争对手占领,在企业自身已经无法对关键技术节点进行专利申请与布局的情况下,围绕该技术节点进行环绕式布局,即针对该节点下的衍生技术进行专利申请,可以有效阻碍竞争对手依据该节点进行技术发散,从而获得更大范围的技术垄断。

医疗企业专利布局特点

专利技术类型

医疗产业是一个技术密集型产业,涉及机械、电子、化学等多个技术领域。在专利布局上,医疗产业中的通用技术领域与生物医药专有领域多有不同。前者适用于技术领域的通用方法和策略,而后者则因研发转化过程和相关法规的特殊性,其专利布局的思维与方式也较为特殊。具体而言,其需要通过贯穿药物发现、临床前开发、药物临床试验以及药品上市的整个药物研发过程,对药品进行全方位、立体化的专利挖掘和专利布局。医药企业需要进行布局的专利技术类型可参见图5.5。

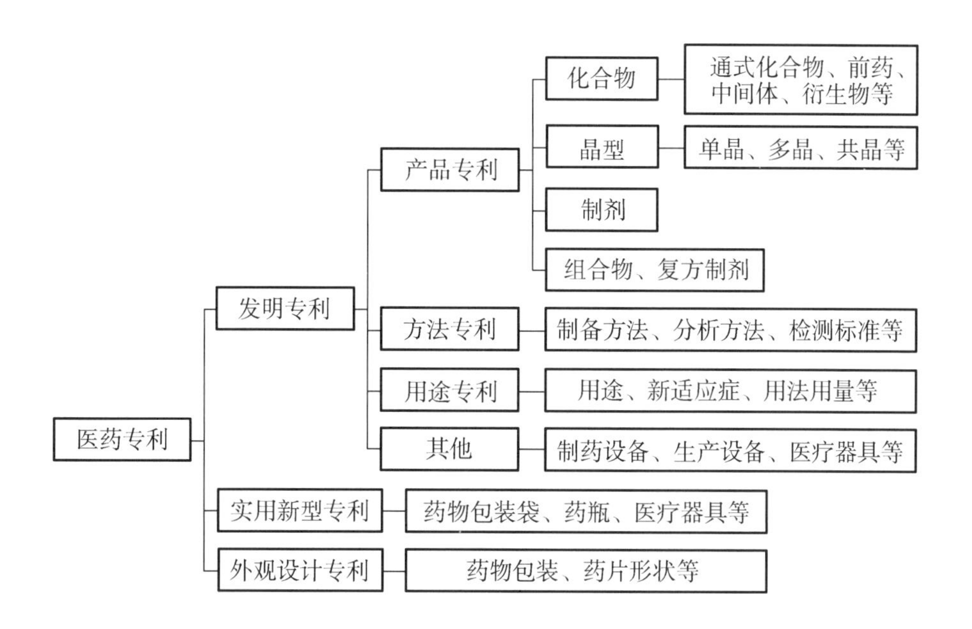

图5.5　医药专利类型[14]

专利布局的时机

医疗企业的专利布局时机一般有两种模式：一种是专利先行，另一种是延迟申请。[15]如果初创企业存在筹集风险资本的需求，这时先进行专利申请则可以彰显专利技术价值，从而吸引投资。如果企业的竞争对手正在进行竞争性研发，尤其是当下诸如肿瘤免疫治疗等领域的研究非常火热，仅在中国注册的围绕PD-1/PD-L1靶点的临床试验项目就超过百余项，[16]那么企业就有必要尽早申请专利，从而避免被其他竞争对手抢占先机。

延迟申请专利也有其存在优势，主要表现在以下两个方面：一方面可以使产品上市时获得更长的保护期；另一方面可以避免过早暴露自己的研究内容，导致其他竞争对手获得研发信息。然而，随着药物研发工作的推进，往往参与开发的人员和单位越来越多，对技术信息保密的难度也越来越大，一旦保密措施不当导致技术信息泄露，就很可能会在后续的专利申请中导致新颖性缺陷而使得专利授权存在障碍。当然，延迟申请最重大的风险就是相关技术的专利可能会被竞争对手抢先申请。因此，企业如果要以延迟申请的模式进行专利布局，则有必要在延迟申请所带来的风险与利益之间进行充分权衡和考量。

海外专利布局

我国初创医疗企业如果想跻身于世界一流企业之中，就必须提前布局海外专利，为后续进入全球市场做好规划。

从商业利益的角度考量，企业在进行专利海外布局前，首先应该对不同国家和地区相关疾病的流行病学及药品、医疗器械的市场销售情况、相关专利申请现状进行分析，再结合流行趋势和销售趋势，初步确定疾病相关药物与医疗器械可以布局的地域。[17]另外，除了要考虑企业产品市场规模和收益，还需考察同类药物与医疗器械在不同地域市场上的竞争力、同类药物与医疗器械地域布局情况，以及竞争对手该类药物与医疗器械的地域布局情况，必要时还要对特定区域进行自由实施(FTO)分析来确定潜在的竞品并排除相关风险，以进一步进行地域选择。

在完成技术和商业上的评估之后，便需要从法律层面上对相应的布局规划予以执行。由于各国的专利制度和知识产权保护现状有所差异，因此，企业在国外进行专利布局时，需要综合考虑申请途径、申请成本、当地法律制度等各种因素。一般情况下，企业可以通过以下途径在国外进行专利申请：①通过巴黎公约途径直接或在优先权日起12个月(发明或实用新型)、6个月(外观设计)内向当地专利局提交专利申请；②通过PCT途径，以进入国家阶段的方式提交专利申请；③直接向所需申请的国家递交申请文件。

值得注意的是，对于医药领域的专利，大部分国家不授予药物治疗方法的专利权，而美国、澳大利亚准许药物治疗方法的授权。如果通过PCT申请进入美国、澳大利亚以外的国家，则需要删除药物治疗方法的权项或对其进行修改。

第四节　知识产权体系的建立及风险应对

在完成技术创新的专利布局之后,我们就要建立知识产权的体系,并弄清楚该体系能够应对哪些可能出现的风险。

知识产权保护战略制定

制定知识产权保护战略的目的在于运用现有制度安排维护企业对自身智力成果和商业标识的控制权,保持企业在市场竞争中的独占优势。为了实现这一目标,我们要先了解知识产权的保护对象,即知识产权客体,然后分析选择不同客体,并对保护的成本与收益进行规划。

不同类型的知识产权客体

著作权客体

著作权的客体是作品,是在文学、艺术和科学领域内具有独创性且能以一定形式表现的智力成果,包括工程设计图、产品设计图、地图、示意图等图形作品和模型作品,以及计算机软件等。独创性要求通过独立创作并形成新的表达,但不要求达到专利“创造性”中所要求的显著进步。

著作权自作品创作完毕即产生,无须申请和登记,但著作权登记证书可作为证明权属的初步证据。作品之上的署名权、修改权和保护作品完整权没有保护期限,发表权、复制权及发行权等财产性权利的保护有期限性。

医疗器械软件中的程序和文档可构成计算机软件作品而受到著作权的保护。但选择将医疗器械软件中的程序和文档通过著作权加以保护,可能无法满足权利人的需求。著作权保护的是指令序列和源代码等表达形式,不保护实用功能,而实用功能却是医疗器械软件的价值所在。所以,具有实用价值或功能的程序、操作方法、技术方案和实用功能不属于著作权的客体,[18]此类智力成果需要通过专利权进行保护。

另外,企业可对已登记但尚未公开的计算机软件主张其构成商业秘密,而商业秘密是《反不正当竞争法》的保护客体。企业可根据《反不正当竞争法》向侵权人主张权利,这两种客体各自的构成要件并不排斥,相关权利也不冲突。

商标权客体

商标是识别商品和服务并区分其来源的标志,是商标权所保护的客体,表现形式包括文字、图形、字母、数字、三维标志、颜色组合和声音等要素及这些要素的组合。商标能获准注册的重要条件是其具有显著性。标识不能只是对商品或服务的通用描述,而是能指向某一商品和服务,并与类似商品和服务之上的商标有所区别。[19]同时,具有一定影响的商品名称、包装、装潢,企业名称,以及域名主体部分、网站名称、网页等也受法律保护。

商标经过使用获得显著性后或经过注册,可使商标使用者或注册者获得商标权,并通过续展对商标进行持续保护。

医疗行业知识产权战略制定中的特殊问题

与机械、电子等通用技术领域不同,对于医疗行业中的生物医药领域而言,基于其研发和制造周期较长,以及公益性等特点,我国《专利法》对其设置了一些专用条文与规则。

专利期限补偿制度

为了补偿药品注册行政审批、临床试验等所损失的时间,不少国家和地区制定了较为完善的药品专利期限补偿制度(又称药品专利期延长制度)。在美国,只有药物的核心专利(如化合物专利)可申请延长。该申请须在FDA批准药品上市后的60天内递交,获批延长的时间不超过5年,并且延长后自药品上市起算的整个专利保护期不超过14年。晶型、制剂、工艺等专利均不能申请延长。从专利的利益体系而言,药品专利保护期延长可有效保障市场独占性,从而与经济利益挂钩。

2020年10月,我国《专利法》通过第4次修改,其第42条第2款规定:“自发明专利申请日起满4年，且自实质审查请求之日起满3年后授予发明专利权的，国务院专利行政部门应专利权人的请求，就发明专利在授权过程中的不合理延迟给予专利权期限补偿，但由申请人引起的不合理延迟除外。"第42条第3款规定："为补偿新药上市审评审批占用的时间，对在中国获得上市许可的新药相关发明专利，国务院专利行政部门应专利权人的请求给予专利权期限补偿。补偿期限不超过5年，新药批准上市后总有效专利权期限不超过14年。"至此，我国正式建立了新药专利期限补偿制度，但是依然存在很多问题待进一步细化，如"新药"的范围是什么，《专利法》对此并没有明确的规定。因此，企业应当密切关注国务院、国家知识产权局和国家药品监督管理局后续出台的相关规定，及时地调整专利保护策略和药品审批策略。

对于初创的原研药厂而言，做好专利布局非常必要，尤其是对于一个药品对应多件专利、一件专利对应多个药品的情况，需要提前布局和及时提交专利期限补偿请求，使专利期限的补偿最大化和最合理化。同时可以积极利用药品专利纠纷早期解决机制来维持对原研药的专利保护。

生物制品类知识产权特殊规定

原研生物药需要从体外研究、非临床研究、临床药理学研究和临床研究，以充分的证据证明产品的安全性和有效性。在此过程中，涉及遗传资源的知识产权、新的生物材料的保藏，均是生物制品企业区别于其他医疗企业的知识产权特点。

涉及遗传资源的知识产权在《专利法》第5条第2款、第26条第5款，以及《专利法实施细则》第26条中均有明确的规定。《专利审查指南》第2部分第10章第9.5节就对遗传资源披露内容的具体要求、遗传资源来源披露的审查进行了详细的说明。根据上述规定，如果在专利申请文件中涉及了遗传资源，则申请人必须说明遗传资源的直接来源，提供获取遗传资源的时间、地点、方式、提供者等信息。另外，2019年7月，《中华人民共和国人类遗传资源管理条例》正式施行，该条例第24条规定了在国际合作科学研究中对遗传资源利用和备份，以及专利成果归属的要求。

如果专利申请涉及的完成发明必须使用的生物材料是公众不能得到的，那么其需要按《专利法实施细则》第24条的规定进行保藏，在申请日或者最迟自申请日起4个月内递交保藏单位出具的保藏证明和存活证明。对于涉及公众不能得到的生物材料的专利申请，应当在请求书和说明书中写明生物材料的分类命名、拉丁文学名，以及保藏该生物材料样品的单位名称、地址、保藏日期和保藏编号。在说明书中第一次提及该生物材料时，除描述该生物材料的分类命名、拉丁文学名以外，还应当写明保藏日期，保藏该生物材料样品的保藏单位全称、简称及保藏编号；此外，还应当作为说明书的一个部分集中写在相当于附图说明的位置。

涉及CXO合作项目的知识产权保护策略

CXO类公司主要包括CRO（合同研究组织）、CMO（合同生产组织）及CD-MO（合同研发生产组织）。医疗企业若是在研发阶段或生产阶段选择和CXO类公司进行合作，那么CXO类公司极有可能接触到企业的核心专利信息、商业秘密、临床数据、人类遗传资源等知识产权财产，同时会存在潜在的侵权责任分配与承担问题。基于医疗企业与CXO类公司合作的商业模式，这些风险几乎是不可避免的，所以医疗企业应当制定合适的知识产权保护策略，将合作中的法律风险降至最低。具体而言，医疗企业应当注意以下几个方面。

首先是技术权利的归属。技术权利主要包括合作中所涉及的专利信息和商业秘密。医疗企业在与CXO类公司项目合作初期，就要明确项目的性质，比如是合作研发还是委托研发，并在合同中对整个服务的技术权利归属做出明确约定。在实践中，相关难点通常是难以界定项目中的哪些方面属于合作的研发，哪些属于委托研发，而如果要进行准确的判断往往需要结合医学技术方面进行探讨和划分。另外，在与CXO类公司项目合作过程中，我们建议医疗企业和CXO类公司以及所有参与项目的工作人员都签署保密协议和竞业禁止协议，注重人员流动中的知识产权保护，同时对实验数据材料做好保密和备份，统筹规划各个部门，协力建设企业技术权利保护体系。

其次是数据合规和受试者的个人隐私保护问题。数据合规和个人信息保护的理论在《网络安全法》、《数据安全法》和《个人信息保护法》等法律法规,以及相关条例和国家标准出台之后迅速发展,而医疗领域是一个重监管领域。在医疗企业与CXO类公司合作过程中,应当在合同中明确涵盖数据合规和数据跨境传输要求的相关内容,要对接收处理来自中国境内数据的安全保护责任与义务进行非常明确的约定,如此方可降低一些数据跨境传输方面的风险。另外,医疗企业自身也需要建立内部数据合规机制,以此应对监管的挑战。

最后是在临床试验过程中可能有致人损害的侵权责任。在这一过程中,除涉及CXO类公司之外,可能还会涉及一些作为临床试验研究者的医院,以及申办者的保险公司,因此相关的责任分配和认定往往是一个很大的难点。对于医疗企业而言,首先应当在临床试验合同签订期即进行风险的把控,尤其是关于告知的义务和造成不良反应后的应对等条款。同时,要确认致人损害的是项目药物还是安慰剂,是项目药物本身造成的不良反应还是他人过错造成的医疗事故。

知识产权保护的组织管理

实现对企业知识产权的有效保护离不开有效的知识产权管理组织与完善的知识产权制度建设。知识产权管理是现代企业管理制度的一项重要内容,是企业推进创新型体系建设、促进技术成果转化、占领市场制高点的重要保障。企业知识产权管理是企业对知识产权开发、保护、运营的综合管理。[20]强化企业知识产权管理,能够提高企业知识产权保护水平,提升企业市场竞争力。

知识产权管理组织

知识产权管理组织结构模式

企业知识产权管理体系建设是企业知识产权制度建设的重点,知识产权管理部门的建立是企业知识产权管理体系建设的关键。因此,明确知识产权管理部门的职能,是企业知识产权管理部门开展知识产权工作的前提条件和重要保障。企业应该根据自身知识产权管理的方针和实际需要,选择最适于发挥出为自身所需的知识产权管理作用的组织形式。

现有的知识产权管理组织结构模式主要有以下三种。[21]

第一,直线型知识产权管理组织结构模式。此种模式通常表现为集中管理模式,采用这种管理模式的企业,全公司的知识产权管理部门按照统一的知识产权政策运作。在知识产权的转移、授权的管理方式上,知识产权与授权后的所有事宜全部由总公司知识产权管理部门统筹负责。具体表现为:设立由集团公司总部高层直接控制和管理的知识产权总部;下属公司设立适当规模的知识产权管理机构;企业集团总部和下属公司之间有明确的知识产权权利归属协议。

第二,职能型知识产权管理组织结构模式。职能型知识产权管理组织结构可以使知识产权管理工作根据不同知识产权类别的不同特点,做到合理管理。具体表现为:职能制强调分工部门化和专业化;重视企业按专项分工的横向管理。

第三,矩阵型知识产权管理组织结构模式。矩阵型知识产权管理组织结构是把一个以项目或产品为中心任务的横向直线型组织与传统的以职能为中心的直线型组织实行交汇,打破"一个人只能有一个上级"的传统组织原则。具体表现为:每个创新项目小组可接受多个职能部门的领导,加强了知识产权各部门的配合和信息交流;设立一个统一的、综合性的知识产权管理机构,负责企业自身知识产权规章制度的制定等相对宏观的知识产权管理工作。

知识产权管理组织结构的选择

通过比较可以发现,上述三种管理模式各有特点。首先,直线型知识产权管理组织结构模式主要适合实力雄厚的大型企业集团广泛采用,有利于集中整合企业自身的知识产权资源,形成企业的核心竞争力。其缺点在于,不易直接从研究与开发部门获得相关信息。其次,职能型知识产权管理组织结构模式主要分为直属于研究开发部门或直属于法律部门,前者有利于研究开发过程中的信息交换,后者则有利于知识产权相关纠纷的解决。但此种模式整体上因过于重视横向管理而忽略了对知识产权从创造到运用过程中的纵向管理。随着企业规模扩大、分工日趋精细化,各种类型知识产权之间交叉增强,这一模式不利于整合企业知识产权资产,对各部门的协调分工也提出了很高的要求。最后,矩阵型知识产权管理组织结构模式相对更为灵活高效。由创新项目小组来负责具体的知识产权管理,既可以及时获得相关信息促进研发生产,又可以增强对于知识产权的纵向管理。通过合理配置项目小组成员的专业背景,包括研究开发人员、市场分析人员、生产人员和销售人员以及知识产权专业人员等,能够增强知识产权管理的协调配合。

对于企业知识产权管理模式的选择要结合企业自身的特点,上述模式并无绝对的优劣之分。无论选择哪一种模式,都应当注重设置独立的知识产权管理部门。原因在于企业知识产权的管理工作涉及知识产权的设计、投资、产生、使用、转让、形成收益等诸多环节,这对企业知识产权管理能力提出了较高要求。因此,管理工作的强度要求必须建立一个独立的知识产权管理机构,配备专门的管理人员进行全面管理。企业知识产权管理部门的主要职责是:对所有知识产权的开发、引进、投资和应用进行控制;围绕知识产权对生产组织的客观要求来协调内部有关职能部门之间的关系;维护知识产权的安全与完整;考核知识产权管理的投入产出情况与经济效益。医疗企业也应在知识产权管理工作中成立专门的管理机构,及时保障知识产权管理工作的开展。

知识产权制度建设

在企业知识产权的组织管理中,管理制度和组织制度是知识产权战略性管理体系有效运行的基础。[22]管理制度主要包括知识产权保护制度、知识产权成果转化制度,以及知识产权发明激励制度和违规操作惩罚制度等,它是企业管理人员进行知识产权管理的依据。[23]在正确认识知识产权对企业管理的重要性的基础上，医疗企业除了需要制定知识产权发展目标，还需要进行知识产权制度建设，以增强知识产权管理的有效性。[24]

知识产权管理制度建设

建设知识产权管理制度首先要强化企业知识产权管理意识。在此基础上，完善知识产权管理制度保障，知识产权管理制度应当体现于知识产权创造、运用、管理、保护的方方面面。建立内部知识产权管理制度是提高企业运用知识产权制度的能力和水平的关键。

当前，我国医疗企业在技术创新方面主要存在企业整体规模偏小、企业研发投入总体不足、知识产权数量较少、研发人才队伍建设不足的问题。[24]同时，医疗企业自身存在研发周期长、投入高、成功率低的特点。因此，医疗企业更要加强自身知识产权管理制度建设。知识产权管理制度建设应当遵循以下原则：①符合知识产权法律法规规定、企业知识产权管理规律，适应企业发展战略需要；②立足于企业自身特点和知识产权问题的现状制定；③力求全面、系统；④随着国家知识产权立法、政策以及技术和市场形势的变化而及时做出修改与完善，以保障制度的适应性。[20]

商业秘密管理制度

对于医疗企业，由于其产品本身具有的特殊性，商业秘密管理在医疗企业知识产权管理中发挥重要作用。例如，在制药企业进行技术合作或技术购买时，Know-How（技术诀窍）是非常重要的组成部分。技术诀窍一般不适合形成专利，因为其本身可能只是工艺人员经验的总结，创造性不高，但又需要很多的时间和精力去探索、总结。同时，这些技术诀窍一旦申请专利公开，不但利于竞争对手快速追赶，而且侵权的取证非常困难。因此，药企的技术诀窍通常都采用商业秘密保护的方式进行管理。

企业的商业秘密，通常以一定的物质载体形式体现出来。这些物质载体又由企业技术管理、经营管理等部门管理。因此，商业秘密内部管理制度主要包括四个方面：第一，秘密分级管理制度，包括知识产权分类保护、秘密分级、密码等级；第二，涉密人员管理，包括部门人员分工职责、保密协议、竞业限制协议、教育培训；第三，涉密载体、项目管理，包括物理隔离、保密标识、模块化管理；第四，涉密事项管理，包括涉密会议管理与宣传报道保密管理。

专利管理制度

随着生物技术的进步，目前生物制药领域也出现了新的商业秘密管理方式，即使用专利保护技术秘密，使得专利和技术秘密的侵权识别能力大幅度提高。因此，医疗企业也需重视专利管理制度。此外，专利申请量和授权量是反映医疗技术创新能力、创新产出质量的重要指标。现阶段的医疗器械产品研发及其产权管理方面的工作存在的不足主要体现在三个方面，即对专利保护意识的认知不足、专利申请流程理解不够透彻，以及专利申请之后没能突出专利的价值。

在知识产权领域，专利行为是企业技术创新活动的重要表现形式。专利行为主要包括专利申请行为、专利许可行为、专利实施行为、专利管理行为和专利诉讼行为等，可直接反映企业的专利态度和专利能力，进而反映企业的技术创新活动的绩效。以专利资源为核心完善知识管理，围绕专利行为制定相应的专利管理制度，构建专利信息管理机构，有助于增强企业的竞争优势，最终提高企业的核心竞争力。[25]

其他知识产权管理制度

企业商标信息是企业知识产权信息的重要组成部分，对于加强企业商标管理和保护，凝聚商誉，提升企业形象具有重要意义。企业商标信息管理不限于商标本身，也包括与商标权及商标权人的相关信息，如商标注册申请人、商标注册涉及的商品或服务类别、商标权经营信息等。在医疗领域，也会涉及产品商标注册等问题，因此医疗企业应当重视建设商标管理制度。尽管著作权登记不是我国法律规定的享有作品著作权的前提和条件，但其可以起到在发生著作权纠纷时及时提出初步权属证明的作用。对涉及计算机软件、人工智能等领域的医疗企业，著作权登记的作用更加凸显。

知识产权诉讼风险应对

什么是知识产权诉讼

知识产权诉讼是指以知识产权权属、侵权、合同纠纷等为争议焦点的一种诉讼类型的总称。对于医疗企业而言，技术的创新与发展往往是维护商业运转的动力及创造经营收益的源泉。高新技术作为高净值资产毫无疑问将成为各个具有竞争关系的企业所极力争夺的目标，而知识产权诉讼则成了这种内在商业斗争的外在化体现。常见于医疗企业之间的知识产权诉讼往往集中于专利与商业秘密领域，二者可能相互交叉，并且同时包括其他诸如行政、刑事等诸多程序。如何能够在这些纷繁复杂的诉讼与各类程序中进退得当，甚至利用这些方法为自己争取利益最大化是科技企业需要长期投入研究的课题。

专利诉讼的常见类型与应对思路

专利领域常见的诉讼类型主要为专利侵权纠纷，即一方产品的技术特征全部落入另一方专利所保护的范围内。就专利侵权纠纷而言，为了有效防范风险，企业可以从以下角度重点应对。

在研发全流程中进行FTO分析

FTO英文全称为Freedom to Operate，中文含义是“自由实施”，指的是技术实施人在不侵犯他人专利权的情况下对该技术自由地进行使用和开发。FTO对于规避创新药研发风险至关重要，如果在创新药研发立项阶段就进行充分的专利信息检索分析，不仅可以避免重复授权和专利侵权，而且可以有效预先评估企业创新成果的知识产权布局空间。

以医药化合物专利为例，如果企业在立项阶段要进行FTO分析，首先需要明确立项研究中所选定的具体化合物，然后确定相关药物拟上市地区，针对选定的化合物在该区域范围内进行全面的专利检索，继而筛选出最相关的专利，将其中的相关权利要求与选定化合物进行比对，最后确定选定化合物是否落在检索到的专利权利要求范围内。在比对过程中，侵权判断的原则要兼顾全面覆盖原则与等同原则。

对风险项目采取审慎的专利策略

如果经过前期的FTO分析评估后,发现企业的项目技术纳入了有效专利的保护范围,则需要对该风险专利的剩余保护期、专利稳定性、侵权风险、规避开发的难易程度等因素进行综合评估。有时,项目中遇到的专利障碍也可以通过规避开发的手段予以克服。例如,针对晶型专利,可以通过开发新的晶型专利规避原研的专利壁垒;针对制剂专利,可以通过改变剂型、给药途径等方式规避。但如果该风险专利剩余保护期较长,同时稳定性较高,侵权风险较大,规避开发难度较大,则应当考虑及时放弃该项目研究方案,转而选择其他有价值的开发项目。

如果项目技术落入的是专利申请请求保护的范围,则可以进一步对风险专利的授权前景、获得授权的专利保护范围是否会覆盖候选化合物进行评估。同时,企业可以选择向国家知识产权局提起公众意见的方式来阻止风险专利获得授权。

如果候选技术虽然存在侵权风险,但具有良好的开发前景,可以考虑与专利权人协商取得专利权转让或许可。尤其是我国创新药企当前更多地处在"Me-Too"类药物开发阶段,针对完全新机制、新靶点的药物开发并不常见,与风险专利的权利人建立良好的沟通合作关系以取得许可,或是通过转让海外的联合开发权以换取国内的自由实施,都是当下切实可行的做法。[26]

需要注意的是,很多医药企业或医疗器械企业不但会在产品立项时及研发过程中进行FTO分析,在产品注册报批前,往往也会委托第三方机构再一次进行FTO分析。委托第三方机构进行FTO分析不仅可以进一步排除潜在的侵权风险,同时也可以在侵权诉讼发生时,将相应的FTO分析报告作为证据向法院提交,以证明企业不具有侵权故意,从而避免惩罚性赔偿的适用,降低企业遭受高额索赔的风险。

商业秘密相关诉讼与应对思路

商业秘密纠纷的特征

在实践中将相关技术申请为专利，并基于专利制度为该技术成果提供保护是企业的常规选择，但将技术专利化后所面临的一大问题便是该技术不得不向公众公开，且保护时长有限，一段时间后还是会进入公共领域。考虑到部分技术的模仿成本较低，专利化后维权成本过高，且具有长期保护的价值，企业往往不考虑将其申请专利，而是将其作为商业秘密进行长期保护。商业秘密是指不为公众所知悉，具有商业价值并经权利人采取相应保密措施的技术信息、经营信息等商业信息。商业秘密不对外公开，且保护时长完全取决于企业的自身意愿及保护措施是否得当。同专利侵权相同，侵犯他人的商业秘密同样需要承担侵权赔偿责任，恶意实施侵犯商业秘密行为，情节严重的，还可能承担惩罚性赔偿责任。但商业秘密案件对原告的要求往往较高。具体而言，对于专利侵权案件，其侵权认定通常只需比对被诉侵权产品的技术特征是否落入专利的保护范围内，即基本只涉及对技术特征和专利保护范围的理解。但在商业秘密的侵权认定中，尤其是涉及技术秘密的案件，除要进行商业秘密的比对外，还要证明原告所请求保护的对象是否构成商业秘密，即其是否满足商业秘密“秘密性、保密性、价值性”的构成要件。在此基础上，还需初步证明被告是否存在接触原告商业秘密的可能。从实践角度来看，商业秘密类案件原告的胜诉率通常不高，损害赔偿的诉讼请求难以获得法院全面支持，且原告的举证负担比较重，尽管2017年《反不正当竞争法》第32条降低了权利人的举证责任，但在司法实践中，权利人诉讼仍存在一定难度。

商业秘密诉讼应对策略

正如上文所述，因为商业秘密类案件对于商业秘密法定要件的举证难度和事实的复杂性，对于原告而言存在较重的举证负担，所以为预防因为举证不力而导致的败诉，企业在日常经营管理过程中就应当十分注意固定证据，为今后可能产生的纠纷做好充足的准备。举例而言，在技术研发阶段，研发人员需要为自己的详细研发流程留下痕迹，以此为将来可能的商业秘密权属认定做好准备。在与员工确定劳动关系的阶段，企业人力资源部门需要将每一个职业类别所可能接触到的商业秘密以及各自的保护范围进行较为详细的划定，并留下文字记录，为将来在商业秘密纠纷中出现的接触可能性认定做好提高应对工作。对于技术秘密自身而言，企业需要采取具体的、与商业秘密相适应且可见的保护措施。

医疗企业专利诉讼的特殊问题

相比于其他技术领域，医疗技术领域具有较大的特殊性，这一特殊性不但体现在技术层面，同时体现在法律层面。就诉讼角度而言，《专利法》针对医药和医疗器械的知识产权问题确立了许多特殊条款，同时《专利审查指南》还针对医药化学的审查设定了特殊章节。现就特定问题说明如下。

Bolar例外

"Bolar例外"(Bolar Exception)，是一项专门适用于医药和医疗器械相关领域的专利侵权豁免制度。该原则最早确立于美国的Roche v. Bolar案。[27]在该案中，Bolar公司为了尽早推出罗氏公司药物盐酸氟西泮的仿制产品，在该产品专利到期之前就开始了针对专利药品的仿制药研发和试验。随后，罗氏公司对Bolar公司的研发试验行为提起了侵权指控，最终上诉法院判定Bolar公司侵权。该案判决结果在医药行业引起巨大反响，在仿制药厂商的游说下，1984年9月24日，美国国会通过了《药品价格竞争与专利期补偿法案》，即Hatch-Waxman法案。该法案规定："如果单纯是为了完成和递交联邦法律所要求的制造、使用和销售药品、兽用药与生物制品所需的合理相关信息而进行的相关行为，不构成侵权。"该法的实施有力促进了美国仿制药产业的发展，随后，类似的制度也被日本、加拿大等国家引入。

中国在2008年《专利法》修改时正式引入了Bolar例外制度。该法第69条第5项规定："有下列情形之一的，不视为侵犯专利权：(五)为提供行政审批所需要的信息,制造、使用、进口专利药品或者专利医疗器械的,以及专门为其制造、进口专利药品或者专利医疗器械的。"在该制度确立后,仿制药企就可以利用Bolar例外条款,以及近些年建立的药品专利链接制度,在药品专利保护期限届满前2年内,提前申请药品注册,在药品专利到期之时,立刻抢占药品销售的先机。

药品专利链接制度

专利链接制度是指将批准仿制药上市的环节与新药专利期进行链接,强调在仿制药注册申报阶段即关注已上市的原研药品专利状况,并建立专利侵权评估与早期解决纠纷的机制。药品专利链接制度有两层含义:一是仿制药的上市申请审批与相应的药品专利有效性审查的程序链接;二是药品监督管理部门与专利行政管理部门的职能链接。

2017年5月12日,中国国家食品药品监督管理总局(CFDA)发布了《关于鼓励药品医疗器械创新保护创新者权益的相关政策(征求意见稿)》,首次提出建立药品专利链接制度。2020年《专利法》的第4次修改中,该法第76条首次在法律上设置了药品专利链接制度,确定了中国的药品专利纠纷早期解决机制实行"双轨制",即当事人既可通过司法程序,也可通过行政程序解决纠纷。与其他只能通过司法程序解决药品专利纠纷的法域相比,这是中国药品专利纠纷早期解决机制的一大特色。在《专利法》修改之后,国家药品监督管理局、国家知识产权局、最高人民法院陆续分别出台了《药品专利纠纷早期解决机制实施办法(试行)》、《药品专利纠纷早期解决机制行政裁决办法》和《关于审理申请注册的药品相关的专利权纠纷民事案件适用法律若干问题的规定》三部规定。至此,我国的药品专利链接制度体系已基本确立。

对于初创的原研药企而言,药品专利链接制度无疑是一个挑战。为了遏制仿制药上市而更好地保护企业利益,原研药企应当首先做好高价值专利布局,构建严密高效的专利保护网络,形成有力而稳定的专利组合。同时,企业需要对上市药品专利信息登记平台保持密切关注,如果可以确定仿制药侵权,应及时按照药品专利纠纷早期争议解决机制，提起诉讼及行政裁决申请，阻碍仿制药上市。

2022年4月15日，北京知产法院公开宣判了全国首例药品专利链接诉讼案件。[28]在该本案中，原告为第200580009877.6号，名称为“ED-71制剂”（下文简称“涉案专利”）的专利权人，也是相关上市专利药品“艾地骨化醇软胶囊”的上市许可持有人。原告已登记上述药品和涉案专利。被告温州某公司向国家药监部门申请注册了名称为“艾地骨化醇软胶囊”的仿制药上市许可申请，并就上述仿制药做出第4.2类声明，即其仿制药未落入相关专利权保护范围。因此，原告依据新《专利法》第76条规定向北京知产法院提起诉讼，请求确认被告申请注册的仿制药“艾地骨化醇软胶囊”纳入涉案专利的保护范围。北京知产法院经审理认为涉案仿制药使用的技术方案与涉案专利权利要求的技术方案既不相同也不等同，该技术方案未落入涉案专利权利要求的保护范围，原告的主张不能成立。

第三部分
医疗科技创新的产品培育

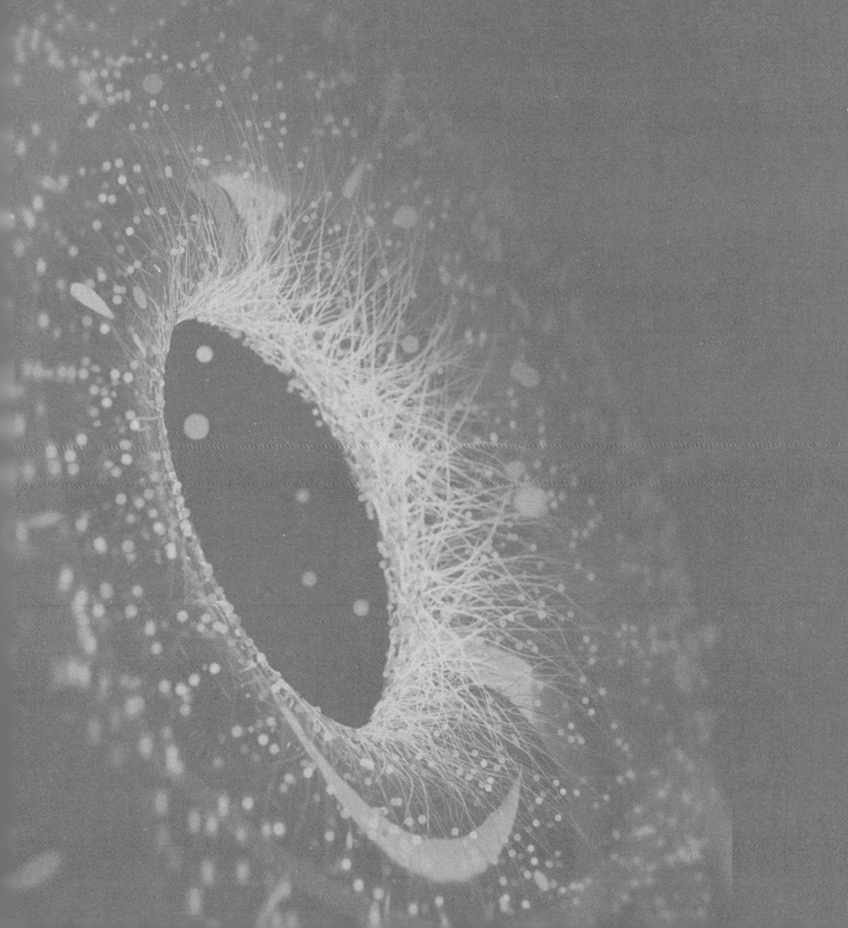

第六章
医疗科技产品的开发流程

第一节　设计开发的关键点

需求定义

产品研发的核心是定义“理想的用户体验”。初创公司一开始应该以解决问题或专注于以用户为中心的方案,而非专注于技术本身。虽然由于商业或技术的限制未必能够实现完美的体验,但通过定义,创业者可以了解哪些要素会影响用户体验,确保在制造工艺、技术、成本和法规限制范围内最大化地保证用户体验,并在整个开发过程中始终提醒自己什么对用户是最好的。其潜在好处在于,因为知道最好的产品可能是什么样子,创业者可以抓住技术迭代带来的新技术、新材料或新工艺的机会,快速在市场上创造下一个创新产品,占得先机。

初创公司应在早期规划投入主要精力定义产品的用户需求。为了了解用户需求,前期的市场研究非常重要,应对所有潜在竞争对手进行详细的研究,确保所研发的产品有市场需求。在市场研究阶段应该问自己一些关键问题:产品上市后是否会在市场上占有一定份额;产品能否满足未被满足的需求;用户区隔以及使用的场景、地域是什么;产品是否会改善诊断或治疗的完成方式;产品是否会提高生活质量;潜在竞品或技术或服务是否具有类似的功能;

产品是否优于竞品等。这些问题需要在最初的概念设计与项目启动期间就进行讨论,列出用户需求以及需求问题的答案并迭代以确定产品确切的市场需求。挖掘核心用户的需求并逐渐明晰主线,这条主线可能会演变为企业的战略主旨。

此阶段还需要完成商业的可行性评估(例如,终端用户的支付能力、成本与利润等),用于评估不同的国家和地区的需求与价格弹性,这会关系到市场空间。同时,最好在开始时考虑投资回报率的策略,因为这涉及公司的融资规划。在明确用户需求后,以终为始地规划早期与路径中的资源投入,尝试提前解决问题而不是在发展过程中徘徊。并且,在产品商业化评估的早期,就要考虑产品在不同层面、环节的竞争中的差异化优势。

专利分析

知识产权是医疗器械公司可以将其产品商业化的前提,当概念或发明一项技术时,首先要做的是知识产权。对于已有产品领域,最大的挑战是规避竞争对手的知识产权,所以第一项工作是专利搜索和审查。此外,即使产品的设计在重新迭代,初创公司也最好确保其知识产权受到保护。如果发生知识产权纠纷,公司可能面临法律费用、公关舆论、研发生产或销售受限等诸多问题。所以,为了确保新产品知识产权在其规划阶段就受到保护,可同时申请医疗器械专利和医疗产品商标保护。对于任何医疗器械,建议对每个替代设计或改进逆向工程的潜在可能进行知识产权保护。在知识产权保护的区域方面,初创公司应确定产品最后的生产、销售和分销区域和(或)国家,并基于投入和(或)收益平衡的角度,在相关的国家或区域申请知识产权保护。

研发过程的控制

医疗器械商业化始于想法与概念,终于其临床与商业价值的实现。从概念开始，初创公司就应该考虑该器械的可制造性，这是实现后续商业化的基础。在研发过程中，清晰地控制并明确需要做什么非常重要，如果更改，则需要对每项更改进行适当的说明。大多数医疗器械公司经历的最大挑战之一，就是从产品开发、设计验证到制造的转移。如果这个环节遇到困难，团队则会被迫重新设计迭代，这不仅会影响整体项目进度，甚至会影响公司的整体战略计划（如公司上市、融资进度等）。对于新研发的医疗器械，可能还会涉及监管要求、器械分类界定等问题。所以，团队需要在早期就对设计有效性、合规性、测试、生产放大、质量控制和监管框架等所有方面开始全局管理，提前规划路径、规范执行流程，而不是在需要时才注意到。这样做可避开很多陷阱，如监管或制造性相关陷阱、性能出色但商业价值或成本堪忧等。

在研发初期，为了加快研发的迭代速度，可以采用最小可行产品的方法。通常医生和（或）工程师提出创新想法时会埋头开发直到做出完美的设计，但这种下意识的习惯可能会影响整体项目的商业化推进。这时创业者需要记住产品的目标是什么，以及在正确时间点停止开发，并对产品进行压力测试，听取多方（如用户、制造商、监管机构等）反馈，这些可以帮创业者做出正确的判断。

合规性与质量体系

医疗器械研发生产等环节的每一步都有明确的文件和规定，在不同国家与区域的监管体系下，每类产品都有特定的监管框架，且各类别间没有统一的路径，团队可以综合顶层战略规划出最佳的监管合规策略。在早期规划时可以忽略监管要求之间的细微区别，聚焦在如何进行商业计划与投资回报，例如，以一个细分市场为跳板进入另一个监管的细分市场之类的策略。医疗器械的预期用途决定了器械的应用范围，并在定义用户需求、设计输入和其他研发过程中发挥作用，器械的分类界定最终决定了监管机构的审批路径。对于任何需要相关监管部门（如中国NMPA、美国FDA等）审批后才能上市的医疗器械,尽早与监管机构沟通很重要,有注册审批经验的合规专家与团队可以帮助缩短器械获批上市的时间周期,避免在注册环节的诸多细节上犯错及浪费宝贵的时间。在注册材料提交前,申请与监管部门会议沟通非常有价值,这是注册申报流程的一部分,有利于正确地做功课并理解监管的角度与观点。

除了合规,另一方面是产品上市的质量要求。医疗器械公司必须有一套质量管理体系(QMS)。它对于产品的成功上市至关重要,好的体系可以节省时间、资金和其他宝贵资源。国际上,ISO 13485现已被大多数国家或地区直接采用或等同采用为本国医疗器械行业的质量管理规范,美国市场则需要遵守医疗器械质量体系法规(21CFRPart820,2022年QSR820修改为QMSR)拟议规则。这两个准则之间有很大部分的重叠,FDA最近也做出调整,旨在协调和现行国际医疗器械质量管理体系标准ISO 13485:2016的一致性,从而减轻企业的合规和记录负担。QMS的一些基本要求必须从一开始就实施,包括文件控制和记录管理、设计控制、风险管理和供应商管理;在工程化和生产阶段执行剩下的质量体系部分,如纠正和预防措施(CAPA)、投诉解决、偏差请求和调查等,以保证医疗器械的安全性与质量合规。

第二节　创造概念与筛选最优概念

用户需求说明的重要性

用户需求即用户现状和预期状态之间的差距,而将用户对器械的需求和期望文件化,便形成了用户需求说明(URS)。URS从最终用户的角度描述了正在开发的产品应该做什么,但没有描述应该如何做——URS不会提出设计与解决方案。在整个过程中必须牢记URS关注的两个核心问题:“作为用户,我希望产品能够……”和“什么是正确的产品”。开发者将根据URS验证最终的产品设计。

URS的重要性不仅体现于它是一切研发链条的源头，还体现于其在监管方面存在的必要性。监管的逻辑在于，直接影响产品质量的“关键”系统还需要满足良好生产规范（GMP）法规的相关要求，而URS作为确认和验证的基础是必须存在的。按照目前行业普遍接受的验证策略，URS是一切的开端和基础，是供应商完成设计说明的重要输入条件，是用户进行设计审核或设计确认的参考依据，也是后续确认，尤其是性能确认的接受标准。

制定URS是整体开发计划的开始，理论上只要充分利用已有资源且认真负责就会得到一份比较令人满意的URS，因为URS最基本、最重要的信息来源是用户自身。但是在实践的过程中，由于URS的信息来源广泛，需要组织掌握不同信息的人员共同完成一项系统工程，这需要创业公司足够重视并投入大量精力和时间。在实操中，URS有两方面需要注意，①很多URS并没有关注“用户”的“需求”，有些篇幅较长的URS中只有很少一部分是关于用户需求的信息，甚至没有实质性的需求信息。URS被当作一份“文件”，甚至是一个“形式”，去履行法规上和流程上其必须存在的义务，而并没有作为定义项目范围、预期目标、使用要求、质量、时间等信息的载体。②编写URS是从使用者的角度提出对系统的要求及描述已知条件，而不是在制定对应的方案，更不是在进行系统的设计。

与URS相比，产品需求规范（PRS）从工程的角度描述了产品应该做什么。PRS通常被称为设计输入需求、系统需求文档或工程需求规范，是关于正在开发的产品的功能和性能要求的技术声明。PRS可以定义设备应该如何做到这一点，但不会详细说明器械设计如何体现。PRS描述了项目团队中的每个角色在整个项目中的目标是交付什么，最终的器械设计将由定义的负责项目团队成员根据PRS进行验证。PRS需要关注“产品需要实现什么功能/性能目标……”和“我们将如何正确地开发产品”。

用户需求说明的要素与场景解构

用户群体(目标市场)

目标患者

用户综合画像:产品预期应用的目标用户群体及其特征,如院内患者还是院外患者等。

适应证、疾病分级与状态:需要明确定义产品适用的疾病细分类别与应用时机,这关联到产品后续场景与需求开发。

患者机体指标:产品适用的患者目标年龄、身高、体重等机体指标,有时会涉及视力、听力、机体灵活性、呼吸功能等功能性指标要求。

目标医护和(或)操作者

目标医护群体(如果是院内使用):需要考虑到目标医护群体、目标科室、目标医院所在层级等综合群体需求,以及这些群体之间的水平差异。这些将影响产品上市后的销售拓展。

目标操作者(如果是非院内使用,如社区、家用):考虑各种用户群体安全有效地操作设备所需的培训和操作需求,如何降低操作者学习曲线、减少不同人之间操作的误差与错误,以及减少多次操作之间的错误等。

市场与价格

目标价格:患者、医生、医院采购决策者可接受的价格区间。对于新产品还需要了解整体诊疗打包(如果已进入DRG)费用,以便推算产品的价格空间。需要注意的是,产品带来的潜在机会成本(如有些器械可以降低住院时间、提高住院病床周转率等)也要计算在内,在价格换算时需要从医院整体的运营成本及获益综合考虑。

目标患者数量:需要注意到抽样访谈时的偏倚,可能对于患者数量估算产生影响。

目标使用者数量:对于需要医生作为终端使用者操作的器械,需要考虑到使用者数量以及潜在学习曲线,估算上市后的产品销售爬坡时间与数量。此方面与产品对于终端使用者的操作学习曲线方面的开发设计亦有关联。

医保或商业保险:产品是否进入医保或商业保险,对于未来支付意愿的影响。

带量采购:国内市场需要考虑产品品种在未来上市时能否进入带量采购,价格降低与销量扩大的影响需要在开发早期纳入生产成本与量产规模的考量之内。

用户需求

功能性需求

针对目标患者的技术要求、性能特点的相关要求:比如插管类器械的核心要求是水力学性能相关参数,以及基于性能要求展开的插管形状、尺寸与长度、材质(软硬度等)、壁厚、引流口、开孔面积、生物相容性要求等,其中还需要考虑插管的不同部位(目标解剖位置组件、突破组织学边界组件、突破组织学边界至目标解剖位置的过程中组件)。

针对目标医生操作过程中与功能直接相关的要求:比如进行插管类器械体内各组件之间的连接件的设计时,需要考虑操作便利性(缝合便利性、解除便利性等)和牢固性,穿刺时管壁与组织间的相对摩擦力如何降低而尽可能减少组织损伤,如管壁表面光滑度(材料学和涂层需要考虑)、管壁穿刺部位的形状平滑度(坡度如何平滑而减少穿刺时突破皮下各层组织时所带来的阻力,从而降低穿刺难度、降低医生学习曲线)。

针对产品构成方面的要求:比如为实现直接功能的必要产品组合,覆盖操作流所需所有组件完整性需求,覆盖不同科室、医生对象的操作流所需组件需求。

非功能性需求

同一使用者使用时,对于器械操作的有效性、安全性和易用性方面的要求:比如老年人使用的家用器械需要考虑老年人能用患关节炎的手有效操作,外科器械需要在部门动作操作时满足外科医生单手触发的接触力要求。

不同使用者交替使用时，对于器械操作的有效性、安全性和易用性方面的要求：比如保证统一操作不出现异质性操作的要求。

产品构成方面的要求

全操作流涉及的所有有形部件：在整体操作流中，能够保证流畅操作的各环节的组件设计。

体内组件：以植入类器械为例，在设计时需要考虑起点（穿刺部位）—过程（途经的解剖部位）—终点（目标部位）的综合解剖与组织学环境。所以，体内组件又可被细分为3种：①目标解剖位置组件，包括穿刺部位的突破器官和（或）组织学边界组件，可能会涉及不同的层次，如心脏胸壁穿刺相关的器械时，需要充分考虑到皮肤、胸壁和（或）肋间的情况；②突破组织学边界至目标解剖位置的过程中组件，在侵入性、介入性器械到达目标位置过程中，可能会途经很多器官、组织等解剖环境，在此过程中器械需要考虑同等性能问题（同上），如心脏穿刺相关的器械时，在外周血管（如腋动脉）穿刺后到达心腔前，需要经过血管内走行过程、腋下组织间隙中走行过程、胸壁间走行过程、胸腔内走行过程，对于器械本身而言可能会面对不同的体腔、间隙环境内的阻力、压力、温度、化学环境的变化；③体内各组件之间的连接件，需要考虑到不同操作手法在体内解剖环境下，对于器械组件行使功能及安全性的影响，如介入器械，在血管内执行前向、后退、扭转等操作时，对血管壁造成的可能性伤害，在血管拐角处如何保证向前推送且不伤害血管壁，瓣膜口处如何通过而不损伤瓣膜或窦部等。

体外组件：更多涉及操作环节的易用性、流畅性、不同人操作间的一致性，其在设计方面和后文将要提到的用户接触面和（或）交互有相似处，此处更强调“物理”性操作环节器械外观的设计。

服务性要求

培训要求：如何便于后期市场的推广与医生培训，在不同地区、医院级别、医生水平差异的群体之间能够降低学习曲线；除此之外，还有运输要求、售后服务、备件要求、验证要求，以及验收要求。

使用场景

对于器械和（或）设备的预期使用环境，通常开发者想到的是“物理”环境，例如家庭、医院、救护车、工厂和户外。在设计开发时，要充分考虑合适器械设备应用的环境因素，如温度、湿度等，以及会影响其性能的极端环境。值得注意的是，在“物理”环境之外，医疗操作场景所涉及的“人”的场景往往被忽略或弱化了。但这一环境亦尤为重要，所以我们还是应该从全面的角度来综合考虑器械设计。

“物理”环境：器械运行的外在环境要求，如气压、温度、湿度等，以及会影响其器械和（或）设备性能的极端环境，如有些能够在户外抢救时应用的自动体外除颤器设备，需要考虑防水、防撞等要求。

社会环境：更多体现在医院内、社区内、家用器械的区别，涉及应用环境的相关社会因素，如家用器械需要考虑到儿童、宠物等的家庭环境下对应用环节有效性和安全性的影响。

人相关的操作场景：操作场景是由“人”构成的，在不同的人操作下，器械面对的不同人之间的交互与变更，在器械设计时需要考虑不同背景操作者之间流通时引起的人为环境变化下的操作稳定性、安全性、有效性。如医院内重症相关器械可能会涉及不同的流程链条及不同的科室间转诊（手术室、外科、重症监护室之间流动），同一个科室内涉及不同角色的工作流（医生、护士先后操作）、设备相关操作和动作流等。

器械运行全流程涉及的目标患者解剖环境：这部分通常会体现在患者需求中，但在现实中，多数器械的研发主要集中在器械本身或器械所作用的目标位置的解剖上，忽略了器械与患者互动中所处的解剖环境，进而留下了器械在解剖环境下可能存在的设计缺漏风险。需要从解剖环境的维度，整体考虑可能会影响到器械有效性、安全性及最终效果实现的所有因素。

用户接触面和(或)交互

医疗器械使用过程中的错误可能会伤害到患者,很多错误的原因通常是用户界面设计不当,尤其是复杂用户系统。近年来,与用户界面的设计问题相关的医疗差错及医疗器械的不良事件越来越多。目前,医疗器械的功能已经变得越来越多样化,在繁忙的医疗环境中使用频率越来越高,这使得器械的用户接触面面临着更多的干扰及专业教育培训的需要。此外,随着人口老龄化与分级诊疗的趋势变化,患者护理逐渐发展并转移到私人住宅或社区,功能复杂的医疗器械需要技能水平较低甚至不熟练的用户(患者本人或看护人员)都能够安全使用。从监管层面看,人因工程或可用性工程正在发展成为全球大多数医疗器械开发所需的强制性设计输入,而不仅仅是局限于复杂用户界面的医疗器械。

人与器械之间的交互,通常又称为"人为因素工程"、"可用性工程和人体工程学"和"医疗器械中的人为因素"等,主要指通过与用户群体的能力相适应的硬件和软件设计来提高人类在使用器械时的表现。人因和(或)可用性工程所涉及的用户接触面,可能体现在器械或设备的显示器、控件和其他方面,通过优化使用过程、消除或限制与使用相关的风险,来提高用户与医疗器械在使用过程中的协同效果。

从器械使用逻辑的基本要素来看,人因和(或)可用性工程包含器械的已知物理特性、用户界面的操作逻辑、用户期望执行的主要任务,以及如何设置和维护设备(首次及每次使用)。由此拓展后,人因和(或)可用性工程应用于医疗器械的具体获益目标包括:①更易于使用的器械;②器械组件和附件(例如电源线、导线、管道、墨盒)之间的连接更安全;③更易于阅读的控制组件和显示内容;④让用户更好地了解器械的目前状态和操作;⑤更好地了解患者当前的临床情况;⑥更有效的报警信号;⑦更容易的器械维护和维修;⑧减少用户对用户手册的依赖；⑨减少对用户培训和再培训的需求；⑩降低使用发生错误的风险；⑪降低不良事件发生的风险；⑫降低产品召回的风险。

需要注意的是，医疗器械的人因和（或）可用性工程常常被开发者局限为操作者（即医护工作者）角度的交互，而忽略器械与患者之间的交互。除了上文提到部分器械需要患者自己操作（患者是操作者本身）外，很多器械的使用中，患者处于被动与器械发生物理层面或操作层面的交互。开发者需要同时从上述获益目标中考虑到被动交互中患者角度的可用性因素。

用户需求说明编写要点

外部需求访谈

观察用户：建议团队留出充分的时间访谈以发现真正的用户需求、定义理想的用户体验，这一点为整个产品开发奠定了方向。充分的用户洞察可以给予后续开发设计明确方向，在有些器械创新中重整架构可以减少操作步骤优化流程，而这类创新建立在用户操作的细致观察基础之上。

访谈与应用范围：采访所有利益相关者，未来的使用者、决策者、付费者，这些需求以及需求所对应的器械应该行使的功能应完整包含在URS中。

沟通与理解需求：理想状态下目标用户有丰富经验并清楚知道自己想要的器械是什么样子，但实际访谈中工程师与医护沟通时常常难以相互确切地理解对方。医生的表达常常是主观的、形象的、不明确的、无法实现的、局限或宏观的，难以对应到工程语言的抽象体系中。而且有时用户的需求和实现需求的方式界限并不分明，很难鉴别和把握；有时用户对不同的实现方式有自身的偏好，这也可能会误导工程师。所以在实际访谈时，适当展开需求相关的问题，并进行合理的引导、鉴别用户所表达的信息是必要的。这个过程需要长期与医生打交道的沟通经验，可以与上游市场团队协作这个环节。

内部编写团队

完成一份好的URS,除了确认用户对器械的需求是否合理,还要充分考虑GMP的符合性、确认和(或)验证及工艺的要求。所以,各部门要积极参与和配合,至少要包括以下成员并完成下列工作。

1）需求发起者(通常是医生、护士、患者等医疗场景中的未来使用者):提出项目背景和目标、操作和运行的要求。

2）工程人员:提出对产品交付、开发、维护保养等要求。

3）工艺人员:描述产品和工艺并提出对系统性能的要求。

4）品质保证(QA)人员:提出GMP合规性相关要求和对文件、验证以及培训方面的要求。

5）环境、职业健康管理(EHS)人员:提出对器械安全、环境和人员健康方面的要求。

6）供应商:评估要求的可行性,并根据现有技术水平提供合理化建议。

7）采购决策者:权衡技术先进性与系统成本。

URS所涉内容

URS必须涵盖技术和商业需求,前者描述系统所需要达到的目标、性能、功能、安装、法规、文件等相关要求,后者描述系统实施、交付、售后等相关要求。

编写URS内容时需要注意:①URS必须阐明用户真实需求和最终目的要求;②URS需要符合相关的GMP法规、规范和标准的具体要求;③参考文献应具体到某文献的章节;④URS需要相关技术人员、相关部门、QA部门参与审核;⑤URS需要明确、清楚地写明器械需要有哪些特性与功能、要完成哪些用途、需要有哪些标准和要求;⑥各项性能参数要准确,但避免过于穷举细节;⑦各项要求要完整;⑧提出的需求应该切合实际;⑨URS文件的起草、审核、批准、生效需依据公司相关文件的规定执行。URS生效后,若在采购过程中或者在设计过程中发生新的需求,可以及时更新。

第三节　开发的过程控制与合规

体系思维逻辑

产品生命周期

相比于其他行业，医疗器械开发的特殊性在于其不仅需要考虑产品的创新、成本和市场竞争等常规商业问题，还要对患者的安全负责任，严格遵守相应法规要求。所以，医疗器械从概念创新到监管机构批准，有其特有的商业化生命周期。监管机构希望器械上市前能够基于企业需要遵循的法规体系，确保其安全性，而这也是医疗器械企业生存的底线。当前法规的目标是确保体系的有效性，以持续生产安全有效的医疗器械产品，所以法规监管不希望企业频繁修改技术及工艺文件。

实施质量管理体系的终极目的是预防为主、降低风险，而不只是获得一张认证证书。初创企业应深知质量管理体系是一项系统性工作，要有系统性思维统筹，文件及记录仅是整个系统的一部分，它还包括管理控制、设计控制、生产制造子系统，需要与公司的培训、绩效、营销系统等相结合。所以，在某种意义上，我们可以说质量管理体系是企业多年运行的标准化沉淀的产物。

器械生命周期开始于产品概念，医生与工程师设计原型样机，然后经过检验测试以优化设计，测试器械的生物相容性、毒理、强度等。医疗器械的预期用途及其操作模式将指导器械的设计，并决定了其审批路径。研发和监管周期在整个产品生命周期中相互交织（图6.1）。就像研发生命周期的各部分相互关联一样，研发和监管要求也相互交织、相互决定和相互影响。企业在产品上市前可以与监管机构建立联系，提前沟通，全盘考虑生命周期的各个部分。同时，根据商业计划综合考量不同上市区域的不同监管要求，如国际上大部分国家都遵循ISO 13485标准，而FDA遵循21CFR820.30体系。另外，FDA将GMP要求纳入质量体系法规，并用于医疗器械设计控制，为法规依从性、内部设计与开发过程提供了灵活性。

对于企业来说，重要的是理解法规的内在逻辑与哲学，而不是机械地阅读法规。在风险分析和规划方面应注意以下三点：①应在设计和开发过程的早期和整个过程中使用；②经常生成新信息以反馈到设计和开发过程；③再多的计划都无法消除风险，但可以减少风险。

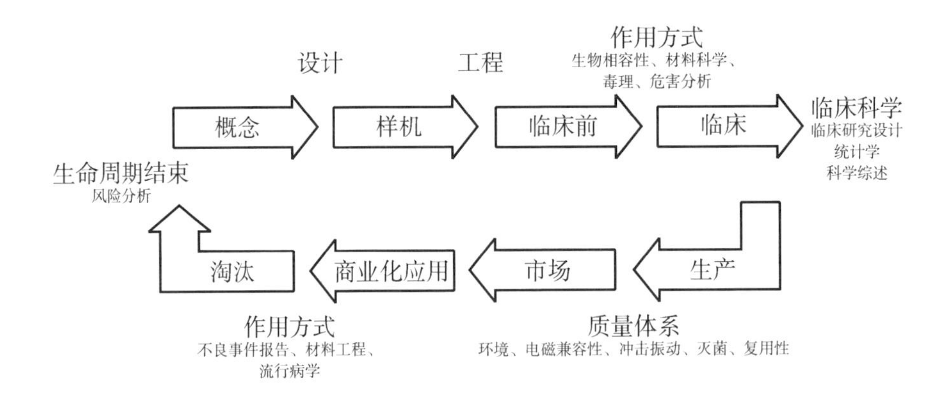

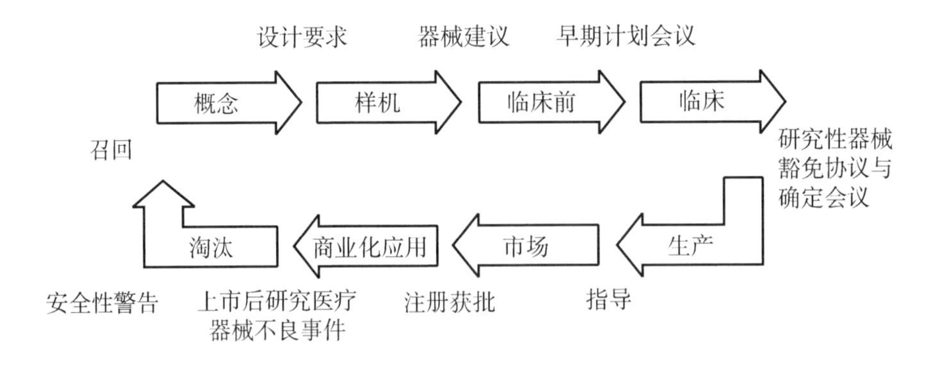

图6.1　医疗器械的生命周期：研发和监管周期

设计控制流程

研发过程是一个不断迭代加强、不断分析失败产品的持续过程，根据设计阶段的变化、生产后的反馈来影响和改善产品的生产过程。因此，设计控制一定是一种整体方法，其典型的流程是瀑布式的（图6.2）。设计全部完成后，才可进入转产阶段。

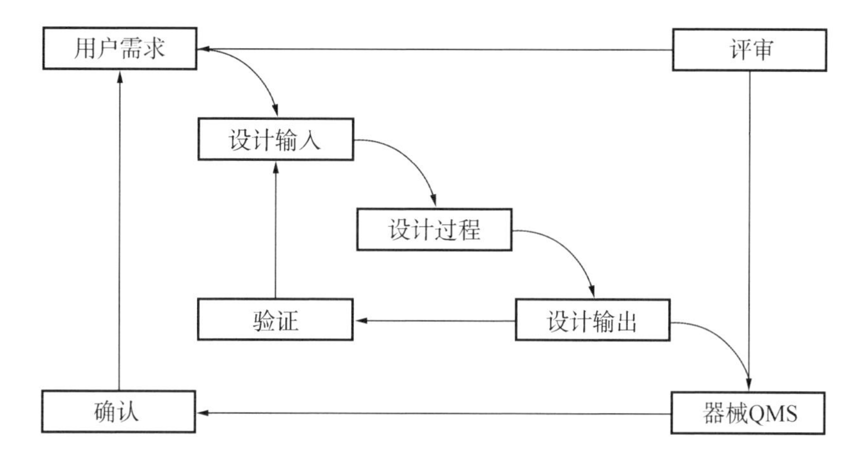

图6.2　医疗器械设计控制流程

一个完整的设计控制流程主要包括以下5个部分。

1）用户需求：器械的设计需要满足用户需求，而用户需求根据市场需求定义。经过一系列迭代，器械设计最终确定定型并转移至生产制造。在此过程中，每个步骤中都需要反馈和优化。

2）设计输入：设计输入是一个迭代过程，包括器械设计和生产过程。解决用户需求时需要审查和测试设计输入的可行性，这是将需求转化为器械设计迭代过程的开始。

3）设计过程：在这个过程中，将设计输入的要求转换为更高方面的体系要求的设计输出。

4）设计输出：验证过程确认规格是否满足要求（图6.3），并且输出为修改需求的新的输入，这个过程会一直持续到设计输出与设计输入保持一致。

5）医疗器械：一旦最终设计准备就绪，就会被转移到生产设施进行大规模生产制造。根据设计控制法规要求,设计历史文件(DHF)说明了所有设计控制之间的联系和关系,有助于跟踪整个产品开发过程中的所有变化。医疗器械公司可以采用纸质方式,或专为设计控制而开发的软件进行管理,其中设计历史文件必须是可追溯的且所有内部专员可访问的。

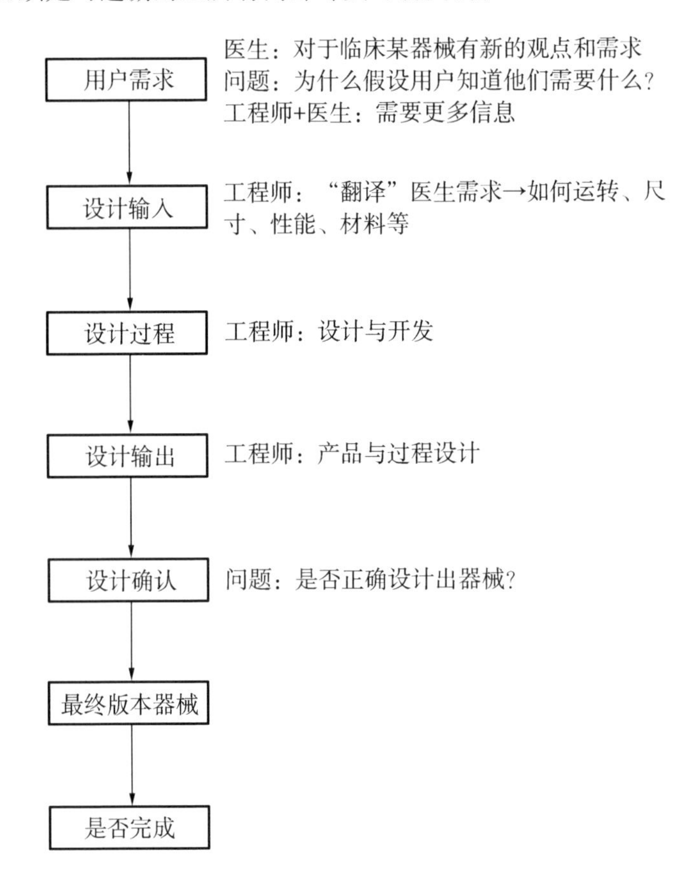

图6.3 设计循环中的单次流程,以验证产品是否满足最初的用户需求

体系标准

ISO 13485体系标准采用了基于过程方法、强调有效性和反馈性的相关理念,即计划(Plan)、执行(Do)、检查(Check)、行动(Act)的流程模型(又称PDCA管理循环),并增加了医疗器械的特殊要求。后续标准的迭代,强化了风险管

理，融入医疗器械行业的最佳实践，更好地帮助医疗器械制造商及医疗器械整个生命周期的相关组织，提升企业设计能力、生产能力及质量控制能力，并满足法规监管的相关要求。

在过程方法中，以输入和输出的视角来解析标准，而非只专注于标准的每一个条款。对于PDCA管理循环方法来说，质量体系、管理责任、资源管理、产品实现、测量分析及改进的每一个关键领域都必须从输入的要求和需求，输出的结果是否满足输入的要求，以及过程是否增值这3个方面来进行考量。只有经过仔细研究，对流程模型有了一定了解，才能建立更好的质量管理体系，以便帮助企业更好地进行新产品上市前的注册及上市后的售后监督工作。

重视输入

产品全生命周期监管始于设计开发输入，输入为设计开发过程提供了基础和依据，决定了产品结构组成、生产工艺、性能评价体系等内容的输出，是开展产品安全性和有效性评价的基础。输入是医疗器械产品实现的重要环节，其缺失会影响研发进度且引入系统性风险的隐患，故设计开发输入是医疗器械监管的重要关注点。现有的标准融入了输入环节的最佳时间，可以帮助企业识别客户需求，设计出更符合客户需求、安全和有效的产品。比如，标准要求设计的输入要包括使用者的需求（可用性），通过可用性工程过程来识别患者使用过程中的风险，避免可预见的差错，提高使用的安全和效率，提高使用者的满意程度。此外，从医疗器械行业发展角度来说，设计和开发输入的质量提升对增加产品技术原理、科技成果转化规律的认识至关重要。

体系与精益管理

质量管理体系中设计开发过程系统性强，一个过程的输出直接形成下一个过程的输入，设计和开发输入的变更将可能对整个产品输出、验证、确认和设计转换环节产生影响，甚至需要重新开展相关工作。对于输入不充分造成的频繁变更带来的风险，美国《医疗器械生产商设计控制指南》曾指出，纠正一个问题的设计变更可能会产生其他新的问题，因此设计和开发过程中要重视变更的整体影响。国内监管亦加强了产品性能评价工作中技术审评与注册质量管理体系核查的结合，设计和开发程序文件、计划书、决定书、评审报告等内容是审评人员在现场审评过程中的主要关注点之一，通过对输入及其变更的关注，现场审评将进一步识别和控制输入不充分造成的设计和开发变更所遗留的风险。标准实施与内容完善不断优化质量管理体系，推动质量管理水平和产品质量的提升。

性能评价

在医疗器械性能评价环节，研究数据和产品性能评价的关联性对评价报告结论具有关键性影响。在医疗器械产品性能评价方面，以产品性能研究和临床评价为例，收集的比对产品的临床数据应该与开展性能研究时比对产品的数据相一致，设计和开发全过程应有明确的产品功能、性能、可用性和安全性要求，并有清晰的参考产品信息。如果已有数据和性能研究数据能够充分有机结合则事半功倍，否则就会事倍功半。如果前期的设计和开发输入不充分，就会造成产品性能评价工作与研发过程相互脱节。以下3种情况需重视。

1）因输入不充分，设计和开发中不断进行变更，造成变更控制失控，遗留风险隐患。

2）输入资料不充分，未给设计和开发工作提供充分的支持，设计和开发系统性差导致性能研究数据、产品性能评价关联性差，性能评价结论支持依据不充分。

3）对产品性能要求和评价支持依据有重大缺失，设计和开发阶段忽视了对相关性能的研究和评价，在提交技术审评对产品性能评价资料的要求时，脱离设计和开发过程来编制产品性能评价报告。

可追溯与控制

设计过程中保持设计输入、输出、验证和确认之前的追溯性，以及设计的验证和确认明确的计划，则能更好地保证医疗器械的功能、性能、安全性和有效性能得到满足和证实。在器械的实际开发过程中会经历无数次V模型，即“URS—PRS—设计—验证—确认”闭环，通过V模型的循环证明设计输出符合设计输入要求（针对PRS），并且产品实现了其预期用途（针对URS）。在实操中，可开发一个可追溯性的矩阵来说明用户需求、设计输入和输出、设计验证和确认之间的联系。

在可追溯性的维护工具方面，器械开发早期可以用Excel或Word等传统方法维护可追溯性矩阵，但随着项目推进，这类方法可能会占用大量时间。为了提高效率并专注于设计验证和确认，可以考虑基于云的项目管理和文档共享平台（如Microsoft Teams、Asana、Trello等）。由于可追溯性显示了所有设计控制之间的关系和联系，设计控制可追溯性矩阵则对产品开发团队至关重要，尤其是项目经理。

可追溯性矩阵是一种宝贵的工具，可以从头至尾展示医疗器械产品开发的高级视图和流程。用户需求与设计输入、设计输出与设计输入、设计验证如何连接到设计输入和设计输出、设计验证如何与用户需求相关联的关系都可以在这个视图中清晰显示。成功器械的开发高度依赖设计控制的可追溯性，ISO 13485:2016对于可追溯性的要求涉及：产品实现规划（要求产品特定的验证、确认、监控、测量、检查和测试、处理、存储、分销和可追溯性活动、产品验收标准）及设计与开发规划（确保设计和开发输出到设计和开发输入的可追溯性的方法）。

风险管理

风险管理在医疗器械设计中同样重要，它不应该是一套简单粗暴的硬性规则，而应该是在理解风险管理的意图后以逻辑和系统的方式处理流程。由于医疗器械设计的复杂性，重视风险管理可以识别、控制和预防可能伤害用户的故障，有助于确保可用性、安全性和法规依从性。风险管理政策需要与设计控制关联，纳入医疗器械设计和开发的所有阶段。如果在医疗器械风险管理过程中，发现风险高于定义的标准，则需要去除或减少风险。风险级别取决于一些参数[包括但不限于器械和(或)技术]与缓解风险过程中的处理方式。医疗器械的风险管理依据国际合规标准ISO 14971:2019,风险分析和初步危害分析(PHA)被定为医疗器械的主要要求,为风险评估和管理提供初始框架;PHA涵盖风险分析和风险评估,包括危害、风险、任何危险情况的列表,有器械的构造材料、器械中使用的组件或原材料及人机或手动界面、使用环境、操作原理等相关因素。风险管理过程中涉及的所有步骤,从识别危害开始,然后根据危害的后果及其风险可能性来评估相关风险(图6.4)。

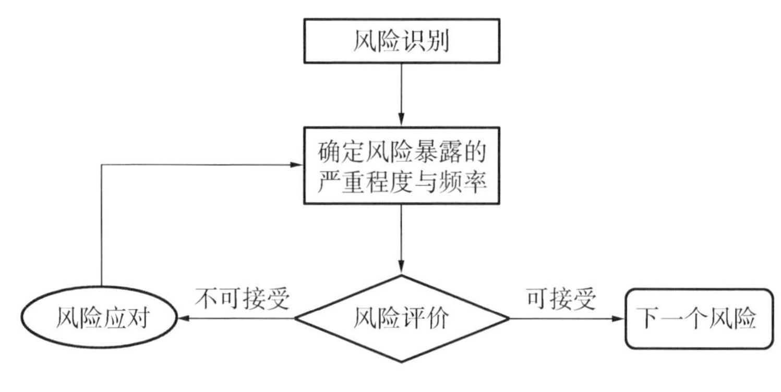

图6.4　医疗器械风险管理流程

输入

设计和开发输入是产品开发全程的起点,好的开始是成功的一半,而且其对最后的注册评价同样具有影响。设计和开发输入是产品性能评价体系构建基础,同时通过设计和开发输入数据为性能评价提供支持,可以减少不必要的试验,进而提升设计和开发的效率。按照《医疗器械注册管理办法》的要求,注册申报资料来源于质量管理体系控制下产品研制、生产制造等过程形成的体系文件,除产品自身检测数据外,其余证明产品安全性和有效性的证据大多直接或间接来源于设计和开发的输入。

设计和开发输入的范围取决于器械的复杂性和风险情况,一般应包括功能、性能、安全性和监管方面的要求,要求的内容应以工程术语在设计输入要求中明确说明。应投入足够的时间和资源以保证输入的完整、全面，一般情况下，输入阶段花费时间占总项目时间的30%以上。设计和开发输入信息要尽可能详细和定量表述，对关键信息进行论证确认，以避免因对相关需求不正确假设产生的后果，并清楚完整地做好产品在材料、结构、性能、作用机制，以及适用的法规和标准等范围内的资料收集、分析工作。通常，在验证中会出现需变更设计输入的情况。设计输入要求的变更应受到控制，因为纠正一个问题的设计变更可能会产生一个必须解决的新问题，因此，在设计和开发的整个过程中均应充分评估出现的变更对产品实现的总体影响。

我国医疗器械质量体系法规明确要求：设计开发输入应当包括预期用途规定的功能、性能和安全要求；法规要求；风险管理控制措施和其他要求；对设计和开发输入应当进行评审并得到批准，保持相关记录。设计和开发输入为产品开发提供产品性能参数要求、临床需求、工艺路线、风险因素识别、性能评价支持数据，以及市场情况等方面的信息，直接决定输入、验证、确认和生产等产品实现过程活动的开展，并对产品全生命周期各过程活动起到主导作用。设计和开发输入的重要性在产品研发和监管工作中日益突出，行业对输入要求的理解和应用需求也在不断提高，因此法规应提升对输入要求的全面性和具体性，提高输入对设计和开发输出、产品性能评价的支持力度。输入内容经过评审后，应具有认知准确性与执行层面上的可操作性。

全面且重视信息分析

输入工作不仅是汇总信息，还要评估、分析收集的信息，形成系统的技术文件。不准确或误导性信息如不甄别过滤形成输入信息，后续设计和开发过程输出、验证等阶段将不得不反复进行输入信息的更改。通常法规中应明确对输入信息的分析和甄别要求，降低频繁设计和开发输入更改可能引入的风险隐患。同样，对输入过程可能出现的不完整的性能要求、临床需求等信息进行识别和标注，以保证输入的全面性，避免信息和要求的疏漏。

可操作性

在法规中，有关设计和开发输入的要求包括：预期用途规定的功能、性能和安全要求；法规和标准要求；风险管理控制措施；其他要求。其中，其他要求未明确指出要求范围，比如，来源于以前类似产品设计的信息、参考产品的工艺和临床数据、材料的应用历史等，都属于其他要求。设计和开发输入为后续设计输出和设计确认构筑基础，输入应能够将包括功能、性能和界面等方面的产品信息详细阐述，扩展并转化为一套详细记录工程水平的完整设计和开发输入要求集合，并对各项要求尽可能具体量化，减少输出和验证等阶段随意调整或改动的空间，以避免设计和开发过程各阶段的不一致。明确需要全面参与或支持的人员或组织要求，如生产人员、关键供应商等加强对术语的理解和沟通，输入中明确术语的说明，保证各阶段技术人员对术语具有等同的认识和理解。强调对输入阶段时间、资源的保证，充分的输入可提高后续输出、验证等阶段的效率和质量，减少输入更改对产品实现整体的影响。重视对设计和开发输入更改的重视，通过提升输入的质量和水平，减少输入更改，在对输入进行更改时，要做好更改控制，注意对产品设计和开发过程的整体性影响。

支持性能评价

设计和开发输入要求应满足质量管理体系对过程规范性、完整性、可追溯性等方面的要求，同时要重视对产品性能评价的支持。设计和开发过程是一个类似设定假设、收集数据论证假设、判定假设的过程，在设计和开发输入阶段，明确产品功能、性能、界面等方面的要求，形成特定产品性能可满足临床需求的假设。后续工作是收集开发产品数据来判定假设。因此，在设定假设时要明确界定范围和要求，后续的设计和开发输出、验证、确认围绕统一的范围和要求开展相应工作，过程中应减少对假设相关要素调整和不同解读的空间，以避免可能引入的主观因素等，干扰对假设的判定。在产品性能评价中，输入需要关注两方面的要求：输入要明确要求，在设计和开发过程中保持要求的统一性，以避免过程中出现性能评价对比目标不一致、对比项目存在偏差等逻辑性错误；输入要充分收集已有数据，以减少重复性试验的开展，提高性能评价的质量和效率。

美国FDA医疗器械法规对设计和开发要求更为具体，它要求生产企业建立并保持从设计开发到服务全过程控制的质量管理体系，包括制造商应建立和维护程序，应确保对器械相关的设计要求适当，讨论包括使用者和患者需求的器械预期用途，要求输入时应建立机制以解决不完整、模糊和有冲突的要求，输入应形成文件并进行评审和批准等。FDA在发布的《医疗器械生产商设计控制指南》中对质量管理体系法规设计控制章节（FDA21CFR820.30）进行了说明，进一步明确了设计和开发计划、输入、输出、评审、验证、确认、转换及变更等要求，其中有关设计和开发输入的要求占据最大的篇幅。

强调设计和开发输入，为后续输出和确认等阶段构筑了基础，因此通过设计和开发输入而形成的设计需求是最重要的设计控制活动，要求重视设计输入对设计和开发过程、产品质量和设计及开发过程返工等方面的影响，切实把输入的要求作为认真遵循的原则。

《医疗器械生产商设计控制指南》要求企业对设计和开发输入的产品概念进行详细阐述，扩展并转化为一套完整详细记录工程水平的设计输入要求集合。输入是由产品开发人员将用户和（或）患者需求转化为可在实施前进行确认的一套要求，同时需要生产人员、关键供应商等的支持和全面参与，以确保输入要求的完整。

输入时要注意对术语和相关信息的准确理解和甄别，避免因对相关情况的不正确假设而造成后续设计和开发工作中的沟通不畅和后期输出的偏差。

需要强调的是，设计输入的全面性，尤其针对的是首次实施设计和开发的生产商。为更清晰阐述设计和输入内容要求，我们将其概述为以下3类要求。

1）规定器械功能上的具体要求，重点包括器械的使用操作、输入和结果输出等。

2）规定器械性能要求必须达到多少量值或什么程度，可解决诸如速度、强度、响应时间、准确度、操作限制等问题，包括使用环境的定量表征，如温度、湿度、震动、振动和电磁兼容性等。关于器械可靠性和安全性的要求也属于该类别。

3）规定器械的接口要求，即对外部系统兼容性至关重要的器械特性的要求。具体来说，就是那些需授权给外部系统且不受开发人员控制的特征，其中相对重要且有代表性的是与使用者和（或）患者的接口。

输出

完成输入后进入设计与开发的执行阶段，在执行过程中产生设计输出，记录实施过程的文件记录形成了输出记录，而最终版本的文件和记录就是“输出文件和记录”。这个过程的规范性、科学性、合理性，对研发的效率、质量、成本有重大影响，而前后两者是一个需要平衡的过程。若想设计开发输出完整，则要包括下述内容。

1）最终器械产品及其特性、使用等方面的描述：产品图纸（总装图、部件图、零件图、原理图、框图、工艺图、运动状态图）、产品使用说明书、标识（按照国家食品药品监督管理总局《医疗器械说明书和标签管理规定》编制）、标签、产品故障及其维修手册。

2）技术要求：按照国家食品药品监督管理总局发布的《医疗器械产品技术要求编写指导原则》编制，主要包括型号规格、性能指标、试验方法、术语。试验方法内容较多时，可采用附录的办法附加到正文后。

3）采购的适当信息：采购清单、采购物料的技术和（或）质量要求、采购物料的验收要求。

4）生产的适当信息：产品配件、产品装配图纸、零部件清单和图纸、原材料、组件和部件规范、工艺文件（工艺流程图和生产作业指导书）、工作环境的要求、包装和（或）标识的要求、产品验收标准（过程产品和最终产品）、检验文件(进货检验规程、过程检验规程、出厂检验规程)、标识和可追溯性要求。

5）提交给产品上市许可管理部门(NMPA或FDA等)的文件。

6）试验和验证记录、方案、报告：产品试验，如制程中的试验、成品的试验、某项性能的试验；包装的试验和(或)验证；材料的试验和验证；老化试验；稳定性、可靠性试验；关键工艺的可行性、可靠性、稳定性验证；灭菌的验证；与其他器械的兼容性试验；药物相容性试验；可沥滤物的试验。

评审

医疗器械设计与开发评审包含对设计输入和输出的评审，通过评审能发现输入及输出的不足、错误、矛盾，从而找出改善的方向，以确保医疗器械的成品在上市前其过程的规范性、产品的安全性及有效性。评审目的是评价设计和开发的结果是否符合要求，识别问题并提出必要的措施。应按照设计开发评审点的安排，考虑产品的风险大小和复杂程度，评审点可以设置在产品设计全过程的不同阶段，但并不是越多越好。评审点太多，会增加管理上的难度，延长开发周期；评审点太少，会给设计开发带来较大风险，难以保证开发质量。注意保留评审记录，包括评审日期、评审人员、评审输入(即阶段性输出结果)、评审依据、评审输出(即评审意见及结论)。记录应满足追溯性要求。评审主要涉及以下3个方面。

1）符合性：标准的符合性，法规的符合性，临床应用要求的符合性。

2）完整性(充分性)：符合性；成本、工艺、采购、销售、生产效率、美学、人机工程、运输、贮存、使用等可行性；类似的设计经验是否已纳入考虑范围(包括失败的经验及成功的经验)。

3）必要性：有没有多余的、不必要的考虑因素而使问题复杂化。

“验证”与“确认”

医疗器械设计与开发验证的目的是，评价设计开发输出是否满足规定要求，因为医疗器械产品必须全部满足功能、可用性和可靠性目标才能上市并成功销售。由于医疗产品的应用场景攸关生死，利益相关者（患者、医生、监管机构或终端用户）会极度关注其安全性和有效性，所以通过“验证”和“确认”（Verification & Validation，简称V&V）来完成对器械的迭代测试至关重要。设计V&V可以确保器械确实在做其该做的事，即确认器械符合用户的要求并按照预期用途运转。同时，设计V&V也可确保法规要求、标准、产品质量与器械的制造过程相符。设计验证可评估公司是否正确地设计出器械，即设计输出是否符合设计输入中指定的指定要求、规范或法规要求。设计确认则可评估公司是否设计出正确的器械，即器械是否依据用户需求而带来获益。

V&V由监管驱动，必须遵循国际标准。标准化的V&V可简化制造流程并加快审批流程，自动化测试、诊断技术和数据收集系统可以加强V&V环节。需要注意的是，设计和（或）产品的验证≠过程的验证，对监管机构需分别提交设计/产品验证和工艺验证。

V&V主要包括：①产品验证与过程验证；②医疗器械设计和（或）产品验证即器械是否工作正常；③工艺验证，即制造工艺是否符合预定规格。

初创公司应该尽早开始V&V，以确定自己走在正确的道路上并正确解决了问题。V&V是一个迭代过程，计划不周会消耗大量资金。测试策略的复杂性取决于所用的技术和目标销售区域，策略清晰可优化成本和测试周期，使产品按时上市。测试策略应至少涵盖以下6个参数：①目标地域和相关标准；②上市时间；③遵循标准；④测试实验室（内部或独立实验室）；⑤定义测试顺序；⑥展示测试结果。

医疗器械公司需要符合相关法规的有效且有据可查的V&V，所以为确保测量需要测量所有的内容，用于V&V过程的测试也需要进行验证，这是因为错误的测试会产生错误的功能与可用性输出。

转换与更改

医疗器械的设计与开发转换是通过把产品小样与产品试产转换成产品批量生产的过程。设计转换的内容包括：部件和（或）材料的可获得性，生产器械、生产工艺、工作环境、操作人员、检验规范的适宜性和可靠性。通过样品的生产，验证其可生产性、生产过程的长期稳定性及产品的符合性。评定相关程序、方法、器械等是否适宜、有效。

医疗器械设计与开发变更可能发生在任何阶段，包括在设计开发评审、验证、确认及设计转换时发现问题而进行的更改，风险管理活动要求的更改，上市后因问题的纠正预防措施而进行的更改，以及外界因素变化（技术发展、法规或技术标准，顾客要求）造成的更改等。设计变更需采取适宜的方式进行评审、验证和确认，确保风险可控。

风险管理是指对医疗器械产品的整个生命周期内的风险管理活动进行有效管理，参照ISO 14971：2019《医疗器械　风险管理对医疗器械的应用》进行风险管理的输出：判定产品预期用途和安全特征，判断产品安全标准适用性，分析与评价危险源的风险，分析控制方案，明确风险管理的职责、流程和方法，评价整个潜在风险及每个风险的潜在原因，估计所有类型风险的概率和严重程度。风险管理小组需要从设计开发、市场营销、原材料采购、产品可制造性、质量控制、产品使用等各方面来评估产品的全生命周期的风险。所以，小组成员的知识能力应尽可能完整，否则会为后续风险管理内容的不完善、不全面埋下隐患。

建立一个良好的设计数据管理平台，是实现研发规范化建设的基础。以往研发过程的优秀设计成果及不合理的设计案例都会包含在其中，在某种程度上这些内容将起到“示范”作用。管理平台包含产品故障模式数据库，信息的来源不仅包括研发过程信息，还包括后续生产过程、安装、维修过程、客户使用过程出现的问题，将信息逐步分析，总结引起产品质量差异的主要因素，有利于提高设计开发的质量与效率。

注册

随着医疗器械注册相关法规的完善，医疗器械监管中对产品性能评价重点从最终产品质量控制转向生产企业研发生产全过程，产品性能评价方式由倚重产品检测变为产品性能检测和评价并重。监管法规明确要求医疗器械申请人应建立与产品研制、生产有关的质量管理体系并保持其良好运行，而注册申报资料则是在质量管理体系管控下，于设计开发、生产制造等过程中形成的体系文件的一个重要部分。

第七章
医疗科技产品的中国法规

第一节　医疗科技产品法规和监管概述

医疗器械作为特殊商品，关乎每一个人的生命健康，需要经许可或备案才能上市，上市后也需严加监管。自2000年国务院颁布《医疗器械监督管理条例》(国务院令第276号，以下简称《条例》)以来，医疗器械开始有专门的法规对其进行管理，在此后的20多年时间里，国务院先后发布国务院令第650号、680号和739号对《条例》进行修改、完善。《条例》的现行有效版本是国务院令第739号。

《条例》作为医疗器械领域最高级别的法规，明确了医疗器械监督管理基本原则，是一切法规的根源，其内容涵盖医疗器械注册与备案、生产、经营与使用、不良事件处理与召回、监督检查和法律责任等，为医疗器械全生命周期管理提供了风险管理、全程管控、科学监管、社会共治的基本原则。如果用建筑来形容，那么《条例》如同屋顶，涵盖所有医疗器械行业的相关活动，注册、临床、生产和经营使用如同房屋的梁架，每一部分的执行层级的规章规定和指导原则如同柱子，支撑起整个法规体系，整个房屋的基础是医疗器械注册人制度，以及命名、分类和标准这三个基石类法规内容(图7.1)。

从我国法律法规层级分区角度看，其法律文件分为法律、法规、部门规章和规范性文件四个层级，《条例》属于法规(屋顶)，在《条例》之下还有针对注册、生产、经营、使用、说明书标签、命名、分类和标准等以局令形式发布的部门

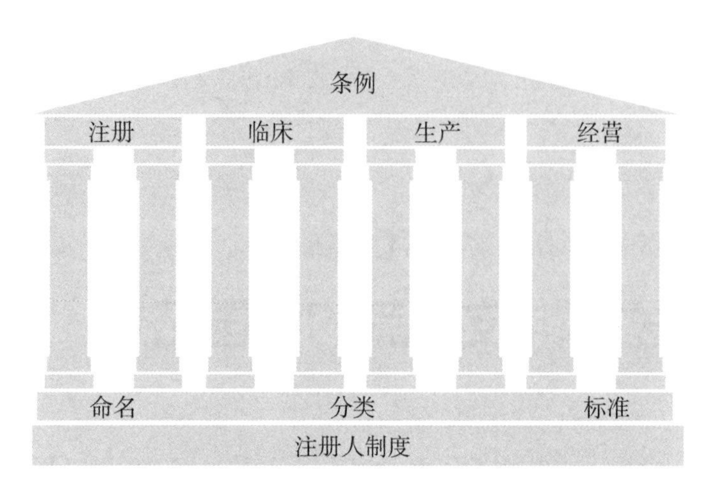

图7.1 《条例》与注册、临床、生产和经营的关系

规章(梁架和基石),比如《医疗器械注册与备案管理办法》和《医疗器械生产监督管理办法》。在部门规章下是具体指导工作的规范性文件(柱子),包括管理规范(如《医疗器械临床试验质量管理规范》)、指导原则(如《医疗器械通用名称命名指导原则》)、程序(如《医疗器械应急审批程序》)等。整个业界应在这样层层递进的法规体系管理下进行与医疗器械相关的所有活动。

本章将着重介绍医疗器械基石类法规——分类、命名、标准,后面的章节将按照产品研发到上市的顺序介绍相应法规。[1,2]

监管机构介绍

国家药品监督管理局是医疗器械行业的主管机构,其对医疗器械的管理职能包括:拟定相关法规等,监督实施、制定注册、质量、风险等管理制度并完成指导、监督、检查等工作,直接负责进口和国产三类产品注册。各省一级的药品监督管理部门负责辖区内的医疗器械管理相关工作,包括二类产品的注册,二类、三类产品的生产和注册体系考核,核发生产和经营许可证书。区级的市级药品监督管理部门负责辖区内一类产品备案工作。

国家药品监督管理局下属单位中与医疗器械相关的还有医疗器械技术审评中心、医疗器械标准管理中心和审核查验中心等。

国家药品监督管理局医疗器械技术审评中心负责进行临床试验审批的医疗器械临床试验申请，境内第三类和进口第二类、第三类医疗器械产品注册申请，变更注册申请，以及延续注册申请等的技术审评工作。

国家药品监督管理局医疗器械标准管理中心、中国食品药品检定研究院、国家药品监督管理局食品药品审核查验中心、国家药品监督管理局药品评价中心、国家药品监督管理局行政事项受理服务和投诉举报中心、国家药品监督管理局信息中心等其他专业技术机构，依职责承担实施医疗器械监督管理所需的医疗器械标准管理、分类界定、检验、核查、监测与评价、制证送达，以及相应的信息化建设与管理等相关工作。

医疗器械分类要求

我国医疗器械按照风险类别分为三类，如表7.1所示。

表7.1　我国医疗器械分类

类别	定义	注册模式	注册机构	产品举例
一类	风险程度低，需要实行常规管理以保证其安全、有效的医疗器械	备案	国产：市局 进口：国家局	手术照明设备 手术刀 肉汤培养基
二类	具有中度风险，需要严格控制管理以保证其安全、有效的医疗器械	注册	国产：省局 进口：国家局	胱抑素C检测试剂 溶药注射器
三类	具有较高风险，需要采取特别措施严格控制管理以保证其安全、有效的医疗器械	注册	国产：国家局 进口：国家局	射频消融治疗仪 一次性使用留置针 心脏起搏器 降钙素检测试剂

按照风险划分医疗器械的管理类别是总体原则，而医疗器械风险程度应当依据其使用预期目的而定，即通过结构特征、使用形式、使用状态、是否接触人体因素来综合判定。按照不同的品类，国家药品监督管理局按照《条例》要求还出台了《医疗器械分类规则》以及《医疗器械分类目录》，将根据医疗器械生产、经营、使用情况，及时对医疗器械的风险变化进行分析、评价，对分类规则和分类目录进行调整，并向社会公布。表7.2显示了现行有效的分类规则，可以依据其进行基本判定。

按照技术专业和临床使用的特点，现行有效版本《医疗器械分类目录》规定医疗器械分为22个子目录，其中手术类器械设置4个子目录，分别是《01有源手术器械》、《02无源手术器械》、《03神经和血管手术器械》和《04骨科手术器械》；有源器械为主的器械设置8个子目录，分别是《05放射治疗器械》、《06医用成像器械》、《07医用诊察和监护器械》、《08呼吸、麻醉和急救器械》、《09物理治疗器械》、《10输血、透析和体外循环器械》、《11医疗器械消毒灭菌器械》和《12有源植入器械》；无源器械为主的器械设置3个子目录，分别是《13无源植入器械》、《14注输、护理和防护器械》和《15患者承载器械》；按照临床科室划分3个子目录，分别是《16眼科器械》、《17口腔科器械》和《18妇产科、生殖和避孕器械》；《19医用康复器械》和《20中医器械》是根据《医疗器械监督管理条例》中对医用康复器械和中医器械两大类产品特殊管理规定而单独设置的子目录；《21医用软件》是收录医用独立软件产品的子目录；《22临床检验器械》子目录放置在最后，为后续体外诊断试剂修订预留空间。目前体外诊断试剂产品按照《6840 体外诊断试剂分类子目录(2013版)》执行。医疗器械分类目录也会动态调整，国家药品监督管理局会定期发布分类目录调整通知。医疗器械标准管理中心网站会根据新的调整更新分类数据库，以便公众查询。

对于开发创新产品的团队，尤其是医疗器械法规经验缺乏的新团队，首先要定义好自己的产品，产品的技术原理、结构组成、预期目的、使用方法为最重

表7.2　医疗器械现行分类规则

接触人体器械

		使用状态 使用形式	暂时使用			短期使用			长期使用		
			皮肤/腔道（口）	创伤/组织	血液循环/中枢	皮肤/腔道（口）	创伤/组织	血液循环/中枢	皮肤/腔道（口）	创伤/组织	血液循环/中枢
无源医疗器械	1	液体输送器械	Ⅱ	Ⅱ	Ⅲ	Ⅱ	Ⅱ	Ⅲ	Ⅱ	Ⅱ	Ⅲ
	2	改变血液体液器械	—	—	Ⅲ	—	—	Ⅲ	—	—	Ⅲ
	3	医用敷料	Ⅰ	Ⅱ	Ⅱ	Ⅰ	Ⅱ	Ⅱ	—	Ⅲ	Ⅲ
	4	侵入器械	Ⅰ	Ⅱ	Ⅲ	Ⅱ	Ⅱ	Ⅲ	—	—	—
	5	重复使用手术器械	Ⅰ	Ⅰ	Ⅱ	—	—	—	—	—	—
	6	植入器械	—	—	—	—	—	—	Ⅲ	Ⅲ	Ⅲ
	7	避孕和计划生育器械（不包括重复使用手术器械）	Ⅱ	Ⅱ	Ⅲ	Ⅱ	Ⅲ	Ⅲ	Ⅲ	Ⅲ	Ⅲ
	8	其他无源器械	Ⅰ	Ⅱ	Ⅲ	Ⅱ	Ⅱ	Ⅲ	Ⅱ	Ⅲ	Ⅲ

		使用状态 使用形式	轻微损伤	中度损伤	严重损伤
有源医疗器械	1	能量治疗器械	Ⅱ	Ⅱ	Ⅲ
	2	诊断监护器械	Ⅱ	Ⅱ	Ⅲ
	3	液体输送器械	Ⅱ	Ⅱ	Ⅲ
	4	电离辐射器械	Ⅱ	Ⅱ	Ⅲ
	5	植入器械	Ⅲ	Ⅲ	Ⅲ
	6	其他有源器械	Ⅱ	Ⅱ	Ⅲ

（续表）

非接触人体器械					
		使用状态 使用形式	基本不影响	轻微影响	重要影响
无源医疗器械	1	护理器械	Ⅰ	Ⅱ	—
	2	医疗器械清洗消毒器械	—	Ⅱ	Ⅲ
	3	其他无源器械	Ⅰ	Ⅱ	Ⅲ
有源医疗器械		使用状态 使用形式	基本不影响	轻微影响	重要影响
	1	临床检验仪器设备	Ⅰ	Ⅱ	Ⅲ
	2	独立软件	—	Ⅱ	Ⅲ
	3	医疗器械消毒灭菌设备	—	Ⅱ	Ⅲ
	4	其他有源器械	Ⅰ	Ⅱ	Ⅲ

注：1. 本表中Ⅰ、Ⅱ和Ⅲ分别代表第一类、第二类和第三类医疗器械；2. 本表中—代表不存在这种情形；3. 体外诊断试剂比较特殊，其分类规则按照国家药品监督管理局关于发布《体外诊断试剂分类规则》的公告(2021年第129号)执行。

要的技术要素。然后去查看《医疗器械分类目录》或分类界定通知等文件，寻找与自己产品的技术要素相同的产品，以确定分类。如果发现目录中没有，是在我国境内还没有上市的全新产品，或者与已上市产品相比有不同但拿不准的，应当申请分类界定，弄清楚自己的产品到底属不属于医疗器械，属于几类医疗器械。这决定了后续注册的整体规划。境内申请人将分类界定申请报给省级药品监督管理部门，境外申请人直接向国家局标准管理中心申报分类界定申请。医疗器械标准管理中心网站定期会发布分类界定汇总。

医疗器械命名要求

如同每一名新生儿都需要一个名字，医疗器械也有命名的需求。给孩子起名字可以寄托美好希望，而给医疗器械起名字要遵守法规要求。依照《条例》要求为加强医疗器械监督管理，保证医疗器械通用名称命名科学、规范，国家药品监督管理局制定了《医疗器械通用名称命名规则》，其使用范围涵盖在中华人民共和国境内销售和使用的所有医疗器械。

医疗器械通用名称将出现在其注册证书上，用于招标采购和进院使用。它是由一个核心词和一般不超过三个特征词组成。核心词是对具有相同或者相似的技术原理、结构组成或者预期目的的医疗器械的概括表述。特征词是对医疗器械使用部位、结构特点、技术特点或者材料组成等特定属性的描述。使用部位是指产品在人体的作用部位，可以是人体的系统、器官、组织、细胞等。结构特点是对产品特定结构、外观形态的描述。技术特点是对产品特殊作用原理、机制或者特殊性能的说明或者限定。材料组成是对产品的主要材料或者主要成分的描述。医疗器械通用名不得含有下列内容：型号、规格；图形、符号等标志；人名、企业名称、注册商标或其他类似名称；“最佳”、“唯一”、“精确”和“速效”等绝对化、排他性的词语，表示产品功效的断言或保证；说明有效率、治愈率的用语；未经科学证明或临床评价证明的，虚无、假设的概念性名称；明示或者暗示包治百病，夸大适用范围，或者其他具有误导性、欺骗性的内容;“美容”和“保健”等宣传性词语;有关法律、法规禁止的其他内容。

除了通用名规则之外,国家药品监督管理局标准管理中心为了进一步规范医疗器械命名,按照分类目录22个子目录分别出具命名指导原则来加以指导,如《放射治疗器械通用名称命名指导原则》。因此,在为产品命名前应充分了解国家对于此类产品的命名要求。在审评审批阶段,药监部门也会帮助规范命名。

医疗器械标准体系

我国医疗器械标准相关的法律法规层级从高到低依次为《中华人民共和国标准化法》、《国家强制性标准管理办法》和《医疗器械标准管理办法》。医疗器械标准化组织主要是各医疗器械技术标委会(技术归口单位)。自1980年第一个医疗器械标准化技术委员会成立以来,经过40余年的发展,医疗器械标准技术组织数量已逐步增长到38个(13个总标委会,13个分标委会,1个标准工作组,11个技术归口单位)。国家药品监督管理局成立了医疗器械标准管理中心,对医疗器械标委会(技术归口单位)进行管理。

医疗器械标准是指由国家药品监督管理局依据职责组织制修订,依法定程序发布,在医疗器械研制、生产、经营、使用、监督管理等活动中遵循的统一的技术要求。医疗器械标准按照其效力分为强制性标准和推荐性标准。对保障人体健康和生命安全的技术要求,应当制定为医疗器械强制性国家标准(GB)和强制性行业标准(YY)。对满足基础通用、与强制性标准配套、对医疗器械产业起引领作用等需要的技术要求,可以制定为医疗器械推荐性国家标准(GBT)和推荐性行业标准(YYT)。

根据《中华人民共和国标准化法》第二条第三款规定:“强制性标准必须执行。国家鼓励采用推荐性标准。”也就是说,推荐性标准不必强制执行。但就以下三种情况,推荐性标准必须强制执行。

1）推荐性标准被相关法律、法规、规章引用，则该推荐性标准具有相应的强制性约束力，应当按法律、法规、规章的相关规定予以实施。

2）推荐性标准被企业在产品包装、说明书或者标准信息公共服务平台上进行了自我声明公开的，企业必须执行该推荐性标准。企业生产的产品与明示标准不一致的，依据《产品质量法》承担相应的法律责任。

3）推荐性标准被合同双方作为产品或服务交付的质量依据的，该推荐性标准对合同双方具有约束力，双方必须执行推荐性标准，并依据《合同法》的规定承担相应的法律责任。

医疗器械标准发布数量稳步增长，截至2022年4月6日，现有医疗器械标准共1852项，基本覆盖了医疗器械标准各主要技术领域（表7.3）。

表7.3　医疗器械标准统计情况表（截至2022年4月6日）

	标准层级	标准约束力		标准规范对象	
中国医疗器械标准(1852项)	国家标准 236(项)	强制性	91(项)	强制性	294(项)
		推荐性	145(项)	推荐性	46(项)
	行业标准 1616(项)	强制性	298(项)	强制性	449(项)
		推荐性	1318(项)	推荐性	1063(项)

医疗器械应符合的标准基本清单可以在国家药品监督管理局医疗器械技术审评中心网站进行查询。首先，企业要定位好自己的产品应当满足哪些标准，理解标准含义，并将其落实到产品设计研发生产中。其次，应当关注相关标委会（技术归口单位）进展，跟随标准制修订步伐及时识别及分析产品与强制性标准的差异，并进行有必要的设计更改。比如，有源类医疗器械需要满足两大基础标准：医用电气设备安全通用要求（GB 9706.1-2020医用电气设备第一部分：基本安全和基本性能的通用要求）和电磁兼容性要求（YY 9706.102-2021《医用电气设备 第1—2部分：基本安全和基本性能的通用要求并列标准：

电磁兼容 要求和试验》)。最后,应当在产品设计、元器件选型之初,就要充分考虑到这两大基础标准的要求,选用符合标准规定要求的一些关键器件。比如,常用的锂蓄电池应当符合GB/T 28164—2011《含碱性或其他非酸性电解质的蓄电池和蓄电池组 便携式密封蓄电池和蓄电池组的安全性要求》的规定;对于熔断器、热断路器和过流释放器来说,要符合GB/T 9364.1《小型熔断器第一部分:小型熔断器定义和小型熔断体通用要求》的规定。

第二节 医疗科技产品质量体系要求

一个好的产品,是在受控的好体系下生产出来的。医疗器械质量体系的要求,最重要的就是国际标准ISO 13485 “Medical device-Quality management system-requirements for regulatory purposes”,可以说每一个医疗器械产品“生老病死”都涵盖在ISO 13485中。ISO 13485在中国被等同转化成YY/T 0287—2017《医疗器械 质量管理体系用于法规的要求》。这个通用标准适用于医疗器械全生命周期产业链各阶段的医疗器械组织,基于风险分析和风险管理,在全生命周期确保医疗器械的安全有效。对于生产企业,我国国家药品监督管理局出台了《医疗器械生产质量管理规范》,并根据无菌、植入性医疗器械以及体外诊断试剂等不同类别医疗器械生产的特殊要求,发布了以上三个子领域的附录,内容包括机构与人员、厂房与设施、设备、文件管理、设计开发、采购、生产管理、质量控制、销售和售后服务、不合格品控制、不良事件监测、分析和改进等。在注册体系核查、上市后日常检查时使用。研发生产企业尤其应当关注上述标准、规范、目录,建立良好质量体系。在成立公司之初,即使规模很小,甚至还在研发初期,至少应当考虑质量体系的理念和规则,否则在正式建立质量体系并开始运行的时候,就会遇到较大的麻烦。当然,建立质量体系的时机也是需要考虑的。过早建立体系，一方面运行成本较高，另一方面并不能根据自己的实际需求定义出真正的质控点和规则。

第三节　医疗科技产品注册要求

世界上大部分国家对于医疗器械产品都有上市前的准入制度，也就是说，产品从设计完成到推向市场的过程中，需要完成上市前准入。本节将介绍中国对医疗科技产品的具体注册要求，有关医保物价等内容将在后续章节中介绍。

注册流程

产品的主要注册流程如图7.2所示，其中，有些相对成熟的、风险明确的产品是可以免于临床试验的。

在产品注册时，应当关注相关法规《医疗器械注册与备案管理办法》、《体外诊断试剂注册与备案管理办法》，以及其相关的配套规范性文件、指导原则与标准。针对具体产品的指导原则非常实用，尤其对行业新手来说，有较好的引导作用，对注册审评的要点，包括研究资料、产品技术要求、临床前研究、动物试验和临床试验等诸多方面，都有非常详细的论述。有时甚至具体到医疗

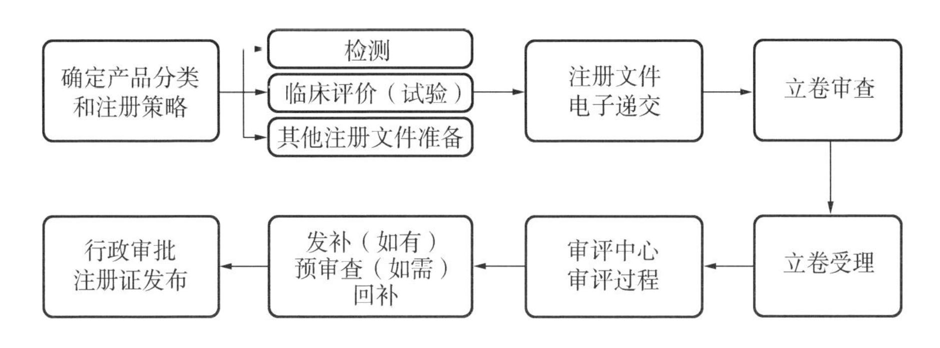

图7.2　产品的主要注册流程

器械注册单元的划分，告诉你什么样的产品可以放在一张注册证书上。不要小看这个问题，它直接关系到产品的各个方面，比如宏观上的销售模式和策略，以及微观上的说明书标签应如何设计。

产品检验

关于检测，人们常常关心的是怎样提高检测的速度。第一，要确定好产品技术要求，这是检测的依据。《医疗器械产品技术要求编写指导原则》中有具体说明与指导，企业也可以参考其对应的审评指导原则。更重要的是，要与有经验的人员，如检验机构的工程师，进行充分的沟通，确定需要满足产品安全性和有效性的需求，以及法规中规定的符合强制性标准的要求。第二，选择合适的检验机构。除了必备的检验资质以外，还要发掘检验机构的擅长专业，因为在通用或者常规检测时不同机构都表现得差不多，但是在遇到创新及特殊难题的处理上，部分专业机构表现更为突出。当然，生产企业也可以选择由自己检测。2021年10月22日，国家药品监督管理局在其网站发布了《医疗器械注册自检管理规定》，结束了自2000年以来的医疗器械注册检测只能由经国务院认证认可监督管理部门会同国务院药品监督管理部门认定的检验机构来检测的历史。该规定详细规定了自检和部分委托检测企业应具备的能力，以及对于委托检测机构的考虑因素。药监机构会在生产体系检查时着重关注相关生产企业的自检能力情况。

动物试验

不是所有的医疗器械都需要通过动物试验来验证其安全性、有效性和可行性。关于是否需要开展医疗器械临床前动物试验研究，可以参考《医疗器械动物试验研究注册审查指导原则第一部分：决策原则（2021年修订版）》（以下简称《决策原则》）来进行，决策过程要遵循动物福利伦理原则、风险管理原则等。具体可参考图7.3，图中标注案例的部分在《决策原则》中可以找到原文。

如果需要开展临床前动物试验，则可以参考《医疗器械动物试验研究注册审查指导原则第二部分：试验设计、实施质量保证》来实施。

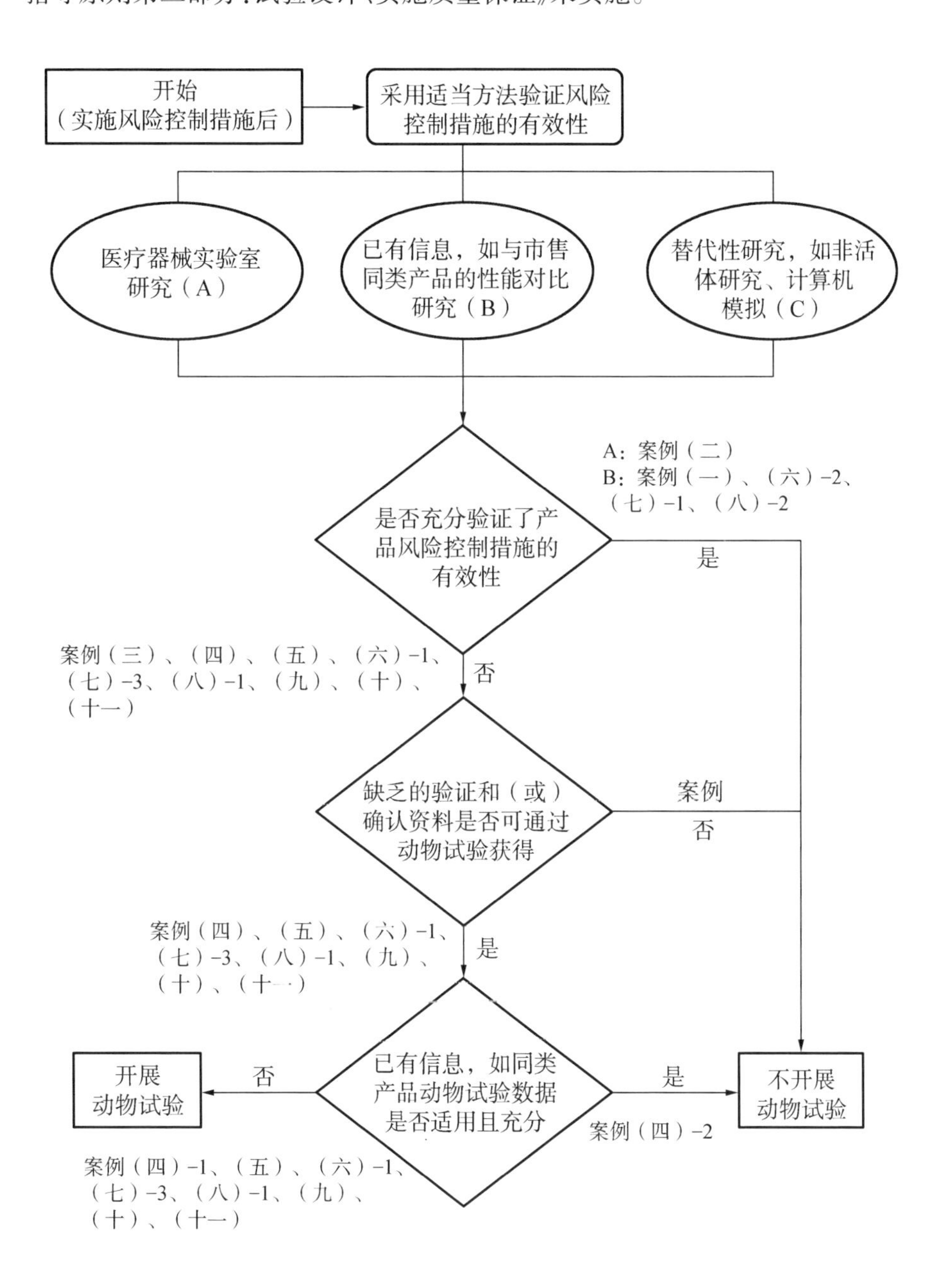

图7.3　开展动物试验流程

第四节　中国注册临床评价的要求

我国医疗器械临床评价是通过评估产品关键临床数据的方式来体现产品的安全性和有效性的，适用于第二类及第三类医疗器械。

注册临床评价的决策原则

《免于临床评价医疗器械目录》规定了各类豁免路径器械，企业可以通过免临床评价路径，撰写对比表，证明申报产品与《免于临床评价医疗器械目录》产品无重大差别。同品种医疗器械评价，是医疗器械产品使用最多的评价路径，大部分不能豁免临床评价的器械通过提交等同性论证资料，使用等同器械的临床数据进行临床评价。《需进行临床试验审批的第三类医疗器械目录》[3]包括人工心脏瓣膜和血管内支架等六类高风险医疗器械，在相关器械进行临床试验之前须经相关部门审批。对于其他不需要临床试验审批的第三类医疗器械，注册申请人可通过已有数据提交产品申报，如果提交的数据不充分，则再考虑开展临床试验来搜集数据。

免于临床评价

2021版《免于临床评价医疗器械目录》共列举妇产科、辅助生殖、避孕器械、眼科手术器械和一次性手术用冲洗针等1010个第二类、第三类医疗器械。所谓免于临床评价，是指不需要针对申报产品或对照产品的临床数据进行分析，但需要证明为何申报产品适用于免临床评价路径。免于临床评价的医疗器械要提供的是产品与《免于临床评价医疗器械目录》中规定内容的条目对比，还要提交的是申报产品与《免于临床评价医疗器械目录》中已注册上市医疗器械的对比表，论证产品等同性。举个例子，如申报产品符合分类编码13-09-06的产品定义，产品名称为胆道/胰管/输尿管支架的产品，支架由不可降解吸收的高分子材料制成，用于在内镜下植入腔道，预期用途为对人体自然腔道进行支撑从而通畅腔道，若此产品同时与已获准注册上市产品支架等具有等同性，则可适用此路径。

同品种比对路径

不能豁免临床评价的产品可考虑同品种比对路径。此路径利用证明申报产品与已上市产品等同，进而支持其安全性和有效性。等同性包括：适用范围、技术特征和生物学特性等同。也就是说，需证明申报产品和已上市产品工作及操作原理等同，生产工艺及制造材料等同，以及预期用途等同。如有差异则需论证差异对产品安全性没有不利影响。

注册产品应尽量选择单一对比器械，当单一对比器械的临床证据不足时，可以使用多个对比器械，但需要将多个对比器械逐一与申报产品进行充分对比，每个产品都能达到等同性评价的基础上，可以使用多个产品的临床资料作为支持数据。

同品种医疗器械的异同性论证应参考《医疗器械临床评价等同性论证技术指导原则》[4]中的要求。其中临床最关注适用范围，如适应证、适用人群、使用条件和禁忌证等。同品种医疗器械的前提条件是，产品和同品种器械具有相同的预期用途，适应证可以存在一定差异，差异部分的安全性及有效性可以通过支持数据来证明。如果差异性对产品的安全性造成了影响，那么企业应对产品间差异点进行风险评估，分析所产生风险的严重程度和发生概率，并制定相应的风险控制措施，从而达到增加产品安全性的目的。

等同性证明之后，可使用等同器械的临床证据支持申报产品注册。此时需进行临床文献搜索。文献检索和筛选可根据《医疗器械临床评价技术指导原则》中附件5的要求来进行。提交的临床文献资料应满足一定标准,并不是所有公开发表的文件都可以作为证据资料,一般来说需要达到省级以上核心医学刊物的要求。为了保证证据的可信度,尽量选择在高等级学术刊物上公开发表的、能充分证明产品预期临床使用效果的学术论文及文献综述,并且尽可能选择权威、科学的临床专业数据库,由专业人员进行检索和筛选,并将标准和过程形成文档检索报告。

举例来说,如申报产品为一次性管型吻合器,适用于消化道疾病重建手术中的端对端吻合、端对侧吻合和侧侧吻合操作,则可选择的同品种器械应为临床证据充分且已在中国上市的一次性管型吻合器。若二者存在差异则需说明差异对产品安全性和有效性无实质性影响。

医疗器械临床试验[1,5]

临床试验可以作为临床评价的最后手段,当产品不能使用免于临床路径,又无法通过同品种产品得到足够的临床数据时,可通过产品自身的临床试验数据来证明其安全性及有效性。我国医疗器械临床试验应符合器械临床试验质量管理规范的要求。医疗器械临床试验应当遵守《世界医学大会赫尔辛基宣言》的伦理准则和国家涉及人的生物医学研究伦理的相关规范。

医疗器械临床试验设计

支持产品注册的临床试验一般为多中心试验。医疗器械临床试验要求执行临床试验机构应具备相应资格,一般来说,我国二级甲等医院以上才具备临床试验资格。对于三类器械,还需在符合要求的三级甲等医院内进行。受试人群为试验研究对象,申办者对拟申请注册的医疗器械在正常使用条件下的安全性及有效性进行确认。

临床试验设计包括平行对照设计、配对设计、交叉设计和单组设计等类型。随机双盲平行对照的临床试验设计,可提供高等级的临床证据,在疾病诊疗指南中作为证据资料的首选。

单组设计在试验过程中仅设立试验组而不设立对照组，通过将病例连续纳入实验组，使用器械干预受试对象，并将获得的试验数据和已有经验值或金标准进行比较，以评价试验器械的疗效。通常情况下，无已上市同类及相似产品或相关疾病无标准治疗方法，且试验器械应通过创新器械通道审评审批权，在后续的临床试验中可采用单组目标值试验设计，以达到试验目的。

受试对象：根据试验器械预期用途和适用人群，综合考虑制定受试者的入选和排除标准，确保研究对象的同质性。入选标准主要从适应证出发，选择临床特点单一的人群。排除标准目的在于从满足纳入标准的研究对象中，排除各种非研究因素，以达到评估试验器械的目的。

评价指标：主要评价指标是指能确切反映器械疗效或安全性的指标，次要评价指标是指与试验目的相关的辅助性指标。例如，经导管植入式人工主动脉瓣膜目前建议以12个月的累计全因死亡率作为主要评价指标，同时以瓣膜功能、器械成功率和手术成功率等作为次要评价指标。

比较类型：临床试验的比较类型包括优效性检验、等效性检验、非劣效性检验。优效性检验的目的是证明差异具有临床显著性，其结果最能说明试验器械优于对照器械或标准治疗方法，但同时它又对申报产品的性能要求最高。等效性检验及非劣效性检验可确证差异在临床可接受的范围内，是最常见的临床试验类型。

样本量估算：根据统计学原则确定的样本量是预期检验假设能得到确证所需的最小样本量。样本量大小与主要评价指标的组间差异呈负相关，与评价指标的变异度呈正相关。临床试验中明确Ⅰ类错误概率α、Ⅱ类错误概率β和界值三个取值，可以确定样本量取值。通常情况下，检验水准Ⅰ类错误概率α设定为双侧0.05或单侧0.025，Ⅱ类错误概率检验效能β设定为不大于0.2。

临床试验方案和报告[6]

根据临床试验质量管理规范要求，临床试验方案一般包含产品基本信息、临床试验基本信息、试验目的、风险收益分析、试验设计要素、试验设计的合理性论证、统计学考虑、实施方式（方法、内容、步骤）、临床试验终点、数据管理、对临床试验方案修正的规定、不良事件和器械缺陷定义和报告的规定、伦理学考虑等内容。

报告一般包含医疗器械临床试验基本信息、实施情况、统计分析方法、试验结果、不良事件和器械缺陷报告及其处理情况、对试验结果的分析讨论、临床试验结论、伦理情况说明、存在问题及改进建议等内容。

举例来说，冠状动脉药物洗脱支架以申请医疗器械注册上市为目的的确证性试验应是前瞻性、多中心、随机对照临床试验。其评价指标一般包括手术即刻成功指标、术后安全性和疗效评价指标。产品的临床试验随访在注册申报时应提供至少9个月的临床影像学观察数据和至少12个月的临床随访数据。

创新产品的特殊考虑

为了鼓励医疗器械创新，国务院发布了《关于改革药品医疗器械审评审批制度的意见》（国发〔2015〕44号）、中共中央办公厅国务院办公厅印发《关于深化审评审批制度改革鼓励药品医疗器械创新的意见》，畅通了创新、优先和应急医疗器械的上市绿色通道。截至2022年7月，共有166个产品通过创新通道上市。据国家药品监督管理局统计，进入创新医疗器械特殊审查程序的产品，获得注册证的时间比同类其他产品平均减少83天。此举显著增加了创新产品的竞争力，有利于其抢占市场先机。因此，开发者应当研究自己的产品是否满足进入绿色通道的条件。另外，我国还在一些特殊区域试行创新管理政策和方式。比如，在博鳌、大湾区，都有非常优惠的政策出台。创新，不仅仅是产品技术的创新，更是监管模式的创新，两种“新”在一起碰撞出的将是器械行业发展的欣欣向荣。

创新产品注册程序

根据注册管理办法第四章特殊注册程序中创新产品注册程序的规定，符合下列要求的医疗器械，申请人可以申请适用创新产品注册程序。

第一，申请人通过其主导的技术创新活动，在中国依法拥有产品核心技术发明专利权，或者依法通过受让取得在中国发明专利权或其使用权，且申请适用创新产品注册程序的时间在专利授权公告日起5年内；或者核心技术发明专利的申请已由国务院专利行政部门公开，并由国家知识产权局专利检索咨询中心出具检索报告，载明产品核心技术方案具备新颖性和创造性。

第二，申请人已完成产品的前期研究并具有基本定型产品，研究过程真实和受控，研究数据完整和可溯源。

第三，产品主要工作原理或者作用机制为国内首创，产品性能或者安全性与同类产品相比有根本性改进，技术上处于国际领先水平，且具有显著的临床应用价值。

拟创新产品应先申报创新申请给国家药品监督管理局，通过创新审查的产品在正式递交注册申请时享有专人负责、及时沟通、提供指导的优惠政策。

优先产品注册程序

根据注册管理办法第四章特殊注册程序中优先产品注册程序的规定，满足下列情形之一的医疗器械，可以申请适用优先注册程序。

第一，诊断或者治疗罕见病、恶性肿瘤且具有明显临床优势，诊断或者治疗老年人特有和多发疾病且目前尚无有效诊断或者治疗手段，专用于儿童且具有明显临床优势，或者临床急需且在我国尚无同品种产品获准注册的医疗器械。

第二，列入国家科技重大专项或者国家重点研发计划的医疗器械。

第三，国家药品监督管理局规定的其他可以适用优先注册程序的医疗器械。

申请优先的产品在注册资料递交的同时提出适用优先注册程序的申请，经审查符合条件的可优先进行审评审批，必要时安排专项交流的优惠条件。

应急产品注册程序

根据注册管理办法第四章特殊注册程序中应急产品注册程序的规定，国家药品监督管理局可以依法对突发公共卫生事件应急所需且在我国境内尚无同类产品上市，或者虽在我国境内已有同类产品上市但产品供应不能满足突发公共卫生事件应急处理需要的医疗器械实施应急注册。在抗击新冠疫情的过程中，从2019年底至2022年6月，我国累计有149个相应创新产品通过应急审批快速上市，包括新冠核酸诊断试剂、新冠抗原试剂、新冠抗体试剂和呼吸机等产品，及时保障了一线用械。

申请适用应急注册程序的，申请人应当向国家药品监督管理局提出应急注册申请。符合条件的，纳入应急注册程序。对实施应急注册的医疗器械注册申请，国家药品监督管理局按照统一指挥、早期介入、随到随审、科学审批的要求办理，并行开展医疗器械产品检验、体系核查、技术审评等工作。

“特区”政策

2018年4月2日，国务院发布决定，在海南博鳌乐城国际医疗旅游先行区暂停实施如下条款：“向我国境内出口第二类、第三类医疗器械的境外注册申请人，由其指定的我国境内企业法人向国务院药品监督管理部门提交注册申请资料和注册申请人所在国（地区）主管部门准许该医疗器械上市销售的证明文件。”

这意味着，海南博鳌乐城国际医疗旅游先行区的先行先试有了法规依据。自此之后，先行区内的医疗机构可以提出临床急需且在我国尚无同品种产品获得注册的医疗器械，由海南省人民政府实施进口批准，在先行区内的医疗机构使用。

对于已经在境外上市的产品而言，在博鳌使用缩短了上市时间，注册和使用可以平行进行。在先行区使用而产生的真实世界数据还可以用于中国注册。

2020年9月，八部委联合印发《粤港澳大湾区药品医疗器械监管创新发展工作方案》,拉开了大湾区模式的序幕。之后出台一系列相关政策,深化了改革力度。和博鳌乐城国际医疗旅游区一致的是,它们都暂停了境外产品需要先注册再使用这个要求,但是这个模式更多针对的是在港澳公立医院已经使用的产品,并且开创性地提出了港澳注册人可以委托内地大湾区九市的企业进行生产。

注册策略的考虑

注册策略是一个非常有意思的话题,同时也是非常个性化、与产品相关,在权衡所处情况的多维度下寻找最优解的过程。

注册策略中常常遇到的问题是,产品是否在上市时就要一步到位?举个例子,我的产品预期有10个功能,如果10个功能在第一次注册时就要全部完成,那么临床试验的时间和样本量(花费)都是巨大的。但是,我们会发现产品中有几个功能属于基本功能,虽然不能和市场上现有产品拉开距离,但仅注册这几个功能就能大大减少注册的时间,那么是不是可以考虑先注册这几个功能,让产品可以尽快投入市场开始盈利,再通过注册或者变更的程序来实现全部功能?这是从市场的角度需要考虑的注册策略及路径。

对于创新产品,常常会面临没有分类、没有标准、没有审评指导原则的困难境地,这时候就需要生产企业与监管机构进行非常深入的交流和合作,共同研究质控标准和评价规则,最终解决注册上市问题。例如,2017年起,基于深度学习的人工智能医疗器械大量涌现,市场上对于其智能化、自主化的宣传纷繁多样,监管机构尚未完全掌握其可能带来的风险,对于此类产品的监管思路亦尚未形成。于是,行业内首批企业在国家药品监督管理局中国食品药品检定研究院的组织下,在医疗器械审评中心的指导下,先后建立了糖尿病视网膜病变诊断产品评价标准库、肺结节诊断产品评价标准库,进行了大量的产品测试,也逐步建立起了人工智能医疗器械的监管体系框架和标准体系,确保了创新产品行业规范的健康成长。

第八章
医疗科技创新项目的经济学分析

第一节　中国当前医疗器械的支付体系简介

医疗器械是为患者提供高质量医疗卫生服务中的必不可少的一部分。随着现代医学科技的飞速发展，医疗器械在疾病预防、诊断和治疗中也持续创新，为保障公共卫生安全和提高患者生命质量发挥着重要作用。中国医疗器械市场近年来一直保持着高速发展，2020年其销售额达到8000亿元左右，已经占据全球医疗器械市场的20%。[1]目前，我国医疗器械和药品人均消费额的比例仅为0.35∶1，大幅度低于0.7∶1的全球平均水平。我国经济不断发展，人口老龄化日益明显，医疗刚性需求也随之不断增加，这些均为医疗器械市场的发展提供了巨大的发展空间。

中国医疗器械市场的快速增加不可避免地为医保支付带来了压力。经过多年发展，中国医保成功覆盖近95%的人口，并逐步引入各种先进支付方式的试点工作。创新医疗器械能够获批上市仅仅是商业成功的第一步，若想要各种创新器械能够顺利推广，则必须解决包括医疗器械获取支付的一系列问题。本节的目标是通过介绍中国目前对创新器械的支付途径、决策要点和价值评估方法，说明医疗器械公司在筹备中国市场准入工作时的工作要点。

创新医疗器械不同的支付途径

创新医疗器械从获批上市到进入临床使用是一个复杂而漫长的过程。这一现象源于器械营销在中国本身的复杂性，涉及定价、医保、招标和入院等。从支付途径上看，对医疗器械的支付主要分为两大类：医保报销和完全患者自付。需要补充说明的是，即使相关医疗器械已获得医保报销，但绝大多数情况下患者仍然需要承担自付部分费用。

创新医疗器械的定价涉及生产厂家制定的价格策略，价格是决定市场准入的最重要因素和厂家调节市场需求的主要杠杆之一。本节内容不涉及定价策略的讨论，产品价格按照产品的固定属性处理。虽然从理论上讲，医保支付是相对独立于招标和入院的，但除非医保报销内容中不含可替代产品，否则创新医疗器械是否获得医保报销将对参加招标和入院的工作有很大影响。因此，我们将以创新医疗器械如何获取医保报销为重点进行讨论。

近年来，我国医保政策正在经历快速更新和调整，这增加了创新器械获取医保报销的不确定性。特别是当前正在试点推行的对住院治疗进行疾病诊断相关分组（DRG）或者病种分值（DIP）支付的方式，以及对高值耗材开展的带量采购（VBP）等都会对器械的医保报销产生深远的影响。国务院办公厅2022年第14号文件再次强调了“推行以按病种付费为主的多元复合式医保支付方式”[2]。各地的DRG和DIP落地方式和内容差异相当大，器械的全国统一编码尚未成熟，无法支持VBP的全面推行。这些医保改革工作的开展，在某种程度上进一步加剧了医疗器械医保报销流程的两大弊病：多级管理和决策繁杂。

多级管理

医疗器械获得医保支付基本可以分成两种情况：与使用该器械的医疗服务打包付费或者独立作为器械付费。在国家层面，国家发展改革委、卫生部、国家中医药管理局制定了《全国医疗服务价格项目规范》[3]（以下简称《规范》）。这一规范的更新速度缓慢，完全滞后于当前迅速发展的医疗器械领域。2022

年，我国仍然使用已有10年历史的2012年版的《规范》。该《规范》对地方政府和医疗机构具有指导意义。对多数医疗创新器械必须通过增加医疗服务项目才能实现报销，而实际的医疗服务项目的增补又必须由省级政府机构决定。由于各个省份的决策机制和流程各不相同，作为幅员辽阔、省份众多的国家，省级决策大幅度地增加了器械医保报销的复杂性和工作量。表8.1是2020年5个代表性省和直辖市的医保新增医疗服务流程总结与对比，从中不难看出各地流程存在显著差异。

近年来，医疗器械中的高值耗材作为单独支付项目得到医保领域的更多关注。2021年，国家医保局同时发布了《基本医疗保险医用耗材管理暂行办法》（以下简称《管理办法》）和《医保医用耗材"医保通用名"命名规范》的征求意见稿[4,5]。这两个核心文件的发布显示了医保局在整合医疗器械支付的决心和方向。通过建立通用名系统和统一编码的管理，医保可以设立全国普适的器械支付管理体系，也具备了对医疗器械的采购流程进行规范的能力。仿照药物集采的耗材VBP成为可能。

全国性医保耗材报销目录的形成及可能出现的医疗器械VBP，对创新器械的定价造成下行压力。《管理办法》中提出的动态调整利好创新医疗器械厂家。它进一步明确纳入医保耗材目录所需的条件：临床必需、安全有效和价格合理等。这些纳入标准与医保局对创新药物报销管理标准非常类似，在某种程度上，我们可以将其看成建立以价值为基础的医疗器械卫生技术评估体系的第一步。《管理办法》还进一步规范了基本医保医用耗材目录的纳入流程（图8.1），并且强化了全国集中管理："除特别规定外，地方医保部门一律执行国家《基本医保医用耗材目录》，不得擅自调整。"[4]

表8.1　5个代表性省和直辖市的医保新增医疗服务流程对比

省/直辖市	主要负责政府部门	新增收费服务参考标准	窗口期	专家类别,是否混合讨论	组织专家论证的机构	是否已有医保准入规范
上海	医保局、医学会、卫健委	关于继续做好本市新增医疗服务项目价格管理的通知(沪医保价采〔2019〕35号)	随时申报	临床、物价及卫经专家 不混合讨论	临床、物价及卫经专家:医保局	是
北京	医保局、医学会、卫健委		1年2次:3月及9月	临床及物价专家 不混合讨论	临床专家:医学会组织 物价专家:卫健委组织	否
广东	医保局、卫健委	《广州市医疗保障局 广州市卫生健康委关于印发广州地区新增和特需医疗服务价格项目管理办法的通知》(穗医保规字〔2020〕9号)	随时申报	临床、物价及卫经专家 不混合讨论	临床专家:卫健委组织 物价、卫经专家:卫健委+医保局物价招采组织	否
浙江	医保局、卫健委	《浙江省医疗保障局 浙江省卫生健康委员会关于开展2020年新增医疗服务价格项目工作的通知》(浙医保联发〔2020〕24号)	1年1次	临床、物价及卫经专家 不混合讨论	临床专家:卫健委组织 物价、卫经专家:医保局物价招采组织	否
江苏	医保局、卫健委	关于印发《江苏省新增医疗服务项目价格管理办法》的通知(苏价规〔2018〕2号) 《关于完善新增医疗服务项目价格管理事项的通知》(苏医保发〔2020〕95号)	1年2次:5月及11月	临床及物价专家 不混合讨论	临床专家:卫健委组织 物价专家:医保局物价招采组织	是

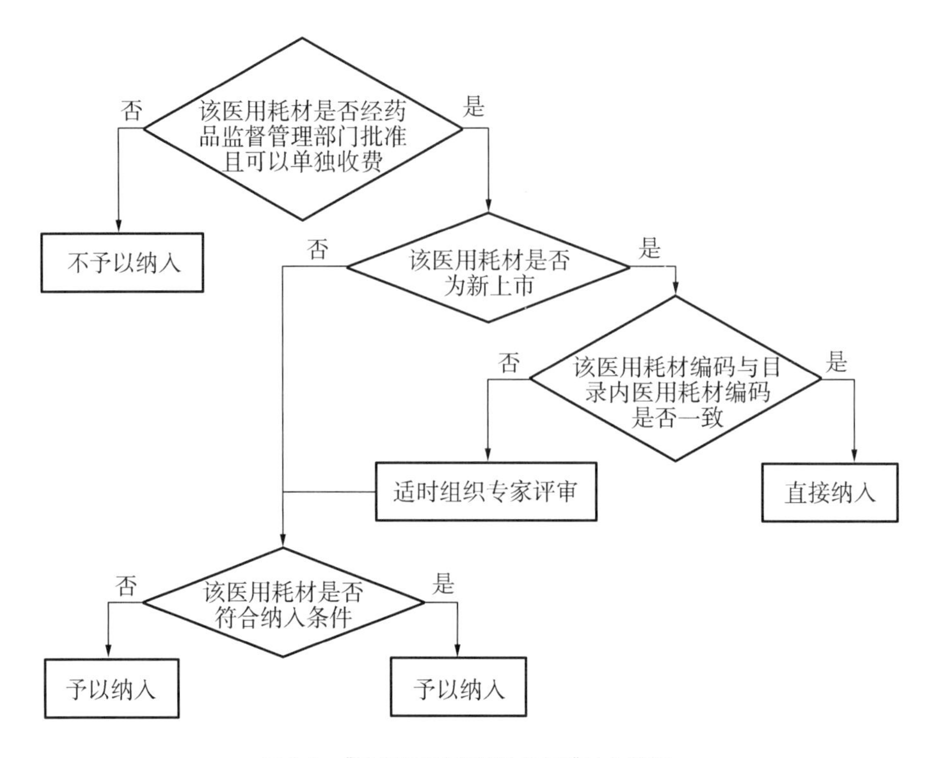

图8.1 《基本医保医用耗材目录》纳入流程

决策繁杂

以新增医疗服务项目为例,在进入政府部门审评前,新医疗服务的立项准备工作需要在大型三甲医院内完成。立项工作一般由相关科室的行政主任发起并进行医院内部审核。内部审核过程也涉及医院物价科、医院管理层、医务处和伦理委员会等多个部门。只有新增服务项目获得院内批准后,才能由医保科提交申请材料至上级医保局立项。立项后,医保报销的审评工作由三类政府部门负责:地方发改委物价部门、地方卫生局,以及地方人社部门。物价部门主要负责组织价格目录的审批并参与医保申请的审批讨论,地方卫生局则需要全程参与价格目录以及医保的所有审批讨论,而地方人社部门因为主管医保基金使用,需要针对医保的相关决策组织委员会进行讨论与审议。[6]医保审评过程中非常重视临床意见领袖(KOL)的观点。无论是通过申请增加新的医疗服务还是直接申请加入耗材报销目录,都普遍要求KOL参与评估。

综上所述,医疗器械申请医保的流程复杂多变,涉及专家、医院和政府等多名专业人员和多个职能部门参与。生产厂家在申请医保报销的过程中不仅需要相当可观的资源投入,还要在时间上做好充分的预估。可以预期,医保局在创新药物目录管理和运作中获取的成功经验,会进一步应用到对医疗器械的管理中。医保报销的决策会进一步集中化和规范化,但是器材与药品相比的诸多特性决定了获取医保报销在近期内不太可能得到快速简化。

创新医疗器械准入的要点

2017年,国家医保药物目录准入谈判引入了以价值医疗为中心的卫生技术评估(HTA)体系。这一体系正逐步推广到医疗器械的管理和医保评估中,特别是“临床必需、安全有效、价格合理”已经被明确作为医保局评估是否为创新医疗器械提供医保报销的原则性标准。为了增加产品在医保申请中获得成功的概率,企业必须重视下列要素。

(1) 充分的临床数据

申请医保支付不可缺少的证据基础之一即充分的临床数据。很多情况下,生产厂家不能单纯依据产品获批上市的临床数据,还要提供各种真实世界的医疗数据和比较性数据,它们都可能为产品价值提供重要证据。这些数据不仅可供医保部门对产品的安全性进行评估,还可以支持创新产品与当前临床治疗方式之间的疗效和安全性比较,以及评估创新产品与现有技术的可替换性。

(2) 临床专家的认同和支持

从产品的医保申请立项开始,基层临床专业人员的支持就是必不可少的。没有院级医务人员的支持,创新器械基本不可能进入医保的考量范围。产品成功立项之后,从地区到国家不同级别的决策均会邀请临床KOL参与。这些临床KOL中有相当一部分人同时是医保的智囊或评审委员会的重要成员。虽然医疗器械准入中涉及多层面的价值评估,但临床价值得到包括KOL在内的各级临床专业人员的认可至关重要。

(3) 充分的经济性评估

医保报销决策不同于监管部门的上市审评，它要对产品临床性能和经济因素进行综合考量。优秀的医疗创新产品很可能仅因价格过高，超出医保支付的能力范围而被排除在报销目录之外。医疗器械的使用直接涉及支付方（患者和医保）和服务提供方（医院等医疗机构）的经济利益，相较于创新药品而言，一般医疗器械相应的卫生经济学评估视角和方法更为复杂。真实，可靠的经济学评估不仅可以支持产品的医保报销申请，还会在产品的后期推广中发挥作用。

医疗器械的价值评估

盖瑞·布朗（Gary Brown）最早将价值医学定义为建立在最佳循证数据基础上并将这些数据转换为基于患者的价值的形式。[7]价值医学的最大优势就是可以综合比较临床疗效、不良反应和资源消耗，形成透明合理的HTA体系。进入21世纪以来，医学发展逐步从传统的循证医学转向价值医学，而以价值医学为导向的HTA体系也在中国医保报销体系中发挥着越来越重要的作用。

价值医学是以患者价值为终点的，这一方针使得决策者可以在不同疗法甚至不同疾病领域对相关产品进行比较。那什么是患者价值呢？患者价值通常可以分成临床价值、经济价值、社会价值和心理价值四个层面（图8.2）。

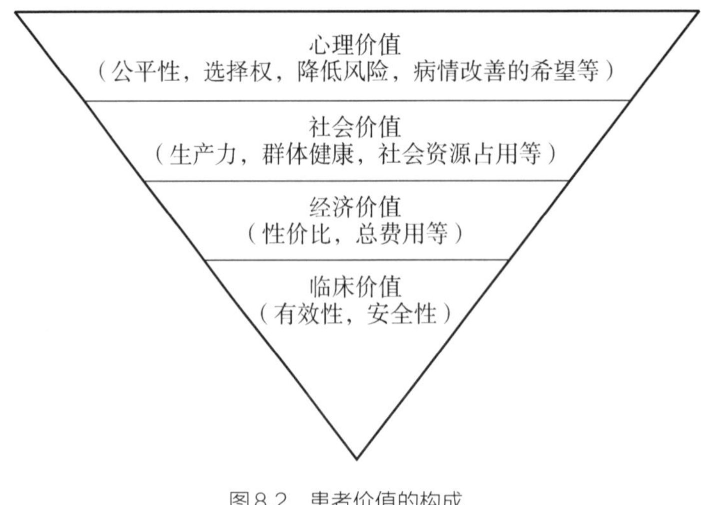

图8.2　患者价值的构成

患者价值成分之间的关系和重要性并不等同。其中,临床价值是价值医学中其他一切价值的基础。缺乏真实可靠的临床价值的医疗科技不可能被价值医学认可。在HTA评估中,临床价值经常以患者效用值(Utility)体现:完全健康的效用值为1,死亡的健康效用值为0。经济价值主要指因治疗而产生的直接医疗费用。经济价值的评估多以性价比或者治疗总费用的形式完成。目前,世界上主流HTA体系的评估内容均包括医疗器械的临床价值和经济价值。相对来说,社会价值和心理价值在目前很少被直接纳入评估考量,但新冠疫情的暴发,让全球看到了医疗创新的社会价值,而各种针对罕见病的医疗科技发展,也在不断地加强医保公平性的考量。随着医疗器械HTA的开展和完善,越来越全面的患者价值体系将会逐步纳入价值评估。

第二节　医疗创新器械的经济学评估

医疗器械的类别和品种众多,数目远超创新药物。例如,国内综合性三甲医院中,同一医院需要管理的耗材种类可能是药品种类的3—5倍。即使仅为医疗器械,其也存在巨大差异。比如,从临床风险的角度看,医疗器械既包括低风险的止血绷带,也包含高风险的心脏起搏器。从决策评估的角度看,医疗器械分为只需要简单比较的(临床功能上与其他品种没有显著区别,可以替代)及需要非常复杂的全面评估的(如不同的消融技术)。所以,要想做好医疗器械的经济学评估,就必须对其特殊性及评估方法有清晰的认识。

医疗器械经济学评估的特殊性

目前包括中国在内的各国卫生经济学评估规范,多数都是为了指导药物的经济学评估而制定的。从理论上讲,这些经济学评估方法具有相当的共性,经过调整后也适用于医疗器械,但是正确地选择这些调整需要明确理解医疗器械评估的特殊性。迈克尔·德拉蒙德(Michael Drummond)等人在文献中详细地剖析了这一问题[8,9]。

第一,获批上市的医疗器械并不一定需要临床试验。各国普遍对医疗器械实行分类管理。比如,我国按照风险程度将医疗器械产品分为三类,即Ⅰ类、Ⅱ类和Ⅲ类医疗器械,并实行分类管理,不同类别的医疗器械产品,其注册、备案、许可程序及要求也是不一样的。其中,I类医疗器械属于低风险的医疗器械,可以豁免临床试验获批上市。缺乏临床研究数据,特别是对比性的研究数据将对经济学评估造成困难。这时真实世界数据的应用对于医疗器械评估就变得更为重要。

第二,医疗器械的价值很可能不完整或者不独立。这一特点在诊断器械中格外突出。例如,早期癌症筛查设备的价值不仅仅取决于检测本身的准确率,还与后续的医疗干预手段密切相关。如果当前对可检测出的癌症没有任何有效的治疗手段去减缓病情进展,那么筛查的价值就会大打折扣。

第三,医疗器械的价值实现往往受使用者的技术水平影响。同样的手术设备在不同医生的使用过程中可能产生不同的临床效果。医生的临床经验和对手术设备的熟悉程度等非医疗器械的因素会对器械本身所能提供的价值产生影响。在分析医疗器械的临床研究数据时,要充分考虑这个特征。比如,某创新器械与现有器械的临床试验结果不仅仅包含器械本身造成的影响。参加临床试验的医生可能因为更熟悉传统器械而更容易获得较好的治疗结果。使用新器械的医生则可能因为缺乏长期经验积累,并不能达到创新器械应该可以实现的结果。

第四,医疗器械的成本并非仅限于器械本身的定价。大型医疗器械的使用经常需要相应的配套投入,这些配套投入可能包括为器械建立新场地、维修、使用者培训等费用。如果模型中没有充分考虑这些配套资源的投入,就会低估创新器械的纳入成本而做出错误的决策推荐。

第五,医疗器械的价格变动。上市的创新药物因为专利保护和创新的长周期,价格一般比较稳定。医疗器械的主导则是快速的"微创新":通过对现有器械进行小规模改进而形成新的产品。大量的微创新产品迅速上市必将在市场上引起价格波动,形成新的价格平衡。因此,对医疗器械的经济分析需要考虑到模型的相对时效性。

医疗器械经济学评估的常用方法

在前文中,我们提到了以患者为中心的疗效评估指标——患者效用值。在具体介绍医疗器械经济学评估方法前,有必要进一步阐释患者效用值。使用患者效用值的核心目的是把复杂的临床研究终点转换成患者可以感知的获益,即健康生命质量的提高。以效用值衡量健康生命质量是建立在现代效用理论之上的。效用理论是一种于存在不确定性的场合里进行理性决策的模型。如果以效用分值为权重对患者生存时间进行加权求和,就可以获得经济学评估中最常使用的终点指标——质量调整生命年(Quality-Adjusted Life Year,简称QALY)。把所有医疗介入的患者临床获益均转换成为QALY值描述后,即赋予了经济学评估跨病种、跨疗法的能力。医疗器械的经济学评估中最常见的模型主要是成本效用分析、最小成本分析和预算影响分析。

成本效用分析

成本效用分析(Cost Utility Analysis,简称CUA)是考察一项或多项干预措施的成本和健康结果的一种方法。它将一项干预措施与另一项干预措施(或现状)进行比较,估计获得一个单位的健康结果需要多少成本。在成本效用分析中,健康结果通常采用QALY以增强分析结果的比较和解读性。

成本效用分析是对比性的经济分析。在分析中必须考虑两个或者更多的医疗介入手段。开展成本效用分析时,需要收集研究中医疗介入的费用和患者获得医疗服务后的结局。费用信息同时包含医疗器械临床使用产生的各种费用和因为医疗介入所节省的费用。是否在成本效用计算中纳入社会成本和社会收益,目前没有明确的统一结论,可以根据评估产品与社会价值的紧密程度来决定。很多用于人群筛查的检测创新,其社会收益也是器械价值中不可分割的一部分。同样,如义肢等器械在增强患者自理能力的同时也会大幅度减轻陪护人员的心理负担和经济负担。成本效果分析中可以计算不同疗法之间的总费用差值和患者QALY差值。分析的计算结果通常使用费用差值与QALY差值的比值,即增量成本效果比(ICER)来展示。

ICER用于医保决策可能的情况,可以通过图8.3中的增量成本效用图显示。当成本增量为负值但是效果增量为正值时(第四象限),可以认为新产品与参比产品相较具有绝对优势,降低费用的同时增加了患者获益。与之相反,当增量成本为正而增量效果为负值时(第二象限),新产品相对参比产品增加了费用且降低了患者获益,应当拒绝使用新产品。当成本与效果的增量值均

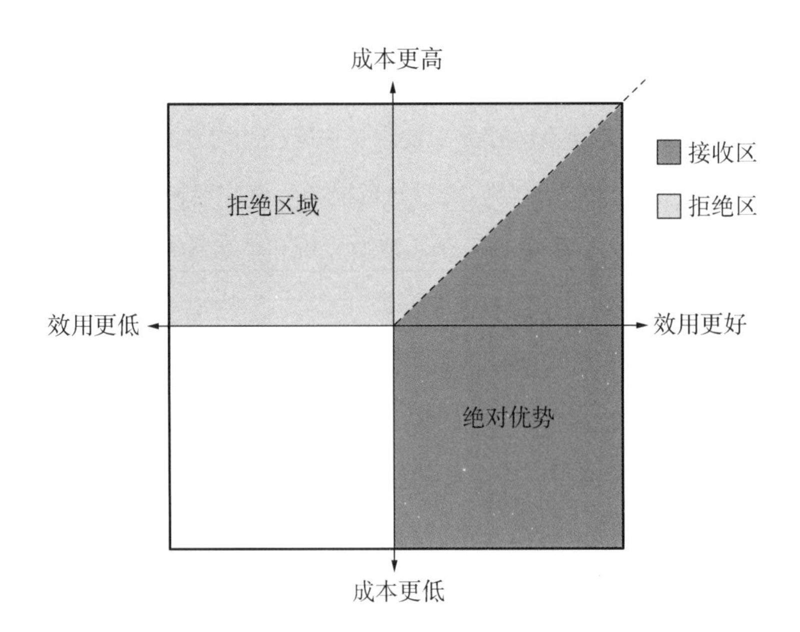

图8.3　增量成本效用图

为正时(第一象限),说明新产品具有更高的使用成本和更好的疗效。是否接纳新产品取决于医保的支付意愿,也就是ICER的阈值。世界卫生组织建议ICER的阈值为1—3倍人均GDP。[10]如果借鉴中国在历届医保药物目录的谈判结果,这一阈值在中国市场很可能在0.8倍人均GDP左右。当创新医疗器械的ICER低于医保决策的ICER阈值,可以认为新产品、新技术符合医保经济评估标准,具有成本效用优势。成本效用评估的ICER值当然也可能出现在第三象限(低成本、低收益),但作为医疗创新产品,至少应当确保患者获益不会降低。除非出现极端的情况,医保不应当为疗效与当前疗法有差距的产品提供报销支付。这样的产品本身也不符合中国医保报销“安全有效,临床必需”的原则。

经济学分析中涉及大量的输入参数,每个参数都存在不同的不确定性。对模型结果进行各种敏感度分析和场景分析是检测经济学分析结果稳定性的标准步骤。

成本效用分析在医疗器械评估中用得比较多。这里以房颤治疗方法评估作为案例说明。该研究对治疗房颤的三种常用方法(冷冻消融、射频消融和药物治疗)的长期成本效用进行了分析,其中冷冻消融和射频消融均为医疗器械。该研究的临床数据来自直接临床研究和通过荟萃分析获得的间接疗效以及安全性对比。模型在临床疗效部分既包含针对房颤本身的有效性,也考虑了包括卒中等多种常见的并发症。在成本部分,模型计算中纳入了治疗本身的费用(药费和消融手术费)和并发症引发的直接医疗费用。整体研究采用医疗体系的视角没有考虑房颤治疗社会价值。计算结果在表8.2中有详细显示。这个成本效用分析中对三种疗法的临床疗效和成本都进行了计算。表8.2中除最后四行之外,均为临床疗效终点。其中包括每种疗法患者相应的平均死亡年纪,疾病进展,与房颤相关的心血管事件数量,接受疗法后的生存时间以及总体的质量调整生命年的详细数据。表8.2中的最后四行包括了治疗成本和最终的ICER值。分析显示射频消融是三种疗法中最具经济性的房颤治疗方式。如果以中国0.8倍人均GDP作为阈值,那么冷冻消融术没有达到所需的

表8.2 房颤治疗成本效用分析结果[11]

模型结果	AADs平均值(SD)	STAI平均值(SD)	CB2平均值(SD)	增量 STAI vs AADs	增量 CB2 vs AADs	增量 STAI vs CB2
疾病进展						
死亡年龄(年)	64.63(3.80)	66.57(4.78)	65.74(4.30)	1.94	1.11	0.83
房颤进展时间(月)	59.30(42.83)	84.85(58.97)	71.65(50.87)	25.55	12.35	13.2
房颤总时间(月)	38.48(79.57)	1.86(17.77)	6.19(33.38)	−36.62	−32.29	−4.33
房颤相关心血管疾病和出血事件						
首次卒中时间(月)	71.17(40.79)	99.63(62.78)	90.66(51.18)	28.46	19.49	8.97
首次颅内出血时间	81.97(43.38)	90.74(59.58)	95.78(52.54)	8.77	13.81	−5.04
首次心肌梗死的时间	66.52(45.46)	84.68(59.87)	69.67(47.76)	18.16	3.15	15.01
首次心力衰竭的时间	87.57(43.47)	102.67(60.76)	102.73(50.63)	15.1	15.16	−0.06
卒中次数	0.70(0.46)	0.30(0.46)	0.52(0.50)	−0.4	−0.18	−0.22
颅内出血次数	0.29(0.45)	0.08(0.27)	0.17(0.37)	−0.21	−0.12	−0.09
心肌梗死次数	0.02(0.13)	0.02(0.14)	0.02(0.14)	0.00	0.00	0.00
卒中患者比例(%)	69.66	30.00	52.05	−39.66	−17.61	−22.05
颅内出血患者比例(%)	27.75	8.16	16.02	−19.59	−11.73	−7.86

（续表）

模型结果	AADs平均值（SD）	STAI平均值（SD）	CB2平均值（SD）	增量 STAI vs AADs	增量 CB2 vs AADs	增量 STAI vs CB2
心肌梗死患者比例(%)	1.80	2.12	1.91	0.32	0.11	0.21
心力衰竭患者比例(%)	12.25	1.82	6.08	−10.43	−6.17	−4.26
QALY和寿命						
QALYs	4.98(1.72)	6.55(2.29)	5.92(2.05)	1.58	0.94	0.64
寿命	9.63(3.80)	11.57(4.78)	10.74(4.30)	1.94	1.11	0.83
总成本(美元)	15 373.83	24 722.13 (5219.77)	26 811.11 (5 892.26)	9348.30	11 437.28	−2088.98
增量成本(美元)						
每QALY增量				5927.49	12 167.32	−3264.03
每寿命年增量				4822.65	10 303.86	−2516.84
						STAI占优势

注：AAD为抗心律失常药物，AF为房颤，CB2为第二代冷冻球囊，QALY为质量调整寿命年，STAI为由消融指数指导的ThermoCool SmartTouch。

ICER门槛。该研究中的敏感度分析和场景分析也进一步确认了分析结果的稳定性。

成本最小化分析

医疗器械创新的特点之一就是存在快速多样的微创新。例如,仅改变某些手术器械的外形设计就可以提高其临床使用的舒适性和便捷性。但因临床效果并没有显著改善,患者获益也就基本相同。当患者获益接近的情况下,QALY增量接近于零,成本效用分析中以QALY增量作为分目的ICER的计算会变得相当不稳定。

成本最小化分析(Cost Minimization Analysis,简称CMA)是指在两种或多种治疗方法的结果几乎相同时,选择成本最低的替代方案。与CUA相比,CMA适用的范畴相对较小,但是CMA更简洁、易操作。需要格外注意的是,CMA不等同于产品间的简单价格对比,其成本计算还涉及使用产品时所必需的其他配置资源的价格,它需要反映治疗和评估期间的总管理成本,所以这种方法只能用于比较两种已被证明治疗效果相当的产品。

我们以机器人手术、微创手术和开放手术的一个最小成本分析作为应用案例。[12]机器人手术经常被认为是一种能够使医生和患者都获益的更先进的微创手术技术,但机器人手术会带来高额的安装、使用和维护成本。班比诺-格苏儿童医院的健康技术评估小组通过CMA来评估机器人手术的经济可持续性,其成本包括与手术相关的各种固定成本(设备、安装等)和可变成本(人工、耗材等)。CMA计算表明机器人手术是三种方案中最为昂贵的治疗方式,该医院至少需要使用349次机器人手术才能达到收支平衡。评估小组用CMA模型进行的各种敏感度分析也支持分析基础场景结果的稳定性。研究的结论是,尽管机器人手术可能是更先进的手术方式,但是该医院的临床需要决定了短期内不引入机器人手术平台。

预算影响分析

预算影响分析(Budget Impact Analysis,简称BIA)是一种分析工具,用来评估采用创新医疗产品后，医疗服务购买方医疗支出的预期变化。如果CUA和CMA是用来选择是否应该使用某个创新医疗器械，那么BIA则需要回答的问题是支付方（医保或者整个医疗健康体系）是否可以承担创新器械所带来的经济压力。

BIA可以单独进行（如在现有的预算限制下，考虑评估体系是否可以负担得起为创新产品提供医保报销），BIA也可以与CUA、CMA等卫生经济评估一起进行，帮助决策者计算医疗系统纳入推荐产品后带来的财务后果。中国医保资金虽然总体结存高达3.6万亿元，但是医保需要覆盖13.6亿参保人口的部分卫生健康支出。[13]在医保总体资金相对紧张的条件下，BIA通常是医保最重要和最优先使用的经济学评估工具。

BIA通常包括以下步骤：首先，需要明确目标人群，即受到新技术影响的人群，并对相应的人群规模进行估算。一般情况下，这一步骤相当于对相关适应证的流行病学信息（如患病率、发病率等）进行总结。在适当的场景下，可能需要按照疾病的严重程度进一步细分。其次，设定BIA的时间范围，也就是评估要衡量卫生支出和成本节约变化的时间段。时间段的选择取决于医保报销预算规划时间段，通常为3—5年。值得注意的是，这个时间段往往与疾病的持续时间无关。BIA必须计算支出和成本节约在这个设定的时间段内的变化。再次，确定疗法组合，也就是由于创新产品而导致的对目标人群使用的疗法组合的变化。这个变化取决于创新产品与现有疗法的关系（取代还是补充）和预期市场对创新产品的接纳程度。最后，需要估算与产品和疾病相关的成本。BIA的成本估算应当遵循卫生经济评价中衡量成本的一般循证原则，但因BIA通常采用医保视角，因此，BIA的成本计算有可能不包含医保不提供报销的费用（比如患者的自付部分）。

作为对支付方最重要的经济学评估工具之一，创新医疗器械BIA的研究文献较多。在此，我们仅以连续血糖仪的BIA为例，展示其实际应用过程。[14]接受高剂量胰岛素治疗的糖尿病患者必须频繁测量血糖并调整剂量，以避免严重低血糖事件的发生。传统的血糖仪(BGM)虽然被广泛使用,但是只能在使用者主动检测时才能获得血糖值。传统血糖仪的使用中须刺破皮肤才能采样,这导致很多患者不愿意接受频繁测试,也就不能有效地避免低血糖事件的发生。而新型连续血糖仪(CGM)则可以对患者血糖进行连续测试,多数情况下减少了自我刺破皮肤以测试血糖水平的次数,并且具有在血糖值低于阈值时的报警功能。虽然CGM相对于BGM价格更高,但是当分析中纳入CGM降低严重低血糖事件而节约的医疗费用(救护车、急诊和住院等)后,BIA结果显示,若医保为高剂量胰岛素治疗的患者使用CGM提供报销,则每位患者的年医疗费用平均节约额度可以高达327美元。这样的评估结果为CGM获得医保报销提供了强有力的证据。事实上,美国的主要医疗保险多数已经开始为符合适用条件的患者报销连续血糖仪。

在我国医保已覆盖全国95%的人口之背景下,创新医疗器械纳入医保目录则标志着巨大的医疗市场向该领域敞开。因此,创新医疗器械的医保准入工作对产品的商业成功起着至关重要的作用。创新企业应在熟悉我国医保政策环境的基础上,灵活运用各种经济学工具,为与医保部门沟通产品价值时提供有力的循证支持。

第四部分

医疗科技创新的公司成长

第九章
医疗科技公司商业计划的构成

第一节 融 资 计 划

融资规划

顶层设计

合伙人管理

创业团队构建：创始团队的构成是后续融资和推动企业不断成长的原动力。建议在搭建班底时，尽量拓宽眼界，积极引进1—2位在商界打拼的企业家做顾问或天使投资人。这样可以在行业、资源及资金等方面形成有利互补。

股权机制的设计：必须有一套明确的股权退出机制来实现“吐故纳新”。

特殊的机制：如何搭建更高、更广阔的事业平台，留住更优秀的人才这一问题，是创始人要不断思考的。可以设立特殊的机制，如内部孵化器、产业投资平台、家属商学院等。

商业模式

在整个商业模式中，最为关键的是选准标靶——客户需求，并通过持续运营优化来构筑商业模式背后的核心竞争优势，即建立壁垒，形成又高又深的护城河。

企业定位：在创建企业之初，就要明确企业的价值观、使命及社会责任，清晰知晓自己想做什么业务(即公司存在的理由),正在做什么,在为谁创造财富,最终到底想成为什么样的企业。

盈利模式或商业模式:如何在为客户创造价值的过程中获取利润?这种方式是最经济有效的吗?这种方式是无法替代的吗?这种方式是可持续发展的吗?……

目标市场或客户:谁是我的潜在和(或)目标客户?他们的喜好、价值观、行为特征?哪些客户可以让我赚钱?他们的性格特点、思维方式、消费习惯是怎样的?……

价值链:目标客户最大的需求是什么?希望为客户提供何种产品和服务?为什么客户要选择向我购买?

股权机制和期权池

随着企业业务的扩张和规模的扩大,需要对接投资机构和资本市场,通过不断地稀释股权而融得资金。

创始阶段的415规则:原则上创始股东不超过4人、1个控股大股东要持有50%以上股权。创始股东过多,利益和沟通成本就会非常高,不利于后续投资资金的进入。大股东持有超过50%的股权,则可保障其在法律层面拥有对企业所有权和决策权的控制权能。

种子期和天使投资:种子期和天使投资占股比一般在15%—35%,原则上建议不超过40%,否则会极大地降低和减弱创始团队的创业激情和动力。

业务快速扩张期:此时企业可陆续引入风险投资,一般以半年或1年为界限持续推进企业的A轮、B轮、C轮、D轮,融资额度不断扩大,估值持续攀升,但相应的股权释放比例逐步降低,一般从20%逐步降至5%。在企业上市前,一般创始团队的股权比例在50%—60%,成为公众公司后,创始团队的股权比例要在34%以上。

一致行动人

在企业持续发展、多轮融资直至上市过程中,创始团队的持股比例会逐步地被稀释下调，如何保障企业能沿着其发展战略持续推进、保持对经营管理的掌控权，便成了一个极大挑战。

一致行动人在企业起步融资阶段时就可设计和规划，创始人通过协议、公司章程来约定联合创始人、经营团队、机构投资人代表的权利和权益，从而保障对企业经营的实际掌控。

在遵守法律法规、公司治理规则前提下，创始团队保持控制权的方式多种多样，有的通过设立A股、B股来提升创始团队的投票权，有的通过双GP的产业并购基金来扩大经营影响，还有的不断扩充白武士的拉长名单，更多的则是通过建立一致行动人来保障对企业的实际掌控。

法人治理结构

公司治理结构要解决涉及公司成败的三个基本问题。①如何保证投资者(股东)的投资回报，即协调股东与企业的利益关系。在所有权与经营权分离的情况下，公司治理结构要从制度上保证所有者(股东)的控制权与利益。②企业内各利益集团的关系协调。包括对经理层与其他员工的激励，以及对高层管理者的制约。③议事规则的制定和规范。公司的组织章程、管制架构、董事提名的程序、董监高的聘用、独立董事制度、审计委员会和(或)提名委员会和(或)薪酬委员会的议事规则、内审制度等构成企业治理的基石，决定和影响着企业的决策、运营管理风格和企业文化。企业可在引进投资的过程中，由投资人牵头系统构建企业的法人治理结构。规范且高效的治理结构必然会成为企业下轮融资和上市的亮点。

董事会

董事会是由董事组成的，对内掌管公司事务，对外代表公司的经营决策机构。如何构筑决策高效、资源广泛、能力互补的董事会，规范治理结构，为企业发展提供战略指导和牵引，将成为企业发展的关键命题。

建议企业在创始阶段就尝试构建小型董事会，一方面可集思广益，为推进企业发展和运营献计献策；另一方面有利于形成平衡高效的决策机制，助力企业的持续发展。

在企业多轮的融资过程中,逐步有许多投资人代表加入董事会担任公司董事,这些人多数为合伙人级别。建议企业在融资过程中选择一位资历深的投资人或一个投资机构做领投,减少与投资机构沟通过程中发生的摩擦和成本。

关键资源控制

在企业的资源要素中有一些是关键资源,是战略的胜负手。比如,技术、知识产权、人力资本、客户、供应链体系。当然,如果企业段位高超,资本运营也是关键资源之一。

企业一方面要对外建立壁垒,构筑竞争力强的护城河;另一方面要对内控制关键资源,因为随着企业股权融资的推进和上市进程的启动,许多竞争已经上升到资本运营层面。

为了捍卫公司的利益,杜绝恶意收购的黑武士和别有用心的公司控制,还得在公司章程和实际运作中,设立层层防线。比如,出售公司关键资产的“毒丸策略”,加大公司被恶意收购成本的“金色降落伞计划”,还有中国版的“挟天子以令诸侯计划”(将关键客户资源和利益捆绑等)。当然,如果企业段位高超,联合白武士发起反向收购也是策略之一。

资本路径

随着我国多层次资本市场的建立和早期投资机构的崛起,尤其是金融政策的放开,许多新型的融资渠道和方式不断地涌现。企业要有系统、有节奏、有计划地结合自身的业务发展来部署融资进程,结合企业发展阶段及资金需求,匹配不同类型融资方式及资本机构。在企业踏入资本市场即启动股权融资的那一刻,建议企业提前规划与布局,包括知识产权、保险和财务审计等方面。

融资方式

根据资金的权益不同,企业的融资方式可以分为以下三类。

1)政府融资:国家、省级、市级政府引导基金;产品、技术、人才政府补贴等。

2）股权融资：股权众筹、天使投资人、风险投资、产业投资者、私募基金、上市融资。

3）债权融资：民间融资、类金融机构融资、金融机构融资。

下面我们将具体介绍股权融资及债权融资的投资类型及方式。

股权融资

股权众筹：企业基于互联网渠道，面向普通投资者出让一定比例的股份，投资者通过出资入股公司，获得未来收益。

天使投资人：有实力的个人将资金投资于风险企业，这些人常以业余爱好及个人情感偏好为主要依据，做决策很快。

产业投资者：传统产业集团面临着转型升级，在主动或被动地二次创业，寻找企业新的增长点。这时参控股与收购就成了重要路径。初创企业可以将产业投资者纳入投资人名单，嫁接传统产业的基础和资源。

风险投资：风险投资机构都有成熟的投管流程、投资团队、风控体系来系统筛选和（或）投管项目。一般每家机构都有自己的投资偏好，在投资区域、投资阶段、投资行业、投资金额、投资标的（如团队、商业模式和数据）等领域都有清晰、明确的规定。

私募股权基金：私募股权投资是指投资于非上市股权，或者上市公司非公开交易股权的一种投资方式。私募股权基金的投资对象主要是那些已经形成一定规模的，并产生稳定现金流的成熟企业。这是其与风险投资基金最大的区别。

上市融资：企业上市是一项纷繁浩大的系统工程，需要企业提前1—2年（甚至更长时间）做各项准备工作。同时，企业上市也是一项专业性极强的工作，例如其需要编写的各项文件资料就多达40种以上。所以，按国际惯例，在企业股改上市过程中都需聘请专业的咨询机构帮忙运作。

债权融资

民间融资包括企业向员工借贷、企业向特定非员工借贷、企业向非金融企业借贷、让与担保、融资性贸易、托管式加盟等多种方式。

类金融机构融资包括商业保理、融资租赁、典当、小额贷款公司、股权质押、动产浮动质押、仓单质押、保单质押贷款等多种方式。

金融融资包括银行贷款、信托贷款、银行承兑汇票、信用证、内保外贷、公司债、金融租赁、银行保理、存单质押、企业债、优先股、资产证券化、商业承兑汇票、前海跨境人民币贷款、贸易融资、应收账款质押贷款等多种方式。

股权架构设计

在企业发展的不同阶段,创业者都会面临股权架构设计问题。具体而言,股权架构主要可以归纳为创始合伙人股权设计、团队股权激励和融资股权设计三种类型。

公司股权架构设计的重要性主要体现在以下几个方面。

1）有助于创业公司的稳定:通过股权明晰合伙人的权、责、利,为公司稳定发展奠定基础。

2）决定公司控制权的归属:确定哪些人、基于何种原因可以获得公司控制权。

3）影响企业的发展:若最初股权结构设计不当,则很可能导致权力和利益分配不均,而形成内部损耗或纷争。

4）融资或进入资本市场的必要条件:股权架构设计的合理性是投资人关注的要点之一,基本上企业要IPO时都会有股权结构明晰、合理的要求。

在股权结构设计中,有几个基本要点须格外注意:首先,股权结构要简单明晰,且股东之间要相互信任;其次,切忌设置均等的股权架构,如50%∶50%,33%∶33%∶33%等;最后,预留部分股权,用于引进新人才及奖励公司员工等。下面我们将就具体的结构设计展开介绍。

创始合伙人股权设计

所谓创始合伙人，即企业创立时一起做事的人；能背靠背，各自独当一面，实现包括研发、运营、资金、渠道等优势有效整合的团队；合伙人之间紧密联系、不可相互替代。只有这类合伙人才可以参与股权的分配。需谨慎考虑以下人群是否可作为合伙人：短期资源提供者、专家顾问、早期员工、兼职人员、天使投资人。

在股权分配时要参考的因素包括合伙人的出资比例、资源优势及创业贡献。因股权部分机制很难写进标准公司章程，因此建议签署合伙人股权分配协议，约定合伙人股权成熟机制及退出机制等。这些机制是合伙人股权设计的关键点。

成熟机制

合伙人股权成熟机制，即约定合伙人的股权和服务期限挂钩，股权分期成熟。具体而言，成熟条件分为以下几种：①按年授予，如事先约定，股权按4年成熟，一年期满就授予25%；②按项目进度，比如说产品测试、迭代、推出、推广，达到多少的用户数等，这种方式对于一些自媒体运营的创业项目来说比较有用；③按融资进度，融资进度可以印证产品的成熟度，可以约定完成不同轮次融资时股权成熟比例；④按项目的运营业绩，如营收、利润等。

退出机制

对于以下情况，应提前设计法律应对方案，以减少对企业的影响。

合伙人退出情形包括：①主动离职；②因自身原因无法履职，如身体、能力、观念/理念不一样等原因不能履职的；③故意和重大过失，如在一些重要的岗位做出伤害运营利益的事情；④合伙人离婚、继承等。针对以上问题的解决方案：①对于前三项，可以约定企业或其他合伙人有权以股权溢价的方式回购离职合伙人未成熟甚至已成熟的股权，而对于离职不交出股权的行为，可约定离职不退股须支付高额的违约金；②对于第四项中离婚情形，可引入“土豆条款”,约定股权归合伙人一方所有;③对于第四项中继承情形,可约定合伙人的有权继承人不可以继承股东资格,只继承股权财产权益。

团队股权激励

团队股权激励的主要模式可分为三大类,即期权、虚拟股权激励及现实股权,其定义与适用范围及特点详见表9.1。

需要注意的问题如下,①激励股权池预留多大合适:按照硅谷的做法,股

表9.1 团队激励主要模式

类别		定义	备注
期权	期权	赋予员工未来取得公司股权的期待权利,员工或其他激励对象到期(或满足条件后)行使期权,取得公司相应股权或股权的受益权利	适用于公司员工,范围较大
虚拟股权激励	虚拟股权	公司股权的虚拟化,公司人为地将股权折分为若干等值单位,并将一定数量的虚拟股权授予给公司核心员工。核心员工可以按照所持有的虚拟股权的数量和比例,而享有相应的分红	被激励员工单纯通过与公司签署相应协议的方式获得上述权利,并且该等权利一般由公司无偿赠予或者奖励给核心员工而无须员工支付任何对价
	股权增值权	被授予股权的核心员工在一定的时期内,将有权获得规定数量的股权价值(市场公允价格)上升所带来的升值收益。股权激励对象不拥有这些股权和(或)份的所有权,也不拥有股东表决权、分红权	
现实股权形式	员工直接持股	被激励对象以其本人名义直接持有公司股权,可以参加股东会议、行使表决权、参与公司决策	创业元老、核心员工中的核心或者公司发展不可或缺、无可替代之人等极少数人员
	通过持股平台持股	设立特殊目的实体(可以采用公司或者合伙企业形式)作为持股平台,被激励对象作为持股公司股东或者合伙企业的合伙人,间接持有被激励股权	

权池通常占公司股权的10%—20%;股权池不宜过大或过小。②现金激励还是股权激励:激励方式要因人而异,做好充分沟通,基本原则是少数关键人员做股权激励,其他人员做现金绩效奖励。③不要让股权激励成为“镜中月、水中花”:股权激励以公司的做大做强、公司估值不断攀升为基础。如公司的发展前景不明朗,需慎用。④抓住实施股权激励的时机:创业初期,公司价值不明显,激励股权收效甚微,但是对那些与公司相濡以沫、携手共济、风雨同舟的创业元老或者公司栋梁,须及时发放股权激励。

期权是“期待性的权利,期待性的股权”,所以它是以股权的形式存在,但不能当下就可实现的,值得期待。如果想获得期权,那要满足一定的条件,付出相应的对价才行。正因如此,员工期权设计可吸引、激励优秀人才与公司共同成长,实现利益共享。

期权激励实施流程:确定目标→激励方案→起草考核条件→方案决议→召开说明会→签署协议→考核行权→转让登记或撤销、回购。

期权激励设计关键点:进入机制

定时:要控制发放的节奏与进度,为后续进入的团队预留期权发放空间;全员持股可以成为企业的选择方向,但最好先解决第一梯队,再解决第二梯队,最后以普惠制解决第三梯队,形成示范效应。

定人:中高层管理人员是主要人群。合伙人主要拿限制性股权,不参与期权分配。但若合伙人的贡献与其持有的股权非常不匹配,也可以给合伙人增发一部分期权,来调整早期进行合伙人股权分配不合理的问题。

定量:公司的期权池大小一般在10%—30%,15%是中间值。在确定岗位期权量时,可以先按部门分配,再具体到岗位,综合考虑员工职位、贡献、薪酬及公司发展阶段。

定价:指在授予时约定的,激励对象未来购买公司股票的价格。对于非上市公司而言,行权价可参照公司已完成的最近一次融资估值来确定。为了给予激励对象一定的获益空间,可在上述价格的基础上给出20%—80%的折扣。

定兑现条件如下,①分期成熟:成熟期一般为4年。②成熟方式:匀速成熟(每年兑现25%)、加速成熟(先多后少,如每年依次为40%、30%、20%、10%)、减速成熟(每年依次为20%、20%、30%、30%)。③成熟期的选择可以综合考虑公司的业务模式、人才成长速度、扩张速度、股权结构等因素。

期权激励设计关键点:退出机制

激励期权的退出机制,即约定员工离职时已行权的股权是否回购、回购价格等,避免员工离职时出现不必要的纠纷(图9.1)。

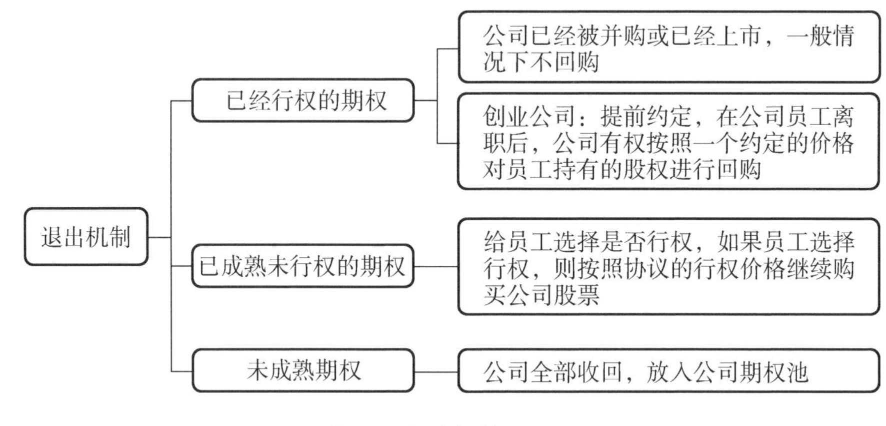

图9.1　退出机制

回购价格一般可以按照公司当时的净资产、净利润、估值来确定。如果按照净资产和净利润,应该有相应的溢价,因为公司回收了员工手里股权未来的收益权。

期权激励设计关键点:预留股权设计

目前,中国公司法框架下股权必须与注册资本对应,因而无法预留股权。灵活的做法有以下3种,①创始人代持:设立公司时由创始人多持有部分股权(对应于期权池),公司、创始人、员工三方签订合同,行权时由创始人向员工以约定价格转让。②设立持股平台:设立有限责任公司或有限合伙企业,员工通过持股平台间接持公司股份,这种方式可避免员工直接持有公司股权所带来的一些不便。中国企业在上市前一般采用这种做法。③虚拟股票:在公司内部建立特殊的账册，员工按照该账册上虚拟出来的股票享有相应的分红或增值权益。这种方式即目前华为技术有限公司的做法。

融资股权设计

企业愿意让出部分所有权，通过企业增资的方式引进新股东，同时使总股本增加的方式即股权融资。在这部分内容中，股权结构表至关重要。它是公司股东清单，显示了股东的资本及股比。股权结构表分为两类，各自具有不同的意义。下面我们来展开介绍。

目前股权状况表

目前股权状况表即截至特定日期公司的“现实股权状况”，记载着谁持有公司股权，以及这些人拥有股权对应的投票权。股权结构表中不体现期权等具有不确定性的潜在股权，它相当于公司的股东名册（表9.2）。

表9.2　目前股权状况表示例

股东	注册资本（元）	股权比例
创始人A	6 000 000	60.00%
创始人B	3 000 000	30.00%
创始人C	1 000 000	10.00%
总计	10 000 000	100.00%

投资及完全稀释后的股权结构表

除目前股权结构表外，此类结构表还包括期权、可转（股）债权以及其他未来可能转换为公司股权的权利（比如在投资人与公司约定有权以人民币100万元对公司增资，获得增资后10%的股权）。表9.3显示公司稀释后的股权结构（创始人A的股权原本应当稀释到54%，但其名下9%被预留用作员工期权，投资人是在创始人A预留之后获得公司10%股权）。

表9.3　投资及完全稀释后的股权结构表示例

股东	注册资本(元)	股权比例
创始人A	5 000 000	45.00%
创始人B	3 000 000	27.00%
创始人C	1 000 000	9.00%
员工期权(A代持)	1 000 000	9.00%
天使投资人	111 111	10.00%
总计	10 111 111	100.00%

投资条款清单

投资条款清单(Term Sheet,简称TS),是投资公司与创业企业就未来的投资交易所达成的原则性约定,除约定投资者对被投资企业的估值和计划投资金额外,还包括被投资企业应负的主要义务和投资者要求得到的主要权利,以及投资交易达成的前提条件等内容。TS并非最终投资协议,仅为最终投资交易的指南,其法律约束力并不强。

作为双方谈判和投资协议的基础,投资者与被投资企业之间未来签订的增资协议中将包含TS中的主要条款。TS的主要作用是为投资公司与创业公司就拟进行交易的主要条款达成一致。TS包含了私募投资者绝大部分权利设置、对目标企业和其初始股东的义务要求,以及其他与投融资相关的关键内容。通常TS除约定投资者对被投资企业的估值和计划投资金额、所持比例、投资工具外,还应包括被投资企业应承担的主要义务和投资者所要求得到的主要权利,以及投资交易达成的前提条件等内容。一般来说,正式投资协议将包含TS中的全部内容。

风险投资流程

通常风险投资机构投资项目的流程如图9.2所示。具体内容我们将在下面展开介绍。

图9.2　风险投资项目的一般流程

行业研究：投资人获得企业融资的商业计划书后将进行初步浏览，快速地展开行业访谈，以初步确定市场容量与格局、用户痛点、团队背景。

风险投资与创始团队交流：投资人听CEO介绍后会与其进行简单沟通。后续投资人会拜访公司，与团队其他成员进一步沟通，丰富并核实之前所了解的内容。通常若访谈过程中有风险投资合伙人在场，则在决策推进上会更进一步。

投资人内部沟通主要取决于其对市场与创业团队的初步判断，在初步尽职调查基础上进一步讨论部分项目细节，汇总访谈信息，初步判断是否要出具TS。

TS：投资机构出具TS则表示其有正式投资意向，TS将会对本次交易的核心内容进行约定。双方沟通并签署TS后，启动下一步尽职调查。

尽职调查：企业会开放资料与数据供风险投资团队等展开尽职调查。第三方律所与会计师事务所会出具财务尽职调查报告、法律尽职调查报告。风险投资团队给出综合商业的投资报告。

投决会：所谓投决会，即投资机构内部投委会（investment committee，简称IC）。若IC表决通过，则投资方后期会给出正式的股权购买协议（Share Purchase Agreement，简称SPA）及有限合伙协议（Limited Partnership Agreement，简称LPA）。

SPA、LPA协议签字：投资机构出具SPA协议与LPA协议，双方沟通协议内容，若无异议，公司历史股东全部签字盖章。

工商变更与融资款到账：项目方进行工商变更、投资机构打款。通常此环节由风险投资的投前团队移交至投后团队进行跟进。

TS的商业背景

基于商业诉求的商业谈判和利益平衡整个融资交易过程，无论是从开始接洽、签署TS，还是最终签署正式交易文件、开始交割，各方在商业上的利益诉求是否被直接或间接满足和固定，始终是交易各方谈判的重点。TS的签署可以理解为投融资双方首阶段谈判成果的固定。交易双方在存在信息不对称、估值分歧等诉求差异时，可通过TS对交易条件、交易标的估值等实现一种远期安排和利益平衡。TS的主要功能是固定投融资双方均认可的一些投资要素，在缩小谈判差距、消除分歧、稳定交易方面有积极的推动作用，避免任一一方随意中止或终止谈判，增加交易成本。

对于投资人来说，其对融资企业的初期了解并不深入，需要花一定的时间、费用与人力成本，通过尽职调查快速解决信息不对称的问题。大部分风险投资为财务投资，存在对于投资最终退出的诉求，企业必须接受并安排其关于投资人退出的相应权利和保障，否则大家就会因缺乏谈判基础而不可能达成交易。对于某些投资人来说，TS中的条款属于其对外投资的通用条款，也可以叫作门槛条款，不管最终的条款内容怎么设计，如果融资企业根本不接受相关条款安排，那么双方就无法达成交易。除非投资决策机关进行单独决策，否则企业一般不会放弃其中的相关权利。对于谈判地位强势一些的投资人，其TS条款会更完备，内容也对其更有利；而对于谈判地位相对弱一些的投资人，其首要目标是签下TS，取得投资机会和固定投资额度，只要TS条款不触及其核心诉求，都可以考虑适当放宽标准或者放弃权益。当然，对于多名投资人争抢额度的明星项目，一些投资人不要说签下TS，可能连尽职调查的时间都没有，就跑步进场直接与领投方或者其他投资人签署投资协议，完成交易了。

签署TS意味着企业与投资人的投资谈判进入实质阶段，融到资金的确定性增加。对于部分尚未签署TS的企业来说，只要尽职调查过程中未出现重大不利变化，得到投资人投资的概率仍是较高的；对于未包含排他期的TS，已签署的TS也可以作为与其他投资人谈判的估值门槛或者投资条件的参考标准，间接提高了其谈判地位。在具体条款的权利义务安排时，融资企业能够争取更多的有利安排，最终的结果可能是双方签署一个条款相对简单的TS。

TS的具体内容

风险投资时，投资人通常会关注两个方面：一是价值，包括投资时的价格和投资后的回报；二是控制，即投资后如何保障自己的利益、监管公司的运营。

因此，风险投资人给企业家的TS也就相应地有两个维度的功能：一个维度是"价值功能"，另一维度是"控制功能"。"价值功能"又可称为"经济功能"，主要体现在如投资额、估值、清算优先权等相关条款；"控制功能"则主要体现在如保护性条款、董事会相应权利等条款。

一份典型的TS包括以下内容。

1）投资金额、（充分稀释后的）股份作价、股权形式。

2）达到一定目标后（如IPO）投资公司的增持购股权。

3）投资的前提条件。

4）预计尽职调查和财务审计所需的时间。

5）优先股的分红比例。

6）要与业绩挂钩的奖励或惩罚条款。

7）清算优先办法。

8）优先股转换为普通股的办法和转换比率。

9）反稀释条款和棘轮条款。

10）优先认股、受让（或出让）权。

11）回购保证及作价。

12）被投资公司对投资公司的赔偿保证。

13）董事会席位和投票权。

14）保护性条款或一票否决权，范围包括：①改变优先股的权益；②优先股股数的增减；③新一轮融资增发股票；④公司回购普通股；⑤公司章程修改；⑥公司债务的增加；⑦分红计划；⑧公司并购重组、出让控股权和出售公司全部或大部分资产；⑨董事会席位变化；⑩增发普通股。

15）期权计划。

16）知情权，主要针对经营报告和预算报告。

17）公司股票上市后以上条款的适用性。

18）律师和审计费用的分担办法。

19）保密责任。

20）适用法律。

TS核心条款与谈判要点分析

TS核心条款如图9.3所示。

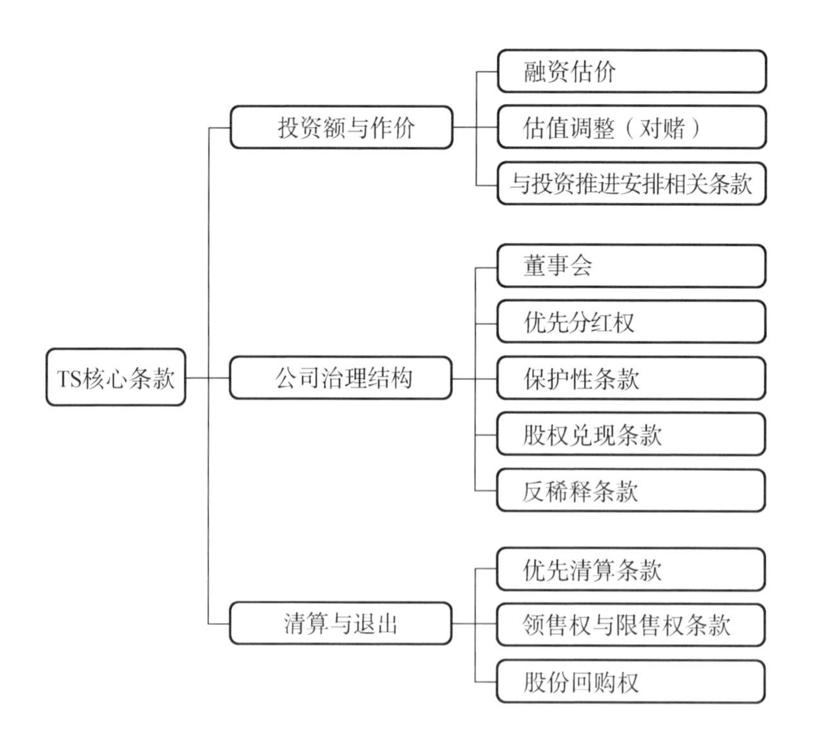

图9.3　TS核心条款

融资条款

举例："本轮融资投资后估值[*]万元或等值美元(包括[*]%的员工期权)，投资人投资[*]万元或等值美元，获得[*]%的股权。"融资估值具体包括估值、投资额及股权比例。

本条款有以下两个需要考虑的核心点。

1）需要明确提到的估值是投资前估值还是投资后估值。公司融资500万元，投资前估值2000万元，相应投资人比例为20%，如果是投资后估值，投资人比例就变成了25%，差别还是很大的。

2）需要明确员工期权是否包括在投资估值中。如果包含在投资估值中，则意味着投资人的股权是不会被这部分期权稀释的，相应的创始人团队的股权会变少。如果投资人投资后持股20%，投资后估值中公司预留10%的员工期权，那么创始团队的股权就是70%。如果员工期权不在投资后估值中，则投资人持股20%，创始人持股80%，后续双方一并按比例稀释提供10%的期权后，股权比例经期权稀释后最终为投资人18%、创始人72%、员工期权10%。

估值调整条款

估值调整条款，即对赌协议，指收购方(包括投资方)与出让方(包括融资方)在达成并购(或者融资)协议时，对于未来不确定的情况进行一种约定。如果约定的条件出现，投资方可以行使一种权利；如果约定的条件不出现，融资方则行使一种权利。所以，对赌协议实际上就是期权的一种形式。

举例：公司的初始估值(A轮投前)将根据公司业绩指标进行如下调整。

A轮投资人和公司将共同指定某审计公司对公司2021年的税后净利润进行审计，经审计的经常性项目的税后净利润被称为2021年经审计税后净利润。如果公司2021年经审计税后的净利润低于1500万元，公司的投资估值将按照以下方式进行调整：

2021年调整后的投资前估值=初始投资前估值×2021年经审计税后净利润/2021年预测的税后净利润

A轮投资人在公司的股份将根据投资估值调整进行相应的调整。投资估值调整将在出具审计报告后1个月内执行,并在公司按照比例给投资人发新的股权凭据后即刻正式生效。

谈判要点如下。

1）注意对赌协议的对象选择。

2）对赌方案的设计要注意可履行性。

3）注意对赌条款的公平性,条款不能过于苛刻而难完成,达到一定的经营业绩时投资人应当给予奖励。

董事会

条款示例:董事会由3个席位组成,普通股股东指派2名董事,其中1名必须是公司的CEO;投资人指派1名董事。

对企业家而言,组建董事会在A轮融资时的重要性甚至超过企业估值部分,因为估值的损失是一时的,而董事会控制权会影响整个企业的生命期。

谈判要点如下。

1）董事会应该反映出公司的所有权关系:公司董事会组成应该根据公司的所有权来决定;投资人(优先股股东)的利益由TS中的“保护性条款”来保障。董事会是保障公司全体股东利益,既包括优先股,也包括普通股。

2）设立独立董事席位:独立董事的选择要由董事会一致同意;由普通股股东(创业者)推荐独立董事。

3）设立CEO席位:公司的CEO占据一个董事会的普通股席位,创业者一定要小心这个条款,因为公司一旦更换CEO,那新CEO将会在董事会中占一个普通股席位,假如这个新CEO跟投资人是一条心的话,那么这种“CEO+投资人”的联盟将控制董事会。

参考:1个创始人席位(XXX)、1个CEO席位(目前是创始人YYY)、1个A轮投资人席位及1个由CEO提名董事会一致同意并批准的独立董事(多个创始人)。

优先分红权

条款示例:一旦董事会宣布发放股利,A类优先股股东有权优先于普通股股东每年获得投资额8%的非累积股利,还有权按可转换成的普通股数量,按比例参与普通股的股利分配。

创业者在TS谈判中应该将股利发放对企业未来可能产生的影响降至最低。

谈判要点如下。

1)不要要求投资人去除股利条款,投资人基本上都会保留相关条款。

2)要求股利非自动获得,而是"当董事会宣布"时才获得和发放。

3)要求非累积股利。

4)尽量要求最低的股利比例,比如5%。

5)要求在获得优先股利后,投资人不参与普通股的股利分配。

保护性条款

保护性条款,是投资人为了保护自己的利益而设置的条款。这个条款要求公司在执行某些潜在可能损害投资人利益的事件之前,须获得投资人的批准。实际上就是给予投资人一个对公司某些特定事件的否决权。设立保护性条款的目的是保护投资人小股东,防止其利益受到大股东侵害。

保护性条款的数量有多有少,少则三四条,多则20余条。上述条款是公平及标准的,而其他没有列出的条款是对投资人有利的,通常不是风险投资的条款示例。

条款示例:只要有任何优先股仍发行在外流通,以下事件需要至少持有50%优先股的股东同意。

1)修订、改变或废除公司注册证明或公司章程中的任何条款对A类优先股产生不利影响。

2)变更法定普通股或优先股股本。

3)设立或批准设立任何拥有高于或等同于A类优先股的权利、优先权或特许权的其他股份。

4）批准任何合并、资产出售或其他公司重组或收购。

5）回购或赎回公司任何普通股（不包括董事会批准的根据股份限制协议，在顾问、董事或员工终止服务时的回购）。

6）宣布或支付给普通股或优先股股利。

7）批准公司清算或解散。

谈判要点如下。

1）保护性条款的数量。保护性条款越少对公司越有利，如遇到强势的投资人，公司可以要求当运营达到某个里程碑阶段时，再去除某些保护性条款；把投资人要求的某些保护性条款变成“董事会级别”，批准权由投资人的董事会代表在董事会决议时行使，而不由投资人的优先股投票。

2）条款生效的最低股份要求。公司应该要求在外流通的优先股要达到一个最低数量或比例，保护性条款才能生效。明确是“只要有任何数量的优先股在外流通”就生效，还是“超过X%的A类优先股在外流通”才生效。例如，如果因为回购或转换成普通股，优先股只有1股在外流通，那么这1股优先股的持有人不应该拥有阻止公司进行某些特定事项的权利。

3）投票率下限。保护性条款实施时，“同意”票的比例通常设为“多数”或“超过50%”，即公司要执行保护性条款约定的事项之前，要获得持有多数或超过50%优先股的股东同意。通常，投票比例的门槛越低对创业者越有利。例如，如果条款要求90%优先股同意，而不是多数（50.1%）同意，那么一个只持有10.1%优先股的投资人就可以实际控制保护性条款了，他的否决就相当于全体优先股股东的否决。

4）不同类别的保护性条款。比如在多轮融资之后，利用不同的保护性条款平衡各方面的关系，保护性条款如何实施会存在两种可能的情况：一种是每一轮的优先股都有自己的保护条款，另一种是不同轮的优先股用同一份保护条款。

股份兑现条款

股权兑现条款指约定创始人、管理团队的股份和投资人的期权需要在若干年后才能够完全兑现。本来属于创始人、管理团队的股份可能要在一定的年限后才能完全归他们自由支配,这里的“一定年限”通常为4年。兑现条款对投资人有好处,也对创始人有好处。如果公司有多个创始人,投资人投资后某个创始人要求离开,如果没有股份兑现条款,离开的创始人将拿走他自己全部股份,而投资人和留下来的创始人将要为他打工。

条款示例:在交割之后发行给员工、董事、顾问等的所有股份及股份等价物将于发行后的第一年末兑现25%,剩余的75%在其后3年按月等比例兑现;公司有权在股东离职(无论个人原因或公司原因)时回购其尚未兑现的股份,回购价格是成本价和当前市价的低者;由创始人XXX和YYY持有的已发行流通的普通股也要遵从类似的兑现条款,即创始人在交割时可以兑现其股份的25%,其余股份在其后3年内按月兑现。

谈判要点如下。

1）公司回购未兑现的股份会被注销,这样的反向稀释会让创始人、员工和投资人按比例受益;不注销回购的股份,将这些股份在创始人和员工之间按持股比例分配。

2）争取最短的兑现期。如果创始人已经在公司工作1年或者更长时间,这些工作时间可以要求投资人予以适当的补偿,缩短最短的兑现期。

3）创始人要争取在特定时间下有加速兑现的权利。比如公司达到某个经营的里程碑指标,自己可获得额外的股份兑现;或者被董事会解雇时,自己可获得额外的股份兑现。

4）退出时加速兑现。目前,典型的早期公司大部分的退出方式是被并购。通常来说,创始人在面临公司被并购时,会要求加速兑现股份。处理方式有两种:一是“单激发”(Single Trigger),即在并购发生时自动加速兑现;二是“双激发”(Double Trigger),即加速兑现需要满足2个条件(如公司被并购及创始人在新公司不再任职)。

反稀释条款

反稀释条款是指投资完成后，通过相应机制保护创始人的权益不被稀释。反稀释条款主要可以分成两类：一类是在股权结构上防止股份价值被稀释，另一类是在后续融资过程中防止股份价值被稀释（图9.4）。

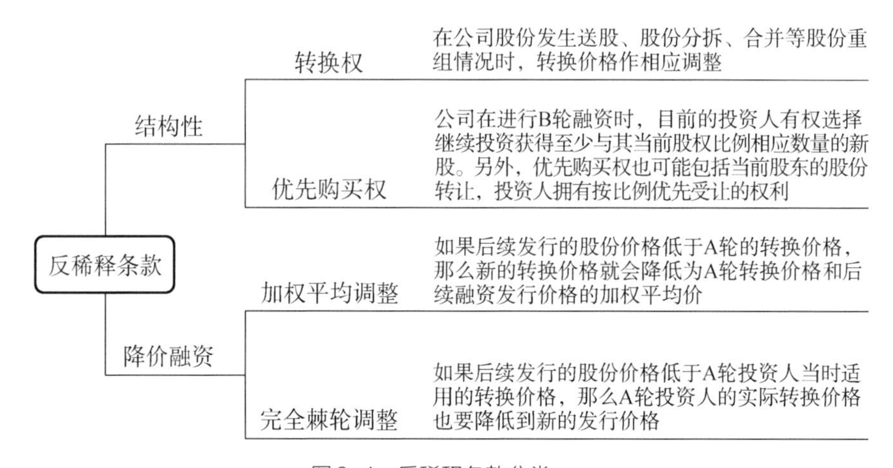

图9.4　反稀释条款分类

谈判要点如下。

1）创始人要争取“继续参与”（Pay-to-Play）条款：这个条款要求，优先股股东要想获得转换价格调整的好处（不管是运用加权平均还是棘轮条款），前提是他必须参与后续的降价融资，购买等比例的股份。如果某优先股股东不愿意参与，他的优先股将失去反稀释权利，其转换价格将不会根据后续降价融资进行调整。

2）列举例外事项：在某些特殊情况下，低价发行股份也不应该引发反稀释调整。

3）降低反稀释条款的不利后果：第一，企业家不到迫不得已，永远不要接受完全棘轮条款；第二，要争取一些降低对创始人股份影响的办法。

4）企业家可能获得的反稀释条款：创始人在跟投资人就反稀释条款谈判时，根据双方的谈判能力，公司受投资人追捧的程度、市场及经济状况等因素，可能得到不同的谈判结果。

优先清算权

优先清算权指的是指公司发生清算事件时，投资人希望优先获得清算收益的权利。

条款示例：一旦发生公司清算事件，投资人有权优先从可分配款项中获得投资本金加上年化[*]%的内部收益率，剩余的全部所得款项按比例分配给所有股东。

谈判要点如下。

1）优先清算权的类型：第一类是参与型优先清算权，投资人获得优先清算额外，还可以按股权比例参与剩余清算资产的分配；第二类是非参与型优先清算权，投资人仅要求获得优先清算额，不参与剩余清算资产的分配；第三类是折中方案，即约定如投资人按股权比例可获得的清算分配已经超过其原始投资成本的几倍（如2倍或3倍）时，投资人应该放弃优先清算权，所有股东按持股比例分配。

2）什么情形会构成清算事件：除了公司法界定的公司清算、解散等事件外，诸如所有股东将公司全部股权或公司控股权转让的并购交易，以及公司把绝大部分资产或者知识产权转让的资产处置交易，这类事件通常也会被视为清算事件（虽然事实上并不清算公司），从而被要求按同样的清算分配原则来分配从该等并购交易或资产处置交易中获得的全部收益。

股份回购权

股份回购权就是投资人在特定的条件下，可以要求公司购买他们持有的股票。股份回购权只不过是投资人保障自己退出的手段，企业应该给予理解，但要尽量提高回购权行使的门槛，降低行使回购权对企业经营的影响。另外，企业也可以通过主动回购权的方式，维护企业自身利益。

条款示例：如果大多数A类优先股股东同意，公司应该从第5年开始，分3年回购已发行在外的A类优先股，回购价格等于原始购买价格加上已宣布但尚未支付的红利；如果公司的前景、业务或财务状况发生重大不利变化，多数A类优先股股东同意时，有权要求公司立刻回购已发行在外的A类优先股，购买价格等于原始购买价格加上已宣布但尚未支付的红利。

上述条款非常模糊，对公司非常有惩罚性，并且给予投资人基于主观判断的控制权。理性的投资人不会要求这样的回购权条款，理性的公司更不应该接受这样的条款。

谈判要点如下。

1）投资人行使权利的时间：大部分的回购权要求至少在A轮融资5年之后才允许行使。这是因为投资人要给予公司足够的时间发展以达到目标，风险投资基金也需要在基金生命周期结束前变现其投资。所以，在跟投资人谈判之前，了解其基金的成立时间及到期时间至关重要。如果是10年期的基金，第6年时投资，就不可能要求融资后5年行使回购权；如果是新成立的基金，则可以要求更长的期限。

2）回购及支付方式：通常由于企业的支付能力有限，投资人会接受分期回购的方式。当然，期限越长对企业的压力越小，一般来说3年或4年是比较合适的。回购权可以允许部分投资人选择不要求公司回购或者要求所有股份都必须被回购。另外，对于不同阶段的投资人，其股份的回购次序不应有先后之分。

3）回购价格：回购价格通常是初始购买价格加上未支付的股利，如果投资人比较强势，可能会要求一定的投资回报率，比如10%的年回报率，或者是初始购买价格的2倍。

4）回购权激发方式：回购权通常由多数（>50%）或大多数（>2/3）投资人投票同意时才实施，当然也可以约定在某个时间点自动生效。越多的投资人同意越对创始人更有利。

领售权

领售权就是指风险投资人强制公司原有股东参与投资者发起的公司出售行为的权利。投资人有权强制公司的原有股东（主要是指创始人和管理团队）

和自己一起向第三方转让股份,原有股东必须依投资人与第三方达成的转让价格和条件,参与到投资人与第三方的股权交易中来。

条款示例:在公司上市融资通过之前,如果多数A类优先股股东同意出售或清算公司,剩余的A类优先股股东和普通股股东应该同意此交易,并以同样的价格和条件出售他们的股份。

如上所示的条款,"多数A类优先股股东同意"就可以代表剩余的其他所有股东同意这个出售交易。A类优先股通常是公司的少数股权,其中的多数更是少数,但领售权给投资者在出售公司时绝对的控制权,即使投资者的股份只占公司的极小部分。

领售权如果被投资人设计得对他们有利,则会给风险投资的小股东一个极大的权力,把创始人(通常是大股东)拖进一个可能不利的交易中。

谈判要点如下。

1）受领售权制约的股东。

2）领售权激发的条件。如创始要求领售权激发需要董事会通过,或约定优先股要求通过的比例(越高越好),这样优先股股东的多数意见得到考虑。

3）出售的最低价格。

4）支付手段。现金或上市公司的可自由交易的股票。如果并购方是非上市公司,以自己的股份或其他非上市公司股份作为支付手段,那就需要创始人好好斟酌了。

5）收购方的确认。为了防止利益冲突,创始人最好能够预先确定哪些方面的收购方不在领售权的有效范围之内。

6）股东购买。由创始人以同样的价格和条件将风险投资人的股份买下。

7）时间。最好能要求给予公司足够的成长时间,通常四五年之后,如果投资人仍然看不到首次公开募股退出机会,才允许激发领售权,通过出售公司退出。

8）如果创始人同意投资人出售公司,创始人可以要求不必为交易承担并购方要求的在业务及财务等方面的陈述、保证等义务。

其他条款

在TS中还有两个内容非常重要，要明确约束，一个是排他期，另一个即过桥贷款。

排他期：双方约定在一定期限内，公司及其股东、管理层不得与其他方进行融资谈判，以使得投资人完成尽职调查及签约、交割流程。与正式的投资协议不同，条款清单因主要是对商业共识的原则性约定，大多是不具有法律约束力的。但排他期条款、保密条款除外，是确定的有法律约束力的条款。

风险投资及私募股权基金投资项目中的排他期平均约60天，70%项目的排他期都在60天以内，约90%的项目排他期在90天内，只有15%的项目排他期在30天以内。近年项目排他期平均约60天。

过桥贷款：投融资双方签订TS之后，在较短的时间内，给予公司一笔贷款，用于企业短期持续经营或者迅速推广；在融资完成后，这笔贷款往往会转成投资款。尽管其名为贷款，但是实际上往往无息或者低息（年利率小于等于10%）。

签订TS后，由于投资结构、尽职调查等原因，创业公司也会经历数月没有新资金注入的“空窗期”。在这段时间内，如果公司业务急需扩张，却由于资金问题贻误时机的话，则对投融资双方是双输局面。在空窗期内，投资方如能提供一笔过桥贷款，就能起到锁定项目的作用。合适的过桥贷款可以起到双赢的作用。对于没有正现金流的项目，建议尽量争取过桥贷款。

需要警觉的条款

先决条件

条款示例一：“尽职调查经投资人合理满意。”

尽职调查就是投资人对创业者各方面资质进行的审查，包含盈利模式、股权结构、优势和目标分析等。但如果不规定截止期限，调查起来有可能没完没了。而且，经历漫长的尽职调查后，很可能存在投资人改变想法的风险。

谈判策略:尽职调查需要在两个月内完成,若在期限内未完成调查,且投资人未放弃该条件,则任何一方有权解除该协议。

条款示例二:"投资决议须经投资决策委员会同意。"

这个规定其实早在签订协议的时候,投资决策委员会就已经通过了。换言之,这是一个重复性条件,如果加入这个条款,投资人则又有了拖延时间的借口。

谈判策略:这根本不应该出现在先决条件里面,直接删掉才是!

条款示例三:"创业者需要先进行工商变更。"

进行一次工商变更时间成本较高,即使一切顺利也要在20天左右才能完成。

谈判策略:投资人打款和创业者工商变更手续同步进行。

员工期权

条款示例:"经各方同意,在本次增资完成后,乙方持有的20%—25%公司股权系为未来实施公司员工持股计划的预留股权。"

期权值和估值成反比,期权值高了,团队的股权比例就低了。此外,如果先期投资期权预留比例过高,则后续融资时再次预留期权的余地越小,拉拢后续投资人和自己一起预留的概率更小。

谈判策略:乙方持有的10%—15%公司股权作为未来实施公司员工持股计划的预留股权。只是参考,在实操中最终期权值的确定和CEO以及公司的实力直接相关,体现的是CEO对公司实力的自信程度和实际谈判能力。

回购权

条款示例:"回购条款:在创业者违规或不能在规定时间内完成约定的目标时,投资人要求创业者按15%—20%的年化复利回购公司股权。"

回购是投资人的一种规避风险的方式,这无可厚非。但遇到数字的时候一定要留心,这里的"15%—20%"是复利。在基数大的情况下,最终要赔付的数额甚至可以成倍增加。

谈判策略:在创业者违规或不能在规定时间内完成约定的目标时,投资人要求创业者按投资额的8%—15%的年化复利回购公司股权。限制回购责任不涉及股权外的其他资产,或者回购责任以创业者届时持有的公司股权按照市场公允价处置所得为上限。

领售权

条款示例:"领售权:在公司经营发生严重困难、严重违规或出现'整体出售'的情况下,投资方有权向第三方出售其持有的公司全部或部分股权,并要求原有股东以同等条件出售其持有的公司全部或部分股权的权利。"

谈判策略:转让估值的具体数额应该由创投双方协商,领售权的最终决议也应当得到半数以上的管理层股东同意。

即使在整体出售价格合规的情况下,如果受让方是投资人的关联方或者竞争对手,则视为恶性的同业竞争,创业者会非常被动。此时,应该再给领售权加上限制条件以保护自己。受让方不能是公司的竞争对手或者投资人的关联方。

优先清算权

条款示例:"公司因任何原因导致清算、解散或者结束营业,在公司资产支付完各类清算费用后,甲方有权优先获得一次分配,分配额为价值不低于其投资款等额资产的200%。"

同回购条款,其算法对创业者不利。

谈判策略:公司因任何原因导致清算、解散或者结束营业,在公司资产支付完各类清算费用后,甲方有权优先获得100%的投资额+按股权比例获得分配的资产。如果投资人的投资回报达到一定的倍数(一般为2倍),则只能选择两倍或者按股权比例获得分配的资产中数值较高者。

第二节　商 业 计 划

产品与市场

目标市场

用户需求与痛点

创业就是解决用户需求的过程，在商业计划书的开头就要提出创业项目是在试图解决什么问题、看到了什么样的好机会、目标用户存在什么样的痛点，以及目前用户需求如何才能得到满足。列出用户最重要的痛点，并在其后与产品功能对应，以体现产品价值所在，注意此处不要过多拘泥于技术细节。

目标市场空间

产品所处的细分市场规模、增长趋势是吸引投资人的关注的关键。在用数据和预测来呈现市场空间时，需要收集各种数据信息、用可靠的市场推算方法，尤其是估算一个尚无销售数字的新的产品品类时。通常遇到市场空间的问题，都要对潜在市场进行估算。潜在市场是指一款产品或服务在投入市场后可能达到的市场规模，即产品未来希望覆盖的消费者人群规模。

针对创新医疗器械的特点（针对某个细分需求而开发的产品），自下而上（Bottom Up）的方法更适用于估算其目标市场空间，具体方法如下。

1）细分市场加总法：细分市场是指不同的细分领域加总在一起。通常适用于市场内产品可穷举，并且能够获得精准的数据。目标行业市场规模=Σ目标行业细分市场规模。例如估算某年中国介入瓣膜的销售额=介入主动脉瓣销售额+介入肺动脉瓣销售额+介入二尖瓣销售额+介入三尖瓣销售额。每个细分市场的销售额都是销量×平均单价，其中销量可以根据目前的销量和发展趋势进行估算：Σ销售额=Σ销量×平均单价=Σ目前销量×(1+增长速率)×平均单价。

2）需求渗透率分解法：从产品的目标人群的需求出发，来测算目标市场的规模。适用于估算大市场，或者没有明显可替代品的市场。目标市场规模=目标需求人群数量×渗透率×目标行业产品均价。在器械针对的适应证方面，通常采用患者的患病率、发病率，以及一线、二线治疗和治疗渗透率来计算。

另一类常用的市场规模估算方法是自上而下（Top Down）的，包括以下几种。

1）大市场推算法：通常是确定目标市场，从目标市场的上一级市场往下推算的方式。上一级市场既可以是区域意义上的，也可以是行业意义上的，规模大于目标市场。这种推算方法通常更适合上一级市场规模获取数据、进行估算，并且大小市场份额相对稳定或者份额变动易知的情况。如从全球市场规模推算到亚太市场规模，再推算到中国市场规模。

2）关联数据推算法：关联数据指的是和目标市场发展的相关性较高的数据，通过这些高相关、易获得的宏观数据，进行回归分析，实现预测。

3）同类对标法：在市场发展的过程中，以已经存在的如美国、日本等市场类似的发展路径时期的规模为据进行估算。估算逻辑为：目标行业市场规模=对标同类市场规模/对标同类关联数据×目标行业关联数据。

以上是关于“量”的计算，市场空间还需要考虑到“价”（即产品的价格）。对于医疗器械产品，目前市场上是否已有同类产品，是否已有收费项目、招标采购方式，是否已进入国家医保范围等，这些都是要从价格角度关注的问题。尤其在中国市场，国家基于医保控费的考量下的带量采购，会影响产品未来上市后的价格。

市场趋势

认真思考产品所在细分市场的发展趋势，可以通过市场规模、价格、竞争、技术等指标衡量市场增长、衰退或变革，并分析细分市场的核心驱动力是成本还是技术，或是其他因素，市场中可观察到的趋势有哪些，未来有哪些变革会发生，进而论证创业的方向是否顺应行业发展趋势。

市场格局与竞争分析

市场格局的关键在于企业的战略定位。这决定了企业以何种优势制胜。

企业需要从业务方向、产品、技术、渠道等多个维度，与竞争对手的基本情况进行比较，分析企业之于竞争对手的优势。并且从资源、专利、技术、先发优势、团队、认证许可等多个维度，分析如何持续地构建并保持竞争壁垒。

产品与专利

产品与技术

针对用户痛点和需求，重点考虑产品的核心功能、优势，在研发定义中最大化产品亮点与差异。

如果产品来自新技术的发展，企业需要注意行业的技术演变，技术迭代是否能引起相关细分市场的变革，以及如何利用变革去推进业务的发展。与此同时，企业还需要注意新技术的风险，如新技术是否会失败或被更新的技术取代，产品是否已申请专利或其他保护，以及专利对于新技术的保护程度。

业务

（1）临床需求分析矩阵

临床需求分析矩阵是为体现产品的临床核心价值而设的，所以它需要显示产品在临床需求、诊疗流程、医护工作操作流程中处于何种位置，分析产品在其中的刚需程度与目前临床中正在使用的产品的差异化优势，产品销售的终端对象是何类患者、何类医护，如何触发购买意愿等。

（2）市场推广与销售

在市场推广与销售问题上，须先搞清楚的是企业在这个细分行业如何盈利，即其产品成本构成、如何收费、如何销售等。要想回答这些问题，通常要明确相关细分行业的产业链、渠道及终端客户的特点，产品如何通过经销渠道销售给终端用户，以及中间采购、终端购买的决策链条。

竞争优势与对手分析

企业的竞争优势是其“脱颖而出”的基本要素。竞争优势一般可体现在以下几个方面：成本、技术、品牌、范围、局部垄断、地理位置、销售渠道及采购招标等。竞争优势必须是独特且无法被其他对手快速复制的。创业者需要描述竞争优势能够维持的时间，以及此优势消失后还能建立何种新的竞争优势。创业者可以独立构建自己的竞争优势并在后期进行整合，以便竞争对手难以复制其整个商业体系，从而实现更高利润与投资回报。

任何可能在未来产生竞争的技术、团队、初创企业与行业巨头，都可能是竞争对手。对于已成熟的行业，那些相对发展不足或竞争不充分的地区会为其带来增长机会。在这种情况下，对于目前已经出现的竞争对手，企业应详细描述对手的规模、实力、弱点和运营方式，必要时横向对比产品的具体性能优劣。

对于技术性变革驱动的行业，这种变革会刺激新的竞争对手产生。新团队可能尚未成为一家成型的公司，但是同样具有威胁性，企业需要了解团队的技术来源及相关人员背景和实力。新出现的技术手段可能尚未应用于具体产品，但技术迭代可能会对企业在研的产品的未来市场造成冲击，企业需要进行审慎评估，并充分向投资人披露。作为创业者，要始终思考并沙盘推演怎样做才能在与对手竞争中占据上风，以及对手又会通过什么手段来打压自己。

业务规划

里程碑及财务规划

商业里程碑

对于医疗器械行业来说，审批监管始终是产品商业化过程中最重要的一环。在进度表中清晰地标注各产品线从预研、研发定型、型式检验、动物试验、临床试验、注册获批等这些关键里程碑的时间点，有助于投资人了解未来的时间周期维度的风险，并估算预期融资节奏、企业上市或并购退出时间点。

人员、财务规划

做人员与财务规划不等同于做预算，它是通过从预算里提取数据并将数据拓展至2—3年后，而对应的医疗器械研发周期、临床试验与注册周期、产品线扩张与迭代、各职能团队扩张、设备采购、厂房扩建、销售推广等的财务规划。详细而落地的财务规划，可以使投资人清楚了解公司的想法及未来的走向和目标，也可增强投资人对项目的信心。

销售预测

销售预测通常是预测未来3—5年的产品销售情况，此部分应该尽可能多用图表来展示产品销售与成本费用增长的情况，提供给投资人相应的收入及净利润预测数据。建议以系统性方式进行推算。对于销售数量与价格，可以分乐观、中性和悲观三种不同假设来建立。

在建立销售收入假设时需要注意：产品上市时间点、出厂和（或）终端价格、销售方式、销售终端医院和（或）科室、设备及耗材等关键要素。

在成本与费用估算时需要注意：直接成本或销售费用、员工薪酬、固定资产、管理费用、折旧等内容。

商业模式

消费品行业的“剃须刀+刀片”（Razor and Blades）商业模式是指，基本产品的价格较低（甚至以亏损状态出售），而与之相关的消耗品或者服务的价格则较为昂贵，可以充分为厂家赚取利润的定价模式。它也被称为“饵与钩”（Bait and Hook）模式，或者“搭售”（Tied Products）模式。其核心是通过一个低价格的（甚至免费或亏本）的业务锁定客户，然后通过客户对关联业务的多次重复消费获取盈利。

这种定价模式最初由19世纪末的吉列（Gillette）公司所采用，由于售价过高，传统的一副刀架加若干把刀片组成的剃须套装产品难以被消费者所普遍接受，于是吉列公司将吉列刀架定价于55美分单独贴本出售，而以与刀架搭配的吉列刀片的销售额来弥补刀架的亏损。由于首次使用吉列剃刀时投入大幅降低,这种收费方式迅速被顾客所接受。而一把吉列剃刀一年下来平均需要更换25把刀片,来自刀片的大量收入让吉列公司利润飞速增长。

医疗器械行业的销售模式,可以简单地以“剃刀+刀片”模式做类比。在医疗器械行业的众多细分领域中,体外诊断行业最为典型。通常体外诊断所常见的大型设备定价较高,进院招标审批门槛高,厂家通常会采用搭售模式,即设备低价或免费投放,后续通过常年使用的耗材收费。此时,设备被作为“刀架”,耗材则被作为“刀片”。

医院内常见的大型设备,如CT、MRI等,还是以典型的设备进院销售为主,对于渠道来说有“卖一台少一台”的缺点,难保持持久的销售现金流。此类设备相应的耗材定价相对较低,如放射科的配套胶片,的确不足以充当“刀片”。

耗材领域,如心脏支架、骨科器械、口腔种植牙等领域,是以终端高价的耗材模式销售的,其所需数量大、价值高,过去20年是医疗器械行业中持久高利润的领域,但是近年来受医保降价、带量采购、两票制影响,耗材领域也难以维持过去的高利润。

还有一类器械采用的是高值、高壁垒的“剃须刀+刀片”模式,如心血管领域的射频消融设备,在疾病诊断环节需要用到标测设备建模,并匹配厂家的耗材(如标测导管与消融导管)。导管需要在电磁感应下才能工作,而配套设备提供了电磁定位环境,外厂耗材难以匹配其设备,从而形成了厂家的技术及商业壁垒,利于维持厂家的定价主动权。

第十章
医疗科技产品的市场推广与销售

一切都是营销,而营销的一切都是围绕着客户。任何产品,都需要找到其适合的客户和使用人群,从客户的角度让他们去了解并认可产品的核心价值,并且培养出客户的使用习惯,才能在市场上站稳一席之地。本章将会让你对下列问题有一个基本认识:谁是客户?谁决定了市场对产品的接受度?决定一个产品和技术被市场认可的关键因素是什么?如何制定市场策略及营销销售计划?如何拥有强大的执行力达到业务目标?

第一节　医疗科技市场的客户

我们先来回答"谁是客户"这个在市场营销过程中最基础而又最关键的问题。它的核心其实是在问:"谁决定了市场对产品的接受度?"医疗科技产品的最终用户是患者(即消费者);同时鉴于医疗服务的特殊性,在整个产品的流通环节中,还有医护人员及许多隐形但具有重要影响力的客户(即关键利益人)。这就决定了医疗科技产品的营销要兼具企业之间的业务合作模式(B2B)和企业对个人的业务合作模式(B2C)的特点。

弄清楚医疗产品如何进入医院,再用于患者身上的流程,对企业营销至关重要。其流通环节可以分为三大块(图10.1)。第一大块为市场监管和准入,在

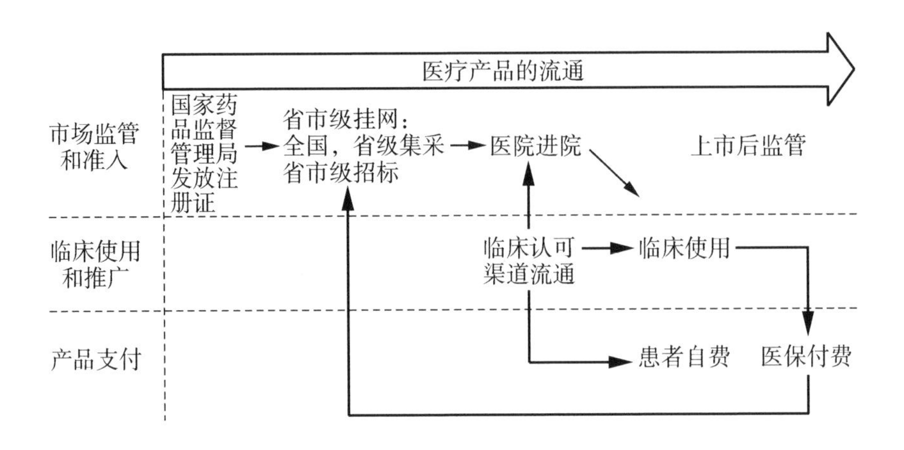

图10.1　医疗产品流通环节

获得国家药品监督管理局发放的注册证之后，产品还需要经过市场准入（包括获得收费编码、全国医保编码、不同层级的挂网，以及集采和招标等工作），然后才能获得进入医院备案采购的资格。医疗产品直接涉及人民生命健康，因此在整个流通环节中要确保终端消费者（即患者）的利益得到最大程度的保护。这既包含技术层面的保障，如产品的设计、生产质量，以及流通环节中的正确保管、运输和医护人员的正确使用等，又包括让有限的医疗资源获得最佳分配，使患者的经济利益获得最大化。了解这些内容对分析各利益相关人是很有帮助的。

第二大块为临床使用和推广。医疗产品最关键的还是要获得专业医生的认可，只有他们认可了产品的临床价值，才会让产品获得广泛使用。在产品进入医院之前，这项工作就需要做好。事实上，只有临床医生提出临床需求，医院的设备科和管理团队才会去进行备案采购工作。在临床医生开始使用产品时，需要密切关注患者筛选、适应证的把握和器械设备的技术支持等。在早期使用阶段，医生对产品的体验感极为重要，其决定了医生是否对产品有信心且愿意长期使用下去。同时产品的物流管理也很重要，型号齐全充足的供货保障也决定了一个产品能否最终在医院得到长期稳定的应用。在现有的产业生态环境下，一般由生产厂家和经销商公司携手提供全方位的服务，生产厂家注重技术支持、疗法培训和宣讲；经销商公司负责物流及其他后勤管理。当然，这样的分工会受产品、医院和地区等多种因素影响。

第三大块为产品支付。创新技术刚推向市场时，因无前例可循，一般不会被医保政策覆盖，需要患者自费支付。这就要求新疗法相对于传统疗法有优越的价值，患者才会自愿付费。该技术在临床的不断使用和推广，以及临床数据（特别是包含卫生经济学的数据）的逐渐积累，足以证实该技术的价值，如此，生产厂家就可以向医保局申请获得支付；而医保支付又会加速推动疗法的推广，从而形成正向循环。

在这样一个错综复杂的流通环节中，利益相关人将决定新产品是否可以在市场上被接受，并且为医生、患者和社会创造价值。下面我们对他们一一进行剖析（图10.2）。

医生及相关医护人员作为产品的直接处方和操作者，一定是公司最关注

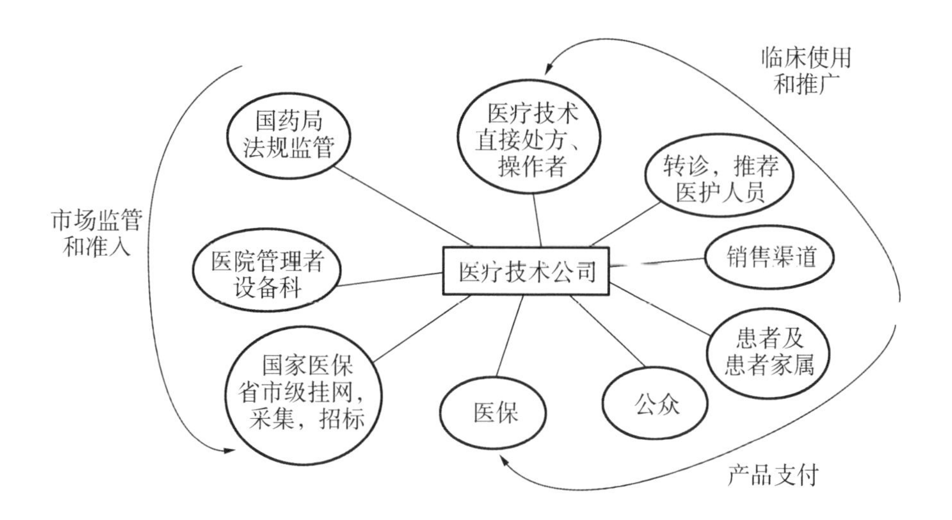

图10.2　医疗产品利益人相关人

的客户群。从图10.1中我们能看出，临床认可对于产品进院、临床使用和付费都有直接的影响。首先，他们关注的是产品的安全性和有效性，是否有足够的临床证据来支持。其次，他们对于产品的使用便利性及性价比也很关注。使用便利性的考量包括：技术是否容易学习，操作是否舒适方便，是否需要其他科室专业的支持，与医院诊所现有场地设施是否匹配，对于非耗材的产品维护保养是否方便等。性价比的考量则包括：产品本身的价格，使用新技术对于整体治疗（包括术前、术后）的综合费用的影响，如检查费、手术室使用费、手术配件和相关药物费，以及术后护理、并发症或疾病再发生的治疗费用等。最后，医生会将新技术和目前治疗的"金标准"相比较，综合判断。公司需要针对产品的安全性、有效性、使用便利性及性价比4个方面向他们进行重点介绍，突出其新技术的优势。对于各领域的学术带头人，他们一般都会对新技术创新有浓厚的兴趣，属于新技术的早期接受者。公司可以通过他们引领教育，培训其他医生及相关医护人员，从而推广新技术。

医疗器械领域的大多数技术只是由少部分专业或亚专业医生操作使用，许多情况下患者无法在第一时间接触到他们。因此，转诊医生对于疗法推广就变得很重要。只有一线医生对于新技术所治疗的疾病有清晰的认识，能够正确诊断，并了解新技术的价值，他们才会将自己的患者转诊到掌握该新技术的专科、亚专科医生处接受治疗。公司如果想要全面推广其新技术，也需要花时间和精力与转诊医生充分沟通，并且建立稳定的转诊渠道。

患者作为医疗技术的最终使用者、获益人，与医生操作者有类似的需求，即产品的安全性、有效性、使用便利性及性价比。但和医生不同的是，他们没有相关的专业知识和判断能力，多数情况下他们会相信主治医生提供的信息和判断。鉴于过往的医患关系的敏感性，许多患者及其家属也会参考家人、朋友及公共信息（如电视台健康节目、网站、公众号和短视频平台等）的建议。这些获取建议及信息的渠道可称为"公众资源"。患者之间也有着各种联系方式，最常见的是同一个专家和（或）同一家医院的患者微信群。这类患者组织在近10年来渐渐成型，成长为一股不可忽视的力量。这也是公众资源的一种。在乳腺癌、淋巴瘤和阿尔茨海默病等领域，"患者组织也在逐渐走向专业化，作用日渐广泛，从常规的病友交流、疾病科普、诊疗信息分享，到推动疾病规范化治疗、参与新药研发上市，甚至影响医保政策制定或落地，其价值已经不可小觑。"[1]

公司如果善用公众资源，那么可以在较短的时间内快速提升市场对于疗法的认可及公司自身的品牌形象。不过多数公众宣传需要大量的精力和财力，一般初创公司难以负荷。只有在天时、地利、人和的机缘下，初创公司才可以抓住一个特定的机会在市场上激起波澜。后面我们会给出具体操作和案例。

医保是医疗技术的支付方。大多数疗法如果要在临床普及使用，就必须列入医保目录。尽管商业保险近年增长迅速，但目前中国还是以政府主持的基本医保为主。不管是哪一种保险，作为疗法的主要支付方尤其重视医疗新技术的价值。这种认知主要来自临床反馈，特别是学术带头人对于新技术的评价。相对成熟的保险机构对卫生经济学有完善的了解，会关注各疾病及相关治疗的整体成本，如住院费、术后管理费、再治疗费用和社会效益等。初级的保险机构会更注重疗法本身的费用，更多参考被替代的疗法，类似技术在其他专科的费用，或者国际市场的价格。虽然新疗法不能马上获得医保覆盖，但公司还是要在产品设计一开始就考虑到成本和支付问题，并且在临床研究设计中尽可能加入卫生经济学的考量。同时国家和各省级医保局还负责挂网、集中带量采购（集采）和（或）招标的任务。这些机构的职责是最大化老百姓的医疗资源和福利，因此其主要目的就是降低疗法价格，提升治疗质量，并且保证供应的稳定性。

医院设备科（又称器械科）是新产品进入临床使用的最后一个环节。设备科主要负责依据国家相关的政策和法规，对全院医疗仪器设备的采购、安装调试、管理维护和报废等全过程管理，以及保障医疗耗材供应的采购和使用管理。一般由科室提出设备、器械的申购计划，设备科在分管院长的领导下会同有关部门共同制定采购计划，评审招标，经医疗设备管理委员会批准后实施购买。同时设备科负责医疗器械使用不良事件的报告和安全监督工作。同政府医保机构类似，设备科关注的是成本控制、产品质量及稳定供货。不过，他们的关注点随各家医院管理层的侧重点有所不同，并且受本院临床医生的影响更为直接。

第二节　医疗产品的定位和市场细分

没有一个产品可以适用于任何人、任何使用场景，医疗产品更是如此。每个人都是大自然创造的神奇个体，同一种疾病的患者可能有截然不同的发病原因、机制、解剖特点、临床表征和并发症。每一种疾病又有许多不同的治疗方法，从行为干预、理疗、药物到手术，临床医生针对不同患者可以有完全不同的治疗方案。所以在医疗技术的研发早期，公司就需要对自己的产品有一个清晰的定位：产品的适应证（适用范围及预期用途），适用的患者群体和临床科室，以及相比于传统疗法的优势。它们决定了产品的价值。

主动脉瓣狭窄是一种常见的心血管疾病，主要由风湿热的后遗症、先天性主动脉瓣结构异常或老年性主动脉瓣钙化所致。主动脉瓣重度狭窄的患者大多有倦怠、呼吸困难（劳力性或阵发性）、心绞痛、眩晕或晕厥等症状，甚至会突然死亡。严重主动脉瓣狭窄如果不及时治疗，生存率2年为50%，5年仅为20%。[2]在2017年，启明医疗的Venus A-Valve经导管主动脉瓣膜置换术（TAVR）获得国家药品监督管理局注册，批准该产品“适用于经心脏团队结合评分系统评估后认为患有有症状的、钙化的、重度主动脉瓣狭窄，不适合接受常规外科手术置换瓣膜的患者”。在此之前，我国在治疗主动脉瓣狭窄上主要的治疗手段为主动脉瓣膜修复术（AVP，疗效有限）或外科开胸的主动脉瓣膜置换术（SAVR，创伤大、风险高）。对于不适合接受常规SAVR的患者，TAVR经血管介入操作，给患者带来的创伤小、风险低，但疗效媲美开胸手术，因此有明确的定位和临床优势。

一类新技术的崛起，肯定靠的不只是一家公司。随着第一款先驱产品的上市，会有一批快速跟进者（Fast Follower）涌现。后来者需要对新疗法的市场做进一步细分，找到自己的优势后，才能在市场上占有一席之地。

市场细分是一个营销学的术语，指的是将潜在客户按照不同的特性分成不同的子市场。同一子市场的客户具有共性，对于产品特点和价格的需求相对一致，在销售渠道及品牌促销方面也存在较大的协同效应。在存有竞争的情况下，企业必须进行市场细分，锁定目标子市场，设计最合适的产品，并在价格、销售渠道和品牌促销方面有的放矢，才能最好地满足子市场客户的需要。医疗领域的市场细分较为复杂，可以有许多不同的维度。企业可以根据自己产品的特点，通过对医疗机构、专业科室、疾病表型、医护人员和患者等多维度的考量对市场进行细分，充分发挥自己产品的优势和临床价值。

以TAVR技术为例，2017年获得国家药品监督管理局注册批准的不只启明医疗一家，杰成医疗也是中国最早商业化TAVR的公司之一。刚开始时，两家企业并驾齐驱，各占半壁江山。约5年后，启明医疗占据了份额过半的市场主导地位，成为中国结构性心脏病的龙头企业；杰成医疗的市场份额在新玩家进入后缩水至仅不到10%，并且于2022年被健适公司收购。这里面既与产品特点、后续产品线开发等技术方面的影响因素有关，又与两家公司的市场营销力和销售执行力等管理及推广因素有关。

我们先来讨论产品特点及其定位。TAVR虽然比SAVR更加安全，但依然是一个风险较高、难度较大的手术，只有经过严格培训、能够熟练操作血管介入器械的医生才有资质做这一类手术。TAVR还要求医院必须具备杂交导管室和心外手术急救的能力，这就将市场细分限制在了三级甲等且具备优秀心脏介入和心外手术科室的大医院。启明医疗的Venus A-Valve是经股动脉入路，主要适用于介入心内科；而杰成医疗的J-Valve是经心尖入路，更加适合心外科医生操作。另外,主动脉瓣狭窄分不同表型,其中二叶瓣和钙化严重的患者要求瓣膜有较大的径向支撑力,以Venus A-Valve为代表的TAVR不能达到要求;而J-Valve则通过独特的设计提升径向支撑力,适合二叶瓣和钙化严重的患者。同时,TAVR的精准放置对于术者的操控能力要求很高,缺乏经验的术者可能会放错位置而导致严重的并发症,J-Valve设计的瓣膜放置更可控。因此,Venus A-Valve适合大多数患者,其临床价值在于较SAVR创伤更小、更安全;而J-Valve偏重心外科,作为第二个上市的产品,其价值凸显在特殊表型的患者,并且更加可靠、易操作。

值得注意的是,在真实世界中细分市场不会如此黑白分明,产品销售也不可能如此循规蹈矩地制约在目标子市场的框架里。但是市场细分和定位仍非常关键,能够使企业上下一心,集中市场销售有限的资源,在最短的时间内获得最大的市场占有率并且建立一个强壮的品牌。有关两家企业的营销手段与执行力度等分析,我们将在新产品上市营销部分进行详细讨论。

第三节 循证医学

公司根据自己产品特点和市场分析做了定位,并清晰明了地阐述了产品价值,但这还不足以完全得到医疗界的认可。对于任何新技术,医护人员一向保持谨慎的态度。因为他们面临的是一个个鲜活的生命,几乎没有犯错的空间。前面提过,他们最关注的是产品的安全性和有效性,而这需要有足够的临床证据来证明。

大多数医疗技术在获得国家药品监督管理局批准前需要做注册临床试验以保证产品的安全性。注册临床一般有严格的入选排除条件,所挑选的患者病情相对简单,因此能够对应的患者数也相对较少。实际情况则复杂得多,患者的严重程度不一，可能有其他基础疾病，不同寻常的解剖结构和其他疗法的干扰等；与此同时，医护人员的手术技能、经验、配合团队的实力，以及医院硬件设施条件等也都千差万别。注册临床试验的样本量也不大，因此给予医护人员的信心十分有限。这就需要企业大力投资更加多的临床研究，从而获得多元化、广谱的患者数据来增强医生对于应用新技术的信心。

大多数医疗技术新产品都是通过投资大量的临床研究获得坚实的数据，从而支持该技术的不断推广应用，我们把这类方法学称为“循证医学”。在此，我们仍以主动脉经皮瓣膜领域为例。自2007年以来，爱德华生命科学公司用10年时间主导了一系列PARTNER临床研究，共入组8000多例患者，[3]充分证明了TAVR的安全性和有效性优于传统的开胸手术。PARTNER系列研究还将手术指征从高危不可手术扩展到低危患者，TAVR市场在此坚实的临床证据推动下快速增长，2021年TAVR市场规模达50亿美元，预期在5年内超过100亿美元。[4]除了PARTNER系列研究之外，爱德华生命科学公司还与全球范围内多家医院合作，就其主动脉经皮瓣膜产品SAPIEN系列进行30余项临床研究，共计入组约2万例患者。[3]爱德华生命科学公司凭借其有力的临床证据，加上产品线优势以近2/3的份额占据全球市场第一。[4]公司也因此得到了投资人的认可和丰厚的回报。

虽然临床研究可以给企业带来极大的增长和获益，但企业需要前期投入大量的人力、物力、财力，并且风险是巨大的。如果临床研究中出现过多或有严重不良事件，抑或临床结果没有达到预期，则对于产品和企业都是极大的伤害。例如，雅培公司斥巨资研发可降解药物支架并且也成功地在全球上市，但其投资的ABSORB Ⅲ研究结果显示可降解药物支架Absorb GT1 BVS相比其药物支架Xience，有增高不良心血管事件发生的风险，为此，美国食品及药物管理局特别给出警告。[5]约半年后，雅培公司宣布全球下架可降解药物支架Absorb GT1 BVS。[6]

目前，中国医疗技术领域还没有企业在全球范围内率先上市突破性的创新产品，而是选择更加保稳的做法，即紧跟国际前沿技术做快速跟进者，在相应技术类别被欧美国家临床认证和认可的时候，在中国快速进行产品迭代，做出优于国际第一代技术的产品。即使如此，企业还是需要有策略地投入临床研究。一方面，医生在判断产品之间有差异时，还是需要看到产品自身的临床数据；另一方面，临床专家对于自己参与的研究更有切身体验和归属感，也更愿意支持该产品。随着中国企业创新能力的不断提高，未来中国势必会推出领先全球的突破性产品并向海外推广，而这就更需要大量的临床数据来支持了。

那么，该如何布局临床研究，进而获得临床证据呢？这通常由临床医学部和市场部根据产品特点、预计疗效和专家反馈共同商榷决定。整体布局中可以包括企业主导的临床研究、临床专家发起的研究，以及由真实世界数据构成的研究等，并尽可能涵盖以下4个方面，以达到相应目的。

首先，扩大产品适应证。临床医学部通过文献检索相关疗法过往临床数据，以及对于自身新产品临床结果的预估，指出在哪些适应证上该产品可能达到甚至超越现有疗法。市场部再从中挑选最有市场潜力的适应证作为产品定位目标。一般来说，新技术注册临床的适应证较为狭窄，在产品上市后通过一系列研究逐步扩大适应证。

其次，提高证据等级获得相关指南强力推荐。只有在指南上推荐的疗法才能获得医生真正的信任并且大面积推广，而证据等级决定了指南对于该疗法的推荐力度。目前比较广泛借鉴的临床证据等级分类方法是2001年英国牛津循证医学中心（OCEBM）推出的评价系统（表10.1），各专业委员会在编写指南时也会加入自己的定义。此外，2004年WHO主导推出的GRADE评价系统使用了易于理解的方式评价证据质量和推荐等级，分别从临床医生、患者和政策制定者角度明确阐释推荐力度的强弱。GRADE已经被包括WHO和Cochrane协作网在内的多个国际组织、协会采用，有可能在将来成为主要分级标准。

再次，向支付方证明新技术的卫生经济学价值。随着人口结构快速老龄化，以及人们对于生活质量的追求越来越高，医保承担着巨大的财政压力。自

表10.1　英国牛津循证医学中心(OCEBM)证据分级和推荐标准

推荐等级	证据级别	描述
A	1a	一系列相关随机对照研究系统性回顾
A	1b	单个随机对照研究(置信区间窄,数据精准)
B	2a	一系列相关队列研究系统性回顾
B	2b	单个队列研究
B	3a	一系列相关病例对照研究系统性回顾
B	3b	单个病例对照研究
C	4	系列病例报道,低质量的队列或病例对照研究
D	5	在非系统回顾基础上对一些研究的意见

2019年以来,国家医疗保障局开始主导医疗器械的招标采购工作,开始建立全国价格共享平台[7]。在上市后临床研究设计时,应该考虑如何证明新疗法可以降低医疗费用总支出,比如手术室使用时间、检查费、住院费、辅助药品器械费和再度入院治疗率等,以获得医保覆盖。

最后,发挥新疗法优势,与竞品拉开差距。通过研究不同的患者亚组,找出对新疗法预后效果最佳的患者组群,或在研究中改进治疗术式和围手术期管理等,以增强疗效。遇到存在直接竞争产品的情况下,还可以深度发掘其在安全性、有效性、使用便捷性和性价比上的优势等。

对于大多数刚进入商业化的创新企业来说,像国际大公司那样投入多个高质量、大样本的前瞻性研究是不现实的。因此,它们需要根据产品疗法特点和专家兴趣等有选择性地进行布局。虽然第一个注册研究以快速、高质量完成获证为主要目的,但还是可以想办法兼顾达成其他目的。例如,启明医疗在VenusA-Valve 101例患者的注册研究中,设法找出了自己和同类别美敦力公司的CoreValve的区别优势。在VenusA-Plus 66例患者的注册研究中,又对二叶瓣亚组进行分析,强调VenusA-Plus在这一患者组群的优势。当然,开展这样的研究前,最好和顶级学术带头人充分讨论,从临床角度确认研究结果才具有重要的临床意义。

余下的临床证据可通过真实世界证据或临床专家发起的研究补充。近年来,医疗大数据的捕获、存储和运算都得到了极大程度的提升,真实世界证据获得更多的运用。通过电子病历、医保报销、真实世界注册、家用或可穿戴设备产生的数据等采集,可以对疗法在真实世界的使用及结果做更加全面的分析。

临床专家发起的研究通常都专注在一个临床细分领域,如某个患者亚组、术式改良、联合治疗和其他疗法对比等,对扩大产品适应证及发挥新疗法优势有很大的补充作用。同时随着数据的不断累积,这些研究将助力产品进入指南。临床专家通常为地方甚至全国的学术带头人,他们通过研究对新技术的应用有更深入的了解,这对推广产品来说也更有帮助。

第四节　专 家 合 作

鉴于医学专业的信息较为深奥复杂,各利益相关人在医疗技术流通环节中存在信息不对称的问题,所以在新技术的推广中,临床专家占有最重要的地位。他们帮助企业建立临床证据,宣讲新疗法理念,进行手术带教、操作培训,将新疗法编入指南或专家共识;同时他们在注册、招标采购和医保覆盖等各种市场准入工作中给予专业意见,可以为新疗法“背书”,是新技术推广的最重要助力。

帮助建立临床证据

在上一节中,我们已经分析了临床专家在循证医学中可以给予企业极大的助力,包括临床研究设计和发起临床研究。临床专家对于患者、疾病和现有疗法有着深刻的理解,对于临床设计和法规要求也有明确的认识,能够帮助企业优化临床治疗方案,如入排标准、主要及次要临床终点、样本量、对照方式和随访节奏方式等。启明公司在VenusA-Valve注册临床设计时，还特别邀请了美国和欧洲的顶级临床专家做顾问，以帮助设计研究方案。另外，临床研究的执行是靠临床专家及其团队完成的，牵头研究者（Leading PI）的选择尤其关键。一个对疗法有高度认同感、与企业合作愉快、自身有强大影响力和执行力的牵头研究者是临床研究成功执行的保证。

宣讲新疗法理念

医护人员面对新技术是保守的，在接纳任何新技术之前，他们需要看到坚实的临床证据证明新技术安全有效，并看到学术带头人在临床上成功使用的案例和对产品的信心。企业最常见的做法就是通过各种学术会议让认同这些新技术的专家多做宣讲，阐述产品机制，展示临床数据、使用体验、病例分析及手术演示。这些都会在广泛的医生群体里为新技术树立口碑，让其他医生对新技术跃跃欲试。

从2013年起，启明医疗公司每年都会在两个重要的国际会议（美国经导管心血管治疗学术会议和结构心脏病峰会）上邀请国际专家宣讲Venus A-Valve的设计和临床数据，这对提升Venus A-Valve的品牌形象起到很大作用，使其在市场份额上稳居第一。相比之下，杰成医疗公司的J-Valve在国际论坛的曝光率则要低得多，2015年初至2022年7月，其在国际论坛上仅有3次演讲，虽然在国际刊物上前后共发表了10篇有关J-Valve的论文，但因缺少国际专家大力宣传而未形成品牌效应。

进行手术带教，操作培训

许多医疗技术都是在手术中运用的，操作复杂、有一定的难度，所以需要专业的培训和技术支持。每一位患者都有其特殊性，因此医生需要事先做患者筛选、制定个性化的手术方案，并且在手术台上随时准备好面对及处理意外状况。只有通过临床专家以“师傅带徒弟”的方式，手把手地在一个个手术病例中进行指导，才能培养出新的术者。在积累经验的同时，医生还要不断地做案例分析，使个人能力循环上升。企业在产品研发特别是临床研究过程中就可以开始物色“导师”，并有意识地培养他们。这些“导师”除了专业能力突出、观察敏锐，还富有耐心、擅长讲解，最重要的是“低调、谦逊”，愿意配合公司按标准流程操作。这样的“导师”能够保证手术的安全性，并且将标准操作广泛传播及复制开来。

将新疗法编入指南或专家共识

如果新技术是顶级专家根据大量坚实的临床证据在指南中强烈推荐的疗法，那么医生对该技术的信任度会大大提升。面对潜在的医患矛盾，医生一般只使用指南推荐的疗法，万一遇到患者投诉的情况，其所使用的疗法为指南推荐的方法则是对自己最强有力的保护。撰写指南对于编委们来说是一种荣耀，但又是一个浩大的工程，涉及大量临床数据的解读，同时要召集协调为数不少的专家开会讨论，达成共识。企业在自己创新的领域中，必须培养深厚的专业基础和密切的专家关系，在适当时机善用这些资源推动指南的编写。

给予市场准入工作专业意见

大多数从事市场准入工作的政府官员没有医学背景，所以经常需要举办专家听证会来帮助其了解新技术的临床价值。为了维持公平性、防止利益冲突，一般政府机构都有一个专家库，随机抽取专家。对于一个刚刚走出创新研发阶段的企业，要让大量专家熟悉自己的技术是不现实的。不过，企业可以在研发阶段就布局学术会议，让专家们逐步了解自己的技术；在某些场合也可以邀请对自己的技术熟悉的专家帮助答辩。

提出术式及产品改进建议

具有创新意识的专家在使用新技术的过程中，一般都会有洞察性的反馈和建设性的建议，这对于企业优化产品使用及术式等都是非常宝贵的。

既然专家是新技术推广的最佳助攻，那么该如何选择专家呢？一般各企业创始团队中都会有行业资深人士，他们本身就和专家有着长期的合作关系，对专家有较深的了解。在有条件的情况下，建议企业尽可能地吸引这方面的人才。但在企业创始之初通常没有足够的条件，相对行之有效的办法是，从医生组织和学术会议开始，先快速了解各医学专科领域专家。

中国有两大医生组织——中华医学会和中国医师协会。中华医学会成立于1915年，是中国医学科技工作者自愿组成并依法登记的学术性、非营利性社会组织。学会通过组织学术会议、出版高质量的学术期刊、开展科普活动、发展网络媒体和开辟医生论坛等形式，传播并普及医学科学知识；通过组织医学科学技术评审和重大临床专项等工作，促进医学科学技术进步和成果转化；通过学术培训、远程授课等开展继续医学教育；通过组织双边互访和学术论坛开展国际合作项目，促进国际多边或双边医学交流。其各专科分会、专业学组的委员就是各专科领域的学术带头人、权威专家。相对来说，全国最具权威性的学术会议一般都是中华医学会各专科分会、专业学组组织的年会。大会的课题讲者都在被指定的专题领域里有着深入的研究和造诣。通过聆听他们的讲课，观看他们的手术演示，企业市场部人员可以对自己专攻领域里的专家有一个全面的认识。

中国医师协会于2002年1月成立，是具有独立法人资格的国家一级社会团体，由执业医师、执业助理医师自愿组成的全国性、行业性、非营利性组织。协会的主要任务是促进职业发展，加强行业管理，团结组织广大医师，贯彻执行《中华人民共和国执业医师法》，弘扬以德为本、救死扶伤人道主义的职业精神，开展对医师的毕业后医学教育、继续医学教育和定期考核，提高医师队伍建设水平，维护医师合法权益，为我国人民的健康服务。中国医师协会也有自己的学术会议，但就规模和影响力来说，往往不如中华医学会各科的全国年会。

除上述两大医生组织外，各省的医学会也都有自己的学会会议平台，由中华医学会在该省的主委和委员会牵头组织。个别学科因有极具影响力的学术带头人或专科医院平台，也会以其所在医院为核心力量，定期举办大型学术会议。例如，心血管领域中的重量级学术带头人较多，学术内容丰富又常更新，且相关企业众多、创新活跃，因此撑得起多个大型学术会议。通过和行业专家进行交流，很快能够锁定相关会议，也可以通过采访低年资医生获得相应信息。

了解各医学专科领域专家后，初创企业通过会议等与行业专家同行进行交流，基本就可以圈出属意合作的专家名单。然后，再通过与名单上专家的初步接触，基本上就可以确定和哪些专家合作。建议企业在选择专家与布局合作时充分考虑如下几点，①如前所述，新疗法推广需要专家在多方面的支持，而不同的工作需要的类型也有所不同。根据项目所在阶段需要专家做的工作性质要和专家自身特点进行匹配。②获得1—2个顶级专家的支持。顶级专家指的是在学会任主委或有院士头衔，他们对医学界、相关医疗政府部门乃至公众的影响力非常大；如果没有他们的支持，产品和公司要获得主流认可比较困难。可以先接触顶级专家团队的核心骨干，通过和他们合作，让项目有实质性进展，这样也更能够获得顶级专家的认可和支持。③培养2—3个核心专家，他们在企业的新技术领域有深入的研究，并且愿意花时间、精力和企业共同研发产品，开发术式并制定临床研究方案。在产品使用早期，他们也是最好的带教者。④在5—10个省各选1—2名省级学术带头人，他们可以成为注册研究中心，为上市后广泛的产品宣讲和手术带教打好基础。

企业在确定和专家合作之后需要注意什么呢？临床专家最重要的职责是救死扶伤，但在医疗技术的研发及使用推广中，临床专家担当着不可或缺的角色且与生产企业有着多方面的合作。为避免利益冲突、保障患者利益，企业和医护人员的合作受到相关法规（如反腐败法、反垄断法）及行业行为准则的约束。在中国，有较大影响力的两个行业协会是中国医疗器械行业协会（CAMDI）及美国先进医疗技术协会（AdvaMed）。

CAMDI成立于1991年，由从事医疗器械研发、生产、经营、投资、产品检测、认证咨询及教育培训等医疗器械产业相关工作的单位或个人在自愿的基础上联合组成的全国范围的行业性非营利社会组织，具有社会团体法人资格。协会的宗旨是代表并维护会员单位的共同利益及合法权益，促进中国医疗器械行业健康发展。

AdvaMed成立于1974年，是国际性医疗技术行业贸易协会，总部坐落于美国华盛顿特区，2014年在中国设立上海办事处。其主要职责第一条就是：为行业与医疗卫生专业人员之间的交流树立全球最高的道德标准，推动中国医疗技术行业的健康发展。AdvaMed在中国设立上海办事处之初，就大力推动其行为准则在华会员企业的落地实施，各美国会员企业达成一致推动合规监管执行。不久后，CAMDI也自愿采用了AdvaMed推出的合规模式。[8]

所以，各企业在和专家正式合作前需要签订合作协议，规定双方义务权益，明确专家的财务收益合乎市场公允价格。同时，企业对于保密、知识产权等方面也都要有明确规定，此部分内容建议向专业的律师事务所咨询。

第五节　新产品上市

在新产品获证前6—12个月，企业应该完全做好新产品上市计划并且启动商业化团队的准备工作。下面我们将遵从4P模型——产品（Product）、价格（Price）、渠道（Place）、促销推广（Promotion）——全面分析产品上市计划和执行要点。

产品细节

企业应明确列出适应证、产品型号、注册证和生产许可证时间。确认这些信息对于制定环环相扣、切实可行的上市计划至关重要，可让各部门知道自己要做什么、何时做及怎么做。

市场分析

产品在上市之初需要做大量的市场投入,才能让医生和社会接受新疗法。一般投资的多少取决于市场潜力的大小,市场潜力越大,就越值得投资。

医疗产品的市场分析一般是从上至下的,即由宏观的疾病发病率开始计算潜在市场。患者从发病到接受治疗,这个过程是要经历许多步骤的。患者需要先意识到自己有病,然后愿意去医院就诊。由于疾病为专科、亚专科疾病,大多数情况下初诊医生没有确诊和治疗能力,这就需要初诊医生对疾病有一定的认知度,对其做初步诊断后能够且愿意将患者转诊到合适的专科门诊或医院。患者需要有继续看病的动力和能力(包括时间、金钱等),在专科门诊或医院得到确诊。这时专科医生需要完全认可新疗法,而且能够熟练操作,这样才能有信心地推荐给患者。许多时候医生会推荐两种治疗方案供患者选择,通常两种方案各有利弊。患者及其家属做了选择,才能最终让新技术得到使用。

这个过程中每一步都可能发生“中断”,致使最终的治疗率较发病率大打折扣。即使是非常成熟的疗法,如已在国内使用20多年的心脏支架,在中国的治疗率也只有发病率的10%左右。[9,10]其他诸多先进疗法,如经皮主动脉瓣膜,在国内的治疗率还不到发病率的1%。[11,12]

预估产品价格可以得出市场容量。同一种新技术疗法早晚都会有其他公司的竞争对手。根据自己产品的上市时间、技术及准入门槛,可以预测出自己公司的市场份额及营业额。

市场分析需要有大量的数据支持,而医疗技术市场的整体数据还是比较匮乏的,可以通过文献搜索、市场调研报告、客户行业专家访谈、投资分析报告等多种方式获取。有些医疗技术需要规范化管理,确保术者资质,特别在心血管领域由一些顶级专家牵头的数据统计每年会以报告的形式在大会上发布或在文献上发表。目前国内的医保数据尚未对公众开放,所以无法使用。来源不同数据多有不同,诸多数据有片面性,需要市场部人员结合自己对市场的了解,综合权衡后给出自己的判断。将这些数据和假设汇总到表格中,就可以搭建出市场模型,给出量化的市场评估。

在全新的技术或开发较少的专科领域,能查到的数据就十分有限了。这时,可以考虑用由下至上的方式预估市场,即从有能力治疗的医院数和其治疗病例预估,然后推算全国层面的病例总数。这种做法的主观性更强,同时需要一些从上至下的数据,如治疗率占总发病率的百分比,判断预估的可信度。

竞争公司分析

"知己知彼,百战不殆。"公司在立项和开发阶段就应关注竞争对手的产品技术,在做上市计划时,还需要全方位关注竞争对手的综合商业化运营。

明确竞争对手是哪些公司,是后续分析的第一步。对于新疗法,竞争对手可以是针对同一种疾病的传统疗法,也可以是类似技术的直接竞争对手。以经皮主动脉瓣膜为例,传统疗法是外科手术换瓣,直接竞争对手是不同的经皮瓣膜技术。

从策略上,要先审视各竞争公司的产品线布局。一个公司在某个专科领域的产品线越丰富,市场协同效应就越好,这样它可以供养较大的团队,更容易和客户建立关系。作为一个刚进入该领域的新技术公司,需要以自身技术优势为入口,分析客户差异化并找到合作机会。

从产品技术上,充分了解市场需求和各家产品的优劣势。这对于产品的市场定位定价、关键信息的宣传、各种市场宣传资料和销售培训的制作而言都是重要的准备工作。前文中我们已经分析了如何确定医疗产品的定位及市场细分,在这里则着重将自身产品同竞品做详细对比,可以进一步从医生最关心的安全性、有效性着手,通过对临床数据的分析找到最有差异化的临床终点,并转化成对于医生和患者的获益。在安全性、有效性显示差异通常需要大量的临床数据,在条件不成熟时可以从易用性和性价比方面显示优势。设计参数、实际案例、简单的统计及理论推算,都可以帮助公司建立和竞争产品差异化的形象。

在价格上,一定要清楚竞争产品的定价策略和在终端市场的实际售价。如有可能,争取推算竞争产品在不同渠道的价格。这些信息对于自己公司产品的定价和渠道策略的制定是非常重要的基础信息。另外,对于竞争对手的销售团队、渠道和市场营销策略也都要有全面的了解。

产品定位和定价

通过对竞争产品的分析,企业可以找到自己产品的优势和价值。可以通过定位图(又称知觉图)对产品定位。最简单的定位图只有两个轴,根据产品的某些特性在X、Y轴标注市场上所有产品所在的位置,可以直观地看出产品的不同,从而决定自己产品的特点和定位。常规可以用安全性、有效性、易用性和价格做X、Y轴;也可以选择具体指标,如反映安全性、有效性的临床终点,或者反映易用性的衡量指标等做X、Y轴。关键是能够体现产品的差异化优势。在定位图中,可以看到产品B、C、D各有利弊,而A产品明显比其他产品有优势。通过尝试不同的坐标轴,找出让自己产品处于A位的定位图。值得注意的是,坐标轴必须对临床医生真正有意义,否则产品定位得不到医生认可。

严格的市场定位图的制作需要通过精心设计的市场调研,运用统计学分析完成。在医疗技术领域,鉴于医生客户较高的同质性并且资源有限,一般市场部人员会根据客户反馈和产品分析直接做出判断。这样做有非常高的偏见风险,需要秉持客观的态度并多向医生获取反馈。

产品定位决定了产品定价。如果市场更关注安全性和有效性,则可能对价格敏感度低。图10.3左图的B产品应该尽量让自己在有效性的认知上高出A产品,凸显独特优势,而无须过多在价格上竞争;C产品则可以在安全性上胜过A产品,而D产品无论是在有效性上还是安全性上都很难展现优势,这时可以从其他维度,如易用性上看其是否可以独树一帜。图10.3右图的B、C、D产

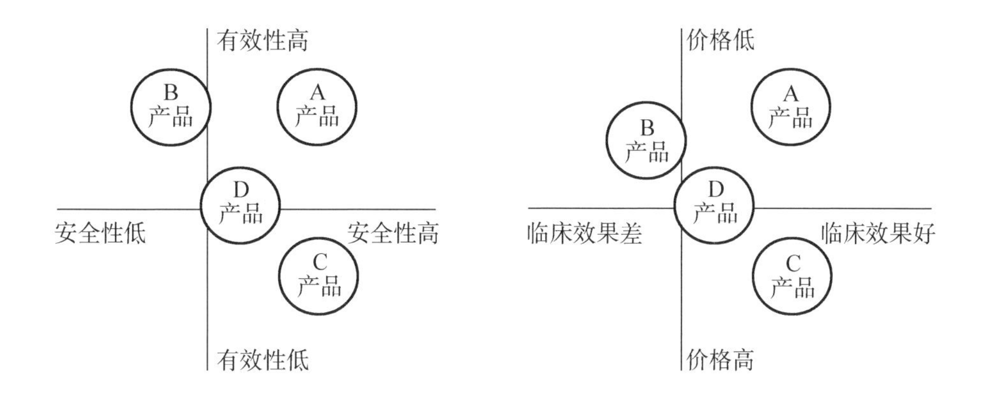

图10.3　定位图

品的定价就比较合乎逻辑，临床效果与价格成正比。A产品临床效果好，价格低，看起来最有竞争优势。在市场对价格非常敏感的情况下，A产品的这种定价可以让其快速占领市场。但采用价格竞争策略时需要注意，别的企业也可以快速利用低价反应，所以这种优势无法长久。除非企业的生产及市场运营成本远低于其他公司，是其核心竞争力，否则不建议打价格战。另外，产品定价低可能让市场认为A产品的质量低、疗效差，有可能存在适得其反的效果。

产品定价有许多策略。在医疗技术领域，市场终端价格一般考虑疗法价值和国际定价、参考技术价格、竞争价格、心理价位及市场准入的影响。新技术和传统疗法相比一定有其优势，市场上一般认同一定比例的升值范围，升值范围在不同领域、不同技术有很大不同。大多数情况下，这些新技术在国际市场已有使用，国际定价对于疗法价值是常用的风向标。鉴于种种历史综合原因，目前一般刚上市产品终端价格是欧美的2倍。随着中国医疗体制的改革，预计未来新品上市的定价将和欧美齐平，并随着竞争产品的引入定价，将在集采招标的压力下快速下降。参考技术价格指的是同一专科领域的其他创新疗法定价，从一定程度上反映了医生对于该专科领域新技术的溢价认可，或者通过其他科室类似新技术的价格证明定价有理。竞争价格取决于市场定位。心理价位是医生和患者对于不同疾病疗法的预期心理价位，由市场上多年的价格体验约定俗成。比如，心血管产品多在5万—10万元，大外科手术多在3万—5万元，简单小手术在1万—3万元。市场准入的政策在近年会有较大变化，所以企业需要时刻关注政府动态和相应新政策的发布。企业还要考虑产品进入集采的可能性。如果预期较快进入集采，则一般会定较高的初始价格，以应对后面较高的降价压力。要想精准定价，仍需做一些市场调研，用价格区间图找出可接受价格区间和最佳推荐价格。不过，最终定价还是一个商业决定。

销售团队与渠道

销售团队和渠道直接决定了市场策略是否能落地执行，是否能够获得营业额。先需要考虑的是销售团队的架构。新技术销售是一个复杂的销售流程。既要和医院管理设备科等非临床部门打交道，又要培训教育临床医生及科室辅助支持团队，许多时候还要上台支持手术，或者做转诊医生及患者的教育工作。团队架构可以是单兵作战，一个人搞定所有工作；也可以小组作战，在一个区域里几人分工合作，发挥各自专长。单兵作战的优点是灵活机动，可以更快地对市场做出反应且抓住机会，销售业绩即自己的业绩，而其缺点是个人精力分散，很难找到全面种子选手。这种架构比较适合相对简单且成熟的，仅需要快速全面推广的技术。小组作战的优点是在每一个环节都更加专长，服务更到位，个人时间效率有所提高，易于招募适合的人才，缺点是销售业绩依赖整个团队的表现，且团队内部有沟通成本。这种架构比较适合相对复杂的、技术性较强的技术。对于特别昂贵复杂的技术，如影像设备、手术机器人等，则一般是分工更为精细的集团作战。销售、产品、售前安装、售后服务、商务和合规法务等不同的部门都要在整个销售过程中扮演相应角色。

销售区域的划分本身是一门复杂的学问，也涉及使用各种规划工具。对于大多数刚进入商业化的创新公司来说,可以先初步按以下因素来进行划分,再定期(最好每年)进行动态调整:①覆盖地理位置的交通时间成本尽量低;②重点客户的分配相对均衡;③区域内客户的相互影响合作较为紧密;④各区域短、中期业务发展速度要相对一致;⑤在各区域都能找到合适的人才。总之,各区域的工作量、业务发展和业绩达成可行性要相对齐平,这样才能吸引并激励销售人才最大化业务发展。

由于历史原因,经销商渠道是目前医疗技术流通及推广的一个重要组成。经销商和厂家配合,在产品入院、订单处理、医院内物流管理和当地招标等方面起到主导作用。同时,经销商也配合厂家在产品宣教、学术活动中起到辅助和支持作用。在选择经销商时最重要的是看其合作意愿和合作动力,是否认同企业的理念愿意做市场投入,是否认为企业的产品是其将来业务增长的重要驱动力;然后关注其进院能力、客户关系、团队职业素质和经济实力。当然,所有考虑的前提是经销商公司没有违规、失信等不良记录,也没有合规风险。

如果企业已经有其他产品在同一专科领域销售,一般使用现有销售团队和渠道。只有在非常特殊的情况下,如新产品上市需要培养周期或者技术支持的要求超出现有团队水平,才会考虑单独招募一个团队。从渠道角度来说,只有销售模式发生改变(如从耗材销售改为设备销售)、医院经营主体性质改变,或者消费终端由医院改为消费者时,企业才会改变渠道布局。

随着民营医院、互联网医院等新型医疗服务机构的兴起,以及医疗改革的进展,企业还要寻找适合新的商业模式,包含直销、平台渠道商等模式。对于患者在家使用的技术,也可以尝试企业商城、移动医疗平台、零售药店,甚至各种电商带货直播平台。

促销推广组合

新产品上市需要让医生和患者知道并了解这个技术,同时产生兴趣和使用欲望。企业要在这个领域建立品牌,让医生、患者和公众对产品建立信心。市场部要根据市场情况和公司目标策划促销推广组合,向客户传递产品价值并建立客户关系。在推广前市场部需要考虑产品目标人群是谁、渠道有哪些、预算多少等。

针对使用新技术的医生及其团队,除了主动拜访、推广外,学术会议和培训是最有效且应用最多的宣传渠道。学术会议可以是各级学会或者医院组织的,也可以是企业牵头的专题会、培训会。在大型学术会议上,企业可以通过手术演示、录播等形式展示自己的产品在临床中的实际使用;也可以通过专题报告、学术辩论等形式增加产品曝光度;还可以在企业专场卫星会和展台上充分展示自己的产品。

其他常用的推广渠道有数字营销、广告和公共传媒等。数字营销的作用在近年越来越重要,在中国社交媒体营销的发展尤为蓬勃。考虑到许多医生和患者会主动到网上搜索相关信息,所以优化搜索引擎也是需要考虑的。现阶段数字营销和学术会议相辅相成,所有的推广渠道都要耗费不少人力、物力,企业需根据自己的现状和目的做好预算,合理使用。

市场准入计划

在前文中我们提过医疗产品流通环节的第一大块为市场监管和准入,如果没有市场准入,企业则无法开始向医院销售产品。企业需要根据政策规定及专家资源,规划好准入工作的步骤。例如,目前政策规定产品要先获得全国医保代码,才能在各省挂网平台挂网,而各省对于挂网的要求条件各不相同。有些省只要求企业提供自身资质和定价,有些省要求提供其他省的挂网价作为参考,有些省规定只有有资质的医院才可以提出申请,还有些省强势地要求企业给出低于其他省的折扣,而折扣后的价格又会被他省用作要求降价的凭证。对于最后一种情况,企业就需要小心地管理挂网时间。市场部应该和市场准入人员就各环节提前进行部署，并配合各省销售做好准备工作。

入院销售计划

在销售产品的过程中，企业要对所有目标医院做市场细分，这决定销售工作开展的轻重缓急。

常用的医院细分维度有：患者数及手术量、医院等级、市场准入难度、所在地方经济发展程度、新技术占有率等。根据这些信息和销售人员的配备情况，制定明确的进院计划，让销售在规定的时间内有的放矢地主攻目标医院。

一般产品进院，尤其是进大医院，是一个漫长的过程。和大设备销售类似，产品进院需要企业各部门互相配合，集中资源与力量，才能拿下目标医院。

市场活动及推广培训计划

市场活动针对目标医生设计，让他们了解并认可公司和产品。因此也需要对医生做一个市场细分，并且描述客户画像。

常用的医生细分维度有：学术政治地位影响力、职位年资、新技术开展状态（如已经有丰富经验的专家、起步阶段、受过培训等）和关注点（如研发创新、临床研究、国际交流、会议赞助、讲者机会、技术调研咨询等）。注意医生细分组别之间应该有明显差异；同组内成员间共同点较多，可共同参与同场活动，而无须差异对待。分组后就要对各组客户进行客户画像，即捕捉共同的兴趣需求。然后市场部从公司目标出发，决定各组所受关注的程度及相应资源分配，"量体裁衣"地设计不同的市场项目和活动来满足他们的需求，建立合作关系和信任。

市场推广计划包括学术会议计划、数字营销、广告和公众传媒的详细安排及预算。其中，对于学术会议计划，市场部要做好全年推广重点、关键信息、每个项目目的及名称、会议日程、专家角色、目标客户群、场所、活动推广和预算等。

市场部还要准备所有市场推广和培训的内容工具，包含宣传册、动画、手术录像、产品幻灯片、临床数据幻灯片、技术白皮书、培训工具、产品演示工具、品牌宣传工具、数字营销软文等。这些内容工具的准备费时、费力，企业可根据市场需要和自身情况选择力所能及的工具，分阶段准备。

许多新技术需要企业和领头专家共同配合去培养新术者。这就需要企业逐步完善一整套培训体系，分别让医生和销售团队通过系统训练尽快掌握新技术的使用方法。培训一般包含课堂培训、模拟操作、动物试验及带教培训等不同阶段。企业需要就不同阶段开发培训资料、标准操作流程、模拟和动物模型。企业还要尽早培养自己的技术培训人才和专家带教者。对于风险大、难度高的技术建议设立"资质认证"，术者和企业技术销售都必须通过标准考核才有资格独立完成手术或工作，以保证临床治疗质量。

物流管理和上市后服务

物流管理的目的一方面可以保证产品供给，另一方面则可以降低库存积压和原材料采购的成本。根据经销商数目、入院计划、销售和产品使用的预测情况、市场和培训计划、老产品库存等，物流部门可以计算出库存用量，并及时采购和通知生产部按计划生产。物流部门还要考虑到产品货架寿命，医院对有效期的要求、运输时间和生产时间等各种因素，对整个物流体系都有一定的约束。

产品上市后需要有售后服务。受法规监管，至少要有产品投诉渠道，并对投诉、反馈、退货、产品召回有严格的管理流程加以实施。

上市执行指标监督和风险管理

为确保执行力，让公司管理层快速全面地把握产品上市情况，可以设立一些指标。这些指标直接和业务挂钩，或者可以预测产品在市场的接受度，同时反映团队在市场的执行力。上市团队可以根据这些指标快速调整计划和执行,优化市场销售结果。

另外,市场有许多不确定性。常见的风险有产品技术风险、市场风险(如准入时间和政策不确定性),还有业务运营风险(如核心人才和供应链稳定性)等。上市团队要就可能发生的不利因素做好预估,对于高风险、影响大的因素做好应对措施。

财务规划

企业除了造福社会,最终目的是要盈利。许多创新公司的现金流比较吃紧,因此需要做财务规划,保证业务能够持续健康地发展下去。财务规划要考虑收入和支出。收入主要是营业额,支出则包含生产成本、营销成本、研发成本和利息、税收等非营利成本。表10.2列举了一个假想公司及其假想产品的财务损益表。该假想产品在上市10年间营业额增长到4000万元,净利润1700万元。不计算终结价值(Terminal Value),该产品最终为公司获得净现值(Net Present Value)1100万元,是一个好的投资。整体业务计划,如毛利率、营销和研发成本对营业额的占比也都较为合理。但需要注意的是该产品导致公司前4年亏损,累计现金流直到第8年才反负为正。这对于公司融资就有比较高的要求。

上市团队组成

新产品上市是团队作战,企业需要确认资源到位,每一个职责都落实到专人负责。大设备公司还配有安装部门、售后服务部门。表10.3中列出了医疗企业上市团队的功能部门及其主要工作职责,仅供参考。

表10.2　财务损益表(单位:百万元)

	2022	2023	2024	2025	2026	2027	2028	2029	2030	2031	复合增长率
营业收入	1.00	2.00	4.00	7.50	12.00	16.00	21.00	27.00	34.00	40.00	45%
增长率%	0%	100%	100%	88%	60%	33%	31%	29%	26%	18%	
销货成本	0.60	1.10	2.00	3.38	4.80	5.60	6.30	6.75	7.48	8.00	29.6%
营业收入占比%	60%	55%	50%	45%	40%	35%	30%	25%	22%	3%	
毛利率	0.40	0.90	2.00	4.13	7.20	10.40	14.70	20.25	26.52	32.00	55%
营业收入占比%	40%	45%	50%	55%	60%	65%	70%	75%	78%	80%	
销售及行政管理支出	2.00	2.00	2.40	3.75	4.80	4.80	5.88	6.75	8.50	10.00	17.5%
营业收入占比%	200%	100%	60%	50%	40%	30%	28%	25%	25%	25%	
研发支出	5.00	3.00	1.95	1.46	1.00	1.20	1.20	1.40	1.60	1.80	−9.7%
营业收入占比%	500%	150%	49%	19%	8%	8%	6%	5%	5%	5%	
营运支出	7.00	5.00	4.35	5.21	5.80	6.00	7.08	8.15	10.10	11.80	5.4%
营业收入占比%	700%	250%	109%	69%	48%	38%	34%	30%	30%	30%	
营运收入	−6.60	−4.10	−2.35	−1.08	1.40	4.40	7.62	12.10	16.42	20.20	
营运利润率%	−660%	−205%	−59%	−14%	12%	28%	36%	45%	48%	51%	
净利息及其他支出	—	—	—	—	—	—	—	—	—	—	
税前利润	−6.60	−4.10	−2.35	−1.08	1.40	4.40	7.62	12.10	16.42	20.20	
交税额	—	—	—	—	—	—	—	—	—	—	
税率%	0%	0%	0%	0%	0%	0%	0%	0%	0%	0%	
净收入(亏损)	−6.60	−4.10	−2.35	−1.08	1.40	4.40	6.48	10.29	13.96	17.17	
净利润率%	−660%	−205%	−59%	−14%	12%	28%	31%	38%	41%	43%	
净现值	10.57										
累计现金流	−6.60	−10.70	−13.05	−14.13	−12.73	−8.33	−1.85	8.44	22.39	39.56	

表10.3 医疗企业上市团队组成及职责

功能部门	工作职责
市场部	• 上市项目的负责人，协调各功能部门，监督上市执行指标并做好风险管理 • 制定市场策略、上市计划 • 制定并执行产品促销推广计划
销售部	• 根据市场策略制定入院计划，并对整体上市计划提出反馈 • 管理销售团队和经销商及其他渠道的上市计划执行，给出销售预测 • 帮助搜集市场、竞争产品、客户、渠道、市场准入等关键信息
教育培训部	• 制定培训目的、课程大纲、分级认证和考评 • 与专家研发技术，与临床医学人员合作编写培训课程，制作培训工具
销售运营部	• 负责或支持销售进行市场准入工作，提供所有企业资质文件 • 管理经销商资质，授权，业绩核算 • 处理订单，付款，通知供应链部门发货 • 同质量部供应链对接，帮助销售处理退货，产品召回等在市场中的具体实施 • 销售数据分析和预测，销售人员业绩奖金计算
供应链/物流管理部	• 按照销售预测做好原材料采购及生产计划 • 监督和保持库存，供应链稳定 • 保证产品在搬运、贮存、包装和交付过程中的质量
生产部	• 负责产品保质保量生产 • 控制生产成本
客户服务/质量管理部	• 负责接待，登记产品投诉，及时向质量部汇报 • 质量管理部根据所有产品使用反馈分析整理产品投诉问题，决定是否要采取行动，并按照法规要求及时向国家药品监督管理局报备
研发部	• 帮助市场部发掘产品差异化优势（技术特点） • 开发市场推广内容资料 • 支持产品培训、演示、宣讲
临床医学部	• 帮助市场部发掘产品差异化优势（临床数据），开发市场推广内容资料 • 支持产品培训、演示、宣讲 • 和市场部协商临床证据策略，布局上市后的研究
注册部	• 跟踪注册证批复情况，及时通知上市准备团队时间调整 • 确认符合所有上市资质，放行产品进入商业流通
财务部	• 进行预算，财务规划，确保业务的健康发展 • 对费用和财务指标进行监督

第六节　新疗法市场拓展

当具有相关资质的医生针对某一特定适应证指出基本相同的确诊方式和同一特定疗法，且医生们几乎都称之为“金标准”时，这就代表该疗法已经基本普及了。而如果患者基本能够在10年内获得治疗，那么则表明该疗法已经很成熟了。但许多新技术的治疗率连1%都不到，这多数是因为患者在发病到治疗过程中有许多障碍。阻碍新疗法推广使用的因素分为以下四大类。

第一类是疗法本身的成熟度。一个疗法的操作是否已经精细标准化，操作的成功率是否很高（>95%），不良事件发生率是否够低（比替代方法要低），患者治疗后的管理是否简单方便而易于被接受、预后是否良好；对其他产品疗法的依赖性和包容性是否在临床上可以接受，都是疗法本身成熟度的体现。在第四节中我们已简单阐述了如何和专家合作、不断优化操作流程、提高治疗成功率和疗效。

第二大类是疗法的治疗效果。它包括：临床数据是否在生存率、关键功能和生活质量上有明显的提升，新技术在上述临床方面获得的益处是否值得高过传统疗法的价格，由于使用新技术导致的其他医疗费用（如住院费、手术费和术后护理费等）是否可以被接受，在患者眼中新疗法是否创伤更小、更安全、更有效，从而更有动力主动寻求治疗。

第三大类是卫生经济学的考量。是否有收费编码、医保覆盖，医院是否在每一位患者身上获得更多支付而花费更少治疗费用，医院是否要花费大量资源做基建、购置新设备和招募培训医护人员等，这些都是卫生经济学考量的内容。在第三节中，我们已提到如何充分运用循证医学来为此内容提供支持。

第四大类是医疗系统中阻碍患者获得治疗的因素。这类因素范围较广，且与患者体验关系更密切，如是否有简单、经济、有效的诊断方式，适应证是否清晰明了，首诊医生能否正确诊断并转诊，指南或专家共识是否给出强烈推荐，患者和公众是否有强烈的疾病认知和治疗意愿等。除了运用循证医学支持指南的推荐，我们还要考虑如何提高诊断率和转诊率，以及唤醒公众意识。

可以做转诊的医生人数庞大、分布广、投资回收期长，无疑对于创新企业来说，是很大的负担。因此，创新企业需要设计一些“聪明”的转诊项目，有的放矢地进行转化率高的转诊教育筛查项目。一般以主治的专科医生为核心，帮他们打造一个“朋友圈”，在一定的地域范围内进行固定的、点对点的合作。专科医生帮助教育转诊医生，转诊医生将合适的患者送往专科医生那里得到最好的治疗，便是一个双赢的局面。另外，大型学术会议、网上医生再教育平台等，都是相对可行的沟通渠道。

在公众宣传方面，如果疗法确实给社会带来很大获益，可以考虑和专家、学会、疾病组织协会、患者组织等非政府组织合作，利用一些社会事件如特定疾病日，通过公众媒体提高公众对疾病及其危害的认知，激发其对于新疗法的兴趣和需求。对于患某些疾病的低收入人群，还可以寻求政府支持或民间公益团体的补助。如对于需做先天性心脏病手术的14周岁以下儿童，政府就有相关补助政策。企业可以联合上述团体寻求经济资源，帮助那些有需要而无支付能力的患者。

新技术新疗法要获得普遍使用并成为“金标准”，就需要其安全有效性经得起考验、循证医学支持指南推荐、操作流程标准化，并能够在卫生经济学上向支付方和医院证明其医疗价值和经济收益，在诊断和转诊上更简单、经济且有效，通过公众传媒引起公众对于疾病的重视和对患者的关爱。总之，要让流通过程中所有的利益相关人都能够积极参与并且获益。

第七节　商业团队搭建和培养

要成功商业化一个新技术，先要组建一个战斗力相对较强的商业团队，一般分为销售、销售运营、市场部和临床培训四个部门，有时临床培训被归到市场部下面（图10.4）。如果商业团队较大，则会增设大区经理，原则上一线经理带人不要超过6人，否则难以有足够的精力实施管理。每一种职位都有特别的要求和职责，限于篇幅不在此赘述。

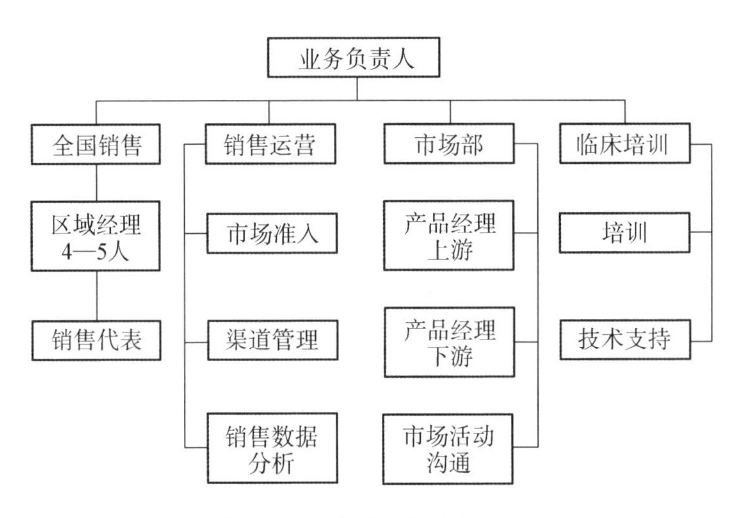

图10.4　商业团队组织架构

在整个架构中，业务负责人是决定成功的关键。笔者强烈建议企业要尽全力在相关专业领域招募吸引一位资深的业务负责人。过往的20多年，数十家外企培养了一批高素质的商业人才。随着民族企业和中国医疗技术创新的兴起，这些人才中的相当一部分已经或者准备转战民企。事实上，目前市场上一批成功的医疗技术公司都采用了这种做法。一位背景雄厚的资深业务负责人本身就是一块强大的人才吸铁石，通过他自身的社交关系便能招募不少人才。并且他在培养和管理人才方面富有经验，与临床专家、经销商，甚至相关市场准入部门都有长久的合作关系，有利于业务快速起飞。

如果因为企业的产品线在短期内不够吸引人或达不到足够的销售额，也没有足够的资金聘请资深的业务负责人，那么企业也可以在相关领域招募一些资历较浅的职业经理人。然后企业管理层要多花一些精力关注商业团队的建设，如人才规划和招聘，业绩管理与奖惩，人才的保留、培养和发展等，都要有详细的计划和较高的执行力度。无论哪种情况，一个懂得业务需求、能够全方位为业务提供人才管理服务的人事部经理都是非常重要的。鉴于医疗技术行业的特殊专业性，企业特别要重视商业团队的专业技术能力和合规质量意识的培养，尽早建立一套完整的培训体系。

回顾本章内容，我们分析了在医疗技术领域里的不同类型的客户(利益相关人)，他们的关注点以及在新技术使用中所起的作用。其中，临床专家特别是顶级专家的作用最大，对于整个流通环节里的利益相关人都有影响。当然，要影响专家和市场，循证医学是最强有力的证据。因此，企业需要综合考虑，根据产品特点、预计疗效，以及专家意见整体布局临床研究方案，尽可能在产品安全性、有效性、易用性，以及卫生经济学方面证明产品的临床价值。在制定市场策略时，可以运用4P分析从产品、定价、渠道和促销推广全方位考虑，环环相扣地凸显产品的差异化优势。在执行层面制定一个缜密的营销及上市计划，包括市场准入、入院销售、市场活动及培训、物流管理、售后服务及质量管理。在上市准备过程中，还需做好人员和财务规划，以及风险管理。产品上市后需要进行市场开拓，不断提升疗法的成熟度，用循证医学证明治疗效果和卫生经济学价值，解决医疗系统中的各种障碍。团队是一切成功的基石，企业应当给予高度重视，并且投入时间和金钱以吸引、招募、保留和培养人才。

最后做一些说明。本章主要描述创新技术的商业化，即该技术在中国市场相应技术中处于前3位，但其市场还属于刚刚起步阶段。对于中国市场上已经有成熟的国际品牌而靠本土化替代的产品，本章中提到的诸多市场开拓工作则不再需要，但和竞争对手抢夺市场的策略依然适用。另外，目前市场上大多数创新企业的产品是高质耗材，因此本章以医疗高质耗材为主要考量而写。对于大设备和低质耗材涉及较少，它们的销售流程虽与高质耗材不同，但底层的市场营销逻辑是可以通用的。

第十一章
医疗科技创业的生态选择

第一节　中国生物医药产业园区的发展及作用

生物医药园区的概念起源于20世纪六七十年代的美国，[1]中国生物医药产业起步较晚，1988年8月国家开始实施火炬计划——高新技术产业化发展计划，明确提出创办高新技术产业开发区和高新技术创业服务中心，[2]从1991年开始批准建立国家高新技术产业开发区，[3]生物医药产业园伴随国家高新技术产业开发区而生。

为了更好地促进生物医药产业集聚发展，“十一五”期间国家发展和改革委员会分批建设了22个国家生物产业基地，促进生物医药人才、技术、资金等产业要素向优势地区集中，显现了产业集聚效应（表11.1）。

表11.1　国家生物产业基地批准时间表[4]

2005年第一批（3个）	石家庄基地、长春基地、深圳基地
2006年第二批（4个）	长沙基地、广州基地、上海基地、北京基地
2007年第三批（5个）	青岛基地、武汉基地、成都基地、昆明基地、重庆基地
2008年第四批（10个）	哈尔滨基地、德州基地、泰州基地、郑州基地、通化基地、南宁基地、西安基地、天津基地、南昌基地、杭州基地

自2005年国家发展和改革委员会开始认定首批国家生物产业基地以来，北京、上海、深圳、天津、广州、哈尔滨、石家庄、济南、青岛、通化等地兴起了近百家生物基地园区，园区进一步推动区域产业发展。

“十二五”期间，北京、上海、天津等地纷纷出台生物医药产业政策，逐步将生物医药产业培育成区域主导产业。其中，北京市通过重点支持科研成果转化等“五个重点支持”、“十病十药”资金专项等“两个专项”及相关保障措施，促进生物医药产业实现跨越式发展，从新兴战略产业发展为北京市主导产业之一。[5]上海市出台生物医药“十二五”规划，将上海打造成为全国生物医药创新产品制造基地之一。[6]天津市提出打造三大产业集群，最终带动1000亿元产业规模的战略发展目标。[7]

“十三五”期间，中华人民共和国工业和信息化部等六部委印发《医药工业发展规划指南》，明确提出各级政府需要根据行业发展需要，结合各地资源禀赋和环境承载能力，科学规划产业集聚区。在国家顶层设计战略要求指导下，国内生物医药产业逐渐呈现集聚发展态势，形成了包括长三角地区、珠三角地区、环渤海地区在内的产业集聚区，中部地区的湖北，西部地区的四川、重庆也展现出良好的产业基础。

生物产业园区的发展，对于带动和推动医疗创业起到了至关重要的作用。面临众多的产业园区，创业企业通常可以结合自身企业发展阶段和需要，选择适合的园区进行落地发展，通常参考以下3个因素进行选择和比较。

1）交通及区位：考虑到早期创业交通的便利性，初创企业和团队通常会在自身目前学习和工作的城市就近选择产业园区进行落地。从创业早期来看，创始团队在自身学习和工作的地方往往积累了较丰富的人脉，也较熟悉当地的生活条件，而且创业团队的家庭因素等也是要充分考虑的，因此就近选择园区进行落户通常是优先选择。建议初创企业也要尽可能从未来产业发展环境、产业配套，以及扶持政策等角度进行选择。对于回国创业的海归来说，通常没有家庭因素等限制，他们往往会根据产业配套及未来发展方向进行更广泛的选择，通常会选择长三角、珠三角等产业发展相对成熟的园区进行落户。

2）产业配套环境：医疗初创企业要充分考虑和评估未来发展所需要的产业配套环境，选择最优的产业配套环境落户。随着企业的发展，企业团队会不断扩充，涉及研发、生产、质量体系、注册和销售等多领域人才，一定要充分考虑当地是否有同类企业，是否有充足的相关经验产业类人才。很多医疗初创企业在后续发展过程中，都会遇到较大的人才招聘问题，此时选择合适的产业园区至关重要。产品报批和监管也是一个重要因素，医疗初创企业要熟悉和了解当地的对于医疗产品注册报批的流程和监管要求，各地出台的关于加速和鼓励创新医疗企业发展的引导政策。2018年，国内开始实施医疗器械持有人制，现在该制度已全面实施和推广，极大程度上改变了医疗初创企业要在当地建厂就得完成当地注册的局限，使得跨区域生产和注册成为可能。这些均加快了创新医疗器械产业化进展，促进了人才和技术的流动，推动了整个行业健康发展。

3）扶持政策：为推动各地医疗产业的发展，从国家到地方层面都出台了多项鼓励医疗创业的政策，涵盖了企业发展的各个阶段。以初创企业为例，通常其最初可以申报人才政策、房租减免、研发补贴等初创阶段优惠政策；在快速发展的成熟阶段，各级政府还出台了相关产业补贴政策；针对较为特殊的医疗企业，各级政府根据产品所处研发和注册等不同阶段的进展，给予相应比例的研发补贴；如果初创企业有产品已进入到临床试验阶段，通常会得到国家或地方给予的相应奖励；对于产生销售的初创企业，则政府将给予不同金额的奖励；为鼓励辖区初创企业上市，当地政府也会给予不同金额的上市补贴。对于各区重点引进的初创企业，政府还出台了一事一议的产业政策。初创企业通常可以从相关产业园区的招商手册和政府各级网站上找到相关申请表格及要求，认真研读相关申报条件并积极申请，则会为企业赢得相关的政府支持。

下面我们将详细介绍两个较为典型的国内医药产业园区案例。

上海张江药谷

张江生物医药基地被外界誉为"张江药谷",1992年园区成立之初就将现代生物与医药产业列为重点发展的主导产业之一。1996年,"国家上海生物医药科技产业基地"在张江高科技园区设立,一举奠定了"张江药谷"的地位。1999年,为加快张江高科技园的发展,上海市实施"聚焦张江"战略,给予张江高科技园区一系列优惠政策和待遇,包括财政收支、人力资源、项目审批、土地开发、吸引外资,以及文化设施的建设等,确定生物医药产业、集成电路产业、软件产业为园区主导产业。[7]依托该战略的实施,继1994年罗氏制药成为首家进驻张江药谷的跨国药企后,张江药谷则成了跨国药企在中国布局时的第一选择。[8]2005年前后,诺华、辉瑞、阿斯利康等跨国药企先后在张江设立了研发中心。[9]至今,全球十大药企中已经有8家在上海建立了研发中心。

跟随这些跨国药企一同成长起来的是中国的研发外包服务产业,如药明康德、美迪西、泰格医药(杭州)等合同研发组织或合同制定生产企业在上海及其周边地区迅速涌现,并且快速扩张。张江药谷因此产生了完善的生物医药产业链,让初创药企可以借助于周边的力量快速推动产品研发。目前张江生物医药产业基地是国内领先的生物医药产业园区之一,是跨国药企研发机构最为集聚、科技研发平台体系最为完善、新药研发成果最多的生物医药产业基地,其创新水平和创新能力在国内一直处于领先地位。

张江药谷围绕人才、创业团队及创业服务发布了住房补贴、创业资助、研发投入补贴、收入补贴及相关金融政策等一系列扶持政策,积极引进高层次人才和项目团队落户浦东新区发展。同时,为增强张江药谷科技创新、孵化创业功能,注重产学研相结合,张江药谷着力引进与产业密切配合的高等级院校;园区内提供生物医药研发孵化平台,包括实验室、中试车间和包括仪器分析检测中心、信息情报中心、实际采购中心等专业技术平台,实现研发与制造相互结合。目前,张江药谷已形成由产业群体、研究开发、孵化创新、教育培训、专业服务、风险投资6个模块组成的良好的创新创业氛围,以及“人才培养—科学研究—技术开发—中试孵化—规模生产—营销物流”的现代生物医药创新体系。不仅如此,张江药谷还引进了中国科学院药物所、国家人类基因南方研究中心、国家新药筛选中心等研发机构,以及几百家中小科技企业为代表的创业群体,以增强整体的研发能力和竞争力。

苏州高新区

苏州高新区是江苏省“一区一产业”布局中唯一重点支持医疗器械产业的区域,是苏州市生物医药产业地标的“双核”之一。苏州高新区将“高端医疗器械”作为加快推动形成的产业创新集群之一。目前,苏州高新区已集聚1000余家医疗器械相关企业,拥有各类专利近3000项,从业人员超万人,产业年产值连续多年保持30%的增长速度。[10]

苏州高新区围绕创新链布局产业链,持续优化创新和产业生态,从政策上大力支持和推进医疗器械行业发展;注重与药品监管局合作,通过国家食品药品监督管理总局医疗器械技术审评中心与江苏省食品药品监管局签署推进医疗器械审评制度改革、提升能力建设合作协议,成立国家食品药物监督管理总局器审中心医疗器械创新江苏服务站;招商时积极引入医疗器械相关产业链,设立第一流医疗器械产业基金“蓄水池”,通过金融支持医疗器械的发展;实现源头技术自主可控,摒弃传统的“劳动密集型”的产业结构。苏州高新区坚持产业链创新链协同推进,构建自主可控现代产业体系,推动产业迈向全球产业链价值链中高端。

苏州高新区构建起包括创新平台、孵化平台、服务平台、投融资平台、知识产权平台、政策扶持平台在内的生态圈,为医疗器械创新创业企业提供全生命周期服务,助力产业加速集聚。同时,有效联动骨干企业、院所平台等成立高端医疗器械创新集群联盟;建立苏州高新区医疗器械产业金融服务中心;成立高端医疗器械产业创新集群服务中心等。近期，苏州高新区又推动东南大学苏州医疗器械研究院顺利落地，不仅以科技创新推动苏州医疗器械产业创新集群的建设，同时通过苏州高新区的产业优势，打造一个高端医疗器械创新成果转化平台，从而集聚丰富的创新资源，培育和吸引了一大批本土领军企业、上市龙头企业。

第二节　医疗孵化器模式和作用

孵化器的定义

1959年，美国纽约商人约瑟夫·曼库索(Joseph Mancuso)将自己管理的一幢多层综合大楼分隔成若干小单元，出租给不同的小企业，并向承租企业提供融资、咨询等服务。[11,12]曼库索从大楼内一家养鸡企业活蹦乱跳的小鸡中得到灵感，将这种经营模式命名为“企业孵化器”。此后，孵化器模式逐渐从美国扩展到全球各地。20世纪80年代，孵化器在美国大量涌现，并传播到欧洲、亚洲等地。据美国企业孵化器协会(NBIA)统计，全球范围内约有7000家孵化器。[12]全球孵化器总数的1/3都在亚洲，而中、日、韩三国的孵化器发展尤为繁荣。

1987年，武汉东湖诞生了中国第一个企业孵化器。[11]30多年过去了，孵化器的设立主体、实际运作模式等都发生了巨大的变化。在2021年版的《苏州工业园区科技创业孵化载体政策汇编》中，对孵化器的模式、功能和建设目标做了清晰的界定。

孵化器是以促进科技成果转化，培育医疗科技企业和企业家精神为宗旨，提供物理空间、共享设施和专业化服务的科技创业服务机构，是国家创新体系的重要组成部分、创新创业人才的培养基地、大众创新创业的支撑平台。

孵化器的主要功能是围绕科技企业的成长需求，集聚各类要素资源，推动科技型创新创业，提供创业场地、共享设施、技术服务、咨询服务、投资融资、创业辅导、资源对接等服务，降低创业成本，提高创业存活率，促进企业成长，以创业带动就业，激发全社会创新创业活力。

孵化器的建设目标是落实国家创新驱动发展战略，构建完善的创业孵化服务体系，不断提高服务能力和孵化成效，形成主体多元、类型多样、业态丰富的发展格局，持续孵化新企业、催生新产业、形成新业态，推动创新与创业结合、线上与线下结合、投资与孵化结合，培育经济发展新动能，促进实体经济转型升级，为建设现代化经济体系提供支撑。

孵化器(incubator)的范围很广，既包含以创业咖啡、联合办公空间、创业社区、创客空间等孵化形态存在的孵化器，也包含一些专注于科技类初创企业孵化的孵化器。在国内，孵化器主要分国家综合企业孵化器、新型科技企业孵化器、专业技术和(或)产品孵化器、人才孵化器、国际孵化器、虚拟孵化器和创业投资主导孵化器等。这些不同类型的孵化器都为新创办的企业提供了物理空间、基础设施及配套服务等，降低了创业者的创业风险和创业成本，促进科技成果转化，提高其创业成功率。

国内孵化器运营模式演变

国内孵化器运营模式的发展历程总体经历了三个模式:纯物业收租金的1.0模式，综合服务的2.0模式，服务与投资并重的3.0模式。不同模式的区分如表11.2所示。

目前国内孵化器还在不断朝综合型模式发展，逐渐兴起专业型的医疗孵化器，出现了企业型孵化器、高校孵化器，以及医院发起等单独或联合建立的专业孵化器。它们的具体特征如下。

表11.2 孵化器的模式差异

	1.0模式	2.0模式	3.0模式
进入门槛	低	低	高
角色	二房东	服务员	辅导员
作用	孵化	孵化	孵化并培育
资产配置	轻	重	略重
主要收入	租金	租金、服务费、政府政策补助	增值服务费、投资收入
收支状况	微利	微利	长期盈利
设立主体	政府机构	政府机构为主，市场主体为辅	市场主体表现活跃
核心竞争力	房租优惠	房租减免、政策补贴	资源优化配置，精准赋能

企业孵化器

企业出于产业发展及未来战略布局的考虑，建立内部项目孵化或者外部孵化合作模式。其特色在于，充分调动了企业已经积累的产业经验、人员红利及相关资源。这类孵化器通常会对入驻企业提供更具针对性、开放性的技术支持，同时拥有高水平的管理团队、较强的专业顾问，既能为初创公司的重大关键成果转化提供技术支持，又能为其配置一定的社会优质资源，使其沿着自身大型医械公司发展模式进行运营，从而形成商业价值，具有市场化程度高的优势。依靠大型医械公司进行孵化，能从“技术+市场”的角度进行扶持。

案例1:微创奇迹点孵化器

微创成立于1998年，以冠脉介入领域起家，2010年公司上市开始密集地拓展新业务，转变成为创新药械平台。可以说，微创在本质上是一个医疗器械上市公司孵化器。微创有8大业务单元，包括心血管介入、骨科、心律管理、大动脉及外周介入、神经介入、心脏瓣膜、手术机器人和外科器械。另外，其也在辅助生殖、人工肺(ECMO)等医疗前沿领域布局。[13]

集团旗下的孵化器“奇迹点”,是微创医疗成立的专业从事科创孕育的全资子公司,也是浦东第一批大企业开放式创新中心(GOI)。奇迹点孵化器拥有一套标准化、集约化和规模化的线站式孵化模式,前期以闭环式、差异化、大跨幅非线性快速迭代的方式,完成概念验证,确保解决方案满足用户需求;后期以开放式、同质化、多站点线性有序推进的方式,快速实现产品获证与批量生产,确保商业化成功。微创奇迹点积累了丰富的新产品研发与商业化经验,成立5大医疗创新平台:基础研究与创新平台、数字化与在线医疗平台、供应链与产品制造平台、医疗解决方案推广促进平台和资本运营平台。这也是微创特有的孵化机制。

微创共孵化了数十家子公司,针对高性能医疗器械创业创新的发展痛点,整合资源并形成了特有的数字化科创孕育资源平台和专家智囊共创平台,为入驻企业提供便捷有效的全生命周期线一站式进化服务,加速其从概念走向商业化。[14]虽然微创旗下业务繁杂,但基本围绕手术高值耗材,可迁移性技术强,同时因为各类介入耗材的技术原理相通,使得公司的神经介入、瓣膜介入及主动脉介入业务都走在国内同行的前面,并孵化相应子公司:微创脑科学(2022年7月在港交所上市)[15]、微创机器人(2021年底在港交所上市)、心通医疗(2021年2月在香港上市)[16]、心脉医疗(2019年7月在科创板上市)[17]。这样的迭代式创新,其实非常有助于头部公司的养成。微创旗下可谓“人才济济”,微创高管出来创业的成功率很高,业内称之为“微创系”,可以说,微创是中国创新医疗器械的黄埔军校。

案例2:强生创新中心

已经成立130余年的强生公司,也有一套非常完整的生态系统,包括强生创新中心、强生JLabs孵化器、强生创新JLINX、强生创新JJDC等机构,通过将产品开发的重点从自主研发转向外部孵化或者收购,来降低医疗器械行业长周期、高投入带来的风险。

JLabs加速了生命科学领域初创公司概念验证的过程，帮助很多初创企业减少早期投入，更快迈向产品原型阶段。从2012年成立至今，JLabs已成功孵化837家初创公司，其中制药公司571家、医疗器械公司160家、医疗消费品公司106家。[18]目前，全球共有13家JLabs孵化器，2019年6月在上海成立的JLabs是其最新分支，也是在亚太地区的第一个分支。[19]截至目前，JLabs共完成了价值580亿美元的交易，还包括44次首次公开募股和35次收购。[20]

“无附加条件”式孵化，既不要求获得入孵企业的股份，也不要求优先投资权，这是JLabs一个最大的特点。JLabs致力于为生命科学行业的创新转化赋能，筛选具备技术变革创新、满足市场需求、具备一定财务偿付能力且与强生公司感兴趣的战略领域或相邻领域保持一致的项目，这些是加入JLabs必须具备的四个条件的“准入门槛”。入孵公司每个月支付一定的费用，就可以使用包括办公室、实验室等的空间与各种实验设备，并且获得JLabs团队在人力资源、财务等方面的运营管理服务。更为重要的是，入孵企业还会获得产品开发与创业方面的指导：每一个入孵企业，都会被分配一位强生在业界有着丰富经验的JPal，即创业导师“内部引导”。除了定期沟通外，入孵企业与创业导师可以随时沟通，获取产品开发及创业方面的经验与指导，获得诸如材料与供应商的业界资源，降低入孵企业创业失败的风险。除了入孵团队与JLabs之间的沟通，JLabs也鼓励入孵企业之间相互沟通与合作，形成了良好的创新生态系统。在融资阶段，JLabs会利用企业运营的优势，通过强生公司的战略风险投资部门JJDC，组织超过100家投资基金与入孵企业进行沟通，为入孵企业提供潜在的投资“获得资金”。

JLabs入孵项目方向与强生的主营业务有一定的关联，主要集中在制药、医疗器械、日用品和全球健康方面。依托于强生公司强大的资源，JLabs成了强生创新系统中非常重要的一环，不仅可以相对独立地运营，同时打通了生命科学创新的上下游，打造了一个强大的创新生态系统。

高校孵化器

为了鼓励师生进行科研成果转化、培养学生创新创业能力，高校或科研院所也纷纷在学校内部或外部园区建立相关孵化器。例如，学校内部的创新创业中心、大学科技园，以及众多在异地筹办的大学技术转移中心或者转化医学研究院等。由高校或科研单位运营的孵化器一般拥有强大的科研资源与创新能力，能将实验室科技成果进行一定程度的转化。同时，高校孵化器对有创业想法的师生更加友好，让其充分利用母校及校友资源。但高校孵化器更注重于专业技术的创新，在产业化运作方面欠缺经验。

案例：启迪控股

启迪控股股份有限公司（以下简称启迪控股）成立于2000年7月，其前身是成立于1994年8月的清华科技园发展中心。[21]启迪控股是一家依托清华大学设立的聚焦科技服务领域的科技投资控股集团，是清华科技园开发建设与运营管理单位。作为启迪控股的旗舰产品，清华科技园（TusPark）园区总面积77万平方米，入驻企业超过1500家。[21]目前，清华科技园已经成为跨国公司研发总部、中国科技企业总部和创新创业企业的聚集地，是清华大学服务社会功能的重要平台，是推动区域自主创新的重要平台，已经发展成为中国乃至世界科技园行业的知名品牌。

集团旗下的启迪孵化器是国内起步较早、规模领先的首批国家级孵化器，目前已经形成以"启迪之星"为核心的知名孵化体系品牌。启迪之星坚持"孵化服务+创业培训+天使投资+开放平台"的方式培养科技创业领军人才，发掘推动科技创新创业项目，可以为创业企业提供贯穿其孵化、成长、加速全过程的载体空间，并提供创业辅导、天使投资、人才引进、成果转化和资源嫁接等全方位创业服务，致力于打造高附加值、高成长性的高科技企业育成中心。除孵化服务外，其同时构建了自身的投资体系——启迪之星创投，专注于种子轮及天使轮的早期创业投资。此外，启迪之星不仅依托清华大学优秀的创新创业氛围，还与各大高校建立了良好的合作关系，以此形成的巨大创新网络，为创业者提供全面、优质的创新创业服务。

经过多年发展，启迪之星成功推出了系统性的垂直孵化链条为项目提供创业服务；构建了集政府、行业龙头、各大高校、研究机构、融资机构、服务机构和媒体于一身的创业生态系统；与霍尼韦尔（Honeywell）、施耐德（Schneider）、BP、亚马孙网络服务公司（AWS）、华为、中集集团（CIMC）等行业龙头积极合作，共同打造垂直的产业加速活动。

启迪之星在全球90余个城市布局了超过170个创新孵化基地，运营孵化空间面积超过60万平方米。启迪孵化投资业务已累计孵化服务企业超过1万家，孵化毕业企业超过2000家，其中超过40家企业成功上市，超过40家企业被并购，累计股权投资回报近200亿元。

专业型孵化器

以医院为背景运营的专业型孵化器，得益于其能更快地用于医院与患者，凭借着自身诸多优势给医疗初创公司提供技术、临床、市场、平台等多方面支持，美国不少大型医院都开展了孵化器和（或）加速器项目。

案例1：梅奥诊所

全美排名第一的医疗机构是梅奥诊所（Mayo Clinic），其以先进的医疗质量及卓越的管理理念创造了延续158年的辉煌。[22]梅奥诊所的声誉及医疗质量享誉全美，主要缘于它在先进医疗技术创新和研究上的投入，其持续将临床经验和发明变成“知识资产”，开发、管理、保护和许可技术。

梅奥诊所当前共拥有62个研究中心和4500多名专业研究人员，每年在医学创新研究上的投入高达数亿美元，[23]目前已成功孵化14万项医学创新成果，还有1.2万项创新技术正处于研究和转化阶段。[24]梅奥人工心肺机、先进的放疗技术、精确的质子束治疗、电子病历大变革等，都是梅奥诊所成就的辉煌的创新事件。至今，梅奥诊所已形成3310项专利，成立初创企业274家，向全球许可了4029项技术。[25]在全球布局上，梅奥诊所继续在美国、中国、墨西哥、沙特阿拉伯、韩国、新加坡、阿联酋和菲律宾等多个国家拓展业务。2022年2月底，梅奥诊所发布了财报，其2021年的收入总额为157亿美元，高于2020年的138亿美元。医疗服务净收入同比增长7.7%。[26]利奥纳多·贝瑞（Leonard Berry）在《向世界最好的医院学管理》（*Management Lessons from Mayo Clinic*）一书中记录梅奥诊所时写道："战略与价值观相融合，创新与传统相结合，智慧与协作相搭配，科学与艺术相统一。"

案例2：克利夫兰诊所

克利夫兰诊所（Cleveland Clinic）诞生于1921年，相比梅奥诊所晚了半个世纪，然而它们都有着一个共同的优点——创新一直占据着主导地位。自1995年以来，在《美国新闻和世界报道》（*U. S. News & World Report*）的心脏专科排名中，克利夫兰诊所一直稳居第一，开发和完善了冠状动脉搭桥手术，领先开创了动脉瓣膜成形术，使用全人工心脏的心肺移植手术等。[27]克利夫兰诊所完美地实现了基础医学研究到临床医疗应用再到产品商业化开发的"转化医学"。

克利夫兰创新中心（Cleveland Clinic Innovation，简称CCI）建立于2000年，是克利夫兰医学中心的商业化和投资机构，负责开发创新项目，并将其推向市场。为了推动助力医疗技术的改革创新，CCI总结了一套"发明创新"流程，包括创意提交（Ideas Submission）、需求评估（Need Assessment）、可行性评估（Viability Assessment）、优化处理（Enhancement）、业务谈判（Negotiations）和成果转化（Translation），一共6个环节。CCI除了拥有在生物医药领域有着资深研究的专家团队，也有从事专利评估、投资、技术转移经理人等专业人士，或是邀请外部专家提供战略建议，与投资公司或大型医药企业建立技术许可、联合开发等合作关系，与中心一同筛选技术、进行商业孵化。该创新流程为CCI搭建起了良好的创新孵化循环，通过对成熟技术授权或成立公司的收益反哺新技术研发。

自2000年成立以来，CCI拥有4700多项医疗设备和技术发明，管理着780余个产品付费许可和2400多项专利；中心分拆了100家公司，其中42家仍处于活跃,[28]吸引了超过13亿美元的投资,创造了1250多个职位,为投资者带来了9000万美元的收益,[29]极大地推动了地区医疗产业建设和行业创新技术的转移转化。

第三节 孵化器的选择

一般来说,场地是孵化器必备的要素。专业孵化器同时提供专业设备、第三方平台等,另外配备专业的运营服务人员,帮助建立一整套运营方案。投资型孵化器还配备相关基金或合作基金,对初创企业进行种子和天使轮投资。对于创业者来说,选择合适的孵化器可以事半功倍,为创业成功增加筹码。在选择过程中,创业者通常需考虑以下5个因素。

1）交通区位:交通便利是创业者需要考虑的首要因素。无论对于兼职创业或者全职创业来说,万事开头难,千头万绪需要理清楚,不宜将时间过度消耗在上下班通勤。当然,交通便利也为企业招聘挑选更合适的员工提供了支持。

2）产业配套:包含产业链发展所需的上下游资源、相关的第三方服务等。专业孵化器会提供产业链发展所需的上下游资源及优质的第三方服务。创业者应根据自身需求,选择能最大限度提供支撑自身企业发展所需资源的孵化器。以医疗器械创新为例,在医疗器械流程中,涉及知识产权保护、产品设计定型、动物试验、临床试验等,步骤繁多,初创企业很容易走弯路。孵化器的一个重要职能就是为初创企业提供相关辅导。一个孵化器的优劣,并不单单是由其提供的硬件条件决定的,更多是由它所能提供的软环境决定的。

3）资金支持:对于初创企业而言,融资至关重要。资金支持是创业需要考虑的重要因素。国内很多政府、高校、产业园等主导的孵化器往往有一些特殊政策匹配,从而可以在产业引导基金、项目贷款、人才补贴、科研补贴等多方面对创业项目提供资金支持及市场化的股权投资。孵化器为入孵企业寻找融资机会,往往会与风投机构达成战略合作。孵化器成为风投机构的重要项目来源,甚至可以根据风投机构的要求,针对特定治疗领域寻找和培养可能的入孵企业,提高成功概率。有一些风投机构直接设立孵化器,目标就是为风投机构筛选可投项目。

4）人才集聚:招人是企业发展的重中之重。专业孵化器的优势在于集聚了大量行业内人才,并以规模效应的优势方便了更多专业人才的聚集,大大扩大了企业的潜在人才库,便于筛选出合适的人才并使其尽快上岗。

5）社群文化:社群文化在众多专业孵化器选择要素中不常被提及,但并非不重要。专业孵化器营造的社群氛围、价值观等,对于留住创业者、帮助创业者获得认可、扩大其人际交流圈等方面都发挥了积极作用。

第四节　医疗加速器

加速器的定义

加速器是一种以快速成长企业为主要服务对象,通过服务模式创新充分满足企业对于空间、管理、服务、合作等方面个性化需求的新型空间载体和服务网络。加速器旨在从高成长企业的切实需求出发,提供定位清晰、方向明确的企业加速服务。相比孵化器而言,企业经历种子期的培育进入创业期发展的快速成长阶段,对物理空间、配套设施、技术平台、投融资、市场网络、人力资源等发展环境提出了更高的要求,而孵化器的载体及服务模式已难以满足相应的需求。

中国科技企业加速器发展历程可分为以下两个阶段,①萌芽阶段(2000—2006年):我国第一个科技企业加速器——大康企业加速器有限公司,于2000

年4月在上海交通大学科技园诞生;2001年4月,北京中关村永丰产业基地发展有限公司成立后开始建设科技企业加速器;天津、大连等城市有关方面也较早进行了探索。②国家试点阶段(2007—2009年):2007年8月,科技部火炬中心批准北京中关村永丰产业基地发展有限公司为科技企业加速器试点;随后,深圳光明高新区、无锡高新区、西安高新区的科技企业加速器也被批准为国家试点;在此期间,长春高新区、广州开发区科学城、厦门火炬高新区、青岛高新区、大连高新区、上海漕河泾开发区、江苏江阴市经济技术开发区等纷纷建设科技企业加速器。[30,31]

加速器与孵化器的职能区别

加速器是孵化器功能向后端的延伸,它能为快速成长企业和成长性好的企业提供更大的物理空间,更强的、个性化的专业服务,更有力的政策扶植,成为培育创新型企业、形成高新技术创新集群的重要政策工具。孵化器的不断发展也逐步带动加速器的起步,加速器的诞生对孵化器的创新发展起到承上启下的作用,从一定程度上对孵化器的功能作用进行了补充和完善。加速器和孵化器在创业早期都是为初创企业发展提供服务,但在根本上还存在一定差异(表11.3)。孵化器着重于“孵化”创意性想法并成立公司,而加速器着重于

表11.3　孵化器与加速器的区别

	孵化器	加速器
入驻企业发展阶段	公司初创阶段,产品多处于研发中	公司成长阶段,产品研发定型,处于小批量生产向大规模生产过渡
物理空间需求	办公、研发	办公、研发、生产
专业化服务	创业辅导、企业融资	临床试验、产品销售
融资需求	种子轮、天使轮	天使轮以后

“加速”现有公司的增长。因此,孵化器注重创新,而加速器专注于业务扩展。相比孵化器,加速器项目在国内还不多。随着创业热度的持续上升,相信国内会有越来越多的加速项目出现,为初创企业保驾护航。

加速器的选择

企业发展进入加速阶段,对场地、服务、资金等均有更高的要求,之前选择的孵化器往往无法满足企业快速发展的需要,此时企业往往需要重新选择适合企业发展的加速器,尤其是选择专业型加速器。专业型加速器深刻理解生物科技创业企业需求,围绕创业过程中的难点和痛点,持续提供生物科技创业服务模式,针对项目的不同阶段和需求,为企业提供一站式的创业培训和服务,构建实现“科研—孵化—转化—产业化”产业发展路径,从而为企业节省1—2年的上市时间和产业化成本。选择合适的加速器,需考虑以下5个因素。

1）场地配置:考虑医疗项目的特殊性,产品进入加速发展阶段,将开始考虑选择符合NMPA或FDA产品认证所需要的生产厂房。企业在选择生产厂房时要考虑到相关产品本身生产工艺和生产设备对场地的需求,需要关注与之相关的载体层高和承重,还要关注排污环评等相关资质是否具备。

2）专业化服务:加速器不仅仅提供企业快速发展阶段所需要的研发、办公和生产载体,更重要的是,针对生物科技领域的创业难点,为创业企业提供从技术发展到原型、产品,包括创业培训指导、技术评估申报、产品原型设计、中试放大量产及市场渠道拓展等高价值服务,最终成为上市产品的全产业链加速服务。

3）创业导师培训:是否拥有合适的产业发展环境将会对创业公司加速发展产生巨大的影响,优秀的加速器通常会配备一批具备丰富医疗创业经验和投资经验的创业导师,挑选具备经验丰富创业导师的加速器,可以在企业发展过程中,得到创业导师的持续辅导,帮助创业者梳理企业发展战略,对接重要的产业资源。

4）资金支持：企业进入加速发展期，往往要开始启动生产厂房的装修，或者即将进入临床试验，此时企业对资金的需求会快速增加。优秀的加速器通常与专业投资机构建立了长期合作关系，经常组织演示日或路演活动，邀请投资人参加，协助项目对接风投机构和行业媒体，增加项目后续融资的机会。投资导向的加速器还配备有专门的风险投资资金以优先支持加速器内企业对资金的需求。

5）生态体系：搭建专业化的硬件载体和服务平台整合丰富的行业资源和网络，构建创业的生态系统，降低创业门槛，加速创业过程中的技术、人才和资金的对接。能够帮助项目产品工业设计、工艺研发、产品报批、中试制造、市场包装、销售渠道等各阶段资源对接等服务，实现项目概念—样机—产业化—市场化的快速成长。

下面我们将介绍两个医疗加速器的案例——美敦力医疗创新加速器、武汉光谷诊断试剂公共服务平台。

美敦力医疗创新加速器

美敦力医疗创新加速器是美敦力设立在中国上海的一个创新孵化加速平台，于2019年3月正式投入使用，是典型的医疗加速器。它毗邻美敦力中国研发中心，坐落于上海临港浦江国际科技城，已投入使用的一期设施占地1000平方米，有可供10家医疗技术创业企业自用的研发及行政基础设施模块，还能够接入并利用美敦力的研发网络中的强大资源。[32]

美敦力医疗创新加速器致力于赋能具有改善患者治疗效果潜力的早期医疗技术创业公司，促进其技术成果快速转化为有价值的医疗产品和服务，建设成为一个集合世界级研发和市场化资源，以及本土服务资源和政策红利的创新孵化加速平台。借助该平台的投资、孵化和加速能力，美敦力进一步将版图拓展到早期医疗科技创新领域，真正深入到医疗科技创新价值链的每一个环节。

提供产品研发到上市后的全方位支持

美敦力医疗创新加速器广泛关注如人工智能、机器人、生物工程、新材料等能够改善患者生命质量的科技前沿领域，优先支持在国际范围内具有突破性、颠覆性潜力，并能够填补国内市场未满足需求的本土或国际早期医疗创新项目。目前，美敦力医疗创新加速器已与海内外多家新创企业达成合作意向。

入驻美敦力医疗创新加速器的创新企业将有机会租赁使用美敦力中国研发中心先进的实验室设备，获得美敦力中国研发人员对产品开发过程中的原型设计、检测、质控等专业咨询服务，部分项目还可能获得美敦力中国基金的股权风险投资。除了产品早期研发方面的支持，美敦力还为其中优质项目提供临床试验、上市注册等方面的辅导，并考虑利用公司在华生产基地，给出创新产品的生产制造解决方案，以及开放美敦力自有的临床培训中心，支持合作伙伴企业开展相关临床技能培训。

通过种种举措，美敦力医疗创新加速器有望加速早期阶段医疗技术创业公司从实验室到市场的创新成果转化，缩短从创新项目到成熟疗法的开发过程。与此同时，美敦力借助自身丰富的注册经验和强大的市场网络，加速先进医疗科技的落地与应用，为患者带来更多高效健康解决方案，促进本土医疗创新的可持续发展。

接入美敦力产业网络，持续医疗创新助力“健康中国”

目前，美敦力在中国14个城市设有办公室，拥有1个研发中心、1个医疗创新中心、4大生产基地、超过5000名员工。位于上海的美敦力中国研发中心是除美敦力美国本土外规模最大的综合性研发中心，拥有20个实验室、近300位研发和管理人才，覆盖的疾病领域包括肝癌、胃癌、肺癌、糖尿病、终末期肾病、脑卒中等本土高发疾病，已成功研发25个创新产品，其中23个成功上市，18个远销海外。

自2001年起，美敦力已向中国市场引入超过500种创新产品，包括用于房颤治疗的冷冻消融技术、提高肺癌早期诊断率的电磁导航支气管镜、用于缺血性脑卒中治疗的取栓机械支架、强化糖尿病个体化治疗的动态血糖监测系统等,被誉为"全球最小的心脏起搏器"MicraTM也已在中国进入"创新产品特别审批程序"。美敦力已在中国市场形成覆盖销售、市场推广、临床培训、研发和制造等领域的全方位布局。

武汉光谷诊断试剂公共服务平台

2011年,武汉光谷生物城提出建设千亿生物医药产业,园区规划了生物医药创新研发平台、知识产权及成果交易平台等公共服务平台。作为国内专业的创新医疗孵化和投资平台——百创汇公司团队,深刻感受到国内医疗器械行业缺乏能为医疗初创企业提供"研发—样机—报批—中试生产"全方面服务的专业化加速平台,极大程度上制约了诸多医疗初创企业完成从研发到生产阶段的跨越,提出与武汉光谷生物城生物医药园共同建设一个可为生物城内企业提供从研发到生产服务的医疗器械加速服务平台。

该平台于2014年建成并投入使用,是国内首创可为入驻医疗器械企业提供研发、生产、注册一站式服务的医疗器械加速服务平台。平台拥有3500平方米(5层)的载体,其中含实验室和洁净车间近2100平方米,[33]重点加速创新医疗器械和诊断试剂项目和企业。根据器械和诊断试剂项目不同的生产工艺,平台设置了多套独立的生产车间,可独立进行二类器械以及三类诊断试剂的生产。平台还配备专门的理化分析和实验研究的公共实验室,以及用于样品保存的冷库等配套生产配套设施。平台还建立了专业化的平台运营和服务团队,为入驻企业提供从生产、实验场地租赁、受托生产、临床试验及产品注册等全流程专业化服务,创业企业可以将已完成开发的产品直接带入加速平台进行生产,节省自建实验室和生产厂房时间及成本。与传统企业自建厂房和实验室相比,该平台可为医疗器械创业企业平均节省1—2年上市时间和数百万厂房建设成本。目前,武汉光谷诊断试剂公共服务平台已为多家初创型医疗器械公司及诊断试剂公司提供生产和产品注册专业服务。

第五节 未来发展趋势

国内外创新孵化正在快速发展,其未来发展趋势主要呈现以下几个特点。

投资早期化

对孵化项目开展早期投资,已经成为很多创新孵化机构的标配模式。美国超过70%的企业孵化器能为在孵企业提供股权融资服务,[34]以色列孵化器50%的收入来自股权转让收入。[35]国内的孵化器更多地往天使投资的定位转变。孵化器直接对入孵企业进行股权投资,不仅使入孵团队在项目启动期获得宝贵的资金支持,实现企业生存率的提升,还通过孵化服务提升了孵化服务团队的服务水平和孵化器的服务能力。同时,孵化器自身在这种投资中获得收益,有助于建立可持续发展的良性机制。

服务专业化

孵化服务在多元化的同时要实现专业化。多元化是指孵化服务从传统地提供办公空间、融资贷款和培训等横向服务出发,以扩大覆盖面;专业化是指围绕企业全生命周期的多阶段、多层次、多细分的服务体系,深度赋能。一般来说,品牌孵化器通常具备某项核心特色优势。做好创新孵化服务,要深挖自身核心特色能力,设计和形成具有自身品牌特色的孵化服务体系。

布局国际化

技术没有边界,创新孵化从来不是在封闭状态下能够成功的。走出国门,迈向国际化,已是国内外先进孵化载体共同的趋势。高水平、国际化的孵化服务平台，对于链接全球高端产业要素、助力区域创新发展都具有决定性意义。张江高科技园区提出“离岸创新、全球孵化、产业并购、张江整合”的新模式，力求通过对接全球优质创新资源，完善创新孵化链条，提升孵化水平和竞争力。在国外建立孵化平台，投资、孵化当地新创企业，待条件成熟的时候将其引入国内，或者将在国内孵化的项目推向海外继续培育发展。大力推进国际化，已成为创新孵化机构在全球范围内配置创新资源、对接高端创新要素、完善创新孵化链条的关键。如何打造国际经贸合作交流、产业技术交流、全球创新项目与人才的链接，逐步成为顶尖孵化机构所关注的重点。

形式多样化

随着互联网发展及各种孵化器形态的成熟，跨界整合、多学科交叉合作已成为常态，孵化平台形式也十分多样化。高校、加速器、园区能够形成有效联动与协作，从单一主体孵化转变为多主体联动孵化，从而使多个若干主体共同构建一个创新孵化的生态系统。孵化平台逐步从单一功能的平台发展为围绕企业全生命周期的多功能集成的综合型平台，平台将具有更强大的资源集聚与放大效应。随着产业集群化发展，不同类型产业细分的孵化器也实现了孵化器的集聚，更有效地服务于产业集群。另外，孵化器的物理实体和(或)空间资源已无法承载大量创新团队和创业企业，虚拟孵化器成为新的发展趋势。虚拟孵化空间能够突破传统孵化器空间指标的约束和产业承载力，突破传统孵化器自身关系网及孵化器服务数量、服务种类的界限，凝聚更大范围的资源要素，集聚更广地域的创新团队及创业企业，形成虚拟入驻产业集群。

第十二章
医疗科技公司的发展

第一节　公司上市融资

主要上市地介绍

港股18A[1-6]

起源与发展

港股18A政策，源自2017年底港交所开启24年来最大的上市制度改革，经修订后的《主板上市规则》引入了第18A章"生物科技公司"，允许未盈利的生物科技公司("18A生物科技公司")在联交所主板上市。该规则于2018年4月正式生效，自此，港交所成为越来越多尚未有收入、未盈利的创新医疗公司的首选上市地。

当时，随着中国新药审批制度、医保制度的改革，以及大批海外人才的回流，中国创新药、创新医疗器械产业发展迅猛。港股18A政策的推出及时地为创新企业打开了资本市场的大门，掀起了一股二级市场热潮。截至2022年上半年，共有50家生物科技公司在联交所主板成功上市，合计募集资金超过1100亿港元，联交所也成为全球第二大生物科技融资中心。已上市的50家港股18A生物科技公司中，包含37家制药公司及13家医疗器械公司。其中，2018年、2019年、2020年、2021年，港股18A上市公司分别为5家、9家、14家、20家，

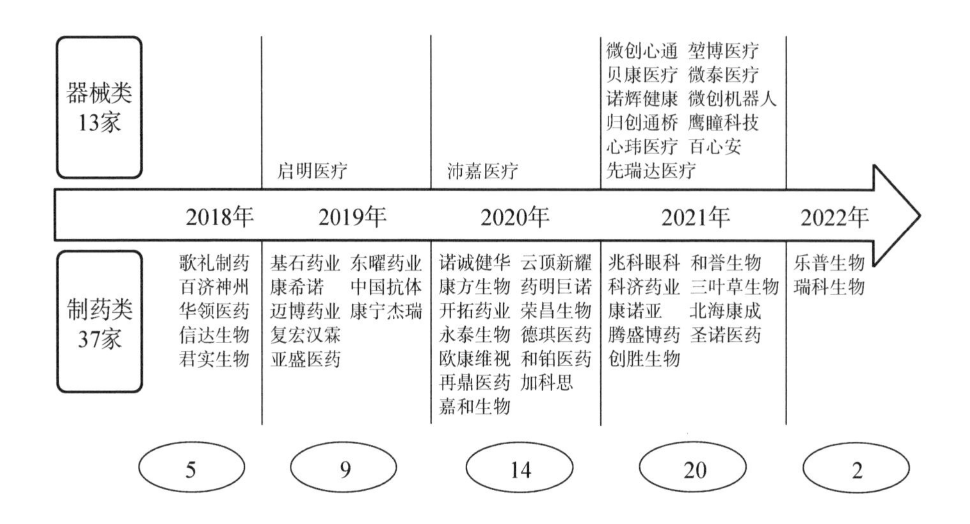

图12.1 2018—2022年港股18A医疗公司上市概览(来源:亿欧大健康查询整理)

呈现逐年稳步上市的趋势。医疗器械公司集中在血管介入、神经外科、分子诊断、诊疗设备等方面(图12.1)。

港股18A开始早期,未盈利的公司由于科创板尚未开市,不能登陆A股,美股由于市场认知等差异,也非中国企业的最佳选择。所以,港股18A一经推出便成了很多未盈利生物科技公司的上市首选。2020年,受新冠疫情影响,生物医药板块成为最火热领域,一批明星医药股通过18A登陆港股。2021—2022年,受全球经济形势下行等各种宏观因素冲击,且创新医药板块自身面临结构性问题(如上市后业绩始终未达预期)等,港股创新医疗行情整体下行。

IPO基本条件

香港联交所通过《主板上市规则》第18A章的规定及GL92-18号与GL107-20号指引信的指引,为未盈利生物科技公司通过公开发行获取融资提供了渠道,但相关规则同时对第18A章提出了严格的适用条件,拟申请上市的生物科技公司应根据相关规则综合判断自身是否符合第18A章的适用条件。

未盈利生物科技公司IPO基本条件简单总结如下,①上市时市值至少达15亿港元。②申请人最少有一项核心产品已通过概念开发流程,产品类型包括药剂、生物制剂、医疗器械、其他生物科技产品,该产品需由欧洲药品管理局、美国食品及药物管理局或中国国家药品监督管理局等主管当局认可管理。③上市前最少12个月,一直主要从事核心产品的研发。④上市集资主要用于研发,以将核心产品推向市场。⑤申请人应在首次公开募股至少6个月前已获至少一名资深投资者提供相当数额的第三方投资。⑥上市前最少有2个会计年度一直从事现有业务。⑦申请人应确保有充足的营运资金,以应付上市文件刊发之日起至少12个月开支的125%。

HKEX-GL92-18号指引信又对未盈利生物科技公司IPO基本条件中的核心概念做了解释,具体内容概括如下。

(1)"生物科技公司必须至少有一项核心产品已通过概念阶段。"

生物科技公司:主要指从事生物科技产品研发、应用或商业化发展的公司。

核心产品:指(单独或连同其他受规管产品)作为生物科技公司根据本章申请上市基础的受规管产品。基本是经过美国食品及药物管理局、中国国家药品监督管理局、欧洲药品管理局及其他经联交所认证的国家级或超国家级机关的评估而批准的小分子医药、生物制剂、医疗器械及其他生物科技产品。

已通过概念阶段:①有关主管当局分类标准中,二类或三类医疗器械;②已至少通过一次对获批至关重要的人体临床试验;③有关主管当局同意或并无反对,开展进一步临床试验或开始销售其有关器械。

(2)"上市前最少12个月已从事核心产品的研发。"

若核心产品是外购许可技术或购自第三方的核心产品,申请人须能展示自外购许可技术和(或)购得产品以来的研发进度。例如,申请人的外购许可技术或购得产品:①从临床前阶段发展到临床阶段;②从一个临床阶段发展到下一阶段的临床试验;③取得主管当局的监管批文可向市场推广核心产品。

若核心产品已经在特定市场上推出并用作特定适应证，那么生物科技公司有意将上市所得款项部分用于以下方面：①扩大该已推出市场的生物科技产品的适应证；②在其他市场上推出相关产品，而联交所预期生物科技公司在核心产品上有进一步的研发支出，以应对主管当局对临床试验的规定，为核心产品提供新适应证或在新的受规管市场中推出。

(3)"上市前至少6个月已获至少一名资深投资者提供相当数额的第三方投资。"

资深投资者：联交所将综合考虑投资者的净资产或管理资产、相关投资经验，以及相关范畴的知识和专业技能等因素，个别判断申请人是否属于资深投资者。一般而言，下列类别的投资者将被视为资深投资者：①专门的医疗保健或生物科技基金，或旗下有专门或侧重于投资生物制药领域的分支和(或)部门的大型基金；②主要的制药和(或)医疗保健公司；③大型制药公司和(或)医疗保健公司的风险投资基金；④管理资产总值不少于10亿港元的投资者、投资基金或金融机构。

相当数额的第三方投资：联交所将综合考虑投资的性质、已投资的金额、投资份额的多少及投资时机等因素，个别评估第三方投资是否为相当数额的投资。下列投资金额一般被视为"相当数额的第三方投资"：①就市值介于15亿—30亿港元的申请人而言，投资不少于申请人上市时已发行股本的5%；②就市值介于30亿—80亿港元的申请人而言，投资不少于申请人上市时已发行股本的3%；③就市值逾80亿港元的申请人而言，投资不少于申请人上市时已发行股本的1%。

18A器械企业上市注意点

盈利周期与现金储备

目前，能够实现盈利的18A企业极少，其中2021年有2家扭亏为盈的企业均为创新药企业，创新医疗器械企业上市后至今均处于亏损状态。创新药18A公司的收入主要来自自研产品上市的销售收入及合作伙伴的产品授权收入。

而创新器械企业很少有合作伙伴的产品授权收入，就自研产品上市的销售收入而言，其相对创新药企爬坡周期长、峰值收入低。在政策方面集采、外部市场环境等影响下，2021年下半年起，创新器械企业估值整体回撤严重。此时，现金余额储备成了考虑存续时间最首要、最务实的问题。

结构性问题与流动性

随着港股容纳的18A公司数量越来越多，18A市场也正经历早期探索与狂热后的整体回调变化。18A开启之际，大量创新药公司采用临床I期自研管线加若干条授权引进管线赴港上市，发行市值翻倍、认购火爆。而今，新股发行速度骤降，从火爆时每月1—2家到2022年上半年仅2家IPO。从2021年下半年开始，18A新股基本已经陷入上一家破发一家的窘境，多家公司上市首日即破发。截至2022年4月，18A公司中有接近9成已经跌破发行价，有7成公司股价腰斩一半以上。同时，港股流动性不足的问题也在18A公司身上显现无遗，23家公司成交额小于1000万港元，其中9家成交额小于100万港元。

港股18C

为进一步扩大香港的上市框架，吸引具备发展潜力但尚未满足联交所主板上市规则的特专科技企业赴港上市，2023年3月24日，港交所宣布在《主板上市规则》增设第18C章《特专科技公司》，并于3月31日起正式生效。港股18C中定义的五类特专科技行业涉及：新一代信息技术、先进硬件及软件、先进材料、新能源及节能环保、新食品及农业技术。每个行业又可再细分为多个可接纳领域，相较只针对生物科技的港股18A而言，港股18C覆盖范围大幅增加。

港股18C借鉴了科创板所涵盖的行业范围，这对许多创新科技公司具有吸引力。处于初创期或成长期的特专科技公司，尤其是在人工智能、航空航天、生物技术、光电芯片、信息技术、新材料、新能源、智能制造等领域的新兴企业，具有大投入、长周期、高风险等发展特点，资本投入水平有限成为约束特专科技企业发展速度和发展质量的关键因素之一。港股18C政策的出台将大幅降低特专科技公司在港上市的门槛，这对于相关特专科技公司来说，是重要的发展机遇。

从所涉及的医疗相关领域来看，2018年的港股18A针对未盈利的生物医药企业，而港股18C将这一理念放大并应用到了港股18A未涉及的目前所有主流前沿科技领域，包括信息技术、先进硬件、先进材料、新能源与环保，以及新食品与农业科技，其中符合条件且与医疗相关的信息类（AI制造、医疗AI、SaaS、医疗数据化企业）、制造类（机器人）、材料类（合成生物学、纳米材料）等相关企业。

上市标准趋严格

考虑到所涉及的细分行业的特点与差异，继续沿袭港股18A的上市标准显得过于宽松。港股18C不仅对市值的要求有所提高，对研发和投资人的要求也更加明确及严格，①相对于港股18A中15亿港元的市值要求，港股18C要求已商业化公司市值达60亿港元、未商业化公司市值达100亿港元。然而，港股主板83%的企业流动市值低于100亿港元，达不到港股18C对市值的要求，港股18C难以带来企业数量的爆发增长。②港股18A仅要求公司在上市前12个月已从事核心产品的研发，而港股18C将这一要求提高到了3年。③港股18C还对研发资金占比提出了明确的要求，对于未商业化公司，研发投资资金占总营运开支至少30%，已商业化公司则至少需要达到15%。

行业复杂多样，监管体系难统一

港股18C所涉及的五大类行业之间没有明确的关联性，这意味着其在制度设计上并非对港股18A的简单复制，而是根据特专科技行业特点进行量身定制。港股18C新增的五大特专科技行业中，只有新食品及农业技术行业涉及民生，可能会以行业严监管为前提，从而适当放松上市标准。而新一代信息技术、先进硬件及软件的应用场景复杂且多样、技术迭代快速，使得当前业内专家的知识结构也需不断发展、更新，较难形成一套全面且统一的监管体系。

科创板的第五套标准

起源与发展

2019年1月28日，中国证监会发布了《关于在上海证券交易所设立科创板并试点注册制的实施意见》(以下简称《科创板实施意见》)，《科创板实施意见》提出在上海证券交易所设立科创板并试点注册制，支持新一代信息技术、高端装备、新材料、新能源、节能环保，以及生物医药6大领域的科技创新企业上市。[7]

2022年6月10日，上海证券交易所(简称“上交所”)发布实施《上海证券交易所科创板发行上市审核规则适用指引第7号——医疗器械企业适用第五套上市标准》[8](以下简称《指引》)引起行业震动，被视为医疗器械IPO春天来临，此前通过科创板第五套上市标准上市的械企仅一家。2022年的IPO发行节奏放缓，市场整体行情趋冷，多家医疗器械企业在港交所交表排队，新规出台为未盈利创新医疗器械IPO打开新的通道。

IPO基本条件

科创板第五套上市标准包括：①预计市值不低于40亿元；②主要业务或产品须经国家有关部门批准；③市场空间大；④目前已取得阶段性成果。

上交所2022年6月制定《指引》，进一步明确了医疗器械企业适用科创板第五套上市标准的情形和要求，这意味着科创板第五套标准正式向医疗器械企业开放。医药行业企业如果按照第五套上市标准申报科创板，至少应有一项核心产品获准开展二期临床试验。有关医疗器械通过科创板第五套标准上市的相应要求说明如下，①本次科创板明确医疗器械企业通过第五套标准上市标准，支持处于研发阶段尚未形成一定收入的企业上市，目前主要对企业的科创属性和未来盈利能力有要求。②在科创属性上，申请企业的核心技术产品应当属于国家医疗器械科技创新战略和相关产业政策鼓励支持的范畴，主要包括先进的检验检测、诊断、治疗、监护、生命支持、中医诊疗、植入介入、健康康复设备产品及其关键零部件、元器件、配套件和基础材料等。对于创新性成果,要求企业应当至少有一项核心技术产品已按照医疗器械相关法律法规要求完成产品检验和临床评价且结果满足要求,或已满足申报医疗器械注册的其他要求,不存在影响产品申报注册和注册上市的重大不利事项。③科创板第五套标准虽然对于企业上市时的收入没有要求,但是关注市场空间也就是关注未来的盈利能力。《指引》中提到的是关注市场空间的论证情况。申请企业主要业务或产品需满足市场空间大的要求,并应当结合核心技术产品的创新性及研发进度、与竞品的优劣势比较、临床需求和市场格局等,审慎预测并披露满足标准的具体情况。④要求具备明显的技术优势。申请企业需具备明显的技术优势,并应结合核心技术与核心产品的对应关系、核心技术先进性衡量指标、团队背景和研发成果、技术储备和持续研发能力等方面,披露是否具备明显的技术优势。⑤提出信息披露及核查要求。申请企业应当客观、准确披露核心技术产品及其先进性、研发进展及其阶段性成果、审批注册情况、预计市场空间、未来生产销售的商业化安排等信息,并充分揭示相关风险。同时,中介机构应对相应内容做好核查把关工作。

科创板评价指标

针对有科创板特色的科创属性,证监会发布了由4项常规指标和5项例外指标组成的评价指标体系。其中,4项常规指标为:①最近3年研发投入占营业收入比例5%以上,或最近3年研发投入金额累计在6000万元以上;②研发人员占当年员工总数的比例不低于10%;③形成主营业务收入的发明专利5项以上;④最近3年营业收入复合增长率达到20%,或最近一年营业收入总额达到3亿元。采用《上海证券交易所科创板股票发行上市审核规则》第二十二条第五款规定的上市标准申报科创板的企业,可不适用上述第④项指标中关于营业收入的规定;软件行业不适用上述第③指标的要求,但研发占比应在10%以上。

5项例外指标为:①发行人拥有核心技术,经国家主管部门认定具有国际领先、引领作用或者对国家战略具有重大意义;②发行人作为主要参与单位或者发行人的核心技术人员作为主要参与人员,获得国家科技进步奖、国家自然科学奖、国家技术发明奖，并将相关技术运用于公司主营业务；③发行人独立或者牵头承担与主营业务和核心技术相关的国家重大科技专项项目；④发行人依靠核心技术形成的主要产品或服务，属于国家鼓励、支持和推动的关键设备、关键产品、关键零部件、关键材料等，并实现了进口替代；⑤形成核心技术和主营业务收入的发明专利合计50项以上。

上市地的主要区别

科创板第五套标准与港股18A的主要差别

上市市值门槛[7]

从上市指标分析，科创板第五套标准对未盈利企业上市的市值要求较高（市值不低于40亿元），许多未盈利生物医药企业未必能够达到相关标准（表12.1）。

表12.1　科创板上市标准

指标类型	预计市值（元）	其他要求
市值+盈利	≥10亿	两年盈利且累计净利润≥5000万元，或者一年盈利且营业收入≥1亿元
市值+收入+研发投入占比	≥15亿	最近一年营业收入≥2亿元，且最近三年累计研发投入占最近三年累计营业收入的比例≥15%
市值+收入+经营活动现金流量	≥20亿	最近一年营业收入≥3亿元，且最近三年经营活动现金流净额累计≥1亿元
市值+收入	≥30亿	最近一年营业收入≥3亿元
市值+技术优势	≥40亿	主要业务或者产品须经国家有关部门批准，市场空间大，目前已取得阶段性成果，医药行业企业至少有一项核心产品获准开展二期临床试验，其他符合科创板定位的企业必须具备明显的技术优势并满足相应条件

由此可见，科创板第五套标准基本思路是企业的经营确定性越高，科创板对市值要求越低；企业经营确定性越低，科创板对市值要求越高。对于未盈利甚至没有收入的生物医药企业来说，科创板第五套标准与港股18A相比要求并不低（表12.2）。

表12.2　科创板第五套标准与港股18A比较分析

上市地	市值	其他要求
港股18A	≥15亿港元（约12.8亿元）	至少获得一项临床试验批件 获得资深投资者的投资
科创板	≥40亿元	至少有一项核心产品获准开展二期临床试验

仅从市值一项来看，科创板对生物医药企业的市值要求几乎是18A的4倍，而“获准开展二期临床试验”的要求，相较于港股18A“一期临床试验批件，且有关部门并不反对其开展二期临床试验”的要求，又意味着要有更多的二期临床试验前期投入。

相比之下，港股18A愿意在初期给企业融资的机会，即使盈利模式还不是那么成熟，市场上并无先例；而科创板侧重于已过初创期，并进入成长期的企业。有业内专家评价，科创板在针对此类未盈利且无稳定收入的生物医药企业进行上市标准设计时，可能刻意避免了与香港市场的潜在“竞争”，充分考虑了境内投资人的特点，仅鼓励和引导此类未盈利且无稳定收入的头部企业在科创板上市。

预计市值

预计市值是企业在选择上市地时最关注的一个比较因素，从2019—2022年的企业上市后表现来看，科创板第五套标准和港股18A的估值存在差异。几乎所有在两地同时挂牌的公司，A股都比港股有明显的溢价。

2020—2021年上半年，港股市场行情乐观、综合走势上涨、估值理想，吸引了很多优质创新药及创新医疗器械企业赴港上市。在此期间，香港IPO 18A项目在发行和发行后上市首日表现得相当不错，上市首日大部分企业都有较好涨幅。

自2021年下半年后，港股创新医疗企业经历了两次较大的下调，多家企业开盘首日跌幅达20%以上，市场行情转冷，提高了发行难度，并进一步传导影响到企业上市之前的融资（pre-IPO），从此，创新医疗企业在整个港股中非常难发行。其中，涉及因素有很多，如前期创新药、创新医疗器械企业涨幅太大后的估值调整，集采、医保目录的谈判降价等引起的细分行业的预期担忧，以介入瓣膜、神经介入为代表的未盈利医疗器械公司上市后收入低于预期等。

审核标准

港股审核对于未盈利的创新医疗器械企业较简单，必须是完成注册性临床试验（类似药物三期临床试验的阶段）才能符合港股18A的条件。部分创新医疗器械可能会先完成一个小规模临床试验，即首次人体临床试验，它可以被认定为一个验证性临床试验。如果企业有此阶段的临床试验数据，可以在进入注册性临床的时间点就符合申报条件。同时，港股审核还有以下特点：窗口指导少、可上市性强；上市后解禁规则相对宽松；H股*“全流通”的开放使得港股包容性越来越强；与国际主流机构投资人更加接轨。

自2021年下半年开始，科创板第五套标准越来越清晰，审核的可预见性大大增强，发行制度也进行了改革，从以前剔除最高价的10%到现在只剔除最高价的1%—3%，使得发行价越来越接近于二级市场的价格。

需要注意的是，科创板第五套审核标准中常见的几个问题，①预计市值：主要根据公司历史上融资历程、可比公司的市值。②必须经国家有关部门的批准。③市场空间大：预测收入的依据涵盖了收入预测的模型、临床人群、适应证的大小及渗透率、可比公司的定价、医保政策。④已取得阶段性成果，准备进入一定临床阶段。⑤具备科创属性。

---

* H股指注册地在内地，上市地在香港的中资企业股。相较于其他港股，H股与内地关系更密切，从范围上看，港股包含H股。

小结

综合比较科创板第五套标准与港股18A两个上市路径，科创板的优势在于估值高、股市流动性好、更接近产品销售市场，可以直接提升公司品牌，重点在于审核，第五套标准审核风格越来越清晰、可预见性增强；港股18A的优势在于审核方面更加清晰可控、便捷，缺点和重点在于发行情况受市场行情影响。

从港股18A开启至今3年的发展趋势来看，2020—2021年上半年，港股市场成熟稳健、与国际主流机构投资人接轨、上市后的解禁规则更加宽松，虽然较A股估值低，但牛市背景下吸引了大批的优质医药企业的赴港上市。与此同时，科创板在2021年初审核趋严、第五套标准对创新型医疗器械企业的不置可否让当时的创新型医疗器械企业纷纷首选港股上市。

2021年下半年开始，科创板第五套标准的审核日趋成熟、审核的可预见性大大增强，已有多家医疗器械企业突破性申报科创板第五套标准，发行制度市场化方向的改革必将使得新股发行价越来越接近二级市场估值。与此同时，香港股市创新医疗器械企业频频破发、行情下跌明显，对市场信心打击较大，预计IPO的天平又会在2022年后向科创板倾斜。

境内外上市地比较[8]

上市时间

纳斯达克一般需要4—6周的时间来处理上市申请。发行人提交首轮申报材料之后，美国证监会(SEC)提供首轮反馈的时间一般不超过注册报告提交后的30天。通常整个上市周期从项目启动到注册生效需要6—9个月的时间。

香港联交所一般会在收到发行人提交的A1申报材料之后4—6周进行第一轮问询，之后发行人每2—3周接受一次后续问询并进行答复。如果企业自身的各项条件满足要求，问询一般会持续2—4个月。随后发行人将会接受联交所上市委员会的聆讯。聆讯通过之后，大约1个月发行人就可以开始在香港联交所挂牌交易。由于A1申报之前往往还需要尽职调查及上市文件的准备，一般从项目启动到正式挂牌交易亦需要5—9个月。

科创板上市涉及两个阶段，即上交所审核阶段和证监会注册阶段。在上交所审核阶段，上交所应在受理之日起3个月内结合上市委员会的审议意见出具同意发行上市或终止发行上市审核的决定。在证监会注册阶段，中国证监会收到上交所报送的审核意见及发行人申请文件后，依照相关发行条件及信息披露要求，在20个工作日内做出同意注册或不予注册的决定（中国证监会同意注册的决定有效期为6个月）。由于尚未有实际上市案例，科创板上市的实际审核、注册时间与纳斯达克、香港联交所上市的审核、注册时间之差异尚不明确。

限售期

从限售期来看，纳斯达克全球精选市场对于限售期的要求只有180天，香港联交所主板对于限售期的要求为6个月。科创板对限售期的要求仍然比较谨慎，控股股东、实际控制人和核心技术人员自股票上市之日起36个月内，不能转让或者委托他人管理其所持上市公司股份。

外汇管制

限售期之后，创始人还需要面临中国外汇管制的限制。如果拟上市生物医药企业在科创板上市，拟上市公司将会以人民币在上交所进行交易。创始人将来出售上市公司股份时，需要根据中国的外汇管制政策将人民币兑换为美元或者其他货币（假如拟上市公司是一家中国境内的主体）。这对于主要在境外生活和工作的外籍创始人来说可能会有所不便。如果拟上市生物医药企业的主体设立于境外并在中国香港或者美国上市，将来创始人出售上市公司股份的资金则不受中国外汇管制的约束。

此外，境内主体在境外开展投资，须根据《境外投资管理办法》（商务部令2014年第3号）向有权商务部门申请境外投资备案，并根据《企业境外投资管理办法》（国家发展和改革委员会令第11号）向有权发展和改革部门申请境外投资项目备案（两项备案合称“境外投资备案”）。不少生物医药企业均有在中、美两地设置研发机构的安排。若在外汇政策上继续“控流出”，企业境内人民币融资款开展对外投资的不确定性会较大。

投资者结构

根据《上海证券交易所统计年鉴2018卷》，截至2017年末，持股市值50万元以上的个人投资者占比为14.39%，机构投资者的占比为0.22%，剩余均为持股市值不足50万元的个人投资者。2017年，自然人投资者的交易占比为82.01%，专业机构的交易占比仅为14.76%。中国国际经济交流中心副理事长的黄奇帆在建言中国资本市场时提出：“我国有1.4亿股民，他们持有股票市场近26%的资本，但是一年的交易量占A股交易总量的80%多，的确是一个散户市场、短期资金市场。”从目前披露的信息来看，科创板在市场机制设计上不再偏向中小投资者，甚至一些机制设计不利于不具备专业投资知识的散户，鼓励散户通过公募基金等机构投资者间接投资科创板上市公司，目的是引导市场从散户为主向机构为主转变。但是，科创板允许具备两年投资经验且自有证券资产不低于50万元的个人投资者交易，个人投资者数量依然较大。如上所述，个人投资者的持股稳定性较低且交易频率远高于机构投资者，若上市企业有些许“风吹草动”，尤其是那些无盈利的、依赖技术优势的企业，个人投资者较多的市场不利于市值管理。

美国和中国香港资本市场早已以机构投资者为主，运行机制成熟，流动性良好，两地资本市场均已经有较多生物医药上市公司可以作为参考。对于初创生物企业来说，置身于一个比较成熟和理性的资本市场，维持股价的稳定性显然意义重大。

信息披露机制

纳斯达克原则上不对公司的盈利、管理等实质性内容设置门槛，仅关注公司“是否披露了所有投资者关心的信息”，并确保信息的逻辑性、完整性、客观性和相关性。美国证券市场制定了严密详细的信息披露规则，规定的披露范围不仅包括财务信息，还包括对上市估值有重要影响的其他信息。美国资本市场确保信息披露真实性的重要配套制度是集团诉讼，美国的集团诉讼制度是美股的一项特殊法律安排，能够最大限度地惩罚违规违法的上市公司，对发行人、中介机构的追责高效有力。

香港上市特点是程序高度透明、上市审核周期较短、强调信息披露。香港信息披露会针对信息披露的内容进行“适合性审查”。适合性审查并无特定的明确测试界线，而是会考虑每个上市发行人个案的事实和情况，如董事及控股股东是否胜任、公司的规模和前景是否与上市目的匹配等。香港证监会进行形式审核，联交所进行实质审核。如果证监会认为申请材料不符合《证券及期货条例》及其配套规则的规定，可以否决上市申请。

科创板引入注册制意味着监管重心的移转，强化事中事后监管，辅之以配套机制保证监管实效。而科创板对于信息披露要求和主板市场有所区别，着力提升信息披露的有效性，强调重要性原则，亦是在向纳斯达克和香港市场靠拢。科创板的信息披露机制是否能够有别于A股主板市场，对市场产生良好影响尚待观察。美国和中国香港资本市场对于信息披露的重视程度及运行机制已经比较成熟，且有大量熟谙市场的中介机构为企业进行把控，对于初创生物医药企业来说，置身于一个信息比较透明且相对理性的市场，其股价产生大幅波动的可能性更低。

医疗器械行业IPO审核关注点[9]

针对医疗器械行业，拟上市企业的IPO审核除了实际控制人的认定、股权（包括员工激励）是否清晰、历史沿革中是否存在业务对赌和补偿、关联交易、同业竞争等传统核查重点之外，对于医疗器械知识产权方面的核查和问询力度要明显高于其他行业。仅从法律层面来看，其重点关注专利、核心技术的形成过程是否有合作研发、职务发明等情形，是否存在权属的潜在争议，非专利技术的保护措施及侵权风险，核心技术人员的认定和稳定性问题等。同时，由于医疗行业的特殊属性，其在业务上的合规性，更是历来针对其IPO审核的重中之重。

合规与资质

资质、注册及备案的合规性

《管理条例》明确规定对医疗器械实行分类管理,其中第一类医疗器械实行产品备案管理,第二类、第三类医疗器械实行产品注册管理,医疗器械注册人、备案人应当加强医疗器械全生命周期质量管理,对研制、生产、经营、使用全过程中医疗器械的安全性、有效性依法承担责任。因此,拟上市企业应当重点关注自身业务资质获取情况、证书是否在有效期内,以及是否存在续期风险,同时注意相关产品申请注册及备案的类别是否准确,是否存在将类别较高的产品按照低类别申报注册的情况,是否按照产品注册证等相关证件批准的适用范围组织生产、经营与销售。

经营资质与使用资质

拟上市企业应在与下游客户的合同中明确约定对其资质的要求条款,建立合作关系时查实其许可证明,在客户丧失资质时及时采取终止合作关系等应对方式。需要注意发行人的产品是否存在依照规定禁止向非医疗机构销售的情况,报告期内发行人是否存在违反规定将相关产品向非医疗机构销售的情况,并区分发行人销售对象类型,说明各类销售对象是否具备相应资质。

产品质量

产品质量问题关乎患者群体的生命健康,同时是企业的生命线。拟上市企业在严把产品质量关的同时,应建立产品质量的追溯管理机制及产品销售相关内控制度的有效性,以降低被监管部门处罚、因质量问题大批量退换货等有可能实质阻碍企业上市的风险。

销售合规性

医疗行业是商业贿赂等不正当竞争违规行为的高发领域,故销售合规性几乎是所有谋求在A股上市的医疗器械企业绕不开的话题。在上市过程中,销售合规性无疑会被重点关注。若拟上市公司报告期内的销售费用率、销售人员平均工资及奖金、业务宣传费等指标与同行业已上市公司之间存在显著差异，或者近年来出现过企业员工或经销商因商业贿赂行为被行业惩戒、行政处罚或刑事追究的情形，都会引起审核部门的高度重视。

公开的问询及回复材料显示，各拟上市企业以及辅导的中介机构在被问及是否存在商业贿赂情形时，可重点从公司的内部控制、主要客户的供应商选择制度、有权机关出具的证明、公司报告期内是否存在因商业贿赂缴纳罚款或罚金的情形、监察或检察机关出具的有关档案查询结果、公司关联人出具的文件或访谈确认、其他佐证材料等方面，予以合理论证。无论上市与否，从业企业都应当增强合规风控意识，建立完善的合规及反商业贿赂、反不正当竞争的内部管理机制，严守法律底线，同时与客户及供应商签订相关反商业贿赂协议，并加强对从业人员的合规教育，确保合规经营，避免出现企业或从业人员因为不正当竞争行为而被行政处罚，甚至被追究刑事责任的情况。

商业秘密

由于医疗器械尤其是高端医疗器械具有高研发投入、长研发周期、多学科交叉等特点，故其知识产权密集，保护难度较大。商业秘密作为一种知识产权，是拟上市企业在日趋激烈的市场竞争中维护自身合法权益的核心资产。拟上市企业在谋划上市的同时甚至提前至产品线立项之时，就应开展相关布局，从企业竞争、研发技术、市场经营（如供应商和渠道商的选取、维护）策略、知识产权组合策略等方面入手，结合专利与商业秘密保护机制的特点，做好与传统专利、商标等保护措施之间相互配合及协同的规划。与此同时，企业应与员工、合作方等主体构建多方的、规范的保密机制和生态。只有这样，企业才能在面临诉讼或其他司法程序时，做到“攻守兼备”而立于不败；在遭受侵权时，综合利用多种手段切实维护自身合法权益，避免由此造成对于企业上市的实质性障碍，甚或演化成一场生存危机。

销售政策与模式

两票制与带量采购

所谓“两票制”是指，药品从药厂卖到一级经销商开一次支票，经销商卖到医院再开一次发票，以“两票”代替“七票”和“八票”，减少流通环节。2016年12月，国务院医改办印发《关于在公立医疗机构药品采购中推行“两票制”的实施意见（试行）》，鼓励各地结合实际通过“两票制”等方式来减少高值医用耗材流通环节，以解决医用耗材流通链条导致产品价格虚高、产品质量追溯难等一系列问题。

从各部门或地区已发布的相关政策文件来看，我国医疗器械领域“两票制”政策尚在逐步落地推进阶段。“两票制”的推广和应用将推动企业由传统经销模式向配送和直销模式转变，给依赖传统经销模式的医疗器械行业带来诸多挑战。根据有关资料，医用耗材国采的开先河之举（即冠脉支架的首次全国性集采中选结果）显示，2020年相较于2019年，相同企业的相同产品平均降价93%，国内产品平均降价92%，进口产品平均降价95%，降价幅度可谓极大，这在一定程度上影响了企业的利润率和盈利水平。因此，有关“两票制”问题在医疗器械企业IPO申报过程中被审核机构重点问询，拟上市医疗器械企业应当关注以下事项：①密切关注医疗器械采购推行“两票制”的现状及未来趋势，明确拟上市企业所在省份是否已推行或明确推行“两票制”，是否在“两票制”外采取其他改革措施；②若“两票制”未来全面推行，应综合评估和考察该等变化对拟上市企业业务模式、销售渠道、销售价格、销售收入、销售费用、营销方式、营销团队、回款周期、应收账款管理、税负、募投项目实施等方面可能产生的影响，提前做好相关应对措施，以确保“两票制”的全面推行不会对拟上市企业的持续经营能力带来重大的不利影响。

目前部分高值耗材领域呈现临床使用量大、价格相对较高、群众费用负担重等棘手问题，对此，2019年7月国务院办公厅印发《关于印发治理高值医用耗材改革方案的通知》,明确所有公立医疗机构采购高值医用耗材须在采购平台上公开交易、阳光采购。对于临床用量较大、采购金额较高、临床使用较成熟、多家企业生产的高值医用耗材,则按类别探索集中采购,鼓励医疗机构联合开展带量谈判采购,积极探索跨省联盟采购。2021年6月4日,国家医保局等八部委联合发布了《关于开展国家组织高值医用耗材集中带量采购和使用的指导意见》,在高值医用耗材领域进一步落实和推广带量采购政策。

带量采购的逐步推行,可能会对相关企业的经营利润和持续经营能力带来重大挑战,拟上市企业应关注以下事项:①密切关注结合全国范围内已实施带量采购的省份和品种,分析拟上市企业产品被实施带量采购政策的可能性,是否影响主要创收产品或主要经营地域,产品是否为临床使用量较大的高值耗材品种,各地区的收入分布情况;②对于尚未实施带量采购的地区,了解主要销售地域高值耗材带量采购的实施及进展情况,了解政策执行时间表,拟上市企业中标的能力;③对于已公布实施方案及正在开展招标工作的地区,应评估拟上市企业进入遴选名单的可能性,进一步衡量带量采购对拟上市企业的影响;④对于已经中标的拟上市企业,应当关注中标价格相较于原有价格的下降幅度,采购量相较于原采购量的上涨幅度,是否能够实现"以价换量",收集相关数据,并评估对拟上市企业持续经营能力带来的影响。

销售模式

医疗器械中的医用耗材行业IPO审核要点主要包括:推广模式、经销模式、下游客户情况、核心技术等。

推广模式审核要点,主要涉及两个问题:合规问题和财务问题。推广方式包括价格战、人海战术、搭售、免费使用、销售或租赁等。不同的推广方式,收入确认及成本结算方式也不同,因此要关注财务数据问题。与此同时,也要关注是否存在不正当竞争的问题,比如与医院联合开展业务推广进行分成的问题。

第二节　医疗科技公司的并购

并购,是企业实现扩张的高效手段。

当一个企业决定扩大其在某一特定行业的经营时,一个重要战略便是并购那个行业中的现有企业,而不是依靠自身内部发展。并购者通过“购买”来获得未来的发展机会,提高自身对市场的控制能力。

并购主要有三种方式:横向并购、纵向并购及混合并购。横向并购可达到由行业特定的最低限度的规模,改善行业结构,提高行业集中程度,使企业在行业内保持较高的利润率水平。纵向并购,即通过对原料和销售渠道的控制,有力控制竞争对手的活动。相对而言,混合并购对市场的影响是以间接方式实现的,并购后企业的绝对规模和充足的财力对其相关领域中的企业形成较大的竞争威胁。

医疗科技公司也不例外,并购仍是将其从普通初创企业发展成行业巨头的必经之路。它们的并购动机非常明确,而动机直接影响其对标的选择。

并购动机

进入一个新的领域

企业的发展和壮大通常有两条路径:一条是依靠内部力量,通过自身资源的富集逐渐成长;另一条则是通过资本手段进行并购,迅速实现规模的扩大。

当一家公司决定进入新的领域或者扩展新的市场时,并购是其实现跳跃式发展的方式。通过收购理想的标的公司,不仅能够避开技术壁垒,还可以迅速地获取到市场机会、成熟的团队,以及业务体系。这是一种高效率的扩展手段。

企业可以通过并购利用被并购方的资源,包括设备、人员和目标企业享有的优惠政策快速地进入新的市场领域。

基于这一动机的并购包括横向并购和纵向并购。横向并购选择的标的公司是在同一层次的企业或者是买方公司的竞争对手,如2019年美敦力收购Epix Therapeutics,首次进军心脏消融技术领域。2013年华大基因收购Complete Genomics,由测序服务商往上游测序仪市场扩展则是典型的纵向并购。

获取互补资源带来协同效应

在某些时候,企业并购的出发点也不一定是业务或产品的扩展,而是通过合并的方式实现资源的协同和放大。

在产品领域,并购带来新的技术,缩短了新产品产生的时间周期。在市场领域,并购带来的是经济规模的提升,以及新的市场途径。在财务领域,并购可充分利用未使用的税收利益,开发未使用的债务能力。在人事领域,并购将吸收关键的管理技能,使各种研究与开发部门相融合。

这些点在大药企对生物科技公司的并购中尤其鲜明。对于生物科技公司而言,它的优势是创新管线,而劣势则是产品审批程序和市场销售经验的不足。大药企则不同,无论是产品审批还是销售,大药企都有成熟的经验和团队,并且大药企拥有强大的技术消化能力。于是,大药企和生物科技公司之间就形成了资源互补的组合。在产品做到二期临床试验左右时,将公司或者产品出售给更有经验的大药企,成了许多生物科技公司的选择。由于省去临床前研究和早期临床试验的研究成本和风险,直接得到一个具备清晰前景的产品,对大药企来说也是不错的选择。

同样,以产业协同为动机的并购在医疗器械领域也非常常见。以美敦力对柯惠医疗的收购为例。美敦力的主要产品领域覆盖心脏节律疾病、脊柱疾病,以及神经外科疾病等治疗领域;而柯惠医疗业务则包括医疗用品、呼吸和监护解决方案,以及血管治疗解决方案,在神经介入产品领域也有全面的产品线。由于美敦力的业务与柯惠医疗重合度低,此次并购可以带来额外的产品扩容，而且柯惠医疗成熟的渠道也将为美敦力后续的市场化运作带来动力。

上市资格也是一种资源，某些并购不是为获得目标企业本身，而是为获得目标企业的上市资格。通过到国外“买壳上市”，企业还可以在国外筹集资金并进入外国市场。国内企业通过“借壳上市”的案例也不少。

克服企业外负力，提升自我竞争力

在一些横向并购中，不乏买方公司和标的公司存在严重竞争性的案例，如雅培收购圣犹达、罗氏曾意图收购illumina等。通过并购减少一个竞争者，并直接获得其在行业中的地位。

企业都希望在市场中能够获得更高的市场占有率和份额，但市场无法满足每个企业的愿望。因此，企业之间的市场竞争是必然。当竞争越发激烈时，往往会产生企业外负力。并购则是激烈竞争场景下克服外力的可行方式。

这种竞争对手间的并购可以带来两个好处。一是发挥协同效应。具备竞争关系的两个主体在经营、产品、渠道上都有高度重叠，在进行整合后，市场占有率增加。二是加强企业对市场的控制力。横向并购后减少了竞争对手，同时将竞争对手的市场纳入麾下。在供应端，规模的扩大也预示着议价能力的提高。

因此，理想情况的竞对并购往往能够提升并购双方的盈利水平，实现“1+1>2”的效果，最终加强对市场的控制力。

并购的标的选择

在选择并购的标的前，医疗科技公司需要先问自己两个问题：①并购的目的是什么？②企业能够消化的上限在什么范围？

并购目的即企业并购的动机。医疗科技公司在发起并购前首先需要明确自己的并购是出于什么目的，希望通过标的公司获得什么。是要进入新的领域，还是要资源协同，抑或通过“鲸吞象”的方式来获得更直接的市场控制权？

在回答这个问题后，相信医疗科技公司已经找到标的的大致画像。

第二个问题即“鲸吞象”的能力上限。这其实是一个自我叩问的过程。企业应明确现阶段的财务能力、资产负债情况，通过计算自己的消化能力，来避免因过高的收购额使得自己陷入财务危机，最终落入窘境。与此同时，这个过程也避免了过度竞价给企业带来不可承受的压力。

前面的两个问题可以帮助确认希望并购的公司的标的方向和大致的市值范围。而接下来，则是标的的筛选。这个过程中的任务有两个：一是寻找到优质的标的，评估收购的价值与风险；二是评估交易是否能够顺利进行，因为并购过程涉及合同法、公司法、反垄断法等大量法律。

在并购过程中，买方总会倾向于更具有吸引力的公司。这里的吸引力具体可以表现为产品壁垒高、市场占有率大、年利润更多，以及能够与买方产生更具行业影响力的协同作用等。更具吸引力的公司排在并购的优先级前面。

当然，标的的选择也不一定是公司整体。股权收购、管线引进同样是公司资产整合经常采用的方式。对于理想型标的，100%的收购自然是不错的选择。但是对于一些风险大、整合难度高的标的，也可以通过投资、控股的方式将风险分摊给其他股东。而对于一些偏科的标的，也可以选择通过部分业务并购、产品引进的方式发展业务。

那么，什么样的标的是理想的标的呢？通过最先的两个问题确定大方向后，其实还有一些有迹可循的标准。

行业影响力

标的公司需要在行业内有独特的潜力和市场影响力。独特的产品和技术意味着未来的市场增长，高市场占有率有利于并购风险的降低。

稳健或可预见的增长趋势

两个公司的合并不仅仅看随即可达到的目的，还应该看其未来的发展潜力。通常收购的交易总额是标的公司好几年的营收额，无论是购入后经营还是继续打包转手,买方最终获得的利润都应该能够覆盖掉这一部分费用。这才是成功的交易。

现金流潜力是杠杆。目标公司的现金流潜力如何?毛利润是否充足?净利润是否充足?营收是否稳定?控制支出的能力如何?目标公司的现金流潜力好,就可以支持收购杠杆的设计。

标的是否健康

在部分交易案中,我们其实可以看到一些标的方是因为出现现金流危机而出售的。这一部分交易有成功的,也有失败的。成功与失败一方面取决于和并购的整合与决策,另一方面则与标的公司的发展趋势、财务数据、审批情况和投诉诉讼情况有关系。

这里的状况比较复杂,能够清晰可见的一点是,如果标的公司是因陷入某种危机而寻求并购,那么就需要衡量并购带来的协同效应能否与风险平衡,或者能否覆盖风险。如果可以覆盖,那么并购的风险就在一个可以控制的范围内,借由资源协同的力量,最终有可能扭转局面。如果不能,那么这种危机很可能像病毒一样对并购的主体造成困扰。

通过这几个步骤,其实可以大致地对标的公司有一个初步的判断。通常情况下,定期的、周期性的收益有利于融资的财务稳定性,有利于将销售资源集中于新项目。为了交易的顺利进行,提前了解行业限制、交易在法律上的可行性也是有必要的。大部分情况下,管制约束会限制投资者的潜在回报,将目标公司锁定在拥有最少政府管制的行业和国家。

经典并购案例

美敦力499亿美元收购柯惠医疗

买方	美敦力	标的方	柯惠医疗
交易时间	2015年	交易金额	499亿美元

美敦力在2014年6月宣布对柯惠医疗进行收购,此次交易总额约499亿美元,也是医疗器械行业迄今为止最大的一次并购案。

如同美敦力在声明中表示的那样,这场交易背后的主要动机其实是"战略和业务定位",加速支持美敦力的三大核心战略——治疗手段创新、全球化以及提高经济价值。

美敦力的主要产品领域覆盖心脏节律疾病、脊柱疾病及神经外科疾病等治疗领域,而柯惠医疗的业务包括医疗用品、呼吸和监护解决方案和血管治疗解决方案,在神经介入产品领域也有全面的产品线。这笔交易将使美敦力掌握柯惠医疗的产品线,扩大自身规模与业务范围,以便更好地与强生公司展开竞争。对此,有华尔街分析师评论道:"自助餐式的医疗器械选择时刻已经来临。"

合并后的美敦力分为了四个业务集团,分别是心脏与血管业务集团、糖尿病业务集团、康复治疗业务集团、柯惠医疗集团。其中柯惠医疗现有的外周血管业务将会被整合到美敦力心脏与血管业务集团的主动脉和外周血管业务中去。

收购完成后,美敦力的总部也从美国搬到爱尔兰首都都柏林,并以柯惠原有业务为主体,新成立了微创外科部门(MITG)。该部门专注于肺部、骨盆、肾部、消化道病变和肥胖症领域,并致力于微创疗法的应用。柯惠的神经血管业务与美敦力的恢复疗法业务(RTG)部门合并,提供脑部和脑周血管疾病的产品和疗法。

由于美敦力业务与柯惠医疗重合度低,此次并购可以带来额外的产品扩容。在宣布收购柯惠医疗的那一年,美敦力还接连收购了NGC Medical、Tyrx等5家公司;而柯惠医疗也在这一年收购了5家公司。这就意味着这起交易变得更加复杂和庞大。

合并后公司的管理层已经发生变动,在高管名单中,出现了罕见的首席整合官的职位。值得一提的是,首席整合官这一角色在小规模的并购整合中一般不会出现,而这一职务的出现也预示着团队整合还需要比较长的一段时间。

业界普遍认为,美敦力对柯惠医疗的并购对行业影响非常大,竞争对手为了保持竞争力势必会扩大规模进行新的并购,而增速快的专业化细分领域最可能成为理想的并购标的。

此次收购对于美敦力全球业务的多元化贡献明显,也进一步强化了美敦力在全球医疗器械的龙头地位。Evaluate MedTech曾在早前预测:"2020年,美敦力将排名第三,柯惠医疗排名第五。"而随着这两家公司的合并,这份预测也就被重写了。

强生197亿美元收购Synthes

买方	强生	标的方	Synthes
交易时间	2011年	交易金额	197亿美元

2011年,强生公司以197亿美元收购Synthes,并将其与子公司DePuy(1998年以35亿美元从罗氏手中收购)合并,合并后的公司叫作强生DePuy Synthes。

这场收购当年轰动了整个骨科器械领域。Synthes师出名门,最早由瑞士骨科创伤领域行业标准协会创立。因此,自成立以来Synthes一直在业界享有较高声誉,占据了骨科创伤类市场约49%的份额,年营收在37亿美元左右。

2010年之前,强生骨科整体业务营收不足60亿美元,其在骨科创伤市场的占有率略显"寒酸",仅5%左右。这场收购,明显是强生希望借由Synthes补齐自己在骨科市场的短板。

收购前,强生与史赛克在骨科市场打得相当激烈。两家公司不分伯仲,交替着骨科市场第一宝座。收购Synthes后,强生补齐了自己在骨科创伤领域的短板,直接将史赛克甩开,成为骨科市场无可争议的龙头。

雅培250亿美元收购圣犹达

买方	雅培	标的方	圣犹达医疗
交易时间	2016年	交易金额	250亿美元

2016年，雅培宣布收购圣犹达医疗，这场收购以“现金+股票换购”的方式进行，交易总额达250亿美元。

圣犹达医疗成立于1976年，被并购时的年营收额大约在60亿美元，处于全球医疗器械公司营收的前20名，业务覆盖心脏节律管理、心脏电生理、心脏外科、心血管介入诊疗和神经调控5个领域，拥有心血管药物支架、心律管理器械、心律失常及房颤器械、结构性心脏病器械（封堵器）、心脏瓣膜器械等全系列心脏病类医疗器械产品。

为了让这场交易顺利进行，雅培剥离了用于心血管手术的两种医疗器械业务——血管闭合装置和可转向护套，以获得美国联邦贸易委员会批准。雅培通过此次收购，不仅使心血管器械领域的格局重新洗牌，更重要的是得到了与美敦力抗衡的实力。

捷迈140亿美元收购邦美

买方	捷迈	标的方	邦美
交易时间	2016年	交易金额	140亿美元

2016年，捷迈以140亿美元完成对邦美（Biomet）的收购。两家公司都在全球骨科医疗器械公司中排名前五。

从百时美施贵宝（BMS）拆分上市后，捷迈就一直在全球骨科领域的第三名，强生和史赛克则轮坐第一。当时捷迈在关节领域已经占有约22%的市场份额，居第一，而强生则紧追其后。捷迈渴望在骨科领域再前进一步，排在第四的邦美就成了其理想的标的。

邦美也是一家老牌的骨科公司，优势产品也是关节类产品。收购邦美不仅让捷迈在关节领域稳坐第一，还一跃成了全球第二大骨科公司。

此外，这场收购还帮助捷迈补齐了在中国市场的短板。捷迈于1994年进入中国市场，但是在中国一直没有自己的工厂。对一家耗材公司而言，这是本土化的短板。邦美则在2003年、2008年分别在中国浙江和江苏设立了工厂，这些也都被捷迈收入囊中。

波士顿科学279亿美元收购盖丹特

买方	波士顿科学	标的方	盖丹特
交易时间	2006年	交易金额	279亿美元

波士顿科学对盖丹特的收购一直被业界视为一场失败的交易。

最早有意收购盖丹特的是波士顿科学的竞争对手强生，双方在2004年12月就达成了意向。不过，由于担心盖丹特的财务前景，强生在2005年将每股25.4美元的收购价降低到21.4美元。2005年1月，波士顿科学正式提出竞购。波士顿科学的报价总额是250亿美元，相比强生溢价12%。

盖丹特是心脏起搏器领域的重要企业。从1998—2003年，盖丹特以近49%的占有率在支架市场独占鳌头，紧随其后的便是美敦力。

为了争夺这一市场的掌控权，两家公司展开了一场激烈的竞价。强生先后提出了2轮报价，分别是232亿美元和242亿美元。但波士顿科学将报价提高到了270亿美元，最终从价格战中胜出。

在原本的设想中，合并后的新公司将成为心脏医疗设备市场的领军企业。但事实并非如此，收购盖丹特反而差点拖垮了波士顿科学。

强生曾担心盖丹特的财务前景而降低了报价，这样的担心不无道理。彼时的盖丹特危机重重，该公司在2005年因产品召回问题陷入严重财务危机。除此之外，盖丹特还背负了远超过实物资产的负债，价值几十亿的商誉和无形资产也不断减值。鉴于该公司收入已从几年前的高峰跌至谷底，何时能重整旗鼓仍然是一个谜。

从某种程度上来说，盖丹特那时处于面临财务和法务危机的窘境。但盖丹特拥有大量心血管疾病治疗的先进技术和专利，这符合波士顿科学和强生的需求。波士顿科学公司则希望借此收购打造一家全球最大的心脏设备制造企业。

但这笔交易并没有给波士顿科学带来预期中的大量收入，反而是带来了巨大的负担。其中包括给强生支付的近7亿美元的“和解费”，以及盖丹特的产品问题造成的赔款、对FDA隐瞒电容器问题所造成的2.96亿美元罚款。

赢了强生，但波士顿科学却差点输了自己。2010年前后，波士顿科学不仅在业务上输给竞争对手，还面临数千起诉讼。直到2014年开始，波士顿科学才在CEO 迈克·马奥尼(Mike Mahoney)的带领下，通过多元化策略重生。

第三节　医疗科技大公司的创新和发展

大公司面对创新颠覆者的窘境

大公司的天然优势

大公司也是由小公司发展而来，在最初发展的过程中由于公司创始团队在技术产品方面的创新或者商业模式方面的创新，战胜了其他对手而占据较大的市场份额，使得公司能够迅速发展。

在大家的印象中，大公司实力雄厚、占尽优势。在财务上，大公司依托已经占据的成熟市场中不断增长的营收和利润，具有强大的财务实力，理论上可以投入任何领域进行研发，或者利用现金储备和股票交换并购创新型小公司。在产品和技术上，由于大公司在市场上已经取得领先的地位，在此期间，不仅实现了产品的持续迭代及产品线的广泛覆盖，还积累了大量的专利等知识产权。

除了在资金、技术、产品线的先进性和丰富性，以及知识产权上的绝对优势外，大公司还在团队建设和管理体制方面趋于成熟，成建制的产品线开发团队可能包括行业内的一些顶尖的专家和工程师，多个团队同步开发不同的产品，除了现有产品线的交替迭代，还能够不断扩展产品线，建立其产品线的生态系统，其品牌效应也吸引大批的优秀人才前来应聘，使得招聘标准水涨船高。有的公司甚至还有自己的研究院做前沿的科研，着眼于更远期的目标，如3—5年后的产品应用。从近期到远期，大公司的技术、产品和团队壁垒从外面看上去都像是一个不可攻破的堡垒。

从高科技公司的发展历史来看，计算机界的IBM（International Business Machines）和DEC（Digital Equipment Corporation）等都是巨大的跨国公司，占据全世界大型电脑的大部分市场。IBM在全世界设有多个研究中心，其总部的Thomas J. Watson研究中心拥有大量的知名科学家。[10]DEC的团队曾经在业界赫赫有名，从DEC出来创业的团队在芯片、软件、通信、计算机等领域创造了一大批独角兽企业。从通信界来看，朗讯公司和贝尔实验室持续领先了几十年，贝尔实验室也像IBM研究中心一样走出了好几位诺贝尔奖获得者。[11]从芯片界来看，日本的东芝和日立在存储器芯片方面曾经独占鳌头，英特尔公司的中央处理器（CPU）的市场占有率一度超过了80%。[12]从汽车行业来看，通用、福特、克莱斯勒常年占据前三位，曾经撑起了美国制造业的大部分。这些公司在全世界各个主要国家都有较大的产品研发和销售机构，品牌和产品深入人心，每年的营收和利润都超几十亿美元，更重要的是这些公司还每年投入大量的研发经费，进行下一代技术和产品的研发。但是这些公司在个人电脑、GPU、电动汽车等颠覆性创新技术上没有及时对市场变化做出及时反应，导致被初创公司赶超，有的世界知名的科技公司甚至已经破产重组。

从医疗器械公司的发展历史看，也有很多跨国性公司以全面的产品线和先进的技术占据了世界主要的市场份额，美敦力、雅培、强生这三家作为世界排名前三位的医疗器械公司，每年的销售额都在百亿美元以上，覆盖了从心血管到骨科等各个科室的主要医疗器械和耗材，并且在世界各国都有数百个注册产品销售。[13-15]通用电气、飞利浦和西门子作为排名前三位的医疗影像设备公司占据了60%左右的全球市场。[16-18]除了这些老牌公司之外，新兴的手术机器人公司直觉外科的达·芬奇机器人系列2021年销售额也超过了50亿美元，并且毛利率近70%。[19]这些公司不仅是在技术上领先,产品销售到世界的各个角落,其对于医院和医生的产品技术服务和临床服务也做得非常到位。对于医疗颠覆性创新来说,由于医疗法规的原因,其变化的速度没有消费类电子或者汽车领域这么快,这给了这些医疗器械大公司进行内部革新和并购创新小公司的机会。同样,这也给医疗创新初创公司带来了新的挑战。

大公司在颠覆性创新中的劣势

大公司在资金的雄厚性、技术的领先性、产品线的完整性、市场的占有率及团队的质量和数量方面都令人望而生畏,但是大公司真的是不可战胜的吗?如果真的是这样的话,就不会有这么多高科技的老牌公司在衰退了,也不会出现这么多高科技初创公司蓬勃发展的情形。大公司由于在资金、技术和团队方面的绝对优势,在渐进式的创新中并未给其他公司留什么机会(图12.2)。在大公司的技术产品路线图的箭头里,留给其他公司的机会也很小,但是这个箭头之外,如果产品技术在性能和功能上得到颠覆性的创新和突破,大公司就会受到威胁,甚至其临床应用的一些传统科室也会受到巨大影响。例如,心脏支架的发明使得心内科医生可以通过微创手术解决冠脉狭窄问题,取代了大部

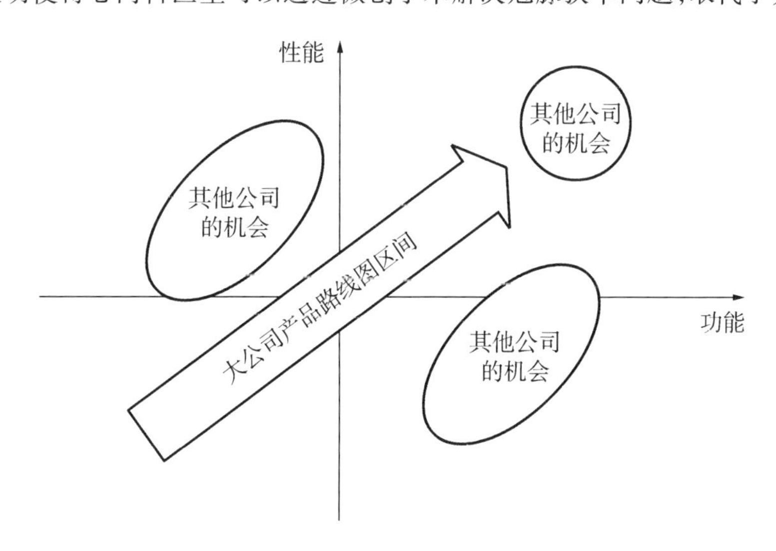

图12.2　椭圆及圆形部分是给竞争对手留出的空间

分开胸心脏搭桥手术，因此开胸手术器械公司业绩大大下降，医院的心外科医生也不得不“转型”。在心脏支架发明之后，又有一系列的创新出现（如涂药物支架、可降解支架等），这些又迫使原来在心脏支架领域已经领先的大公司不断地并购小公司，以保持在这个市场的增长趋势；如果不这样做的话，医疗颠覆性创新也许不会导致公司快速破产，但是会影响公司的业务增长，在一个比较长的周期中处于衰落态势。

除了在产品技术性能和功能上的颠覆性创新之外，如果产品技术本身的创新导致了性能/成本比或者功能/成本比大大提高的话，也会对大公司构成威胁。如图12.3所示，引入成本之后，初创公司的空间大大增加了，因为由于各方面的因素，大公司开发一个新技术的成本较高。同时，大公司在产品开发速度方面比较慢，这也给竞争对手留下了机会。中国的骨科耗材市场本来是跨国公司占据绝对优势，但是自从国内企业在低端、低成本骨科耗材领域逐步发展，竞争格局开始发生了变化。本土骨科耗材企业创生医疗和康辉医疗分别被史赛克（Stryker）和美敦力高价并购，威高的骨科材料集团也在2021年上市，

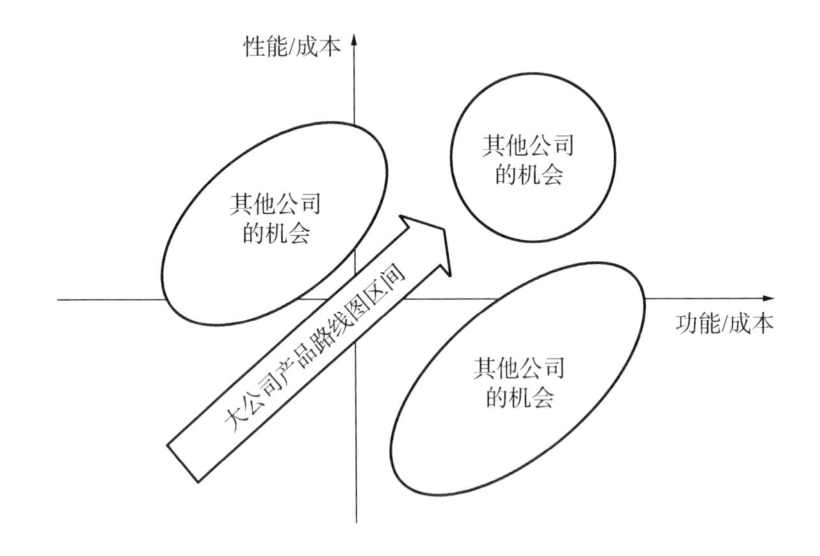

图12.3　椭圆部分是给竞争对手留出的空间

占据了目前骨科耗材相当的市场份额。[20,21]

那为什么大公司常常会在颠覆性创新面前反而会束手无策而错失良机呢?《创新者的窘境:领先企业如何被新兴企业颠覆》(*The Innovator's Dilemma: When New Technologies Cause Great Firm to Fail*)[22]一书做了详细的阐述。笔者根据在大公司的经验总结出以下几个方面的原因。

1）大公司的资金实力雄厚但项目多,有一个很繁复的预算计划流程,并且需要层层审批,一旦预算确立之后,要修改的话又要经过一个同样繁复的流程。在目前技术发展日新月异的形势下,预算计划的确立和修改速度阻碍了立项决策的进程。由于流程上的效率低,使得新技术导入的周期延长,资金投入大大提高。在产品售价上,由于股市对产品毛利的要求及公司本身的成本,大公司的产品定价缺少灵活性,使得其在同类产品市场上的竞争力下降。例如,大公司的某些产品有竞争对手之后,会降价销售或者退出现有市场而走向更高端的产品线,中国的骨科耗材市场就是一个例子。

2）大公司的团队组织更完整,往往一个产品线有几个实力较强的项目团队交替进行开发,甚至还有公司建立了A队、B队,鼓励公司内部竞争,选择最优。这些做法在产品线的渐进性创新中起到了很好的作用,但是面对颠覆性创新时往往是有争议的。因为这些创新技术是有风险的,有时团队结构会出现较大变动,这时候团队内部的竞争反而导致成员之间的政治斗争和官僚主义,耽误团队集体做出正确的决策。大公司并不是完美的,即使是被媒体评为最佳雇主的公司内部也会存在各种问题,尤其是在碰到强劲对手或者业绩增长不如预期的时候,各种矛盾也会随之出现,导致部分团队流失,甚至有劣币驱逐良币的现象发生。

3）颠覆性新技术的出现使得大公司原来产品技术有过时的风险,但是由于现有的产品线为公司带来了巨大的现金流,要去开发新的技术产品取代自己非常赚钱的产品线(大公司内部称其为“蚕食”)是一个非常痛苦的决策过程。例如,具有100多年历史的柯达公司的相机胶卷业务被数字相机取代就是一个漫长而痛苦的过程,"柯达时刻"(Kodak Moment)的口号一度深入人心,柯达胶卷曾经占据了大部分的消费者市场和几乎全部的职业摄影市场,20世纪80年代,中国的旅游城市随处可见柯达冲洗店,比现如今的便利店密度还高。20世纪90年代初,CMOS图像传感器(CIS)的出现引发当时很多大公司密切关注,柯达在这方面是先行者之一,拥有几千项专利,尽管如此,柯达对于CIS数字相机最终要取代胶卷相机的趋势,始终没有颠覆自己原有产品线的决心,导致公司在CIS数码相机市场全面失败并于2013年破产重组,其近1000项CIS专利也以数千万美元的白菜价卖给了初创公司豪威科技。这个过程持续近20年,其实柯达一直在努力做出一些微观的决定(尽管不能算不正确),但是整个公司在策略上对于颠覆性的创新没有壮士断臂的勇气。[23]这是一个痛苦的温水煮青蛙的过程。

大公司的决策流程和管理架构助力其壮大和发展,但又在面对创新时有明显缺陷。如何判断颠覆性创新且在内部实现创新产品,从而持续保持在产品技术和市场占有率上的领先,这是每个大公司都必须认真对待的课题。

大公司内部创新的模式

一个公司从初创企业到成为一个在行业内领先的大公司是非常不容易的,这说明公司的创始团队和管理团队在其发展的各个阶段做了正确的决定,在可持续创新和可持续性增长方面一定有很强的意愿并做出了极大的努力。但是如上节所述,大公司本身的规模和流程在某种程度上也为应对颠覆性创新制造了阻碍,而且这些阻碍往往在公司内部并没有被清醒地认识到,即使认识到了也很难下决心打破已经被证明是成功的流程来实现颠覆性创新。

尽管如此,大公司在应对颠覆性创新上还是有很多成功经验的,这些内容值得学习与讨论。首先,公司要正确判断其面临的是不是颠覆性创新,这个颠覆性创新一旦成功会对公司产生什么影响,这看起来简单,但在实际执行过程中是一个非常复杂的问题。《只有偏执狂才能生存》(*Only the Paranoid Survive*)[15]一书中详细阐述了英特尔怎样在遇到每一个技术的转折点时做出正确决定的,使得公司在CPU这个领域不断壮大,进而成为长年市场占有率第一的公司。如图12.4所示,如果在战略转折点做了正确的决定,则公司的业务将加速增长,反之,如果做了错误的决定或者没有抓住创新的机会,公司就会走下坡路(没有中间的道路,只是时间问题)。

英特尔最早的主要产品是存储器,但是在接到一家日本公司的计算器处理器定制芯片的订单之后,公司决定整体放弃存储器业务,转向专注于CPU处理器。这个决定当初在公司内部是有争议的,因为公司将失去存储器产品的现金流,而专注于一个当时还不明朗的市场,但这个决定最终使得英特尔成了今后40多年内的CPU第一大公司和世界第一大芯片公司,毛利率始终超过50%。[16]反观存储器芯片市场的发展,尽管存储器的市场容量巨大,但是价格竞争激烈、产品毛利低、价格波动巨大,已经成了"商品",不适合于英特尔这样强调技术创新的公司了。同样地,在近年来通用图形处理器GPU的竞争中,英特尔没有对GPU的发展趋势做出实质性的响应,被英伟达和超威半导体(AMD)反超,甚至换了几任CEO还不见起色。

大公司必须对相关行业的颠覆性创新进行评估,但是每个公司的基因不同,不是每一个创新都是值得公司去做的,有的公司的研发能力强,但是需要

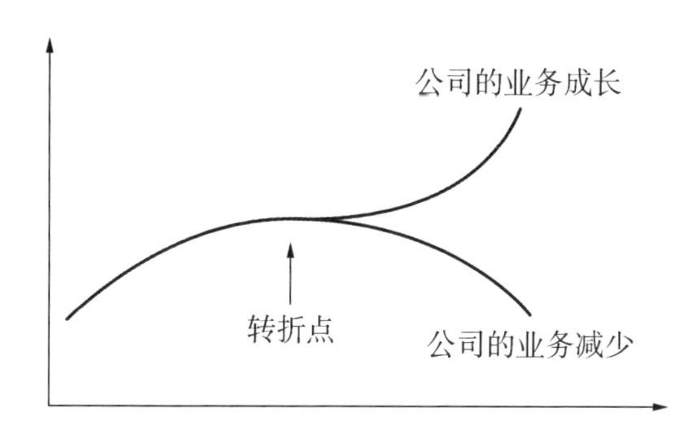

图12.4　公司的战略转折点[24]

高毛利产品,有的公司产品迭代快,适合于快消品,有的公司成本结构低,适合于量大价低的产品。20世纪90年代中后期,高性能模拟芯片公司(Analog Devices,简称ADI)做过摄像头传感器CIS芯片的预测,当时数码相机还没出现,很多芯片公司都在研发CIS芯片。根据测算,CIS芯片市场量很大,但是在成熟期的毛利率仅在20%出头,与ADI高性能高毛利的公司基因不符合。10多年后,CIS芯片发展起来之后也验证了这个策略。

在判断评估颠覆性创新之后,大公司怎样在方法上和流程上实现颠覆性创新呢? 一般来说,无外乎内生性创新、内部创业和并购创新公司几种模式,这几种方法在很多成功的公司中都会被混合使用,以达到最好的效果。

内生性创新模式

内生性创新是大公司应对颠覆性创新威胁的最自然的方法。正如上文提到的,大公司的规模和流程对于内部创新不利,所以不同的公司采取了不同的方法来应对。例如,谷歌公司允许员工用20%左右的工作时间来自由发挥。在一些高科技公司有“地下工作”的传统,也就是员工自己花时间在尚未正式立项的项目上面。这些“地下工作”出来的成果往往会给公司带来惊喜的产品和杀手级的应用。[25]另外一些公司,如微软公司和苹果公司,依靠杰出领导人的能力和魅力不断在创新的路上起到领先的作用,给公司的业务发展带来了巨大的机会。微软公司CEO萨蒂亚·纳德拉(Satya Nadella)及时把公司从桌面软件的模式带往云端发展,给微软带来了第二次快速发展的机会,近年来又重新布局Open AI使得公司发展规模不断创新高。

内部创业模式

比起内部创新,内部创业是一种更为极端的做法。尤其是在社会上创业气氛很浓的情况下,与其看着优秀员工离职自主创业,不如扶植他们创业,并且提供方便和资源,形成合资公司,待其发展壮大之后独立上市或者被母公司并购。中国本土的微创医疗就是一个很好的例子,其合资的医疗机器人集团已经在香港上市,微创医疗机器人集团又分别与业界优秀团队合资成立了各个科室领域的医疗机器人公司，以合资公司股权激励的形式来吸引并留住团队。

并购创新公司模式

并购或者技术授权是大公司进入新领域最快的方法，一般会在以下几种情况下发生：①大公司的传统业务的发展遇到瓶颈，想进入新的领域；②大公司看到颠覆性创新对公司有潜在的影响；③公司希望扩大在本领域的市占率，建立更高的竞争壁垒。

对于传统公司的发展，并购也是不可或缺的。IBM公司一度是美国市值最高的公司，但是到了20世纪90年代初，IBM的发展遇到瓶颈，遭遇巨额亏损，股价大跌，大家都认为IBM公司已经危在旦夕。新CEO路易斯·郭士纳（Lows Gerstner）上任之后，大家从外部看到的仅是裁员、绑定管理层利益和公司的发展，以及重塑公司文化的相关动作，但实际上，他在谋划一盘大棋，对公司进行大改组的原因是为了更好地转型，通过并购软件创新公司。他把IBM从单纯的计算机公司变成了软件和服务的主要提供商。路易斯·郭士纳的回忆录《谁说大象不能跳舞》（*Who Says Elephants Can't Dance*）[26]非常生动地阐述了这个复杂的过程。

国内的医疗器械公司也有成功的例子。中国本土医疗器械公司威高集团于2017年以56亿元收购了美国爱琅公司（Argon），[27]收购之后，威高集团的心血管高附加值耗材业务在原有基础上又获得了数倍的增长。[28]不过要注意的是，并购后“1+1>2”的成功率并不高，很多公司被并购后并没有得到预期的效果，这就对大公司的并购策略和方法提出了很高的要求。

说起高科技公司的并购，不能不提丹纳赫公司，这家是靠并购来发展旗下的公司，如贝克曼和徕卡等在仪器领域都各自占据世界前几名的地位。丹纳赫总结了一套商业对策管理系统，它用该系统来评估和管理并购公司，是世界很多大型公司的学习目标。

颠覆性创新常常会蚕食公司目前的主流产品的现金流收入，大公司在面临这种情况时更加难做出正确的决策。克里斯坦森教授在出版《创新者的窘境：领先企业如何被新兴企业颠覆》一书几年后又撰写了续篇《创新者的解答：创造可持续的增长》(*The Innovator's Solution: Creating and Sustaining Successful Growth*)，进一步阐述了面临这样的决策时可使用的方法。[29]首先，需要测试一个创新在市场中是否具有颠覆性，该创新能否破坏业内所有主要先入者。如果只能算是延续性创新，那么其成功的机会不大。其次，评估在低端市场是否有客户愿意以更低的价格购买性能不那么完美的产品。业内领先的大公司不能放弃低端市场，否则会被颠覆者蚕食。因为颠覆者发现留在低端靠削减成本只能维持生存，却无法带来丰厚的利润。但是低端市场需要一个独立的业务体系才能做好，这也是美敦力和史赛克等公司靠并购进入国内低端骨科耗材市场的原因。最后，颠覆性创新产品在价格和使用上容易被接受，很轻松地创造一代全新的使用人群，但是其面临的挑战是，如何使新客户摆脱“零消费”状态。

颠覆性创新立足的市场往往是大公司曾不屑一顾且乐于放弃的，因此大公司内部的创业精神是非常必要的。彼得·蒂尔(Peter Thiel)在创立和投资了数家成功的硅谷企业后，在《从0到1：开启商业与未来的秘密》(*Zero to One: Notes on Startups or How to Build the Future*)[30]一书中总结道：“成功的创新小公司往往首先在一个小的市场取得垄断地位，所以大公司也要对一些小市场的创新者提高警惕。”

综上所述，根据医疗科技创新的特点，大公司必须对创新者尝试进入的市场进行一个明确的判断，确定是取代型还是增量型创新。取代型创新将直接蚕食公司主要业务，这个需要很大的勇气来改革，好在医疗科技产品的投入大、周期长，又有法规和支付的约束，因此与消费类产品相比，取代的过程往往比较长，留给大公司的反应时间也比较充足。我们在医疗科技里面看到的更多的是增量型创新给公司带来的业务发展，一般来说，公司在刚开始发展时常专注在同一个医疗专科市场中不断推出新的产品线，利用现有的专科知识和渠道尽量扩增市场占有率，然后以内部创新或者外部并购的方式进入其他医疗专科市场。

致 谢

凝聚于大家心血的这本书即将与读者见面,饮水思源,在此谨表达拳拳谢意。

2018年,在上海交通大学副校长徐学敏的殷切关注下,上海交通大学生物医学工程学院与学生创新中心共同筹划并开设了“智能医疗与创新”课程。该课程以斯坦福大学的Biodesign方法学为基础,结合美敦力医疗产品协同创新设计工作坊的理念,以及中国医疗科技创新转化的特色,介绍了智能医疗与创新的前生今世及未来发展,深受学生欢迎。可以说,没有徐副校长的远见卓识,本书的“地基”将不复存在。

除此之外,上海交通大学现代医疗设备产业学院开设了“医疗科技创新流程”课程。两门课程的顺利开展,为我们组织编写本书提供了主要动力。感谢所有任课教师,尤其是美敦力医疗产品协同创新设计工作坊汤欣博士团队及IDEO的托马斯·骆老师。他们利用个人时间,倾囊相授,获得学生充分肯定的同时,也极大拓宽了我对本书的“构建思路”——《医疗科技创新与创业》不仅仅是一本实践指南,它还将展示中国医疗科技创新的特色,总结近10年来高科技的快速发展给医疗创新与转化带来的机会与启示。

本书的成功出版离不开上海交通大学诸位领导的鼎力支持。在此，特别感谢生物医学工程学院陈江平书记，感谢他和其他院领导在本书撰写过程中给予我的无限激励与热情帮助。

感谢各章节作者，本书的完整性、新颖性和实用性得益于这支优秀的作者团队。他们是各自研究领域里的权威和知名专家，拥有极为丰富的实战经验，并且善于总结和分享经验。此外，周梦亚、施懿、沈宇婷、刘昱鑫等老师也参与了编写工作，在这里一并表示感谢。同时，也要感谢上海科技教育出版社的编辑，他们花费了大量时间审校并润色相关文字，为本书增色不少。感谢北京慈华医学发展基金会和睿熙创新对本书提供的大力支持。

最后，再次向所有为本书的成功出版做出贡献的个人及单位表示衷心的感谢！

2023年7月

参考文献

引言

[1] 图灵奖得主 John Hopcroft 谈信息革命：人才是关键驱动力[Z]. 2019. https://twgreatdaily.com/zh-hans/NgxnaW0BJleJMoPMeXMA.html.

[2] 松仁. 日本研究报告：中国科学论文数量超美，跃居世界第一[Z]. 2022. https://www.voachinese.com/a/china-overtakes-the-us-in-scientific-research-output-081122/6697531.html.

[3] 邹臻杰. 转化率低于 8%！破局医学科技成果转化，还有哪些新尝试[Z]. 2022.https://www.yicai.com/news/101295286.html.

[4] 中国医学创新联盟. 围观！中国医院创新转化排行榜 TOP100[Z]. 2022. http://www.camdi.org/news/11127.

[5] YOCK P G, ZENIOS S, MAKOWER J, et al. Biodesign: The Process of Innovating Medical Technologies [M]. Cambridge: Cambridge University Press, 2009.

[6] Johns Hopkins Center for Bioengineering Innovation and Design[Z]. 2023. https://cbid.bme.jhu.edu.

[7] 麦肯锡. 回首来路初心在，展望前程意更坚：中国医疗科技创新现状与破局[Z]. 2022. https://www.mckinsey.com.cn/.

[8] 朱宝琛. 硬科技是中国实现新一轮技术创新的关键[Z]. 2019. http://money.people.com.cn/n1/2019/1231/c42877-31530062.html.

[9] 卡雷鲁. 坏血：一个硅谷巨头的秘密与谎言[M]. 成起宏，译. 北京：北京联合出版公司，2019.

第一章　医疗科技创新与产业创新

[1] 美敦力. 关于美敦力[Z]. 2022.https://www.medtronic.com/cn-zh/about.html.

[2] 李瑛. 世界上首台植入心脏起搏器的诞生——美国上市公司 Integer(上)|械企风云[Z]. 2021. https://www.cn-healthcare.com/articlewm/20210225/content-1192777.html.

[3] 美敦力就这样一步步成为世界第一|盘点36次并购[Z]. 2022. https://xw.qq.com/cmsid/20220511A0EIV500.

[4] 宁晨. 美敦力20年启示录:创新诚可贵,研发价太高,为什么巨头都成了并购狂?[Z]. 2019. https://www.vbdata.cn/42162.

[5] 王霞. 美敦力499亿美元终吞柯惠或引发行业并购"连锁反应"[Z]. 2015. http://www.nbd.com.cn/articles/2015-01-28/893902.html.

[6] 靳姣姣. 你知道是谁创立了Illumina吗?[Z]. 2022. https://zhuanlan.zhihu.com/p/485341768.

[7] 生物通. 罗氏收购Illumina,是利是弊?[Z]. 2022. http://www.ebiotrade.com/custom/ebiotrade/zt/120202/index.html.

[8] 周梦亚. 测序巨头Illumina:向百美元测序冲刺,临床消费市场是重心|盘点与展望[Z]. 2017. https://www.vbdata.cn/35653.

[9] 郝翰. Illumina收购Pacbio终止,吸引Illumina的长读长测序领域或许还蕴藏着些许机会?[Z]. 2020. https://www.vbdata.cn/45832.

[10] 向问东. 并购之王丹纳赫(一):从房地产华丽转身健康科技世界500强[Z]. 2020. https://xueqiu.com/9923533025/160508694.

[11] 并购之王丹纳赫:全球最成功的产业并购公司成长史[Z]. 2019. https://www.sohu.com/a/318096298_319931.

[12] 中国企业的并购与丹纳赫差了2个美的[Z]. 2020. https://finance.sina.com.cn/chanjing/cyxw/2022-07-29/doc-imizirav5981980.shtml?r=0.

[13] 张煜婕. 47次疯狂收购,在中国年营收超8亿美金,丹纳赫这样成为医疗器械的头部玩家[Z]. 2019. https://www.vbdata.cn/42276.

[14] 动脉网蛋壳研究院. 全球数字疗法产业报告[R]. 2022.

[15] 颜维琦. 常兆华:做有"生命力"的创新[N]. 光明日报,2020.7.19.

[16] 微创®医疗完成对LivaNova旗下心律管理业务的收购[Z]. 2018.https://www.microport.com.cn/news/1193.html.

[17] 徐畅. 我国上市医疗企业的战略并购及绩效研究[D]. 成都:西南财经大学,2020.

[18] 罗程晨. 分拆上市的动因及绩效研究[D]. 重庆:重庆工商大学,2021.

[19] 投行小兵. 十大行业IPO:审核要点与解决思路[M]. 北京:法律出版社,2020.

[20] 杨雪. 高瓴加持的微创医疗机器人港股交表,225亿估值成色几何?[Z]. 2021.

https://www.vbdata.cn/51467.

第二章 新科技在医疗领域的发展应用

[1] 克里斯坦森. 创新者的处方:颠覆式创新如何改变医疗[M]. 朱恒鹏, 张琦,译. 北京: 中国人民大学出版社,2015.

[2] BRIGHAM M G. Mass General Brigham-Who We Are[Z]. 2022. https://www.massgeneralbrigham.org/who-we-are.

[3] Amazon and One Medical Sign an Agreement for Amazon to Acquire One Medical[Z]. 2022. https://press.aboutamazon.com/2022/7/amazon-and-one-medical-sign-an-agreement-for-amazon-to-acquire-one-medical.

[4] 蒂尔,马斯特斯. 从 0 到 1:开启商业与未来的秘密[M]. 高玉芳,译. 北京: 中信出版社,2015.

[5] 托普. 颠覆医疗:大数据时代的个人健康革命[M]. 张南,魏薇,何雨师,译. 北京: 电子工业出版社,2014.

[6] COLLEN M F. The Origins of Informatics[J]. *Journal of the American Medical Informatics Association*, 1994, 1(2): 91-107.

[7] HENNESSY, JOHNL. Computer Organization and Design (2nd ed): The Hardware/Software Interface [M]. Morgan Kaufmann Publishers Inc., 1998.

[8] 国外电子计算机水平及动态[J]. 计算机工程与应用, 1970, (3): 3-18.

[9] PACHECO P. An Introduction to Parallel Programming[M]. San Francisco: Morgan Kaufmann, 2011.

[10] FORTIER P, MICHEL H. Computer Systems Performance Evaluation and Prediction [M]. Digital Press, 2003.

[11] BERGER A S. Hardware and Computer Organization:The Software Perspective [M]. Elsevier Inc. , 2005.

[12] NVIDIA. NVIDIA H100 Tensor Core GPU Architecture[Z]. 2023. https://www.nvidia.com/zh-tw/technologies/hopper-architecture/.

[13] LIANG X. Ascend AI Processor Architecture and Programming: Principles and Applications of CANN [M]. Elsevier, 2020.

[14] HENNESSY J L, PATTERSON D A. A New Golden Age for Computer Architecture [J]. *Communications of the ACM*, 2019, 62(2): 48-60.

[15] GOOGLE. Cloud TPU[Z]. 2023. https://cloud.google.com/tpu?hl=zh-cn.

[16] XU X, TAN M, CORCORAN B, et al. 11 TOPS Photonic Convolutional Accelerator

for Optical Neural Networks [J]. *Nature*, 2021, 589(7840): 44-51.

[17] D'SOUZA M, GENDREAU J, FENG A, et al. Robotic-Assisted Spine Surgery: History, Efficacy, Cost, And Future Trends [Corrigendum] [J]. *PubMed*, 2019.

[18] GALETTA M S, LEIDER J D, DIVI S N, et al. Robotics in Spinal Surgery [J]. Annals of Translational Medicine, 2019, 7(S5): S165.

[19] 天河超级计算淮海分中心. 超级计算典型案例[Z]. https://www.thsch.cn/cjjs_yy_swyy/.

[20] HASSAN BAIG M, AHMAD K, ROY S, et al. Computer Aided Drug Design: Success and Limitations [J]. *Current Pharmaceutical Design*, 2016, 22(5): 572-581.

[21] 德州仪器网站[Z]. 2023. https://www.ti.com.cn/.

[22] 亚德诺半导体网站[Z].2023. https://www.analog.com/cn/index.html.

[23] IDDAN G, MERON G, GLUKHOVSKY A, et al. Wireless Capsule Endoscopy [J]. *Nature*, 2000, 405: 417.

[24] CANDèS E J, ROMBERG J, TAO T. Robust Uncertainty Principles: Exact Signal Reconstruction from Highly Incomplete Frequency Information [J]. *IEEE Transactions on Information Theory*, 2006,552(2): 489-509.

[25] CANDèS E J, WAKIN M B. An Introduction to Compressive Sampling [J]. *IEEE Signal Processing Magazine*, 2008, 25(2): 21-30.

[26] JIN J, GU Y-T, MEI S-L. An Introduction to Compressive Sampling and Its Applications [J]. *Journal of Electronics & Information Fechnology*, 2010, 32(2): 470-475.

[27] BEHRAD F, ABADEH M S. An Overview of Deep Learning Methods for Multimodal Medical Data Mining [J]. *Expert Systems with Applications*, 2022: 117006.

[28] LO S K, LU Q, ZHU L, et al. Architectural Patterns for the Design of Federated Learning Systems [J]. *Journal of Systems and Software*, 2022, 191: 111357.

[29] DEEPMIND G. AlphaFold[Z]. 2022. https://www.deepmind.com/research/highlighted-research/alphafold.

[30] JORDAN M I, MITCHELL T M. Machine Learning: Trends, Perspectives, and Prospects [J]. *Science*, 2015, 349(6245): 255-260.

[31] TSUNEKI M. Deep Learning Models in Medical Image Analysis [J]. *Journal of Oral Biosciences*, 2022.

[32] LUCA A R, URSULEANU T F, GHEORGHE L, et al. Impact of Quality, Type and Volume of Data Used by Deep Learning Models in the Analysis of Medical Images [J]. *Informatics in Medicine Unlocked*, 2022: 100911.

[33] GAWANDE A. Complications: A Surgeon's Notes on An Imperfect Science [M]. Profile Books, 2010.

[34] 中国食品药品检定研究院. 中检院牵头起草的 IEEE P2801 医学人工智能数据集质量管理国际标准正式发布[Z]. 2022. https://www.nifdc.org.cn/nifdc/gzdt/ywdt/20220704160241171815.html.

[35] REGALADO A. All the Reasons 2018 was a Breakout Year for DNA Data[Z]. 2018. https://www. technologyreview. com/2018/12/29/138025/all-the-reasons-2018-was-a-breakout-year-for-dna-data/.

[36] COMMISSION E. Rules for the Protection of Personal Data Inside and Outside the EU[Z]. https://ec.europa.eu/info/law/law-topic/data- protection_en.

[37] AZENCOTT C-A. Machine Learning and Genomics: Precision Medicine Versus Patient privacy [J]. *Philosophical Transactions of the Royal Society A: Mathematical, Physical and Engineering Sciences*, 2018, 376(2128): 20170350.

[38] 蒋瀚,徐秋亮. 基于云计算服务的安全多方计算 [J]. 计算机研究与发展,2016,53(10): 11.

[39] YANG Q, LIU Y, CHENG Y, et al. Federated Learning [J]. *Synthesis Lectures on Artificial Intelligence and Machine Learning*, 2019, 13(3): 1-207.

[40] 涂航. 基于全同态加密的安全多方计算协议 [J]. 通信技术,2021,54(12): 5.

[41] 顾正书. Wally Rhines 博士:未来 10 年全球半导体市场发展趋势[Z]. 2020. https://www.eet-china.com/news/202011051600.html?utm_source=EETC%20Article%20Alert &utm_medium=Email&utm_campaign=2020-11-25.

[42] SUN X, YU F R, ZHANG P, et al. A Survey on Zero-Knowledge Proof in Blockchain [J]. *IEEE Network*, 2021, 35(4): 198-205.

[43] 何浩,王湾湾. 隐私计算技术解读:可信执行环境(TEE)概要及应用[Z]. 2022. https://www.infoq.cn/article/spd7szzwip6zsr8jaaqb.

[44] INTEL. Intel's First Microprocessor[Z]. 2022. https://www.intel.com/content/www/us/en/history/museum-story-of-intel-4004.html?wapkw=Intel%204004.

[45] APPLE. Introducing M1 Pro and M1 Max: The Most Powerful Chips Apple Has Ever Built [Z]. 2021. https://www. apple. com/newsroom/2021/10/introducing-m1-pro-and-m1-max-the-most-powerful-chips-apple-has-ever-built/.

[46] JAMES D. Apple Joins 3D-Fabric Portfolio with M1 Ultra? [Z]. https://www.techinsights.com/blog/apple-joins-3d-fabric-portfolio-m1-ultra.

[47] 马源,屠晓杰. 全球集成电路产业:成长,迁移与重塑 [J]. 信息通信技术与政策,

2022, (5): 10.

[48] TSMC. TSMC Annual Report 2021 [R]. 2021.https://investor.tsmc.com/static/annual-Reports/2021/english/ebook/index.html.

[49] INTEL. Intel Technology Roadmaps and Milestones[Z]. 2022. https://www.intel.com/content/www/us/en/newsroom/news/intel-technology-roadmaps-milestones.html#gs.7bbu7c.

[50] IEEE. International Roadmap for Devices and Systems (IRDS™) 2021 Edition [J]. 2021. https://irds.ieee.org/editions/2021.

[51] HOLT W M. 1.1 Moore's Law: A Path Going Forward; Proceedings of the 2016 IEEE International Solid-State Circuits Conference (ISSCC), F, 2016 [C]. IEEE.

[52] TSMC. 3DFabric™ for HPC[Z]. 2022. https://www.tsmc.com/english/dedicatedFoundry/technology/platform_HPC_te ch_WLSI.

[53] RAY T R, CHOI J, BANDODKAR A J, et al. Bio-Integrated Wearable Systems: A Comprehensive Review [J]. *Chemical Reviews*, 2019.

[54] MEDICAL H. HAMILTON-S1 The First Ventilation Autopilot[Z]. http://www.hamilton-s1.com.

[55] KACMAREK R M. The Mechanical Ventilator: Past, Present, and Future [J]. *Respir Care*, 2011, 56(8): 1170-1180.

[56] UNSOY, GOZDE, GUNDUZ, et al. Smart Drug Delivery Systems in Cancer Therapy [J]. *Current Drug Targets*, 2018, 19(3): 202-212.

[57] PARASTARFEIZABADI M, KOUZANI A Z. Advances in Closed-Loop Deep Brain Stimulation Devices [J]. *Journal of Neuroengineering and Rehabilitation*, 2017, 14(1): 1-20.

[58] SARICA C, IORIO-MORIN C, AGUIRRE-PADILLA D H, et al. Implantable Pulse Generators for Deep Brain Stimulation: Challenges, Complications, and Strategies for Practicality and Longevity [J]. *Frontiers in Human Neuroscience*, 2021: 489.

[59] 石光,马淑萍. 集成电路设计业的发展思路和政策建议 [J]. 重庆理工大学学报:社会科学,2017,30(10): 6.

[60] 杨宏强. 全球半导体产业现状分析 [J]. 电子与封装, 2014, 14(10): 6.

[61] 英特尔网站[Z]. 2023. https://www.intel.cn/.

[62] NIINOMI M, NAKAI M, HIEDA J. Development of New Metallic Alloys for Biomedical Applications [J]. *Acta Biomaterialia*, 2012, 8(11): 3888-3903.

[63] FESTAS A J, RAMOS A, DAVIM J P. Medical Devices Biomaterials-A Review [J]. *Journal of Materials-Design and Applications*, 2020, 234(1): 218-228.

[64] WANG Q C, ZHANG B C, REN Y B, et al. Research and Application of Biomedical

Nickel-Free Stainless Steels [J]. *Acta Metallurgica Sinica*, 2017, 53(10): 1311-1316.

[65] FINI M, ALDINI N N, TORRICELLI P, et al. A New Austenitic Stainless Steel with Negligible Nickel Content: An in Vitro and in Vivo Comparative Investigation [J]. *Biomaterials*, 2003, 24(27): 4929-4939.

[66] SIDDIQUI M A, REN L, MACDONALD D D, et al. Effect of Cu on the Passivity of Ti-xCu (x=0, 3 and 5 wt%) Alloy in Phosphate-Buffered Saline Solution within the Framework of PDM-Ⅱ [J]. *Electrochimica Acta*, 2021, 386.

[67] LIU R, MA Z, KOLAWOLE S K, et al. In Vitro Study on Cytocompatibility and Osteogenesis Ability of Ti-Cu Alloy [J]. *Journal of Materials Science-Materials in Medicine*, 2019, 30(7).

[68] WANG J, ZHANG S, SUN Z, et al. Optimization of Mechanical Property, Antibacterial Property and Corrosion Resistance of Ti-Cu Alloy for Dental Implant [J]. *Journal of Materials Science & Technology*, 2019, 35(10): 2336-2344.

[69] LIU R, MEMARZADEH K, CHANG B, et al. Antibacterial Effect of Copper-Bearing Titanium Alloy (Ti-Cu) Against Streptococcus Mutans and Porphyromonas Gingivalis [J]. *Scientific Reports*, 2016, 6.

[70] LIU R, TANG Y, LIU H, et al. Effects of Combined Chemical Design (Cu Addition) and Topographical Modification (SLA) of Ti-CU/SLA for Promoting Osteogenic, Angiogenic and Antibacterial Activities [J]. *Journal of Materials Science & Technology*, 2020, 47: 202-215.

[71] LIU R, TANG Y, ZENG L, et al. In Vitro and in Vivo Studies of Anti-Bacterial Copper-Bearing Titanium Alloy for Dental Application [J]. *Dental Materials*, 2018, 34(8): 1112-1126.

[72] LU Y, REN L, XU X, et al. Effect of Cu on Microstructure, Mechanical Properties, Corrosion Resistance and Cytotoxicity of CoCrW Alloy Fabricated by Selective Laser Melting [J]. *Journal of the Mechanical Behavior of Biomedical Materials*, 2018, 81: 130-141.

[73] SEN C K, KHANNA S, VENOJARVI M, et al. Copper-Induced Vascular Endothelial Growth Factor Expression and Wound Healing [J]. *American Journal of Physiology-Heart and Circulatory Physiology*, 2002, 282(5): H1821-H1827.

[74] ZHANG X, LIU H, LI L, et al. Promoting Osteointegration Effect of Cu-Alloyed Titanium in Ovariectomized Rats [J]. *Regenerative Biomaterials*, 2022, 9.

[75] CHEN K, XIE X H, TANG H Y, et al. In Vitro and in Vivo Degradation Behavior of Mg-2Sr-Ca and Mg-2Sr-Zn Alloys [J]. *Bioactive Materials*, 2020, 5(2): 275-285.

[76] ELKAIAM L, HAKIMI O, YOSAFOVICH-DOITCH G, et al. In Vivo Evaluation of

Mg-5%Zn-2%Nd Alloy as an Innovative Biodegradable Implant Material [J]. *Annals of Biomedical Engineering*, 2020, 48(1): 380-392.

[77] LI Y C, WEN C, MUSHAHARY D, et al. Mg-Zr-Sr Alloys as Biodegradable Implant Materials [J]. *Acta Biomaterialia*, 2012, 8(8): 3177-3188.

[78] MUSHAHARY D, WEN C, KUMAR J M, et al. Collagen Type-I Leads to in Vivo Matrix Mineralization and Secondary Stabilization of Mg-zr-ca Alloy Implants [J]. *Colloids and Surfaces B-Biointerfaces*, 2014, 122: 719-728.

[79] XIA D D, LIU Y, WANG S Y, et al. In Vitro and in Vivo Investigation on Biodegradable Mg-li-ca Alloys for Bone Implant Application [J]. *Science China-Materials*, 2019, 62(2): 256-272.

[80] ZHANG S X, ZHANG X N, ZHAO C L, et al. Research on an Mg-Zn Alloy as a Degradable Biomaterial [J]. *Acta Biomaterialia*, 2010, 6(2): 626-640.

[81] WANG X H, ZHANG L Y, ZHANG X N, et al. Mg-6Zn Alloys Promote the Healing of Intestinal Anastomosis Via TGF-Beta/Smad Signaling Pathway in Regulation of Collagen Metabolism as Compared with Titanium Alloys [J]. *Journal of Biomaterials Applications*, 2022, 36(9): 1540-1549.

[82] SUN Y, WU H L, WANG W H, et al. Translational Status of Biomedical Mg Devices in China [J]. Bioactive Materials, 2019, 4: 358-365.

[83] KATTI K S. Biomaterials in Total Joint Replacement [J]. *Colloids and Surfaces B-Biointerfaces*, 2004, 39(3): 133-142.

[84] YANG B W, YIN J H, CHEN Y, et al. 2D-Black-Phosphorus-Reinforced 3D-Printed Scaffolds:A Stepwise Countermeasure for Osteosarcoma [J]. *Advanced Materials*, 2018, 30(10).

[85] WANG X C, XUE J M, MA B, et al. Black Bioceramics: Combining Regeneration with Therapy [J]. *Advanced Materials*, 2020, 32(48).

[86] 王子瑞,朱金亮,何志敏,等. 人工合成骨修复材料的临床应用及展望 [J]. 生物骨科材料与临床研究,2021,18(04): 8-17.

[87] KAUR G, KUMAR V, BAINO F, et al. Mechanical Properties of Bioactive Glasses, Ceramics, Glass-Ceramics and Composites: State-of-the-Art Review and Future Challenges [J]. *Materials Science and Engineering*, 2019, 104.

[88] REDDY M S B, PONNAMMA D, CHOUDHARY R, et al. A Comparative Review of Natural and Synthetic Biopolymer Composite Scaffolds [J]. *Polymers*, 2021, 13(7).

[89] HASSAN M H, OMAR A M, DASKALAKIS E, et al. The Potential of Polyethylene

Terephthalate Glycol as Biomaterial for Bone Tissue Engineering [J]. *Polymers*, 2020, 12(12).

[90] RAMAKRISHNA S, MAYER J, WINTERMANTEL E, et al. Biomedical Applications of Polymer-Composite Materials: A Review [J]. *Composites Science and Technology*, 2001, 61(9): 1189-1224.

[91] PRZEKORA A, KAZIMIERCZAK P, WOJCIK M, et al. Mesh Ti6Al4V Material Manufactured by Selective Laser Melting (SLM) as a Promising Intervertebral Fusion Cage [J]. *International Journal of Molecular Sciences*, 2022, 23(7).

[92] MASTNAK T, MAVER U, FINSGAR M. Addressing the Needs of the Rapidly Aging Society through the Development of Multifunctional Bioactive Coatings for Orthopedic Applications [J]. *International Journal of Molecular Sciences*, 2022, 23(5).

[93] CHEN M, FANG X L, TANG S H, et al. Polypyrrole Nanoparticles for High-Performance in Vivo Near-Infrared Photothermal Cancer Therapy [J]. *Chemical Communications*, 2012, 48(71): 8934-8936.

[94] SU Z W, XIAO Z C, WANG Y, et al. Codelivery of Anti-PD-1 Antibody and Paclitaxel with Matrix Metalloproteinase and pH Dual-Sensitive Micelles for Enhanced Tumor Chemoimmunotherapy [J]. *Small*, 2020, 16(7).

[95] DUNCAN R. Polymer Therapeutics as Nanomedicines: New Perspectives [J]. *Current Opinion in Biotechnology*, 2011, 22(4): 492-501.

[96] CHEN W H, CHEN Q W, CHEN Q, et al. Biomedical Polymers: Synthesis, Properties, and Applications [J]. *Science China-Chemistry*, 2022, 65(6): 1010-1075.

[97] ZAGHO M M, HUSSEIN E A, ELZATAHRY A A. Recent Overviews in Functional Polymer Composites for Biomedical Applications [J]. *Polymers*, 2018, 10(7).

[98] OLADELE I O, OMOTOSHO T F, ADEDIRAN A A. Polymer-Based Composites: An Indispensable Material for Present and Future Applications [J]. *International Journal of Polymer Science*, 2020.

[99] TOH H W, TOONG D W Y, NG J C K, et al. Polymer Blends and Polymer Composites for Cardiovascular Implants [J]. *European Polymer Journal*, 2021, 146.

[100] ZHU J, YANG S, CAI K, et al. Bioactive Poly (Methyl Methacrylate) Bone Cement for the Treatment of Osteoporotic Vertebral Compression Fractures [J]. *Theranostics*, 2020, 10(14): 6544-6660.

[101] WU Y D, WAGNER W D. Composite Engineered Biomaterial Adaptable for Repair and Regeneration of Wounds [J]. *Wound Repair and Regeneration*, 2021, 29(2): 335-337.

[102] YANG Y J, GAO Z F. Editorial: Bio-Inspired Nanomaterials in SurfaceEngineering

and Bioapplications [J]. *Frontiers in Chemistry*, 2022, 10.

[103] GERMAIN M, CAPUTO F, METCALFE S, et al. Delivering the Power of Nanomedicine to Patients Today [J]. *Journal of Controlled Release*, 2020, 326: 164-171.

[104] DONG S J, CHEN Y, YU L D, et al. Magnetic Hyperthermia-Synergistic H2O2Self-Sufficient Catalytic Suppression of Osteosarcoma with Enhanced Bone-Regeneration Bioactivity by 3D-Printing Composite Scaffolds [J]. *Advanced Functional Materials*, 2020, 30(4).

[105] SOYSAL F, CIPLAK Z, GETIREN B, et al. Synthesis and Characterization of Reduced Graphene Oxide-Iron Oxide-Polyaniline Ternary Nanocomposite and Determination of Its Photothermal Properties [J]. *Materials Research Bulletin*, 2020, 124.

[106] PAVIOLO C, STODDART P R. Gold Nanoparticles for Modulating Neuronal Behavior [J]. *Nanomaterials*, 2017, 7(4).

[107] ANSELMO A C, MITRAGOTRI S. Nanoparticles in the Clinic: An Update Post Covid-19 Vaccines [J]. *Bioengineering & Translational Medicine*, 2021, 6(3).

[108] SPRIANO S, YAMAGUCHI S, BAINO F, et al. A Critical Review of Multifunctional Titanium Surfaces: New Frontiers for Improving Osseointegration and Host Response, Avoiding Bacteria Contamination [J]. *Acta Biomaterialia*, 2018, 79: 1-22.

[109] SARAN U, PIPERNI S G, CHATTERJEE S. Role of Angiogenesis in Bone Repair [J]. *Archives of Biochemistry and Biophysics*, 2014, 561: 109-117.

[110] STEGEN S, VAN GASTEL N, CARMELIET G. Bringing New Life to Damaged Bone: The Importance of Angiogenesis in Bone Repair and Regeneration [J]. *Bone*, 2015, 70: 19-27.

[111] MONTAZERIAN M, HOSSEINZADEH F, MIGNECO C, et al. Bioceramic Coatings on Metallic Implants: An Overview [J]. *Ceramics International*, 2022, 48(7): 8987-9005.

[112] 杨柯,王青川. 生物医用金属材料 [M]. 北京: 科学出版社,2021.

[113] MANNOOR M S, JIANG Z W, JAMES T, et al. 3D Printed Bionic Ears [J]. *Nano Letters*, 2013, 13(6): 2634-2639.

[114] KUANG X, ROACH D J, WU J, et al. Advances in 4D Printing: Materials and Applications [J]. *Advanced Functional Materials*, 2019, 29(2).

[115] MIKSCH C E, SKILLIN N P, KIRKPATRICK B E, et al. 4D Printing of Extrudable and Degradable Poly (Ethylene Glycol) Microgel Scaffolds for Multidimensional Cell Culture [J]. *Small*, 2022, 9; 18(36).

[116] BANDYOPADHYAY A, CILIVERI S, BOSE S. Metal Additive Manufacturing for Load-Bearing Implants [J]. *Journal of the Indian Institute of Science*, 2022, 102(1): 561-584.

[117] AREFIN A M E, KHATRI N R, KULKARNI N, et al. Polymer 3D Printing Review: Materials, Process, and Design Strategies for Medical Applications [J]. *Polymers*, 2021, 13(9).

[118] KHORSANDI D, FAHIMIPOUR A, ABASIAN P, et al. 3D and 4D Printing in Dentistry and Maxillofacial Surgery: Printing Techniques, Materials, and Applications [J]. *Acta Biomaterialia*, 2021, 122: 26-49.

[119] HU C, ASHOK D, NISBET D R, et al. Bioinspired Surface Modification of Orthopedic Implants for Bone Tissue Engineering [J]. *Biomaterials*, 2019, 219.

[120] ZHANG E, ZHAO X, HU J, et al. Antibacterial Metals and Alloys for Potential Biomedical Implants [J]. *Bioactive Materials*, 2021, 6(8): 2569-2612.

[121] 任玲,杨柯. 医用金属材料的生物功能化——医用金属材料发展的新思路 [Z]. 中国材料进展. 2022: 125-128.

[122] ZAN R, JI W P, QIAO S, et al. Biodegradable Magnesium Implants: A Potential Scaffold for Bone Tumor Patients [J]. *Science China-Materials*, 2021, 64(4): 1007-1020.

[123] PENG H Z, FAN K, ZAN R, et al. Degradable Magnesium Implants Inhibit Gallbladder Cancer [J]. *Acta Biomaterialia*, 2021, 128: 514-522.

[124] DING X, DUAN S, DING X, et al. Versatile Antibacterial Materials: An Emerging Arsenal for Combatting Bacterial Pathogens [J]. *Advanced Functional Materials*, 2018, 28(40).

[125] 动脉网蛋壳研究院. 全球数字疗法产业报告[R]. 2022.

第三章　创新需求的发现

[1] https://www.medicaldesignandoutsourcing.com[Z].

[2] QMED. Top 10 U.S. Cities for Medtech Innovation[Z]. 2015. https://www.mddionline.com/top-10-us-cities-medtech-innovation.

第四章　从需求筛选到解决方案

[1] 雅克等. Biodesign:医疗科技创新流程(第二版)[M]. 宋成利,译. 北京: 科学出版社, 2017.

[2] IDEO. Design Thinking[Z]. https://ideodesignthinking.cn/.

[3] IDEO (Firm). The Field Guide to Human-Centered Design: Design Kit [M]. IDEO, 2015.

[4] IDEO. 7 Simple Rules of Brainstorming[Z]. https://www.ideou.com/blogs/inspiration/7-simple-rules-of-brainstorming.

第五章　医疗科技创新早期资金及知识产权布局

[1] 中国科技评估与成果管理研究会，国家科技评估中心，中国科学技术信息研究所．中国科技成果转化年度报告 2021（高等院校与科研院所篇）[M]. 北京: 科学技术文献出版社，2022.

[2] 中华人民共和国科学技术部．中华人民共和国促进科技成果转化法修正案（草案）[Z]. 2015.

[3] 教育部．《高等学校知识产权保护管理规定》教育部令第 3 号[Z]. 1998.

[4] 四川大学华西医院成果转化部网站[Z]. 2023. http://www.wchscu.cn/scientific/achievements.html.

[5] 北京大学第六医院科研处网站[Z]. 2023. https://www.pkuh6.cn/Html/Departments/Main/Index_185.html.

[6] 上海交通大学医学院科技发展处网站[Z]. 2023. https://www.shsmu.edu.cn/kjc/index.htm.

[7] 陈春霞，陈春莲．关于我国大学知识产权管理机构设置研究[J]. 教育理论与实践，2020，40(12): 3.

[8] 中南大学湘雅医学院网站[Z]. 2023. https://xysm.csu.edu.cn/.

[9] 教育部科技司．关于印发首批高等学校科技成果转化和技术转移基地典型经验的通知，教科技司〔2020〕70 号[Z]. 2022.

[10] 国务院．关于印发实施《中华人民共和国促进科技成果转化法》若干规定的通知[Z]. 2016.

[11] 武海峰，牛勇平．国内外产学研合作模式的比较研究[J]. 山东社会科学，2007，(11): 108-110.

[12] 刘前军，韩潮翰．浅谈国内外产学研合作的主要模式[J]. 中国机电工业，2017，(9): 3.

[13] 国家知识产权局办公室，教育部办公厅，科技部办公厅．关于印发《产学研合作协议知识产权相关条款制定指引（试行）》的通知[Z]. 2021.

[14] 黄璐，钱丽娜，张晓瑜，等．医药领域的专利保护与专利布局策略[J]. 中国新药杂志，2017，26(2): 6.

[15] KRISHNA V, JAIN S K, CHUGH A. Commercialization and Renewal Aspects of Patent Management in Indian Pharmaceutical Industry [J]. *Journal of Intellectual Property Rights*, 2017, 22(4): 211-223.

[16] 国家药品监督管理局．中国新药注册临床试验进展年度报告(2021 年)[R].2022.

[17] 薛亚萍,谭玉梅,毛洪芬,等. 医药领域海外专利布局策略[J]. 中国新药杂志, 2018, 27(23): 10.

[18] 王迁. 知识产权法教程[M]. 北京: 中国人民大学出版社,2019.

[19] 郑成思. 知识产权论[M]. 北京: 法律出版社,2003.

[20] 冯晓青. 技术创新与企业知识产权战略[M]. 北京: 知识产权出版社,2015.

[21] 杨胜. 论企业知识产权管理组织结构模式及选择[J]. 改革与战略,2007,(7): 136-139.

[22] 徐建中,任嘉嵩. 企业知识产权战略性管理体系研究[J]. 科技进步与对策,2008, 25(9): 109-111.

[23] 张玉明,张娜,邓志钦. 企业知识产权管理体系的构建[J]. 理论学刊,2005,(9): 47-49.

[24] 卢长利,吴雄英. 我国医药企业技术创新问题与对策研究[J]. 资源开发与市场, 2015,31(5): 609-612.

[25] 陆春宁. 关于企业贯彻知识产权管理规范认证与常见问题的分析[J]. 轻工科技, 2017,(1): 105-106.

[26] 刘建,黄璐. 中国医药企业知识产权管理[M]. 北京: 知识产权出版社,2021.

[27] Roche Products, Inc. Appellant, v. Bolar Pharmaceutical Co., Inc., Appellee, 733 F.2d 858 [Z]. 1984.

[28] 京73民初1438号[Z]. 2021.

第七章 医疗科技产品的中国法规

[1] 国家药监局, 国家卫生健康委. 关于发布《医疗器械临床试验质量管理规范》的公告(2022 年第 28 号)[Z]. 2022.

[2] ISO. Clinical Investigation of Medical Devices for Human Subjects — Good Clinical Practice[S]. 2020.

[3] ISO. Medical Devices — Application of Risk Management to Medical Devices[S]. 2019.

[4] 国家药监局.关于发布免于临床评价医疗器械目录的通告(2021 年第 71 号)[Z]. 2021.

[5] 国家药监局. 关于发布需进行临床试验审批的第三类医疗器械目录(2020 年修订版)的通告(2020 年第61号)[Z]. 2020.

[6] 国家药监局. 关于发布医疗器械临床评价技术指导原则等 5 项技术指导原则的通告(2021 年第73号)[Z]. 2021.

第八章　医疗科技创新项目的经济学分析

[1] ALAN MACCHARLES C L, AND NICHOLAS YOUNG. Chinese MedicalDevice Industry: How to Thrive in an Increasingly Competitive Market? [R]. Deloitte, 2021.

[2] 国务院办公厅.关于印发深化医药卫生体制改革 2022 年重点工作任务的通知[Z]. 2022.

[3] 中华人民共和国国家发展和改革委员会. 全国医疗服务价格项目规范[Z]. 2012.

[4] 国家医疗保障局. 基本医疗保险医用耗材管理暂行办法(征求意见稿) [Z]. 2021.

[5] 国家医疗保障局. 医保医用耗材“医保通用名”命名规范(征求意见稿) [Z]. 2021.

[6] 火石创造. 我国医疗器械产业发展现状及思考[Z]. 2021. http://www.cccmhpie.org.cn/Pub/1777/178137.shtml.

[7] BROWN G C. Value-Based Medicine: The New Paradigm[J]. Current Opinion in Ophthalmology, 2005, 16(3): 139-140.

[8] DRUMMOND M, TARRICONE R, TORBICA A. Economic Evaluation of Medical Devices [J]. *PubMed*, 2018.

[9] MICHAEL DRUMMOND A G, ROSANNA TARRICONE. Economic Evaluation of Medical Devices and Drugs—Same or Different? [J]. *Value in Health*, 2009, 12(4): 401.

[10] ROBINSON L A, HAMMITT J K, CHANG A Y, et al. Understanding and Improving The One and Three Times GDP Per Capita Cost-Effectiveness Thresholds [J]. *Health Policy and Planning*, 2017, 32(1): 141-145.

[11] HU M, HAN Y, ZHAO W, et al. Long-Term Cost-Effectiveness Comparison of Catheter Ablation and Antiarrhythmic Drugs in Atrial Fibrillation Treatment Using Discrete Event Simulation [J]. *Value in Health*, 2022, 25(6): 975-983.

[12] TEDESCO G, FAGGIANO F C, LEO E, et al. A Comparative Cost Analysis of Robotic-Assisted Surgery Versus Laparoscopic Surgery and Open Surgery: The Necessity of Investing Knowledgeably [J]. Surgical Endoscopy, 2016, 30(11): 5044-5051.

[13] 国家医疗保障局. 2021 年医疗保障事业发展统计快报[Z].2022.

[14] FRANK J R, BLISSETT D, HELLMUND R, et al. Budget Impact of the Flash Continuous Glucose Monitoring System in Medicaid Diabetes Beneficiaries Treated with Intensive Insulin Therapy [J]. Diabetes Technology & Therapeutics, 2021, 23(S3): S-36-S-44.

第十章　医疗科技产品的市场推广与销售

[1] 李潇潇. 摸着石头过河的中国患者组织:从渡己到渡人[Z]. 澎湃新闻,2022.

[2] OTTO, C. M. Valve Disease: Timing of Aortic Valve Surgery [J]. *Heart*, 2000, 84(2): 211-218.

[3] ClinicalTrials.gov [Z]. https://clinicaltrials.gov/.

[4] Edwards Lifesciences Investor Relations[Z].2022.https://ir.edwards.com/overview/default.aspx .

[5] FDA Investigating Increased Rate of Major Adverse Cardiac Events Observed in Patients Receiving Abbott Vascular's Absorb GT1 Bioresorbable Vascular Scaffold (BVS) - Letter to Health Care Providers. 2017. https://www.fda.gov/medical-devices/.

[6] COX C E. No More Absorb BVS: Abbott Puts a Stop to Sales [Z]. TCTMD. 2017.

[7] 国务院新闻办公室.深化药品和高值医用耗材集中带量采购改革进展国务院政策例行吹风会[Z]. 2022. http://www.nhsa.gov.cn/art/2022/2/11/art_14_7835.html.

[8] 先进医疗技术协会概况[Z]. 2022. https://www.advamed.org/global-health-policy/.

[9] 霍勇.2021年中国大陆冠心病介入治疗数据发布[Z]. 第二十五届全国介入心脏病学论坛.2022.

[10] 国家心血管病中心.中国心血管病健康和疾病报告2021[R]. 2022

[11] 高润霖.纪念经导管主动脉瓣置换术二十周年[J]. 中国循环杂志,2022,37(04): 317-321.

[12] OSNABRUGGE R L, MYLOTTE D, HEAD S J, et al. Aortic Stenosis in the Elderly: Disease Prevalence and Number of Candidates for Transcatheter Aortic Valve Replacement: A Meta-Analysis and Modeling Study[J]. Journal of the American College of Cardiology, 2013, 62 (11): 1002-1012.

第十一章　医疗科技创业的生态选择

[1] 吴楠, 陈健.世界生物产业集群创新比较[J]. 高科技与产业化,2014,(12):6.

[2] 中央政府门户网站.科技部:火炬计划 中国特色的高新技术产业化道路[Z]. 2008. http://www.gov.cn/gzdt/2008-07/21/content_1051024.html.

[3] 科学技术部火炬高技术产业开发中心大事记[Z]. 2022. http://www.chinatorch.gov.cn/kjb/dsj/dsj.shtml.

[4] 国务院新闻办公室.国家高新技术产业开发区十年建设和发展情况[Z]. 2001.http://www.bolongbio.com.cn/newsshow.php?cid=16&id=28.

[5] 火石创造.中国生物医药产业园发展历程[Z]. 2018. https://www.cn-healthcare.com/articlewm/20181008/content-1035441.html.

[6] 上海市国民经济和社会发展第十二个五年规划纲要 [Z]. 2006. http://www.scio.gov.

cn/xwfbh/xwbfbh/wqfbh/2001/0517/Document/327718/32 7718.html.

[7] 楼琦. 张江科学城生命科学产业蓝图[J]. 张江科技评论,2019,(1): 3.

[8] 张江科学城. 张江"城"长记[Z]. 2022. https://www.pudong.gov.cn/023004002/20220731/707960.html.

[9] 韦巍. 张江"药谷"变形记 [Z]. 中国企业家网. 2006.

[10] 苏州国家高新技术产业开发区. 苏州高新区推动医疗器械产业高端化产业创新集群登高望远迈大步[Z]. 2022. http://kxjst.jiangsu.gov.cn/art/2022/4/11/art_82539_10414682.html.

[11] 钱平凡. 孵化器运作的国际经验与我国孵化器产业的发展对策[J]. 管理世界, 2000,(006): 78-84.

[12] NEUBAUM D O. Incubators [J]. Wiley Encyclopedia of Management, 2015: 1-3.

[13] 微创. 关于微创[Z]. 2022.https://www.microport.com.cn/about#lichengbei.

[14] 微创. 奇迹点 ® 科创孕育中心[Z]. 2022. https://www.microport.com.cn/innovation#zhanluetouzihuohezuo.

[15] 微创. 微创脑科学有限公司于香港联交所主板上市[Z]. 2022. https://www.microport.com.cn/news/2421.html.

[16] 心通医疗. 心通医疗发展历程[Z]. 2022. https://www.cardioflowmedtech.com/about/history.

[17] 心脉医疗. 心脉医疗关于我们[Z]. 2022. https://www.endovastec.com/About/#about.

[18] Johnson & Johnson Innovation. JLabs Navigator[Z]. 2022. https://jnjinnovation.com/JLABSNavigator/.

[19] 强生. 强生创新与上海张江药谷公共服务平台有限公司正式启用 JLABS@上海[Z]. 2019. https://www.jnj.com.cn/latest-stories/20190627095514.

[20] 沈宇婷. 孵化近 700 家初创企业,交易总额超 500 亿美元,强生 JLABS 如何用十年创造医疗产业转化奇迹?[Z]. 2022. https://www.vbdata.cn/54335.

[21] 启迪. 启迪控股公司简介[Z]. 2022. http://www.tusholdings.com/h/introduction/.

[22] Mayo Clinic. Mayo Clinic Timeline[Z]. 2022. https://history.mayoclinic.org/timelines/history-timeline.php.

[23] Mayo Clinic. Research at Mayo Clinic[Z]. 2022. https://www.mayo.edu/research.

[24] 沈宇婷. 全球 Top10 医疗中心都在如何推进创新与转化?[Z]. 2022. https://www.vbdata.cn/54277.

[25] Mayo Clinic. Mayo Clinic Ventures[Z]. 2022. https://businessdevelopment.mayoclinic.org/about/ventures/.

[26] Mayo Clinic. Mayo Clinic Consolidated Financial Report [R]. 2022.

[27] Cleveland Clinic. Cleveland Clinic U.S. News Rankings[Z]. 2022. https://my.clevelandclinic.org/about/us-news-rankings.

[28] Cleveland Clinic Foundation. Interim Unaudited Consolidated Financial Statements and Other Information [R]. 2022.

[29] 中国国际科技交流中心. 2020 全球百佳技术转移案例11——克利夫兰医学中心[Z]. 2020. https://www.ciste.org.cn/index.php?m=content&c=index&a=show&catid=98&id=1905.

[30] 任静,钟书华. 我国企业加速器发展的现状、问题及对策[J]. 科技管理研究,2009,29(11): 4.

[31] 何科方,钟书华. 中国企业加速器发展路径研究[J]. 科研管理, 2012, 33(1):8.

[32] 美敦力创新加速器[Z]. 2022. https://www.medtronic.com/cn- zh/about/MIA.html.

[33] 刘晓杰. 诊断试剂公共平台助力光谷造[Z]. 2014. https://www.163.com/news/article/A7RTG0T500014Q4P.html.

[34] 杨阳. 科技企业孵化器的融资模式研究[D]. 福建农林大学, 2013.

[35] 宋洋,刘明. 以色列技术孵化器成功经验与启示(下)[N]. 中国科学报,2019.

第十二章　医疗科技公司的发展

[1] 弗若斯特沙利文等. 港股18A 生物科技公司发行投资活报告[R]. 2022.

[2] 国盛证券. 创新药周报:港股创新药企2021年报业绩盘点[R]. 2022.

[3] 艾德证券期货. 18A 生物医药行业股研究报告[R]. 2020.

[4] 林志吟. 生物科技企业"过冬术":从仰仗外部融资到转向加速商业化[Z]. 2022. https://www.yicai.com/news/101362072.html.

[5] 中信证券. 创新药创新医疗器械选择科创板或者港股 18A 上市的比较[R]. 2021.

[6] 券商中国. 科创板50万门槛,"挡"住多少投资者? 按沪市市值,85%股民不能直接参与[Z]. 2019. https://www.nbd.com.cn/articles/2019-02-13/1299299.html.

[7] 葛永彬,董剑平,连宁宁. 未盈利生物医药企业如何择地上市?[Z]. 2019. https://www.zhonglun.com/Content/2019/04-12/1153255313.html.

[8] 上海证券交易所. 上海证券交易所科创板发行上市审核规则适用指引第 7号——医疗器械企业适用第五套上市标准[S]. 2022.

[9] 投行小兵. 十大行业 IPO:审核要点与解决思路[M]. 北京:法律出版社,2020.

[10] IBM Thomas J. Watson Research Center[Z]. 2022 https://research.ibm.com/labs/watson/#.

[11] Nobel Prizes. All Nobel Prizes[Z].2022. https://www.nobelprize.org/prizes/lists/all-no-

bel-prizes/.

[12] Distribution of Intel and AMD x86 Computer Central Processing Units (CPUs) Worldwide from 2012 to 2022, by Quarter[Z]. 2022. https://www.statista.com/statistics/735904/worldwide-x86-intel-amd-market-share/.

[13] Medtronic. Quarterly Results[Z]. 2022. https://investorrelations.medtronic.com/.

[14] Abbott 2021 Annual report[Z]. 2022. https://www.abbott.com/investors.html.

[15] Johnson & Johnson 2021 Annual Report[Z]. 2022. https://www.investor.jnj.com/.

[16] GE. Annual Report 2021[R]. 2021.

[17] Philips. Annual Report 2021[R]. 2021.

[18] Siemens Healthineers. Annual Report[R]. 2021.

[19] Intuitive Surgical Q1 2022 Financial Data Tables for Earnings Release[Z]. 2022. https://isrg.intuitive.com/.

[20] EVALUATEMEDTECH. World Preview 2018, Outlook to 2024[R]. 2018.

[21] 华夏基石产业服务集团. 上市公司发展白皮书系列 2 医用耗材篇[R]. 2020.

[22] 克里斯坦森. 创新者的窘境:领先企业如何被新兴企业颠覆[M]. 北京:中信出版社,2020.

[23] LUCAS JR H C, GOH J M. Disruptive Technology: How Kodak Missed the Digital Photography Revolution [J]. The Journal of Strategic Information Systems, 2009, 18(1): 46-55.

[24] 格鲁夫. 只有偏执狂才能生存[M]. 北京:中信出版社, 2013.

[25] Intel Financial Results[Z]. 2022.https://www.intc.com/news- events/press-releases.

[26] 2004 Founders' IPO Letter[Z]. 2022. https://abc.xyz/investor/founders-letters/2004-ipo-letter/.

[27] 郭士纳. 谁说大象不能跳舞[M]. 北京:中信出版社, 2003.

[28] 威高股份公司收购美国爱琅公司[Z]. 2017. https://www.weigaoholding.com/content_info/1129.html.

[29] Wego. Annual Report[R]. 2018.

[30] 克里斯坦森,雷纳. 创新者的解答[M]. 北京:中信出版社, 2013.